钢的成分、组织与性能

（第二版）

第一分册：合金钢基础

崔　崑　编著

科学出版社

北京

内 容 简 介

《钢的成分、组织与性能》系列著作全面介绍常用钢类的成分、组织、性能,以及它们之间的关系,同时介绍各钢类的相关标准及工程应用。本书为第一分册,除绪论之外,还介绍钢的生产与冶金质量、铁基二元相图与钢的相组成、合金元素对钢中相变的影响、合金元素对钢的性能的影响,以及相关的国家标准和行业标准。

本书适合从事钢材研究、应用的科研人员、工程技术人员阅读,也适合高等院校金属材料类专业的师生阅读。

图书在版编目(CIP)数据

钢的成分、组织与性能. 第一分册,合金钢基础/崔崑编著. —2 版. —北京:科学出版社,2019.1
ISBN 978-7-03-059778-6

Ⅰ. ①钢⋯　Ⅱ. ①崔⋯　Ⅲ. ①钢-研究②合金钢-研究　Ⅳ. ①TG142

中国版本图书馆 CIP 数据核字(2018)第 276913 号

责任编辑:牛宇锋 / 责任校对:郭瑞芝
责任印制:赵　博 / 封面设计:刘可红

科学出版社 出版
北京东黄城根北街 16 号
邮政编码:100717
http://www.sciencep.com
北京厚诚则铭印刷科技有限公司印刷
科学出版社发行　各地新华书店经销
*
2013 年 10 月第　一　版　开本:720×1000　1/16
2019 年 1 月第　二　版　印张:25
2025 年 1 月第五次印刷　字数:486 000
定价:196.00 元
(如有印装质量问题,我社负责调换)

第二版前言

钢铁工业是我国国民经济的重要支柱产业,在经济建设、社会发展、国防建设等方面发挥着重要作用,为保障国民经济稳定快速发展做出了重要贡献。1996 年我国粗钢产量达 1.0002 亿 t(未包含港澳台数据),跃居世界第一产钢大国,2010 年达到 6.3 亿 t(当年世界钢产量为 14.1 亿 t)。近年我国的钢产量增长趋缓,主要任务是研发高技术水平品种,淘汰落后产能。目前,我国大型钢铁企业和一些技术先进的钢铁企业的吨钢综合能耗已接近国际先进水平。2017 年我国粗钢产量达到 8.317 亿 t(当年世界钢产量为 16.912 亿 t)。

近年来,我国钢铁工业在大型化和现代化方面有了很大的进展,许多企业优化了工艺流程,建立了高效率、低成本的洁净钢生产体系,提高了钢的冶金质量。此外,控制轧制和控制冷却技术已广泛应用,以强化冷却技术为特征的新一代控冷技术有了较快的发展和应用。我国近年兴建的中厚钢板厂已引进和自主开发了一些具有国际先进水平的轧后控冷系统,可以生产出高强度并具有良好韧性的中厚钢板,提高了众多品种的低合金钢和微合金钢的使用性能,提高了产品的规格。

建筑、机械、汽车等领域是推动钢材需求的主要部门。为节约资源,国家积极引导和促进高效钢材的应用,提倡在建筑领域使用 400MPa 及以上高强螺纹钢取代 335MPa 螺纹钢。在新修订的国家标准中,取消了 335MPa 级的螺纹钢牌号。2007 年我国成立了汽车轻量化技术创新战略联盟,努力发展高强汽车用钢以实现商用汽车减重 300kg 的目标。2006～2017 年,我国陆续制定了《汽车用高强度热连轧钢板及钢带》系列国家标准,包括 7 个部分;还制定了《汽车用高强度冷连轧钢板及钢带》系列国家标准,包括 11 个部分,其中包括双相钢、相变诱导塑性钢、复相钢、液压成形用钢、淬火配分钢、马氏体钢、孪晶诱导塑性钢等,并已成功开发出 1200MPa、1500MPa 高强钢,为汽车轻量化提供了支持。

机械、汽车、航空工业的发展促进了机械制造用钢(包括弹簧钢和轴承钢)的发展。新修订的国家标准中,对这类钢的硫、磷和其他杂质元素的含量有了更为严格的要求,对低倍组织和非金属夹杂物的要求也更为严格。为满足航空发动机、直升机等高技术领域的需求,国内外开发出高性能的轴承齿轮钢。用这些钢制成的零部件,有更好的耐磨性、韧性,以及更长的机械疲劳和接触疲劳寿命,因此,具有更高的使用寿命和安全性。

模具钢是工具钢中的一种。由于用模具生产零件具有材料利用率高、制品尺寸精度高等优点,能极大地提高生产率,在工具钢中,模具钢产量的比例日益增加。

因此,最近在修订国家标准《合金工具钢》(GB/T 1299—2000)时,将其名称更改为《工模具钢》(GB/T 1299—2014),新纳入的模具钢牌号有 46 个。

为节约战略资源镍,国内外加速了现代铁素体不锈钢的研究和发展,开发出一些新的铁素体不锈钢和超级铁素体不锈钢。我国高铬铁素体不锈钢产量份额(包括高铬马氏体不锈钢)在 20 世纪 80 年代仅占我国不锈钢产量的 10% 左右,近年已接近 20%。

耐热钢主要应用于大型火电机组和内燃机。在新修订的这种钢的国家标准或行业标准中,都加严了对成分、组织和质量的控制,并引进了国内外一些使用性能良好的钢种。高温合金的发展不仅推动了航空/航天发动机等国防尖端武器装备的技术进步,而且促进了交通运输、能源动力等国民经济相关产业的技术发展。金属材料领域中许多基础概念、新技术、新工艺都曾率先在高温合金研究领域中出现。进入 21 世纪以来,世界各国在高性能高温合金材料研究方面的步伐明显加快,需要对高温合金发展的新进展作一简单评述,主要包括:成分设计方法,组织结构等的定量表征,以及变形、强化与损伤过程的研究。

《钢的成分、组织与性能》一书的上、下册于 2013 年出版,距今已 5 年有余。在此期间,我国钢铁的生产技术不断进步,产品质量和性能持续提升,开发出一些高技术产品,更新了大部分国家标准并制定出一些新的标准。因此有必要对原书进行修订,再版发行。

在《钢的成分、组织与性能》第二版中更新了 58 个与钢种有关的国家标准或行业标准,还列入了 27 个新制定的与钢种有关的国家标准或行业标准。

为便于读者查阅,本书由原来的上、下册,更改为第二版的六个分册。其中,第一分册:合金钢基础,包括原书的第 1 章至第 4 章,第二分册:非合金钢、低合金钢和微合金钢,以原书的第 5 章为主干,第三分册:合金结构钢,包括原书的第 6 章和第 7 章,第四分册:工模具钢,以原书的第 8 章为主干,第五分册:不锈钢,以原书的第 9 章为主干,第六分册:耐热钢与高温合金,以原书的第 10 章为主干。

由于编著者学识有限,书中难免存在不妥和疏漏之处,尚祈读者不吝指正。

崔 崑

2018 年 9 月

第一版前言

人类现代文明与钢材的大量生产和使用密不可分。高技术在钢铁工业上的应用使钢铁工业成为世界上最高产、最高效和技术最先进的工业之一,因而钢材价格也比较低。钢材具有良好的综合性能,是世界上最为常见的多用途制造材料。钢材制成的产品服役报废后,绝大部分可以回收利用,具有良好的循环再生能力。环保技术与钢铁生产工艺的结合,使得钢铁生产中空气排尘与污泥外排正在减少,产生的固体废弃物已近全部回收利用,因此钢铁材料是与环境协调、友好的材料。与其他基础材料相比,钢铁材料,特别是作为基础结构材料,在 21 世纪仍将占据主导地位。

近年来国内陆续出版了不少有关各类专用钢的书籍,也出版了一些有关钢铁材料工程的大型工具书。作者撰写本书的目的是想在一部作品中对工程上常用的钢类(不包括电工用钢)作较全面的介绍,着重阐明合金元素在钢中的作用,钢的成分与其热处理特点、组织、性能之间的关系及其工程应用。

2005 年,国家标准化管理委员会召开了全国标准化工作会议,要求加大采用国际标准和国外先进标准的力度,进一步促进提高我国产品、企业和产业的国际竞争力。之后有关部门加快了钢标准的修订和制定工作,我国国家标准与国际标准一致性水平大幅提升,我国钢标准体系更加科学、技术更加先进、市场更加适应、贸易更加便利。本书尽量采用最新制定的国家标准和行业标准,对国内常引进的国外钢号和各类材料的发展方向亦作了适当的介绍。

本书重视钢种的热处理工艺、性能和应用,特别是国家标准中列入的钢号,使从事钢铁材料工程的科技人员能依据部件或构件的服役条件合理选用钢材。

全书共 10 章。第 1 章简要介绍钢的生产过程及其对钢的冶金质量的影响。自 20 世纪中叶以来,世界钢铁生产工业装备技术快速发展,普遍采用了炉外精炼、连铸等新技术。1978 年我国钢铁工业进入了稳定快速发展时期。近年通过大量引进国外先进的工业设备和技术创新,我国一些大中型钢铁企业的装备和生产工艺已进入世界钢铁生产企业的先进行列,大大促进了我国钢质量的提高和新钢种的开发。第 2 章介绍常用的铁基二元相图与钢的相组成,这是各类钢的成分设计基础。第 3 章介绍合金元素对钢中相变的影响,主要分析钢中加入合金元素后对各种热处理相变所产生的影响,以及各类组织的特征和性能,对各种相变的不同理论不作过多的分析,因为这方面已有许多专著。第 4 章介绍合金元素对钢的性能的影响,这些性能包括力学性能(强度、塑性、韧性、硬度、疲劳和磨损)、钢的淬透性、热变形成形性(控制轧制和控制冷却、锻造性能)、冷变形成形性(拉伸、胀形、弯曲)、焊接性、切削加工性。对于钢的热处理性能及表面处理,除淬透性外,未专门作介绍,同样因为这方面已有许多专著和大型手册。第5~10章为各大类钢的介绍,在各章中又将各大类钢分为若干小类。钢的分类方法有多种:按化学成分、按质量等级、按组织、按用途等。本书的分类不拘一格,第5章大体上是按化学成分分类,后面各章是按用途分类,而且也不是很严格。例如,第5章中在论述TRIP钢时,既有低合金钢又有合金钢,这是为了论述的系统性。

本书第1~9章由崔崑撰写,并经华中科技大学谢长生教授和张同俊教授审阅,第10章由谢长生教授撰写,经崔崑审阅。全书最后由崔崑统一定稿。

本书对钢材领域的科学研究人员、材料科学专业的师生、广大的钢材应用部门和材料选用者均有参考价值。读者如果具有物理冶金(金属学)和金属热处理的基本知识,阅读本书不会有困难。

在撰写本书过程中,引用了大量的专著、论文,以及标准中的图、表和数据,作者均注明出处,并尽可能引用原始文献,在此谨向文献作者、标准制定者和刊物的出版者表示诚挚的感谢!

本书的撰写得到华中科技大学材料科学与工程学院和华中科技大学材料成形与模具技术国家重点实验室的支持和资助,作者表示衷心的感谢!

由于作者学识有限,书中必有不妥之处,恳请读者不吝指正。

崔　崑

目　　录

第0章 绪 论

人类最早发现和使用的铁是陨铁。陨铁的基本成分是 Fe，一般含有大约 10%* 的 Ni(含 Ni4%~26%)[1]。最早的陨铁器是约公元前 4000 年的铁珠和匕首(含 Ni 7.5%~10.9%)，出土于尼罗河和幼发拉底河流域[2]。1972 年，在我国河北省藁城县台西村出土了一把商代铁刃青铜钺，其年代在公元前 14 世纪前后。在青铜钺上嵌有铁刃，该铁刃就是将陨铁经加热锻打后，和钺体嵌锻在一起的[3]。不过，自然界存在的陨铁数量非常有限。

冶铁术的发源地可能在土耳其，起源于公元前 1200 年前后，当时铁器在土耳其被视为珍品，用于制作匕首、剑柄等。公元前 1000 年前后，土耳其铁工具已比青铜工具更为普遍，铁制工具、农具、武器已普遍使用，这标志着该地区已进入铁器时代。当时采用的是块炼铁法，这是一种低温固态还原法，用木柴或木炭做燃料和还原剂，与铁矿石一起置于较小的炉体(地炉和竖炉)内，在较低温度(约 1000℃)下使氧化铁还原成固态的海绵铁。这种铁的结构疏松，需经过锤打挤出渣滓，或者将渣铁混合物破碎后，拣选出其中的铁粒再加热锻打，才能得到质地较紧密但仍含较多夹杂物的纯铁料块。纯铁比较软，可以通过渗碳而获得钢，经过快冷或淬火而变硬。后来制铁技术传入了欧洲。公元前 8~前 7 世纪，北非、欧洲相继进入铁器时代。一直到 14 世纪后期，这些地区都以这种方法作为重要的炼铁方法。

公元前 800 年以后，印度北方已能生产出少量铁制品，其冶铁术是由伊朗向东传入的，并得到发展[1]。大约在公元前 350 年，在制钢技术上，发展出用坩埚冶炼高碳钢的方法。这种方法是把纯铁料块或不均质钢锻成小片，再与木屑和树叶一起装入坩埚，然后把坩埚封闭，在敞开的炉子内强制通风加热数小时，通过渗碳，可以得到均质的高碳钢(含碳 1%~1.6%)，被称为乌兹(Wootz)钢[4]。大约在公元前 300 年，在印度的德里，用块炼铁锻焊出的铁柱，其碳含量为 0.08%，磷含量为 0.11%，硫含量为 0.006%，高 7.2m，重达 6t[1]。

公元 300 年前后，在叙利亚的大马士革开始采用另外的方法制成用于制造刀剑用的钢，被称为大马士革钢[4]。将经过渗碳的薄钢带与熟铁薄带交互叠层，然后整体焊接、扭转、锻造，制成扁钢，再反复对折、重叠、焊接，直至把薄带锤锻成一体，然后加工成刀剑，经过淬火获得硬的刀刃，这种剑被称为大马士革剑。由于原有材料碳含量不同，其具有波纹状、条带状的外观。

---

* 本书所指含量，如无特别说明，均为质量分数。

我国在冶铁技术上走了不同的技术道路,可能是从当时高度先进的青铜技术发展而来[1,5]。冶铁术在我国可能始于西周时期(公元前 1046~前 771 年)[6],开始时也是使用块炼铁法。在春秋末期(公元前 500 年前后),我国冶铁技术有了很大突破,发明了生铁冶铸技术,使用较高大的炉体,用木炭做燃料和还原剂,在较高温度(约 1200℃)下使氧化铁还原并充分吸收碳,成为碳含量达3%~4%的液态生铁,生铁的熔点为 1148℃。这是一种高温液态还原法。熔融的低硅生铁从炉中放出,直接浇铸成器或铸成锭块后供重熔使用。由于冶炼生铁时,炼炉可以半连续操作,生产效率和经济效益比块炼铁法要高得多。在生铁中,碳全部以 Fe_3C 的形式存在,所以生铁很脆,影响了对生铁的使用。

在战国时期(公元前 475~前 221 年)发明了热处理方法,使生铁坯件中的 Fe_3C 部分或全部分解为石墨,或者对生铁坯件进行脱碳热处理,使生铁变为韧性铸铁。从此,铸铁得以大量生产,广泛用于农业生产、军事等。到汉代已有大炼铁炉,容积达 50m³,积铁每块重 20t 以上。

在汉代(公元前206~公元220年),先后发明了几种生铁炼钢的方法。一种是铸铁脱碳法,将碳含量为 3%~4% 的低硅铸铁在氧化气氛中加热,在厚度不大的情况下,可以使铸铁脱碳成钢,这种钢称为铸铁脱碳钢;另一种是称为炒钢的生铁炼钢法,向熔化的生铁鼓风,同时进行搅拌促使生铁中的碳氧化,可以得到钢或纯铁,然后锻制成钢制品。炒钢技术始于西汉末年,到东汉已相当普及。当时还发明了利用液态生铁对熟铁进行扩散渗碳的炼钢方法,后世称为灌钢。这种方法解决了中高碳钢制备的难题。这些炼钢技术的发明对当时和以后的农业、经济、军事的发展起了重大作用,到明代中叶(1500 年前后),我国的炼钢技术一直处于世界领先水平。

15 世纪初期,炼铁高炉在欧洲迅速发展,主要特点是加强鼓风、加大炉身、增大燃料比。17 世纪初,北欧和西欧开始用生铁炒炼熟铁。1709 年用焦炭代替木炭炼铁成功,1857 年发明了蓄热式热风炉后,风温急剧升高,强化了高炉冶炼过程,使铁的产量迅速增长。

1742 年英国人洪兹曼(B. Huntsman)发明了一种可以熔炼液体钢的方法——坩埚法,该方法是将切成小块的渗碳铁料装入石墨和黏土制成的坩埚内,再将坩埚置于反射炉中,火焰加热熔化炉料,之后将熔化的炉料铸成钢锭。坩埚法产量小,主要生产一些作为工具使用的高碳钢[4,7]。

18 世纪中叶在欧洲开始的工业革命促进了现代炼钢技术的发展。1856 年英国人贝塞麦(H. Bessemer)发明了酸性底吹转炉炼钢法,首次解决了大规模生产液态钢的问题,标志着现代炼钢法的开始,这种冶炼方法也称为贝塞麦法。贝塞麦法采用酸性炉衬,炉渣为酸性,不能脱除磷和硫。1856 年,英国人马希特(R. F. Mushet)研究了加入锰铁脱氧的方法,消除了硫含量高带来的热脆,并防止浇注后凝固的钢锭产生蜂窝气泡,使钢锭能顺利地进行热加工,保证了钢质。西欧许多铁矿为高磷铁矿,1879 年英国人托马斯(S. G. Thomas)发明了碱性底吹转炉炼钢法,解决了酸性转炉不能冶炼高磷生铁的问题。1856 年英籍德国人西门子(W. Siemens)取得蓄热法专利。1864 年法国人马丁(P. E. Martin)发明了平炉炼钢法(Siemens-Martin 法)。最早的平炉也用酸性炉衬,同样不能去除原料中的磷和硫。在托马斯发明碱性法之后,平炉也改用碱性炉衬。碱性平炉炼钢法能适应各种原料配比(从 100％生铁到 100％废钢),所炼的钢品种多且质量优于空气底吹转炉钢,因而迅速成为世界上最主要的炼钢方法。1899 年法国人埃鲁(P. L. Héroult)发明了电弧炉炼钢法,这种方法主要作为合金钢和特殊钢的生产方法。1927 年诺思拉普(J. K. Northrop)发明了高频感应炉炼钢,成为高合金钢生产的普遍方法,并使真空冶炼成为可能。

19 世纪中叶起,高炉炼铁发展速度加快,新技术不断涌现,如采用精料、高炉向大型化和自动化方向发展、采用喷吹燃料技术等。

现代炼钢技术的进步,使钢的产量迅速增加,生产成本显著降低。1900 年世界钢产量已达到 2850 万 t,1950 年世界钢产量增加到 2.1 亿 t。钢的应用遍及工农业和国防的各个部门,在国民经济和社会生活中起着重要的作用。

人们对钢的生产和使用,在很长的时间内,限于不同碳含量的碳钢。直到 1820 年,人们才了解熟铁、钢和生铁的差异主要是碳含量的不同。英国的物理学家法拉第(Faraday)同时也是一位冶金学家,他在 1820～1822 年研究了钢中加入镍、铬、铜等合金元素(含量到 10％),以及加入一些贵金属对钢的某些性能的影响,是合金钢研究的先驱[8]。

现代炼钢技术的发展,促进了机械制造和机械加工工业的大发展。原来使用的碳素工具钢刀具的车削速率比较低,刀具受热温度不能超过 200℃。在这种需求下,马希特在 1868 年发明出高钨自淬工具钢,当时称之为“R. Mushet 特殊钢”(2％C、7％W、2.5％Mn),这是一种实用的高合金工具钢。1900 年美国人泰勒(Taylor)和怀特(White)提出了成分为 1.85％C、3.80％Cr、8.00％W 的钢,并以用该钢制成的刀具成功地进行了高速切削试验,标志着高速钢的诞生。1903 年他们又将钢的成分调整为 0.70％C、14％W、4％Cr,这是近代高速钢的原型。1910 年,具有 18％W、4％Cr、1％V 成分的高速钢问世。1920 年制造出钴高速钢。截至 1920 年,主要类别的工具钢,包括冷作模具钢和热作模具钢大都已生产出来[4]。

1882 年,英国的冶金学家哈德菲尔德(R. A. Hadfield)曾分别研究了硅和锰对钢的影响。1884 年,他发明了制作硅钢片的硅钢。他还试制成功高锰耐磨钢,成分为 1.35％C、0.69％Si、12.76％Mn。该钢的特点是在淬火后不但不硬,反而有良好的韧性,可是在高应力接触磨损条件下却越磨越硬。之后,高锰耐磨钢得到了日益广泛的应用,时至今日,其基本成分仍没有变化,这在合金钢史上是少见的。硅钢的优良电磁性能是在 1900 年被发现的,随之受到人们的重视,当时的成分是 0.20%C、2.5%Si[8]。

随着社会经济的发展,各种工程结构,如桥梁、船舶等,需要使用大量的钢材,因而开始使用加工成形性比较好的低碳结构钢。由于结构物尺寸的增大,低碳结构钢的性能已远不能满足设计建造的要求,迫切需要提高钢的强度,减小截面,降低自重而又不降低承载能力,从而促进高强度低合金钢的开发。早期高强度低合金钢的设计是以抗拉强度为基础的,碳含量较高,在 0.30% 左右。人们企图通过加入少量合金元素提高钢的强度,合金元素都是单独采用的,如铬、镍、硅、锰等,每一种元素的含量相对较高,钢材通常以轧制状态供应使用。1870 年,美国在密西西比河上建造了一座桥梁,其拱形桁架的跨度为 158.5m,采用了含铬 1.5%~2.0% 的低合金钢。1895 年,俄国曾用 3.5%Ni 钢建造了"鹰"号驱逐舰,之后这类 3.5%Ni 钢还用于建造大跨度桥梁。20 世纪 20 年代以后,焊接技术广泛应用于制造金属结构,这给高强度低合金钢的发展带来深远的影响,焊接性能成为评价这类钢的重要性能指标。因此,降低碳含量,采用少量多元素合金化是发展焊接性能好的高强度低合金钢的必然要求。由于这类钢的用途越来越广,用量越来越大,钢种的经济性也必须予以考虑。第二次世界大战期间,发生了许多起全焊接结构的船舶断裂的事故,这种破坏往往是脆性的。经过研究认为,这种破坏是由于船舶结构用钢的缺口敏感性引起的。之后,研究开发了一些缺口韧性更好的材料,出现了一些经过调质处理的高强度低合金钢,如美国的 HY-80,苏联的 AK-25 等。20 世纪 60 年代以后,一些重要的钢生产国均致力于微合金钢的开发和生产工艺的革新,并取得重要进展。

合金结构钢是合金钢中用量大、用途广、对机械制造工业极为重要的一类。19 世纪末首先开始了对镍钢的研究。英国和法国的一些钢厂开始生产镍含量低于 7% 的合金结构钢。1889 年,Riley 在英国钢铁学会报告了他对镍钢力学性能的系统研究,并指出镍钢的军工意义。他的预言很快就得到证实,镍钢装甲板首先在法国和德国使用,继而开发出具有高淬透性的中碳镍铬钢。第二次世界大战期间,合金钢的需求量迅速增加,由于合金元素的短缺,交战国双方都不得不采取节约措施,减少镍钢及镍铬钢的产量,开发出镍铬钼钢、铬钼钢、铬锰钢等较经济的钢种。随着合金结构钢的出现和发展,热处理工艺也有很大改进,气相表面渗碳(1892年)及表面淬火(1890 年)方法相继研发成功。

20 世纪初,法国的吉耶(L. B. Guillet)于 1904~1906 年对高铬马氏体及铁素体钢和镍铬奥氏体钢进行了系统的研究。蒙纳尔茨(P. Monnartz)于 1908~1911 年在德国系统地研究了铬钢的耐蚀性,提出了不锈性与钝化理论的许多观点。上述两位学者的试验研究为不锈钢的发展奠定了理论基础。

1913 年布里尔利(H. Brearley)在英国开发出 13Cr 系马氏体不锈钢。1911~1914 年丹齐曾(C. Dantsizen)在美国开发了铁素体不锈钢。镍铬奥氏体不锈钢主要是德国克虏伯公司的毛雷尔(E. Maurer)和施特劳斯(B. Strauss)在 1912~1930 年陆续发展出来并加以完善的。1930 年左右在法国的 Unieux 实验室发现奥氏体不锈钢中含有铁素体时,钢的耐晶间腐蚀性能会得到明显改善,从而开发了 $\gamma + \alpha$ 双相不锈钢。1946 年美国的史密斯埃塔尔(R. Smithetal)开发出沉淀硬化型不锈钢。不锈钢的主要钢类已基本齐全。

耐热钢的发展与能源、动力机械的发展有密切的关系。13Cr 系不锈钢由于具有比较好的高温强度和抗氧化性,可以用于制作内燃机的排气阀、汽轮机的叶片和转子。随着汽轮机特别是喷气技术的发展,耐热钢的使用温度不断增高,人们发现奥氏体钢的高温强度比铁素体钢高,从而发展出一系列镍铬奥氏体耐热钢。到了 20 世纪 30 年代前后,一些学者系统地研究了各种合金元素对钢的高温强度的影响。在 20 世纪 30~40 年代开发出 Mo 钢、Cr-Mo 钢、Cr-Mo-V 钢等低合金耐热钢,主要用于锅炉、蒸汽轮机、化学工业装置等方面。同时,在原有镍铬奥氏体的基础上加钼、钨、铌等元素提高其耐热性,用做航空喷气发动机的涡轮叶片材料。后来一方面增加镍含量,一方面添加铝、钛以生成微小的 $Ni_3(Al, Ti)$ 粒子产生沉淀强化,逐渐发展成铁基高温合金。再进一步的发展就是用镍取代铁作为基体而成为镍基合金。1939 年英国 Mond 镍公司首先研制出镍基合金 Nimonic 75,1942 年 Nimonic 80 成功地被用做涡轮喷气发动机的叶片材料,是最早以 $Ni_3(Al, Ti)$ 强化的镍基合金。

在此期间,由于物理冶金学(金属学)的进展,以及新的分析和测试技术的不断出现和发展,使人们对金属与合金的组成和结构,以及其与性能之间的内在联系和在各种条件下的变化规律有了基本的了解。人们可以根据服役条件的要求,开发出能满足特定性能要求的新的合金钢种。到 20 世纪中叶,主要类别的合金钢已建立了较完整的体系,对合金元素在钢中的作用已进行了比较系统的研究,对于合金元素对钢中相变、组织结构和性能的影响已有了比较深入的了解。钢铁材料的发展由凭借经验转为依靠科学。

20 世纪中叶,世界钢铁工业进入新的发展时期,钢铁生产工艺装备技术得到了快速发展,2000 年世界钢产量增至 8.43 亿 t。

1952 年和 1953 年在奥地利的林茨(Linz)和多纳维茨(Donawitz)先后建成氧气顶吹转炉,因而亦称 LD 转炉。由于它的生产率高、能量和耐火材料消耗低,在世界范围内迅速推广,取代空气转炉法和平炉炼钢法,成为现代炼钢的主要方法。之后,氧气底吹转炉炼钢方法和氧气顶底复吹转炉炼钢方法亦相继开发成功。目前世界上较大容量的炼钢转炉多数采用氧气顶底复吹转炉炼钢工艺。20 世纪 90 年代,世界氧气转炉钢的年产量已超过钢总产量的 50%[7]。

20 世纪 50 年代,连续铸钢在钢铁工业中开始得到应用,这是钢铁工业发展过程中又一项革命性技术。60 年代连铸技术进入工业性推广阶段。与传统模铸工艺相比,连续铸钢工艺简化了工艺,缩短了流程,降低了能耗,提高了金属收得率(提高 10%～14%)和产品质量,同时提高了生产过程的机械化和自动化水平。1989 年一种近终形的薄板坯连铸连轧生产线投产。目前钢铁主要生产国的连铸比均超过了 90%[9]。

传统电弧炼钢炉炼钢时间长,采用连铸后,必须缩短冶炼时间以保证与连铸节奏相匹配。1964 年美国首先开发出超高功率电弧炉,大大缩短了冶炼时间,其经济效益显著。20 世纪 70 年代以后,超高功率电弧炉得到很快的发展,电弧炉不再仅用于冶炼特殊钢,而成为一种高速熔化炉料的容器。2001 年,世界电弧炉钢的产量占钢总产量的 36%[10]。

20 世纪 50 年代中后期,钢液真空提升脱气法、钢液真空循环脱气法等钢水炉外精炼方法开发成功。之后,真空吹氧脱碳炉、氩氧脱碳炉、钢包精炼炉、喂线法、钢包喷粉法等先后出现,到 90 年代已有几十种炉外精炼方法用于工业生产。原来由转炉和电弧炉炼钢承担的脱硫、深度脱碳、脱氧、合金化、夹杂物控制等功能,多数转为由炉外精炼工序承担。在先进的钢铁生产国家,钢水炉外精炼比超过90%,其中真空精炼比超过 50%。

目前,采用废钢—电弧炉—精炼—连铸—连轧的钢铁生产工艺,从废钢入炉开始到轧出钢材为止,一般只需 3h 左右。这种以电弧炉炼钢工艺为中心的生产流程称为短流程。采用短流程的小型钢厂投资少、建设快、效益高,近年发展很快,但受到废钢资源的制约。以氧气转炉炼钢工艺为中心的钢铁联合企业的生产流程为:球团或烧结矿—高炉—转炉—(精炼)—连铸—轧制。这种工艺流程生产单元多、规模庞大、生产周期长,但钢产量大,称为钢铁生产的长流程。在 21 世纪,上述两种钢铁生产工艺流程将会在互相竞争、互相渗透的情况下并存发展。

钢铁生产技术的进步不仅提高了现有钢种的质量,也为研制和开发新型高性能的钢材提供了新的技术途径。

首先是生产纯净钢和高纯净钢变得较为易行。一般认为,纯净钢是指钢中五大杂质元素(S、P、H、N、O)含量较低,有时还包括碳,且对非金属夹杂物(主要是氧化物和硫化物)进行严格控制的钢种。理论和实践证明,钢的纯净度越高,其产品性能越好,使用寿命越长。轴承钢中氧含量从大气下熔炼钢的 40ppm* 降低到二次精炼钢的 10ppm,其接触疲劳寿命可提高 10 倍。氧含量降到 5ppm,其接触疲劳寿命可提高 30 倍。钢中碳含量从 0.004% 降低到 0.002% 时,深冲钢的延伸率可提高 7%。提高钢的洁净度还可提高其耐磨和耐腐蚀等性能。管线钢、抗

---

* 1ppm＝10^{-6}。

H_2S 腐蚀用钢、石化用抗氢 Cr-Mo 钢、抗层状撕裂钢等均要求钢质极为纯净。

连续铸钢工艺代替传统模铸工艺，显著提高了钢质的均匀性。在杂质总量不变的情况下，提高钢质的均匀性，相当于提高钢的纯净度。模铸工艺的凝固过程缓慢，难于控制，钢锭中的成分偏析严重。这种偏析在以后的轧制和热处理过程中无法消除，造成钢的性能上的各向异性。连铸工艺过程连续可控、树枝状晶间距小、元素偏析小、铸坯质量好，显著提高了钢的等向性。

细化组织是可以同时提高钢的强度和韧性的唯一工艺手段。热变形的目的已不仅要获得所期望的形状和表面质量，而且要通过工艺控制组织结构。近年来国内外众多学者和生产企业通过控制钢中微合金元素的加入、控制轧制和控制冷却，可以获得超细晶组织，从而大幅度提高钢的性能。许多国家都启动了开发超细晶钢重大研究项目。

我国近代钢铁工业起步较晚。1890 年张之洞创办了汉阳铁厂，这是我国第一个近代钢铁企业。到 1949 年中华人民共和国成立时，全国年钢产量仅 15.8万 t(指粗钢，余同)。经过三年经济恢复时期，到 1952 年钢产量达到 135 万 t，超过历史最高水平。1953 年开始进行大规模经济建设，新建了一大批钢铁厂，到 1957年钢产量达到 535 万 t。

在中华人民共和国成立前，我国没有自己的钢铁标准，大都是沿用外国的编号。世界各国大都有自己本国的钢铁标准，因此各国的钢号表示方法也是多种多样的。1952 年，当时的重工业部颁布了我国第一套钢铁标准(重标)，规定当时国产钢种采用一套注音字母的钢号表示方法，参照当时苏联国家标准，制定并颁发了7 个合金钢部颁标准，包括 159 个钢号，这对于当时掌握合金钢的生产，促进品种产量增加，满足工业的发展需要，起了很大的作用。但是这些钢种大都含有镍、铬元素，和我国当时的资源条件不相符合，这种矛盾随着工业的发展而日益明显，因此提出来代用镍、铬的问题。1956 年国家制定《1956—1967 年科学技术发展远景规划》时，把建立我国的合金钢系统作为重要任务之一。以后，很多工厂、科学研究机关、高等学校广泛开展了不含镍、少含铬的新钢种研究工作。1958 年上半年至1959 年下半年曾陆续召开了许多会议，在总结经验的基础上，吸收了国外适合我国资源的钢种，提出了 9 项新合金钢标准草案，涉及的 9 种合金钢分别为合金结构钢、低合金高强度钢、合金工具钢、高速工具钢、不锈耐酸钢、耐热不起皮钢、弹簧钢、滚珠及滚柱轴承钢、低合金钢轨钢。以后，经冶金部审核，作为部颁标准于1960 年 4 月实施，初步建立了我国的合金钢系统。新标准包括 249 个钢种，其中有 107 个是保留原来的钢种，钢种的数量大为增加，指标有所提高，并适合我国当时的技术条件。1959 年 11 月，冶金部颁布了一套以汉字和汉语拼音字母并用的《钢铁产品牌号表示方法》(YB)，代替"重标"的表示方法。1963 年又对普通碳素钢、硅钢和纯铁钢号的表示方法进行了修订。在此基础上，国家科学技术委员会于

1964 年 4 月实施了 GB 221—63《钢铁产品牌号表示方法》的国家标准,后经多次修改。

1978 年以后,我国钢铁工业进入了稳定快速发展时期。之后通过大量引进国外先进的工艺设备和技术创新,加速了钢铁企业生产流程的现代化,淘汰了平炉,发展了氧气转炉和连铸。1996 年,我国钢产量达 10002 万 t(未包含港澳台数据,下同),跃居世界第一产钢大国。以后,我国钢产量持续增长,2000 年为 12760 万 t,连铸比由 1996 年的 22.7% 提高到 2001 年的 88.8%[11]。2002 年我国人均年钢产量达到 141kg,首次超过了世界人均年钢产量 138kg 的水平。同时,加快了产品结构的调整,增加了低(微)合金钢和板带材等高附加值产品的产量,新品种增多。例如,管线钢和船板钢的升级,不锈钢的产量迅速增加,以提高纯净度和钢质均匀性为基础的新一代钢铁材料正加速研发并开始进入工业生产和应用。2004 年我国的钢产量达到 2.73 亿 t(世界钢产量为 10.55 亿 t),2010 年达到了 6.3 亿 t(世界钢产量为 14.1 亿 t)。近年我国的钢产量增长趋缓,主要任务是研发高技术水平品种,淘汰落后产能。目前,我国大型钢铁企业吨钢的综合能耗已经基本上接近国际先进水平。2017 年我国钢产量达到 8.317 亿 t(世界钢产量为 16.912 亿 t),我国正在从钢铁大国向钢铁强国迈进。

参 考 文 献

[1]　Tylecote R F. A History of Metallurgy[M]. London:The Metal Society,1976.

[2]　柯俊. 冶金史[M]//中国大百科全书总编辑委员会. 中国大百科全书:矿冶. 北京:中国大百科全书出版社,1984:751~759.

[3]　韩汝芬,柯俊. 中国科学技术史:矿冶卷[M]. 北京:科学出版社,2007.

[4]　Roberts G,Krauss G,Kennedy R. Tool Steels[M]. 5th Ed. Russell:American Society for Metals,1998.

[5]　陆达. 中国古代的冶铁技术[J]. 钢铁,1966,10(2):12.

[6]　华觉民. 中国古代金属技术:铜和铁造就的文明[M]. 郑州:大象出版社,1999.

[7]　全钰嘉. 中国冶金百科全书:钢铁冶金卷[M]. 北京:冶金工业出版社,2001.

[8]　郭可信. 金相史话(4):合金钢的早期发展史[J]. 材料科学与工程,2001,19(3):2.

[9]　朱苗勇. 现代冶金学:钢铁冶金卷[M]. 北京:冶金工业出版社,2005.

[10]　周建男. 钢铁生产工艺装备新技术[M]. 北京:冶金工业出版社,2004.

[11]　干勇,田志凌,董瀚,等. 中国材料工程大典:第二卷　钢铁材料工程(上)[M]. 北京:化学工业出版社,2006.

第1章　钢的生产与冶金质量

20世纪下半叶以来,世界钢铁工业生产技术发展迅速,大型高炉、氧气转炉、超高功率电弧炉、连续铸钢、二次精炼、连续轧制、控轧控冷等一系列新技术的开发、应用,使钢的生产效率大为提高、质量显著改善、性能进一步提升。钢的质量和性能与其生产工艺是密不可分的。

1.1　钢 的 冶 炼

炼钢是将生铁、废钢、海绵铁等原材料炼制成钢的冶金方法和过程。炼钢的基本任务是去除杂质、调整成分和钢液温度。去除杂质,一般是指去除钢中的硫、磷、氧、氢、氮和夹杂物。炼钢过程中应将其成分调整到规定的范围内,以保证获得所要求的物理和化学性能。铁水温度一般只有1300℃左右,而钢水温度必须高于1500℃才不至于凝固,才能进行一系列冶金反应过程。为了顺利进行浇注,出钢温度应在1600℃以上。

炼钢生产中广泛使用各种脱氧剂和用于合金化的铁合金。炼钢过程中使用的辅助材料有造渣材料、氧化剂、冷却剂等。造渣材料有石灰(CaO)、萤石(CaF_2)、白云石($CaCO_3 \cdot MgCO_3$)等。氧化剂除氧气外还使用铁矿石和氧化铁皮。用做冷却剂的有废钢、富铁矿等。

生铁主要由高炉生产。高炉生产的生铁90%以上用做炼钢原料,通常含铁94%左右,含碳4%左右,其余为硅、锰、磷、硫等元素。

废钢有多种来源,如钢铁厂内的"返回废钢"、钢铁制品的制造工业中产生的"加工废钢"、来自报废设备和结构等的"折旧废钢"等。世界钢产量接近一半来自废钢。废钢的来源复杂,用做炼钢的原料,必须进行合理分类、加强管理和进行必要的处理[1]。

海绵铁,亦称直接还原铁(directly reduced iron,DRI),它主要是用还原性气体还原精铁矿而得,故名。刚产出的海绵铁趁热加压成形的高体积密度的产品称为热压块铁(hot briquetted iron,HBI)。高炉炼铁法强烈依赖冶金焦,而冶金焦的资源日益短缺,因而20世纪70年代以后,许多国家致力于开发直接还原铁,2000年世界直接还原铁的产量达到4320万t[1],2008年达到7000万t,2018年达到8410万t。

1.1.1　普通铁水预处理[2,3]

普通铁水预处理是指铁水兑入炼钢炉之前对其进行脱除杂质元素的铁水处理

工艺,包括铁水脱硅、脱硫和脱磷(即"三脱")。铁水预处理和钢水炉外精炼已成为近50年来钢铁工业迅速发展起来的两项重要工艺技术。三脱处理是提高钢材材质,实现少渣炼钢的重要措施。有些工业发达国家,铁水预处理量在70%~80%。铁水预处理是在原则上不外加热源的情况下,利用处理剂中活性物质和铁水中待脱除元素进行快速反应,形成稳定的渣相而和铁水分离的过程。

1)铁水预脱硅

硅与氧的结合能力远大于磷与氧的结合能力,所以硅比磷优先氧化。脱磷前必须优先将铁水中的硅氧化到远低于高炉铁水硅含量的0.15%以下,磷才能被氧化去除。

常用的铁水脱硅剂均为氧化剂,主要有两种:一是固体氧化剂,如氧化铁皮、铁矿石等;二是气体氧化剂,如氧气、空气。

铁水预脱硅方法有高炉出铁沟脱硅、铁水罐中喷射脱硅剂脱硅,以及"两段式"脱硅,即前两种方法的结合。使用两段式脱硅操作可使硅含量下降到0.15%以下,同时脱磷、脱硫的程度也明显提高。

2)铁水预脱硫

在铁水预处理温度下,硫在铁液中的溶解度很高。各种脱硫方法的实质都是将溶解在金属液中的硫转变为在金属液中不溶解的相,进入熔渣或经熔渣,再以气相逸出。

热力学计算表明,碳化钙(CaC_2)、苏打(Na_2CO_3)、金属镁等及由它们组成的各种复合脱硫剂有比较强的脱硫能力,这些脱硫剂已被广泛地应用于铁水脱硫。近年来,在铁水预脱硫中,越来越多地使用金属镁。目前已经开发的铁水预脱硫的方法很多,其中用耐火材料制成搅拌器对铁水进行搅拌,使铁水与脱硫剂紧密混合的机械搅拌法和以镁为主的喷吹法应用最普遍,脱硫率可达80%以上。通过这些方法可使铁水预脱硫达到硫含量不大于0.005%的深脱硫能力。

3)铁水预脱磷

随着对一些高性能钢质量日益严格的要求,除要求极低的硫含量外,也要求磷含量小于0.01%,甚至在0.005%以下。因此许多冶金工作者开发出一些铁水预脱磷的方法。

在铁水的温度下,可以将铁水中的磷氧化成P_2O_5,然后与强碱性氧化物结合成稳定的磷酸盐而从铁水中去除。各种碱性氧化物中Na_2O的脱磷能力最强,其次是CaO。铁水预脱磷的方法有三种:一是在高炉出铁沟内进行脱磷;二是在铁水包中进行预脱磷;三是在专用转炉内进行预脱磷。

目前铁水同时脱磷脱硫的工艺已在工业上得到较广泛的应用。

1.1.2 氧气转炉炼钢

氧气转炉炼钢的原料主要是铁水,废钢则占0%~30%。氧气转炉炼钢是在转炉内向铁水吹入氧气以氧化其中的碳、硅、锰、磷等元素而炼制成钢水,靠铁水的物理热和氧化反应的化学热,不用外加热源。

硅是重要的发热元素,铁水中硅含量高,会增加炉内的化学热,硅含量每增加0.1%,废钢加入量可提高1.3%~1.5%。铁水硅含量高,渣量增加,有利于脱磷、脱硫,但会使渣料和消耗增加,吹炼时间延长。铁水中的硅含量通常为0.30%~0.60%。锰也是发热元素,含量为0.20%~0.80%。磷是高发热元素,但对一般钢种是有害元素,铁水中磷含量越少越好,一般要求磷含量不大于0.20%。除了含硫易切削钢外,硫在钢中均为有害元素,要求铁水的硫含量不超过0.05%。铁水物理热占转炉热收入的50%,入炉铁水的温度应大于1250℃。

氧气转炉炼钢有氧气顶吹法、氧气底吹法和顶底复吹法等炼钢方法,如图1.1所示[4]。转炉炉衬已全部使用碱性耐火材料(主要是MgO和CaO)。氧气顶吹法是目前的主要方法(图1.1(a))。国外一般称氧气顶吹转炉为LD(Linz-Donawitz)转炉,美国称为BOF(basic oxygen furnace,碱性氧气转炉)。世界上最大的转炉容量为380t,我国最大的转炉容量为300t。20世纪90年代,世界氧气转炉的产量已超过总产钢量的50%[3]。在我国,主要采用氧气顶吹法(小转炉)与顶底复吹法(大中型转炉)。

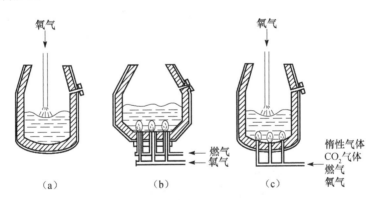

图1.1 氧气转炉炼钢方法示意图[4]

(a)氧气顶吹法;(b)氧气底吹法;(c)顶底复吹法

氧气顶吹转炉炼钢的过程如下:转炉在完成上一炉炼钢任务后,兑入铁水和加入废钢,降枪供氧,开始吹炼;加入渣料,通过造渣进行脱磷和脱硫。在吹炼过程中,Si、Mn、C、P等元素氧化放热。吹炼后期的钢水温度可达到1600~1680℃,取决于所炼钢种。当吹炼达到所炼钢种要求的终点碳范围时,倒炉取样并测定钢水的温度。当钢水成分和温度合乎要求时,即可以倾动转炉出钢,并向钢包加脱氧剂和合金,进行钢水脱氧和合金化,同时进行溅渣护炉和倒渣,至此完成了一炉钢的冶炼。一炉钢的吹氧时间通常为12~18min,冶炼周期为30~45min[4,5]。这与高炉炼铁和连续铸钢生产过程容易相互匹配。

转炉钢的主要产品是低碳钢。因为转炉脱碳快,钢中的气体含量低,所以钢的塑性好,有良好的深冲性和焊接性能。转炉钢冶炼中高碳钢虽然有一些困难,但也能保证钢的质量。转炉冶炼制造的各种结构钢、轴承钢都已广泛使用。转炉冶炼低合金钢没有特殊困难。冶炼合金钢时,应与炉外精炼相结合,用钢包炉完成合金化,避免因加入钢包的铁合金数量大,使钢水的温度降低。氧气顶吹转炉冶炼超低碳钢(<0.03%)尚有困难,这需要采用炉外精炼的方法完成[1]。

1.1.3　电弧炉炼钢

电弧炉炼钢自诞生以来,随着科学技术的进步,其钢产量及其在世界钢产量所占比例始终在稳步增长。由于对合金钢和高质量钢材的需求增加,大型超高功率(ultra high power,UHP)电弧炉技术的发展和炉外精炼技术的采用,使电弧炉炼钢技术有了很大的进步。2001年世界电弧炉钢产量比例达到35%。

目前电弧炉的发展趋于超高功率化和大型化,较多的电弧炉容量为60～120t,世界最大的电弧炉容量达到420t。我国最大的电弧炉容量为150t,30t以下容量的小炉子还占有一定的比例。

炼钢电弧炉的炉体结构如图1.2所示。电弧炉炼钢以废钢为主要原料,根据炉衬材质和造渣材料不同,有碱性法和酸性法之分,最常用的是碱性法。

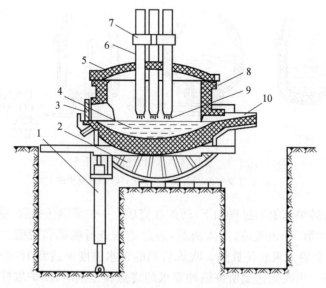

图1.2　炼钢电弧炉炉体结构示意图[6]

1—倾炉用液压缸;2—倾炉摇架;3—炉门;4—熔池;5—炉盖;
6—电极;7—电极夹持器(连接电极升降装置);8—炉体;9—电弧;10—出钢槽

传统碱性电弧炉炼钢方法较多,其中氧化法是最基本的冶炼方法,可分为补炉、装料、熔化、氧化、还原与出钢等六个阶段。电弧炉以废钢为原料,一般用炉顶料筐装料,碱性炉先用料重1%~2%的石灰垫底,再装入废钢,并随炉料装入难熔的铁合金和使用量大而与氧亲和力小于铁的元素,如镍、钴。然后起弧熔化,并及时吹氧助熔,熔化期占整个冶炼时间的50%左右。在熔化期生成的初期渣有一定的氧化性和较高的碱性,可脱除一部分磷。氧化期的主要任务是继续脱磷到符合要求,脱碳至规格下限,利用C-O反应,去气和去夹杂,提高钢液的温度,扒除氧化渣,造稀薄渣,然后进入还原期。还原期的主要任务是脱氧、脱硫、调整钢液成分进行合金化、调整钢液温度,然后出钢。出钢温度应比钢的熔点高出120℃左右。传统电弧炉冶炼周期很长,每炉冶炼需3~4h。这既难以保障对钢材越来越严格的质量需求,又限制了电弧炉生产率[3]。

现代电弧炉炼钢冶炼工艺的主要特点是将电弧炉与炉外精炼相结合生产出成品钢液,电弧炉只是一个高效熔化和氧化精炼器,还原期任务在炉外精炼过程中完成。合金化一般是出钢过程中在钢包内完成,那些不易氧化、熔点又较高的合金,如Ni、W、Mo等铁合金可在熔化后加入炉内。出钢时钢包中合金化为预合金化,精确的合金成分调整最终是在精炼炉内完成的。现代电弧炉炼钢技术通过强化电弧炉本身的冶炼能力和发展炉外精炼技术,使冶炼周期缩短,使之与连铸匹配成为可能。

强化电弧炉本身的冶炼能力,使冶炼周期缩短的主要措施:发展超高功率(UHP)电弧炉、无渣出钢技术、泡沫渣埋弧技术、氧燃烧嘴技术、电弧炉底吹搅拌技术、二次燃烧技术、铁水热装技术、废钢预热技术等[1,3]。

1964年美国开发出了超高功率电弧炉。超高功率电弧炉是指电弧炉所匹配的炉用变压器功率比较大,容量一般在700~1000kV·A/t,而普通功率电弧炉小于400kV·A/t。超高功率电弧炉主要优点是可以缩短熔化时间、提高生产率、提高电热效率、经济效益显著。20世纪70年代,全世界都大力发展超高功率电弧炉,几乎不再建普通功率电弧炉。

超高功率电弧炉的功能是熔化和氧化,而将还原过程转移到炉外精炼炉中进行,因此,氧化渣就不能进入精炼炉,以满足炉外精炼的还原条件。为了避免氧化性炉渣进入钢包精炼过程,出现了一些无渣出钢技术,其中,效果最好、应用最广泛的是偏心炉底出钢(eccentric bottom tapping,EBT)法。EBT这种电弧炉的结构是将传统电弧炉的出钢槽改成出钢箱(图1.3)。出钢时,电弧炉向出钢侧倾动少许,开启出钢机构,钢液流入钢包。当钢液出至要求的95%时,电弧炉迅速回倾,以防止下渣。将少量钢水同钢渣一同留在炉中,有利于下一步炉料的熔化和脱磷。这种方法出钢快、钢流短、降温少、吸气少,可缩短出钢时间、降低能耗。

泡沫渣技术适用于大容量超高功率电弧炉。它是利用向渣中喷入的碳粉和吹入的氧气产生的一氧化碳气泡,通过渣层而使炉渣泡沫化,生成很厚的泡沫渣,实现埋弧操作,从而提高了电弧对熔池的传热效率,加速反应,缩短冶炼时间。

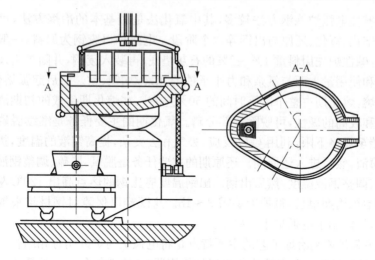

图 1.3　偏心炉底出钢电弧炉简图[3]

　　为了强化冶炼过程,还广泛采用氧燃烧嘴助熔技术,所用燃料有煤、石油或天然气。为了改善电弧炉熔池搅拌状况,研究出电弧炉底吹搅拌技术,在电弧炉炉底安装供气元件,向炉内熔池吹 Ar、N_2 搅拌钢液。

　　在现代电弧炉炼钢过程中,由于钢水脱碳和采用泡沫渣操作,电弧炉内产生大量高温的 CO,其总量的 60%～70%未经炉内燃烧而直接进入除尘系统。二次燃烧技术是使用二次燃烧氧枪,将氧气吹送到熔池上方,将炉气中大部分的 CO 燃烧成 CO_2,放出大量的热量返回熔池,使炉气中潜在的化学能得到有效的利用。

　　铁水热装技术可以大幅度降低热耗,提高钢水的纯净度,降低废钢带入的有害元素含量,缩短冶炼周期。铁水加入量一般为炉料的 30%～40%。

　　电弧炉采用超高功率化与强化用氧技术,使废气量增加,废气温度高达1200℃以上。利用电弧炉排出的高温废气将废钢在熔炼前预热,可以提高炉料带入的物理热。

　　现代超高功率电弧炉由于综合采用各种强化冶炼和节能技术,每炉钢的冶炼周期已缩短到 45～60min,同时降低了成本。早期,特殊钢要用电弧炉生产,这是由于电弧炉可以利用废钢中的合金元素,冶炼过程中钢水温度可以长时间地精确控制。随着社会废钢的积累、直接还原技术的开发、电力工业的发展、电弧炉炼钢技术和炉外精炼技术的迅速发展,电弧炉钢厂越来越多地生产普通钢,而转炉钢厂越来越多地生产特殊钢。电弧炉炼钢、转炉炼钢两种方法,无论是冶炼特殊钢还是普通钢,从质量上、经济上均越来越接近。

1.1.4　感应炉炼钢

　　感应炉炼钢是利用感应电热效应加热、熔化金属的炼钢方法,它特别适合于用优质原料(优质废钢、铁合金等)冶炼少量优质钢和合金。炼钢使用无芯感应炉,按电源频率的不同,可以分成高频($>10^4$ Hz)、中频($>50\sim10^4$ Hz)和工频($50\sim60$ Hz)三种,以中频炉为主。图 1.4 为坩埚式感应炉炉体结构示意图。坩埚材质常用碱性的氧化镁或氧化镁含量高的铝镁坩埚,能承受碱性渣侵蚀,适于熔炼各种钢种和合金。感应炉一般不进行脱碳、脱磷,需选用好的原料。熔炼时没有氧化期,元素烧损很少,可精确配料[4]。

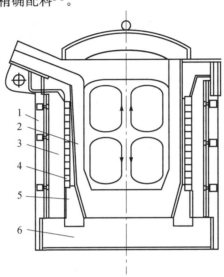

图 1.4　坩埚式感应炉炉体结构示意图[2]
1—炉架;2—坩埚;3—磁轭;4—感应圈;5—托环;6—炉底

1.1.5　炉外精炼

现代炼钢技术把传统的炼钢过程分为初炼和精炼两步进行。初炼时,炉料在氧化性气氛的炉内进行熔化、脱磷、脱碳、去除夹杂和主合金化,获得初炼钢液;精炼则是将初炼的钢液在真空、惰性气体或还原性气氛的容器中进行脱气、脱氧、脱硫、去除夹杂物和成分微调等。实行炉外精炼可提高钢的质量,缩短冶炼时间,优化工艺过程并降低生产成本。20 世纪 80 年代以来,炉外精炼已成为现代钢铁生产流程水平和产品高质量的标志。炉外精炼也称"钢包冶金"或二次冶金。

炉外精炼的方法很多,可分为钢包处理型和钢包精炼型两类。

钢包处理型的特点是任务单一,操作简单,没有补偿加热装置,精炼时间较短($10\sim30$min)。属于此类的有真空脱气法、循环真空脱气法、真空提升脱气法、钢包真空吹氩法、钢包喷粉处理法、喂线法等。

钢包精炼型具有多种精炼功能,有补偿钢水温度降低的加热装置,适合于各类高合金钢和有特殊性能要求钢种的精炼。ASEA-SKF 精炼炉、钢包精炼炉、真空吹氧脱碳炉、真空电弧加热脱气炉等属于此类。钢包精炼的时间较长($60\sim$

180min),类似的还有氩氧脱碳炉。下面介绍几种常用的炉外精炼方法[2,3,7]。

　　1) 真空脱气法[7]

　　最早的真空脱气设备即为现在人们称为 VD(vacuum degassing)的炉外精炼设备,由钢包、真空室、真空系统组成,基本功能是使钢水脱气。由于没有加热功能,出钢时要使钢水过热。另外一个问题是钢水没有搅拌,当钢水容量较大时,钢包底部的钢水难以自下而上地完全发生脱气反应,向钢包内加入合金,会产生较大的温降,合金也难以均匀。以后不断改进,采用钢包底部吹氩的方法对钢水进行搅拌,采用电磁搅拌技术。现在的电磁搅拌精炼设备上都同时安装了气体搅拌装置,但仍没有加热设备。

　　VD 设备一般不单独使用,而是与钢包精炼炉(LF 炉,见后面图 1.9)配合使用,形成 LF-VD 炉外精炼组合。LF 炉在常压下对钢水进行电弧加热、吹氩搅拌、合金化等精炼工艺,再在 VD 设备的真空室进行真空处理,其作用是使钢水去气、脱氧、脱硫、去除夹杂物,促使钢水温度和成分均匀化。

　　2) 循环真空脱气法

　　循环真空脱气法即 RH 法,是 1957 年联邦德国 Ruhrstahl 公司与 Heraeus 公司首先使用的,因此而得名。如图 1.5 所示,真空室下部有两个深入钢水的管,即上升管和下降管。通过上升管侧壁吹入氩气,由于氩气气泡的作用,钢水被带动,上升到真空室以除气,除气后的钢水由下降管返回到钢包里。钢包中的钢水连续地通过真空室进行循环,达到除气的目的。这种方法处理节奏快,只需 20min,可以脱气、脱碳,使钢水中氢含量不超过 1ppm,碳含量不超过 0.0015%,全部氧含量不超过 10ppm,使钢水的硫含量降到 0.0015% 以下,处理的钢种不受限制。

　　3) 钢包喷粉法

　　钢包喷粉法是一种利用惰性气体(主要是氩气、氮气)做载体将合金粉末或精炼粉剂(Ca-Si 或 Mg 粉)喷入钢包内的钢水中进行的炉外精炼技术(图 1.6),其主要作用是脱硫、成分调整和均匀化、调整温度、排出夹杂物和进行夹杂物形态控制等。钢包喷粉(powder injection in ladles)是 1974 年由德国 Thyssen-Niederrhein 钢铁公司开发成功的,因而也称为 TN 法。这种方法可以解决活性元素(如钙)的加入问题。

　　4) 喂线法

　　喂线(wire feeding,WF)法是将密度较小、容易氧化的精炼添加剂制成线材,通过机械的方法加入钢包中钢液的深处,对钢水进行炉外精炼的方法。对铝含量的要求比较苛刻的低碳铝镇静钢采用喂线法加铝,可精确地控制加铝量,提高铝的收得率。某些精炼添加剂,如 Si、Ca、C、CaSi、SiCaAl 等,无法直接做成线材用喂线法加入钢水,可将它们的精炼粉剂作为芯,外包一层薄而软的钢皮成为包芯线,硅钙包芯线是最常用的。

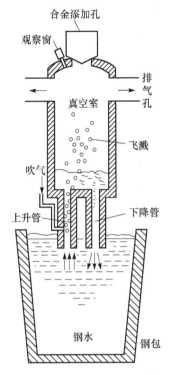

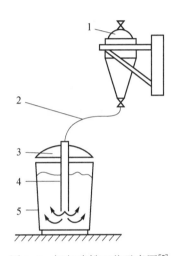

图 1.5　RH 法原理示意图[7]　　　　　图 1.6　钢包喷粉工艺示意图[7]

　　　　　　　　　　　　　　　　　　1—喷粉罐；2—喷吹管；3—钢包盖；4—工作喷枪；5—钢包

5）ASEA-SKF 精炼法

1965 年,瑞典 SKF(滚珠轴承)公司为了在钢包中精炼钢液,与瑞典 ASEA 公司合作建成 ASEA-SKF 精炼炉,用该炉精炼钢水的方法称为 ASEA-SKF 精炼法。

该法将初炼炉炼出的钢水倾入钢包中,然后将钢包吊至配备有电磁搅拌器的小车上,除去初炼炉熔渣,换新渣,并经电弧加热至所需温度进行脱硫。小车运行至脱气工位,盖上真空盖进行真空脱气 15~20min,同时对钢液进行电磁搅拌,真空吹氧脱碳和去除夹杂物,脱气后经过斜槽漏斗加入合金(包括脱氧剂),调整钢液成分。最后再将钢液加热到合适温度,将钢包吊出并进行浇注。图 1.7 为 ASEA-SKF 钢包精炼法的一般工艺流程,精炼时间一般为 1~2h,精炼炉的容量一般为20~150t。

ASEA-SKF 精炼炉适用于处理碳钢、合金结构钢、轴承钢和工具钢,精炼后可以显著改善钢的质量,使氧含量降低 40%~60%,使轴承钢的高倍夹杂物降低约40%,使钢的疲劳强度、冲击功和断面收缩率提高 10%~20%[7]。

6）真空电弧脱气法

真空电弧脱气(vacuum arc degassing,VAD)法是 1967 年美国 Finkl 公司发明

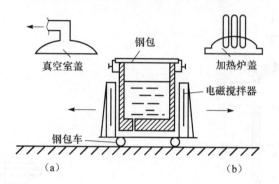

图 1.7　ASEA-SKF 钢包精炼法工艺流程图[7]

(a) 真空脱气工位;(b) 电弧加热工位

的,该法是在真空条件下用电弧加热,并由钢包底部吹氩搅拌,因此它兼备了良好的脱硫、脱气、包内造渣、合金化等多种精炼手段,适于精炼合金钢。但 VAD 炉盖与炉体的密封及电极的真空动密封难于解决,图 1.8 为 VAD 精炼炉示意图。

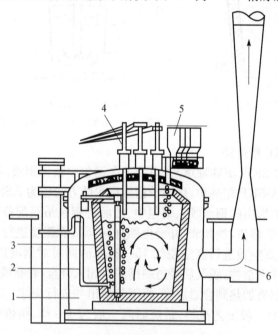

图 1.8　VAD 精炼炉示意图[7]

1—真空室;2—底吹氩系统;3—钢包;4—电弧加热系统;5—合金加料系统;6—抽真空装置

7) 钢包炉精炼法

钢包炉(ladle furnace,LF)精炼法是日本大同特殊钢公司于 1971 年开发的,它是由钢包炉体、包底吹氩透气砖及滑动水口(钢水从钢包底部流出的通道称为水口)、附带合金加料器的炉盖、电极加热系统和真空脱气装置等组成(图 1.9)。LF

精炼炉一般具有电弧加热、真空脱气、吹氩搅拌功能。LF 精炼炉在加热时石墨电极与渣中 FeO、MnO 等反应生成 CO 气体，造成泡沫渣，进行埋弧加热，并使炉内气氛中氧含量减至 0.5%。钢液在还原条件下精炼可以进一步脱氧、脱硫和去除非金属夹杂。氩气搅拌加速钢-渣间的物质传递，有利于钢液脱氧、脱硫反应和加速夹杂物的上浮。LF 精炼炉附有真空脱气装置后，被称为 LFV 精炼炉，如在真空盖上装设氧枪，则还有真空吹氧脱碳功能。

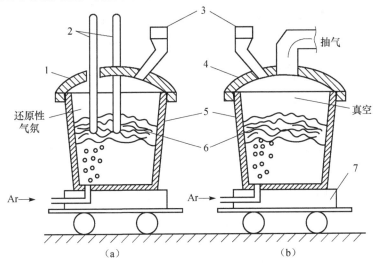

图 1.9　LF 精炼法示意图[8]

(a) 埋弧加热；(b) 真空处理

1—加热盖；2—电极；3—加料器；4—真空盖；5—钢包；6—碱性还原炉；7—钢包车

　　除超低碳、氮等超纯净钢外，几乎所有的钢种都可以采用 LF 精炼法精炼，特别适合轴承钢、合金结构钢、工具钢、弹簧钢的精炼。LF 精炼炉设备简单，精炼效果好，得到了广泛的应用。LF 精炼炉的容量为 20～300t，精炼时间为 1h 左右。

　　8）真空吹氧脱碳法

　　真空吹氧脱碳(vacuum oxygen decarburization，VOD)法是 1965 年由德国维腾(Witten)公司开发出的技术，图 1.10 为 VOD 设备示意图。VOD 法是在真空室内由炉顶向钢液吹氧，同时由钢包底部吹氩搅拌钢水，当精炼达到脱碳要求时，停止吹氧，然后提高真空度进行脱氧，最后加 Fe-Si 脱氧。VOD 法可以在真空下加合金、取样和测温。VOD 法具有脱碳、脱氧、脱硫及合金化等功能，主要用于生产不锈钢和 C、N、O 极低的特殊钢，精炼时间约为 90min。

　　9）氩氧脱碳法

　　氩氧脱碳(argon oxygen decarburization，AOD)法的主要设备为 AOD 炉(图 1.11)。1968 年建成第一台 AOD 炉，其原理是通过吹入熔池的氩氧气体(Ar、O_2)，降低碳-氧反应产物 CO 的分压，使冶炼平衡从 Cr 氧化移到碳氧化精炼法，从而达到降碳保铬的目的。AOD 炉主要用于不锈钢的炉外精炼上。

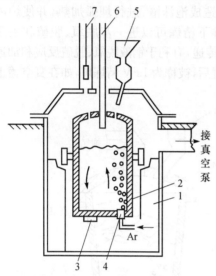

图 1.10　VOD 设备示意图[7]

1—真空室;2—钢包;3—闸阀;4—多孔塞;
5—供料槽;6—氧枪;7—取样和测温装置

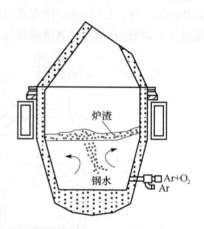

图 1.11　AOD 炉简图[7]

　　AOD 炉主要和电弧炉双联操作,炉料先在电弧炉中熔化,可使用 100% 废不锈钢或廉价的高碳铬铁及普通碳钢来配料,成本低,同时将 Cr、Ni 等元素含量调整到钢的控制规格内,碳含量一般配至 1.0% 以下。炉料熔化后升温,进行换渣脱硫,然后将钢液通过钢包移送到 AOD 炉中吹炼。

　　在 AOD 炉中吹入大量气体,脱碳速率快,炉料的选择灵活性大,生产率高,精炼时间约为 65min。AOD 法还可以冶炼耐热钢、结构钢、工具钢等。AOD 炉的容量为 3~175t,多数为 50~100t。

　　目前,全世界不锈钢总产量的 70% 是由 AOD 法生产的,其次是 VOD 法,占总产量的 15%。

1.1.6　特种冶炼

　　特种冶炼泛指转炉、电弧炉、感应炉等普通熔炼方法以外的熔炼方法,主要有真空感应熔炼、真空电弧重熔、电渣重熔、等离子熔炼、电子束熔炼等,用于制备那些以普通熔炼方法不能或难以熔炼的特殊金属材料。特种冶金产品总量不到钢总产量的 1%,但在高新技术、国防尖端科技领域有着重要的地位[2,9]。

　　1) 真空感应熔炼

　　真空感应熔炼(vacuum induction melting,VIM)是指在真空条件下利用电磁感应在导体内产生涡流来加热物料的熔炼技术。真空感应炉的炉体结构包括熔炼室、铸锭室、合金加料器、合金液取样器、测温装置等。在真空下熔炼容易将溶于钢和合金中的氮、氢、氧和碳去除到远比常压下熔炼低的水平，同时对于在熔炼温度下蒸气压比基体金属高的杂质元素，如铜、锌、铅、锑、铋、锡、砷等，可通过蒸发去除，而合金中需要加入的铝、钛、硼、锆等活性元素的成分易于控制。因此经真空感应熔炼的金属材料可明显地提高韧性、疲劳强度、耐腐蚀、抗高温蠕变等多种性能。航空、航天等尖端技术的发展促进了大型真空感应熔炼设备的建立。国外最大的真空感应熔炼炉的炉容量已达 30t，功率 6000kW。

2) 真空电弧重熔

真空电弧重熔（vacuum arc remelting，VAR）通常将需要熔炼的材料用其他方法预先冶炼并做成自耗电极，一般作为负极，正极是水冷的铜结晶器。真空电弧重熔炉（图 1.12）又称真空自耗炉，自耗电极被两极之间形成的低电压大电流电弧释放的热量熔化，并在结晶器内凝固成锭。

熔炼时一般不再加其他炉料，电极本身熔化到水冷结晶器中凝结成锭。在真空电弧重熔过程中，没有耐火材料的沾污，杜绝了外界空气对钢及合金的污染。高温、高真空还可以使原有的氧化物和氮化物分解，气体成分和挥发性杂质也大为减少。由于熔炼室内氧分压很低，重熔过程中 Al、Ti 等活泼元素烧损少，合金的化学成分控制较为稳定，但易挥发元素如 Mg、Mn 等有一定烧损。同时，在重熔过程中，电极熔化成熔滴落入熔池，金属液自下而上顺序凝固并快速冷却，原有夹杂物易于上浮去除，凝固过程中再生夹杂物尺寸细小、分布均匀，合金元素偏析小，没有缩孔和中心疏松现象，铸锭结晶均匀，致密度高，低倍组织良好。真空电弧重熔可以熔炼重达 100t 的钢锭。

真空电弧重熔炉设备复杂，维护费用高，在生产成本和品种多样性方面不及电

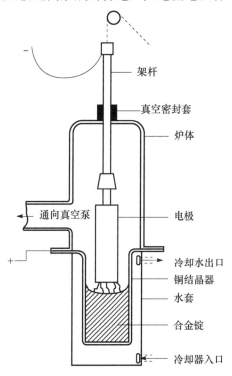

图 1.12　真空电弧重熔炉简图[10]

渣重熔。它主要用于重熔对力学性能要求严格的钢与合金，如航空发动机的叶片、发动机的主轴材料等。

3) 电渣重熔

电渣重熔（electroslag remelting，ESR）（图 1.13）是一种把用一般冶炼方法炼成的钢或合金进行再精炼以提高其质量的工艺，该工艺的设备称为电渣炉。需要

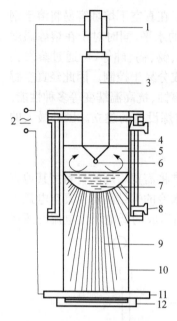

图 1.13　电渣重熔示意图[4]
1—电极把持器;2—电源;3—电极;
4—移动式结晶器;5—渣池;6—熔滴;
7—熔池;8—冷却水入口;9—钢锭;
10—渣壳;11—引锭板;12—底盘

精炼的钢或合金制成的电极称为自耗电极。在铜制水冷结晶器中注入熔融的碱性渣,自耗电极的一端插入渣池。自耗电极、渣池、金属熔池、钢锭和底水箱通过短网电缆和变压器形成回路,通过电极下降速率的控制,保持电流的恒定。当电流通过时,由于炉渣产生的电阻热,使炉渣处于高温熔融状态,形成渣池。自耗电极的端头在渣中逐渐熔化,聚成熔滴下落,穿过渣池进入金属熔池。由于结晶器的强制冷却,液态金属逐渐凝固成电渣锭。电渣大多采用以 CaF_2 为基的渣系,最主要的是 CaF_2-Al_2O_3(70:30)二元渣系,它的熔点较低、稳定性好、吸附夹杂物能力强。渣池温度高达 1650~1750℃,钢渣充分接触,由于电磁效应,渣池强烈搅拌,反应动力学条件良好,可以进一步去除其中的杂质。钢锭由下而上逐渐凝固,金属熔池和渣池就不断向上移动。铸锭凝固收缩及时得到补充,不存在一般铸锭常见的疏松、缩孔等缺陷,因此金属较致密。由于水冷结晶器的强制冷却作用,电渣重熔凝固速率比普通模铸、连铸、真空电弧重熔均快。

上升的渣池使结晶器内壁生成一薄层渣壳,它不仅使铸锭表面平滑光洁,而且能降低其径向导热,使大部分热量由钢锭传导给底水箱的冷却水而被带走,有利于结晶自下而上进行,从而改善钢锭内部的结晶组织。电渣重熔产品由于金属纯净、组织致密、表面光洁,其使用性能和工作寿命与电弧炉生产的同钢种或同牌号高温合金相比有大幅度提高,主要用于生产超高强度钢、轴承钢、工模具钢、不锈钢、耐热钢和高温合金。1971 年,德国萨尔钢厂建成 165t 电渣炉。1981 年,我国上海重型机器厂建成 200t 电渣炉。为了能冶炼高氮奥氏体钢,保证过饱和的氮溶解入钢中并防止凝固过程中析出,1980 年德国建立了第一台高压电渣炉,熔炼室氮压力高达 4.2MPa,可以生产直径 1m,重 16t 的铸锭。大气中冶炼发电机护环用奥氏体钢(12%Cr,18%Mn)含氮仅 0.1%,性能无法达到要求,采用高压电渣重熔炉,氮含量提高到 1.05%,可满足工程需求。近年来,各国正致力于开发新技术制备大钢锭[11]。

1.2　钢 的 浇 注

钢的浇注是把在炼钢炉中熔炼和炉外精炼所得到的合格钢水,经过钢包及中间包等浇注设备,注入一定形状和尺寸的钢锭模或结晶器中使之凝固成为钢锭或钢坯。钢锭(坯)是炼钢生产的最终产品,其质量好坏与冶炼和浇注有直接关系。目前使用的浇注方法有模铸法和连续铸钢法两种。模铸法是传统的铸锭方法,产品为钢锭。连续铸钢法是20世纪50年代发展起来的浇注方法,它能直接得到一定断面形状的铸坯,大大简化了由钢液到钢坯的生产工艺,并为炼钢生产的连续化、自动化创造了条件。

1.2.1 模铸钢锭

模铸是将炼成的钢水浇注到铸铁制成的钢锭模内,凝固后形成钢锭的过程。钢锭需经轧制或锻压成为钢材后方能使用。用于轧制的钢锭单重可从几百千克到30t。用于锻造的钢锭单重最大者可达600t,模铸法可分为上注法和下注法。钢液由钢锭模上口直接注入模内者称为上注法,一次浇注一根钢锭(图1.14)。钢液经中注管、汤道从模底进入模内者称为下注法。下注法可以同时浇注许多根钢锭(图1.15)。下注钢锭的表面质量优于上注钢锭。

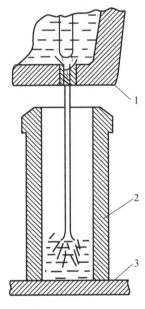

图 1.14 上注法[8]

1—钢包;2—钢锭模(沸腾钢用);3—底盘

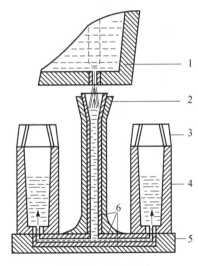

图 1.15 下注法[8]

1—钢包;2—中注管铁壳;3—保温帽;
4—钢锭模(镇静钢用);5—底盘;6—汤道砖

钢锭的宏观组织,大体上可以分为三个区域,与锭模接触的最外区为细晶粒区,其次为柱状晶区,中心是晶粒粗大的等轴晶区。浇注钢锭时,钢液与锭模接触的表面层具有较大的过冷度,短时间内生成大量晶核,因而凝固成等轴细晶粒的表面层,称为激冷层。激冷层形成后,锭模温度升高,散热困难,钢液过冷减小,晶粒从激冷层开始,沿着与模壁垂直而与散热方向相反的方向生长,形成柱状晶区。

　　随着柱状晶向中心推进，散热速率减慢，特别是当凝固层与锭模之间出现间隙之后，传热速率更慢，此时温度梯度逐渐平坦，柱状晶生成速率减慢，钢锭在中心区域差不多达到同一过冷度而同时迅速凝固，形成粗大的等轴晶区。

　　钢液最终脱氧程度对钢锭宏观组织的形貌产生显著影响。一般按钢液的最终脱氧程度和钢锭宏观组织的不同，分为镇静钢钢锭、沸腾钢钢锭和半镇静钢钢锭三种。

　　镇静钢在浇注之前，用锰铁、硅铁以及铝等脱氧剂进行充分脱氧，钢液的氧含量很低。脱氧元素 Al 的加入，使凝固过程中碳氧之间的反应受到抑制，镇静钢在结晶时没有沸腾现象，由此而得名。

　　镇静钢钢锭从表面向内几到十几毫米为激冷层，由细小的等轴晶组成。然后为柱状晶区，柱状晶的主轴位置大致与模的冷却面垂直，但略向钢锭头部倾斜。这一层的厚薄与钢锭尺寸、浇注温度等因素有关，一般此区的厚度为几十或上百毫米。随着凝固过程的推进，钢锭截面上的温度差越来越小，柱状晶的生长越来越慢，随后就生成粗大的等轴晶区。在等轴晶形成时，由于密度较大(密度比钢液大 4％)，将往下沉。大量等轴树枝晶的下沉形成所谓"结晶雨"。等轴树枝晶沉积在钢锭底部形成锥形细晶粒沉积锥，并阻止了底部的柱状晶向钢锭心部发展，而处在钢锭上部的树枝晶仍能缓慢生成，因此柱状晶区的宽度在底部最小，越往上宽度越大。图 1.16 为一镇静钢钢锭的宏观结构示意图。在正常操作情况下，镇静钢中没有气泡，但在钢锭头部的中心由于收缩将形成很大的集中缩孔，必须切除。生产上希望减少集中缩孔的高度，使其尽量集中在上部保温帽内，以减少切除量。

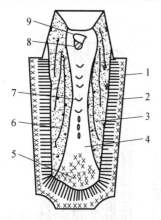

图 1.16　镇静钢钢锭结构[8]

1—激冷层；2—柱状晶区；3—过渡晶区；
4—等轴晶区；5—沉积锥；6—倒 V 形偏析；
7—V 形偏析；8—冒口疏松；9—冒口缩孔

　　钢锭内部化学成分不均匀的现象称为偏析。高于钢锭平均成分时，称为正偏析；而低于钢锭平均成分时，称为负偏析。偏析可分为宏观偏析和显微偏析。宏观偏析可通过硫印、酸浸等低倍检验判断，故又称低倍偏析或区域偏析。显微偏析是指树枝状晶体的枝干与树枝晶间成分的不均匀性，又称为树枝状偏析。

　　镇静钢锭有三个明显的偏析带：沉积锥负偏析带、V 形偏析带和倒 V(∧)形偏析带。沉积锥负偏析带分布在钢锭下部 1/3 区域内，由先期结晶的、成分较纯的碎断树枝晶沉积而成。V 形偏析带，是硫、磷的正偏析，分布在钢锭上半部轴心部位，通常与中心疏松伴生。倒 V 形偏析带分布在等轴晶带的过渡晶带，其中的 C、S、P

含量可比平均含量高2～3倍。选择合适的锭形和锭重、减少钢中偏析元素和气体的含量，以及控制合适的注温、注速是减少偏析的主要措施。

镇静钢的氧含量低，与沸腾钢相比，纯净度较高，含气体少。镇静钢的偏析不像沸腾钢那样严重，钢材性能的均匀性较高。高级优质的或优质的碳钢及全部合金钢都是镇静钢。镇静钢的缺点是轧或锻成钢坯后的切头率高，成坯率为84%～88%，成本较高。

沸腾钢是用一定量的弱脱氧剂锰铁对钢液脱氧的，因此钢液的氧含量高于与碳平衡的含量。由于不用硅铁脱氧，硅含量很低。在沸腾钢的凝固过程中，钢液中的碳和氧发生反应产生大量CO气体造成钢液沸腾。剧烈运动着的钢流冲刷着正在生长着的结晶前沿，把气泡带走，结晶出没有气泡的、比较纯净的、由致密的细晶粒组成的坚壳带。生产沸腾钢一般采用上小下大的锭模，有利于液流对结晶前沿的冲刷。坚壳带的厚度：小钢锭大于8mm，大钢锭大于15mm。随着冷却速率的降低，沸腾的强度减弱到某种程度时，在钢锭下部液流已经不足以把某些尺寸不大的气泡带走，这就引起了气泡和凝固层一起向前生长的现象，由此产生了最终保留在钢锭中的、垂直于模壁、由柱状晶体包围的长形气泡，形成蜂窝气泡带。此带的厚度为30～100mm。在正常情况下，蜂窝气泡只在钢锭下半部出现。沿着沸腾钢锭的高度，越往上，放出气体的强度越大，液流对结晶前沿的冲刷越厉害，所以沸腾钢的上半部没有蜂窝气泡。图1.17为沸腾钢钢锭结构示意图。

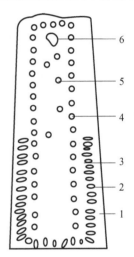

图 1.17　沸腾钢钢锭
结构示意图[8]

1—坚壳带；2—蜂窝气泡带；
3—中间坚固带；4—二次气泡带；
5—中心气泡带；6—头部大气泡

沸腾钢钢锭的坚壳带在浇注完毕时已基本形成，延长钢水在模内的沸腾时间并不能增加坚壳带的厚度。相反，沸腾时间越长，蜂窝气泡带越宽，二次气泡直径越大，偏析也越严重。在沸腾钢生产中，要很好地控制模内沸腾的时间。为停止沸腾，通常采取在锭模上加盖的办法，使钢锭头部凝固（封顶）。也可以采用化学封顶，即通过向钢锭顶部钢水面加入一定数量的硅铁或铝等强氧化剂，以抑制沸腾，加速头部凝固的方法。由于封顶，随着气泡的长大，压力不断增加，气体停止析出，蜂窝气泡停止长大。从蜂窝气泡往里又是一层不厚的没有气泡的区域，称为中间坚固带，由细小等轴晶粒组成。凝固引起碳和氧在结晶前沿的钢液中富集，这个因素有利于气泡析出。因此中间坚固带没有凝固很厚就又重新开始析出气体，于是形成二次气泡带。二次气泡析出时引起的压力增加限制了气泡的成长，导致二次气泡的成长迅速停止，这种气泡陷入凝固层时大体保持着球形,并成串地分布于钢锭的整个高度。以后,即发生锭心的凝固。锭心区是致密的、较粗的等轴晶粒。锭心区凝固时,发生体积收缩,使内部压力减小,因而有少数气泡在其间生成。在钢锭上部最后凝固区形成不规则的大气泡和中心疏松区。

沸腾钢有许多优点。由于沸腾钢锭内部分布着许多气泡,其体积差不多抵偿了钢液收缩的体积,所以钢锭上部一般不会出现集中缩孔,轧制时端部的切除量很小,成坯率高达 90%～92%,钢的成本较低。沸腾钢钢锭有纯净的外壳层,使这种钢制成的钢板和钢丝具有满意的表面质量,故沸腾钢最宜用于轧制薄钢板。由于钢液脱氧不完全,钢中的碳在锭模中被大量氧化,故沸腾钢主要用于低碳钢。加之不用硅脱氧,钢中硅含量也很低,故沸腾钢具有良好的塑性和冲压性能。沸腾钢的缺点是钢锭偏析较严重,性能较不均匀,低温冲击性能不好,时效倾向大。

半镇静钢的最终脱氧程度介于沸腾钢和镇静钢之间,即除了用锰铁脱氧之外,也加入硅铁和少量的铝,钢液的硅含量通常在 0.06%～0.15%,铝的用量比镇静钢少得多。在钢液结晶过程中,仍然要放出 CO 气体,并形成钢锭中的分散气泡,像沸腾钢那样,能部分补偿钢液的凝固收缩,故集中缩孔的体积比镇静钢小得多,切头率一般为 3%～5%。半镇静钢的化学成分比沸腾钢均匀,由于气泡较少,组织也致密些。半镇静钢允许钢中含有一定量的合金元素,可以用于生产低合金钢,这也是这种方法的一个优点。

由于连续铸钢的迅速推广和应用,模铸锭所占比例已逐年减小。预计,模铸与连铸产量比最终将减小到约 10%,其中合金钢将减少到 20%,工具钢将减小到 40%。这是由于连铸坯可以多炉连浇、收得率高(达到 95%～96%)、不需初轧或开坯、能耗低、质量不亚于甚至优于模铸锭。在模铸锭中,沸腾钢和半镇静钢将完全被淘汰,但模铸镇静钢还有它的应用范围,锻造用钢、某些高合金钢、小批量生产的真空电弧重熔和电渣重熔用的坯料仍需用模铸镇静钢来生产。

1.2.2　连续铸钢

连续铸钢,简称连铸,是将钢水用连铸机浇注、冷凝、切割而直接得到铸坯的工艺。连续铸钢与模铸相比,节省了整模、脱模和初轧设备,大大精简了钢水到钢坯的工艺流程,降低了切头切尾损失,可提高金属收得率 10%～14%,并提高了铸坯质量。采用连铸方法可以实现比较合理的冷却速率,使铸坯结晶过程稳定,内部组织稳定,非金属夹杂总量比同钢种的钢锭低 20% 左右,化学成分偏析及低倍组织缺陷都减少。

连铸机可按多种形式分类。按其结构外形,可分为立式、立弯式、弧形、水平式等。按所浇铸坯断面的大小和外形,又可分为小方坯连铸机、大方坯连铸机、板坯连铸机、圆坯连铸机、薄板坯连铸机等。铸坯断面尺寸在 70mm×70mm～220mm×220mm 时为小方坯,大于上述尺寸者为大方坯,宽厚比大于 3 的矩形坯称为板坯。

圆坯的直径为 $80\sim450mm$。薄板坯坯厚为 $20\sim80mm$。按连铸机的一个机组同时能浇注的钢坯流数可分为单流、双流或多流连铸机。

　　弧形连铸机具有弧形结晶器和弧形二次冷却段，它具有高度低、拉速快的优点，这种机型目前应用最广。图 1.18 为弧形连铸机结构简图。钢包内的钢水通过中间包注入结晶器内，迅速冷却成具有一定厚度的凝固壳而内部仍为液态的铸坯。钢坯的下部与伸入结晶器底部的引锭杆衔接，浇注开始后，开动拉坯机，通过引锭杆把结晶器内的铸坯以一定的速率拉出。铸坯通过二次冷却装置时，进一步受到喷水冷却直到完全凝固。完全凝固后的铸坯通过拉矫机矫直后，切割成规定的长度，然后由输送辊道运出。

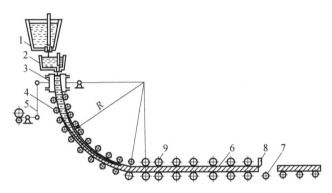

图 1.18　弧形连铸机结构简图[12]

1—钢包；2—中间包；3—结晶器；4—二次冷却装置；5—振动装置；
6—铸坯；7—输送辊道；8—切割设备；9—拉坯矫直机

　　钢包的容量应与炼钢炉的最大出钢量相匹配。为保证铸坯的质量和稳定操作，连铸工艺要求严格控制钢水温度。为此，采用向钢包内吹氩气搅拌钢液的操作方法使钢水温度均匀。

　　中间包位于钢包与结晶器之间，有储存钢水、降低钢水静压力、分流和净化钢水的作用。中间包的容量是钢包容量的 $20\%\sim40\%$。在通常浇注条件下，钢水在中间包内停留时间应为 $8\sim10min$，能起到上浮夹杂物和稳定铸流的作用。中间包设有包盖，用于保温和保护钢包包底不致过分受烤而变形。钢水从中间包注入结晶器一般采用浸入式水口，以保护钢水不被再次氧化。图 1.19 为保护浇注示意图。

　　结晶器是个无底水冷套，其主要作用是规定铸坯形状，强制钢液迅速冷却。

　　拉坯速率要控制适当。提高拉坯速率可以提高连铸机的生产能力，但拉坯速率过高会造成结晶器出口处坯壳厚度不足，不足以承受拉坯力和钢水的静压力，以致坯壳被拉裂而发生漏钢事故。通常在一定工艺条件下，拉坯速率有一最佳值。

　　结晶器的冷却亦称为一次冷却。结晶器的长度一般为 $700\sim900mm$，一般由导热系数高的铜合金制作，在结晶器内壁往往镀铬、镍等，可以防止铜合金被磨损，

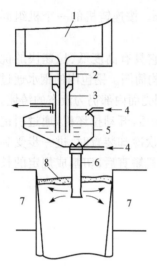

图 1.19　保护浇注示意图[3]

1—钢包;2—滑动水口;3—长水口;
4—氩气;5—中间包;6—浸入式水
口;7—结晶器;8—保护渣

并阻止铜渗入铸坯而引起表面裂纹。为避免铸坯坯壳与结晶器内壁黏结和改善铸坯表面质量,结晶器必须润滑,可以采用润滑油润滑。近年多采用保护渣保护浇注,保护渣一方面起着保温、防止液面氧化和吸收上浮夹杂物的作用;另一方面,流进结晶器壁与坯壳之间的液态保护渣,还可起到润滑作用。结晶器通过振动装置能按一定轨道做上下往复运动,实际上起到了"脱模"作用,避免初生坯壳与结晶器粘连而造成坯壳拉裂。当结晶器向下运动时因为"负滑脱"的作用,可"愈合"坯壳表面裂纹,有利于获得理想的表面质量。

钢液在结晶器进行初步凝固,铸坯从结晶器内拉出后,坯壳厚度仅 10～25mm,而中心仍是高温液体。为使铸坯继续凝固,在结晶器下口到拉矫机之间,设置较长一段喷水冷却区,称为二次冷却区。二次冷却区包括一组喷嘴及按曲线排列的一系列夹辊。目前,普遍采用气雾冷却,即喷嘴上有水孔和气孔,用压缩空气把水打碎进行雾化,水呈雾状向铸坯表面冲击,使冷却强度均匀可调。夹辊是用来防止铸坯因内部钢液静压力的作用而产生的"鼓肚"现象,同时对铸坯、引锭杆起导向及承托部分重量的作用。二次冷却后,铸坯进入矫直点的温度应大于 900℃。这是因为在900～700℃温度区间,钢的延性最低,极易产生裂纹。

连铸坯在连铸机内边运行边凝固,形成了很长的液相穴。铸坯的凝固过程分以下三个阶段[6,13]:第一阶段,在结晶器内形成初生坯壳。进入结晶器的钢水形成坯壳,随着温度的下降,已凝固的高温坯壳发生 $\delta \rightarrow \gamma$ 的相变,引起坯壳收缩离开铜壁,气隙开始形成,传热减慢,坯壳温度回升,强度降低。在钢水的静压力下使坯壳向外鼓胀,再次贴紧铜壁,传热条件改善,坯壳增厚。于是又产生冷凝收缩,坯壳再次离开铜壁。这样周期性地离合 2～3 次,坯壳达到一定厚度并完全离开铜壁,气隙稳定生成,坯壳生长速率减慢。第二阶段,在二次冷却区内坯壳稳定生长。结晶器内约有 20%的钢水凝固,带有很长液相穴的铸坯从结晶器拉出来进入二次冷却区接受喷雾冷却,垂直于铸坯的表面散热最快,使树枝晶平行于生长面而形成了柱状晶。由于冷却的不均匀,铸坯在传热快的局部区域柱状晶优先发展。当两边的柱状晶相连时,或由于等轴晶下落被柱状晶捕捉,就会出现"搭桥"现象,如图 1.20 所示。这时液相穴的钢水被"凝固桥"隔开,桥下残余钢液因凝固产生收缩,得不到桥上钢液的补充,形成疏松和缩孔,并伴随有严重的偏析。这种"搭桥"是有规律的,每隔 5～10cm 就会出现一个"凝固桥"及伴随的疏松和缩孔,称为"小钢锭结构"。第三阶段为液相穴末端的加速凝固。液相穴固液交界面的树枝晶被钢液的对流运动折断,树枝晶片一部分可能重新熔化,另一部分可能下落到液相穴底部,作为等轴晶的核心。生长的柱状晶与沉积在液相穴底部的等轴晶相连接,液芯完全凝固,构成了连铸坯的低倍结构。

　　连铸钢水在冷凝过程中,低熔点的物质被推向铸坯中心部位,形成了 C、S、P、Mn 等元素的偏析带,该偏析带在液相穴终端存在于底部。在凝固过程中,夹辊之间可能产生的鼓肚会引起坯壳内容积变化和补偿凝固收缩,导致中心偏析和中心裂纹。铸坯进入二次冷却区会出现"搭桥"现象,形成中心偏析和中心疏松缺陷。基于此,开发出"轻压下"(soft press)技术,即在凝固终端附近,对铸坯施加一定的压下量,破坏凝固终端形成的搭桥及封闭的液相穴,抑制浓缩钢水在晶间的充填,以消除或减少中心偏析和中心疏松。该项技术更适用于高碳铬轴承钢和其他易产生中心偏析的特殊钢连铸[1,2]。

　　连铸坯的宏观组织由三个区域组成。表面为细小等轴晶,厚度为 2~5mm,亦称为激冷层。下面是柱状晶区,柱状晶并不完全垂直于表面,

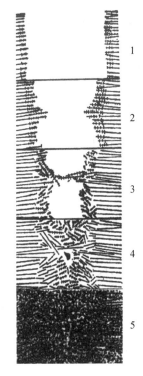

图 1.20　"小钢锭结构"示意图[3]
1—柱状晶均匀生长;2—某些柱状晶优先生长;3—柱状晶"搭桥";4—"小钢锭"凝固并产生缩孔;5—铸坯的实际宏观结构

而是向上倾斜约 10°,这说明液相穴内在凝固前沿有向上的液体流动。中心为等轴晶区,树枝状晶较粗大,呈无规则排列,中心区有可见的、不致密的缩孔和疏松。虽然连铸坯的宏观结构与钢锭无本质上的区别,但亦有差别。由于连铸坯液相穴很长,钢水补缩不好易产生中心疏松和缩孔;铸坯在二次冷却区接受喷雾冷却,坯壳温度梯度大,柱状晶发达,由于冷却速率快,树枝晶较细。图 1.21 为硅钢连铸坯经冷酸蚀后显示的三个结晶区:表面细等轴晶区、柱状晶区和较粗的中心等轴晶区。

图 1.21　连续铸钢的铸坯组织[14]
铸坯尺寸 100mm×160mm

　　等轴晶组织致密,成分、结构均匀,无明显的各向异性,强度较高,塑性和韧性较好,加工性能良好。柱状晶的枝干较纯,而枝晶间偏析严重,在柱状晶交界面构成了薄弱环面,加工时易开裂。柱状晶充分发展时形成穿晶结构,出

现中心疏松,降低了钢的致密度。因此,在一般情况下,都应尽量控制柱状晶的发展,扩大等轴晶宽度。为扩大等轴晶区,可采取一些措施[13]:①控制浇注温度,保持钢水在一定过热度(20~30℃)下浇注,过热度增加将促使柱状晶区加宽;②适当降低二次冷却水量可使柱状晶区宽度减小;③采用电磁搅拌,使钢水产生强制对流循环流动,将凝固前沿的树枝晶熔断或折断,树枝晶碎片作为等轴晶核心长大而使等轴晶区扩大。电磁搅拌器可以安装在结晶器、二次冷却区和凝固末端,根据对质量要求的不同,可以单独搅拌,也可以联合搅拌。

1.3　钢的压力加工

压力加工亦称为塑性加工,是利用金属的塑性,在外力(主要是压力)作用下改变其形状、尺寸和性能的加工方法。工业上常用的金属压力加工方法有轧制、锻造、挤压、拉拔、冲压等。按照压力加工时是否完全消除加工硬化,分为热加工和冷加工。对于钢来说,热加工是压力加工的第一步。

钢锭和连铸坯主要采用轧制和锻造的热加工方法使之成为所需形状的钢材或坯料,以便进一步加工;同时可以消除和减轻钢锭和连铸坯铸态组织中的粗晶、空洞和疏松等缺陷,并能减轻偏析。

1.3.1　轧制

在钢的生产中,90%以上是用轧制方法成材的,某些钢质零件,虽然不是直接轧制成形,但其中绝大部分是由轧材改制而成。实现钢的轧制的主要设备是轧钢机,轧制是借助于旋转的轧辊与钢料接触摩擦,将其咬入轧辊缝隙间,再在轧辊的压力下,使钢料完成塑性变形的过程。用轧制方法生产钢材,生产效率高、损耗小、产品质量高、生产成本低;钢材种类繁多,可将其归纳为长材、扁平材、管材和其他钢材四大类。长材包括钢轨、大型型钢、中小型型钢、棒材、钢筋和盘条;扁平材包括厚钢板、薄钢板、钢带等;管材包括无缝钢管和焊管。

轧钢机按其所生产的产品可分为开坯机、型钢轧机、钢板轧机、冷轧板带轧机、钢管轧机和特种轧机。开坯机和型钢轧机通常以轧辊名义直径表示轧机的大小(即轧机传动齿轮箱齿轮节圆直径尺寸),钢板轧机以轧辊辊身长度来命名。钢管轧机以所轧钢管外径尺寸来表示,如 1150 初轧机,表示其轧辊直径为1150mm[15]。

开坯机是将钢锭或连铸坯轧成半成品的轧机。其中初轧机是将钢锭轧成方坯,辊径尺寸为 800~1450mm;板坯机是将钢锭轧成板坯,轧辊直径为 1100~1200mm;钢坯轧机是将方坯轧成 50mm×50mm~150mm×150mm 钢坯,轧辊直径为 450~750mm。

型钢轧机可分为轨梁轧机、大型轧机、中型轧机、小型轧机和线材轧机。轨梁轧机的轧辊直径为 750～900mm,可以轧制 43～50kg/m 标准钢轨和高度 240～600mm 钢梁。大型轧机、中型轧机和小型轧机的轧辊直径分别为 500～750mm、350～500mm 和 250～350mm。线材轧机的轧辊直径为 250～300mm,可以轧制 5～9mm 线材。

钢板轧机可分为厚板轧机、热带钢轧机和薄板轧机。厚板轧机的辊身长度为 2000～5000mm,轧制厚 4～50mm 或更厚钢板。热带钢轧机的辊身长度为 500～2500mm,轧制 400～2300mm 宽热带钢卷。薄板轧机的辊身长度为 700～1300mm,热轧厚度为 0.2～4mm、宽度为 500～1200mm 的薄板。

冷轧板带轧机主要有冷轧钢板轧机和冷轧带钢轧机。前者辊身长度为 700～2800mm,轧制宽度为 600～2500mm 的冷轧板或板卷;后者辊身长度为 150～700mm,轧制厚度为 0.2～4mm、宽度为 20～600mm 的带钢卷。

钢管轧机可以轧制直径达 650mm 或更大的无缝钢管。特种轧机有车轮轧机、轮箍轧机等。

轧钢机还可以按轧辊的数目及其在工作机座中的配置可分为二辊式、三辊式、四辊式、十二辊式、二十辊式、立辊式、斜辊式等。

钢锭一般是在均热炉中加热,达到始轧温度后,送往初轧机开坯;如采用连铸连轧,则无须加热而直接轧制。热轧基本工艺流程如图 1.22 所示。

热加工的温度范围主要取决于钢的化学成分,其次还要考虑生产条件和控制温度的水平。图 1.23 为碳钢的热加工温度和碳含量的关系[16]。加入合金元素后,需考虑合金元素对铁-碳状态图中相变温度的影响,但仍可参考图 1.23 初步确定合适的热加工温度范围。

近 30 年来,轧钢生产工艺装备技术朝着高速率、连续化、自动化方向发展。目前宽带钢热连轧机的速率已达 30m/s,冷连轧带钢轧机的轧速达 41.5m/s,棒材轧机最高轧制速率已达 36m/s,而高速线材轧机的最高速率已高于 100m/s。为满足轧钢生产的连续化,在热轧板带上采用无头轧制技术,将粗轧后的带坯在中间辊道上焊合起来,并连续不断地通过精轧轧制。无头轧制也已用于棒线材轧机的生产技术,从加热炉出来的钢坯,经除鳞机去除表面氧化铁皮,然后该钢坯的头部与前一根已进入粗轧机的钢坯尾部闪光对焊成一体,并连续不断地通过后续轧机轧制。目前,宽带钢热连轧机的自动控制水平在各类轧机中是最高的,从板坯上料到卷取全部采用计算机控制。图 1.24 为一条全自动化钢板热轧流水线。

1.3.2　锻造

锻造是把钢料放在成对工具之间,由冲击或静压使工件高度缩短而得到预期的形状。在冶金厂使用的锻造设备主要是锻锤和液压机。

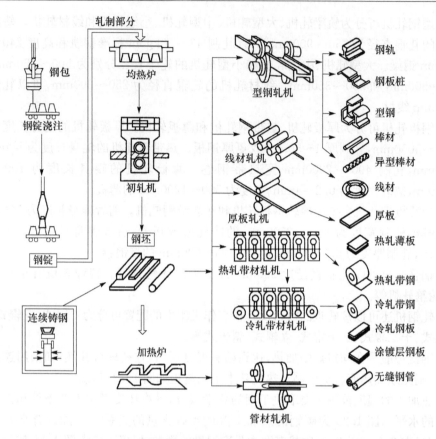

图 1.22　热轧基本工艺流程图[1]

　　锻锤是利用锤头等重物自由落下或强迫运动的动能打击坯料,使之产生塑性变形。锻锤落下部分的质量越大,打击能量也越大。一般锻锤的打击速率为 6~9m/s。锻锤主要用于坯料在热状态下的自由锻。锻锤结构简单、操作方便、适用性强,但振动和噪声严重,基础庞大。锻锤的种类多,使用最多的是蒸汽-空气锤和空气锤[17]。

　　蒸汽-空气锤以压力为 0.6~0.9MPa 的蒸汽或压缩空气作为工作介质,当具有一定压力的蒸汽或压缩空气进入气缸上腔或下腔时,推动锤头下行打击或上行回程。蒸汽和压缩空气一般由动力站集中供给。蒸汽-空气自由锻锤的落下部分质量一般为 1~5t,小于 1t 的可用相应的空气锤,比 5t 大的锻锤被水压机代替。蒸汽-空气自由锻锤(图 1.25)可锻最大锻件质量,成形锻件为 75kg,光轴类锻件为1500kg。蒸汽-空气自由锻锤常用于小型合金钢锭,特别是高合金钢锭的开坯和成形。直径在 150mm 以上的棒材一般采用锻造成形。

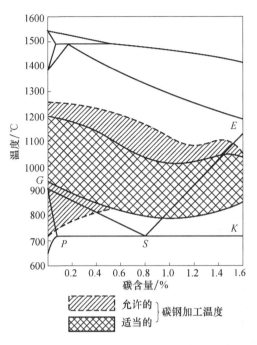

图 1.23 碳钢的热加工温度和碳含量的关系[16]

图 1.24 2250 热连轧流水线(武汉钢铁集团公司)

空气锤有一个工作缸和压缩缸,两者经空气分配阀联通,工作介质为空气,电动机通过曲轴带动压缩活塞,产生压缩空气驱动工作活塞和锤头上下运动。空气锤的落下部分质量一般为 40~1000kg,主要用于小件的自由锻。

液压机用液体作为工作介质传递压强以产生巨大工作力。液压机包括水压机和油压机,以水基液体为工作介质的称为水压机,以油为工作介质的称为油压机。液压机的优点是容易获得较大的压力和大的工作行程,工作压力可以调整,操作方便、工作平稳、振动和噪声都较小。液压机的工作速率较其他锻压设备低,随着高速泵的出现,行程速率已可达 60~120mm/s。

标称压力不大于 10000kN 的液压机常采用油液作为工作介质。标称压力大于 10000kN 液压机多采用水基液体作为工作介质。锻造用液压机多是水压机。2011 年洛阳中信重工建成世界最大的 185MN 自由锻油压机(图 1.26),可锻造 600t 的钢锭、单重 400t 的锻件,锻件正负误差不超过 2mm,标志着我国大型自由锻件的锻造能力达到世界先进水平。

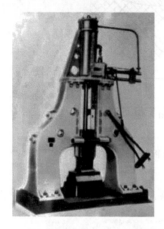

图 1.25 蒸汽-空气自由锻锤[18]

图 1.26 185MN 自由锻油压机

大中型钢锭常在加热炉中按指定的升温曲线加热,然后送往液压机或径向锻机开坯。特大型钢锭一般在台车式加热炉中按指定升温曲线加热,然后将钢锭和台车拉出炉外,用吊车送往重型液压机上锻成大型锻件。

锻造的操作速率较轧制慢,全锭锻打一遍需较长时间,因而有充分的时间完成再结晶,因此锻造对合金钢的塑性恢复有利。有些合金钢,如高速钢和高碳高铬工具钢,在其铸造组织中碳化物分布是很不均匀的,存在鱼骨状的莱氏体,严重影响钢的工艺性能和使用性能。钢材截面越大,碳化物偏析越严重。因此对于尺寸较大,要求碳化物均匀性比较高的刀具,必须使用锻造加工或对热轧材进行改锻,以改善钢的碳化物不均匀性。

快锻液压机(high-speed forging press),简称快锻机,是在 20 世纪 50 年代开始研制的。当时,新型合金材料不断出现,这些材料塑性差、变形抗力大、热加工温度范围窄,要求锻压设备能力大、速率快,对自由锻件尺寸精度的要求越来越高,一般的锻压水压机和锻锤都不能同时满足这两个条件。于是快锻机应运而生,在 60~70 年代得到很大发展,几乎代替了 3000t 以下的锻压水压机。快锻机的锻压速率接近于蒸汽-空气锤,公称压力一般为 8~45MN,以 10~20MN 为多。快锻机以油作为工作介质,液压系统部件的动作灵敏、快速,每分钟锻压次数可达 80~120 次。

液压机通过计算机控制活动横梁的压下量与行程,同时也将液压机与操作车连锁操纵。现在已发展到锻压过程自动控制,生产坯料尺寸精度可达±(1~2)mm。为了扩大品种、提高质量,快锻机已成为现代化特殊钢厂的必备装备,对耐热合金、不锈钢、高速钢、模具钢等材料都能加工,它可生产较大规格的方、圆、扁坯锻材和盘件、环件、炮筒、炮尾座及各种自由锻件,适宜用于多品种小批量的生产。

精锻机是一种快速精密锻压设备。锻件由夹头夹持边旋转边送进到几副(最多可达 8 个)对称布置的锤头之间,由几个对称锤头对坯料进行高频率锻打,是一种新型的多锤头径向锻造工艺。径向锻造具有脉冲锻打和多向锻打的特点,而且脉冲锻打频率高(一般为 180~1800 次/min),速率快,每次变形量很小,沿径向从多个方向锻打使金属处于三向应力状态,有利于提高金属的塑性。精锻机锤击次数高,坯料形变产生的热量可抵偿坯料散失到环境中的热量,因此加工过程中温度变化较小,这对加工温度范围窄的高合金钢和高温合金非常合适,提高了成材率。精锻机的公称压力为 0.8~25MN,可锻坯料直径为 20~850mm。精锻机自动化程度高,生产的锻件精度高,尺寸公差达±1mm,减少了后续工序的加工余量。精锻机经常与快锻机配合进行高合金钢和高温合金的开坯和锻材的生产。精锻工艺又发展为精锻-轧制工艺,并创造了精锻-轧机组,它由一台多锤头的连续式精锻机后带若干架轧机组成,主要用在合金钢厂生产小型棒材。精锻机不足之处是设备复杂、生产成本高。另外,锻造时工件表面变形大于中心部位变形,如果锻比控制不当会出现心部锻不透的现象。

精锻机锻造时,热加工工艺参数的选用对锻坯成形后的质量非常重要。主要的热加工工艺参数是:始锻温度、加热工艺、终锻温度、变形程度和冷却制度[19]。

始锻温度是指钢坯在加热炉内允许的最高加热温度。钢坯从加热炉中取出送到锻压设备上开始锻造之前,毛坯温度会有所下降,应尽量减少钢坯的温降。钢坯的始锻温度主要受过热和过烧的限制。钢材的加热温度过高,致使晶粒过分长大,超过了技术标准所规定的晶粒尺寸的现象,称为过热。一般来说,碳钢及低、中合金钢发生过热后,可再次加热使之产生 $\alpha \rightarrow \gamma$ 相变,通过重结晶使晶粒细化。但严重过热的钢材,常需多次重结晶正火,或高温回火加正火的方法才能将晶粒细化下来。过热时钢中的 MnS 夹杂可能溶入奥氏体并富集于晶界,重结晶后也不能改变其分布状况,致使降低了的塑性及严重下降的冲击韧性无法恢复,并常伴随有粗大石状断口。单相奥氏体或铁素体组织的高合金钢,因为没有同素异构转变,所以无法通过重结晶来细化晶粒,只能通过冷变形再结晶的方法获得较细的新的晶粒组织。当钢的加热温度接近状态图的固相线温度(熔点)时,晶界发生氧化或部分熔化的现象称为过烧。过烧首先发生在晶界处是由于晶界处原子排列不规则,能量高于晶粒内部,因而易于氧化和熔化。过烧使钢材性能严重恶化,强度极低,无塑性,在随后的热变形时,极易产生开裂。过烧的钢材不能用热加工的方法恢复,只能报废。钢的过烧温度比熔点低 $100\sim150℃$,过热温度又比过烧温度约低 $50℃$。始锻温度随碳含量的增加而降低(图 1.23)。钢中加入合金元素后,其始锻温度随碳含量的增加降低更多。冶炼方法对钢的过热度有明显的影响,提高钢的纯洁度,由于非金属夹杂物的减少,将使钢的过热温度降低,过热起始温度降低的程度在 $15℃$ 以上。重要用途的高强度钢,经特种熔炼的相比空气熔炼的同种钢,其过热起始温度低 $30\sim40℃$。

钢锭和钢坯一般采用以油、煤气或天然气作为燃料的火焰炉加热,对加热质量要求较高时也可采用电阻炉加热。在大批量生产同类锻件时,可使用感应电加热。随着先进的锻造工艺的发展,有时需要采用无氧化或少氧化的加热方法。为此,可在有保护气氛的电阻炉加热或使用快速感应加热;也可以采用燃料不完全燃烧而产生保护性炉气的火焰炉加热,用这种方法可以加热任意尺寸和形状的坯料而不产生氧化皮。在生产中粗略规定:加热时钢料的烧损在 0.1% 以下为无氧化加热,烧损在 0.5% 以下为少氧化加热。钢锭和钢坯的加热时间应保证将其中心加热到始锻温度。加热时间过长会造成严重脱碳、氧化、晶粒粗大甚至过烧。生产厂为便于计算,常依据钢种及坯料尺寸不同,规定出每毫米直径或每毫米截面厚度所需的加热时间。对于直径或截面厚度小于 75mm 的合金结构钢和工具钢坯料,加热时间为 0.3min/mm;对于直径或截面厚度为 $75\sim230$mm 的钢料,加热时间不得超过 0.8min/mm;对于钢锭、高碳钢和高合金钢则需要低温装炉,先在 $650\sim850℃$ 进行预热,以避免加热速率过快而产生开裂,然后加热至始锻温度。

终锻温度主要应保证在结束锻造之前钢料仍有足够的塑性,锻件在锻后应获得再结晶组织。钢料在高温单相区(图 1.23 GSE 线以上的高温区)具有良好的塑性。对于亚共析钢一般应在 A_3 以上 $15\sim50℃$ 结束锻造,终锻温度过高,停锻之后,锻件内部晶粒会继续长大,形成粗晶组织。低碳亚共析钢在 GS 线(A_3)以下的两相区也有足够的塑性,因此终锻温度可取在 GS 线以下。亚共析钢在 A_3 和 A_1 温度区间锻造时,由于温度低于 A_3,铁素体将从奥氏体中析出,在铁素体和奥氏体两相共存情况下继续锻造变形时,将形成铁素体与奥氏体的带状组织,进一步冷却时在温度低于 A_1 的情况下,奥氏体将转变为珠光体。室温下将获得铁素体与珠光体沿主要伸长方向呈带状交替分布的组织(图 1.43),这种带状组织可以通过重结晶退火或正火予以消除。对于过共析钢,当温度降至 SE 线(A_{cm})以下即开始沿晶界析出二次碳化物,并呈网状分布。为了打碎网状碳化物,使之成为粒状或断续网状分布,应在 A_{cm} 以下两相区继续锻打。当温度下降至一定程度时,由于塑性的降低而必须终止锻造。过共析钢的终锻温度一般应在 A_1(SK 线)以上 $50\sim100℃$。锻造时还应了解各种钢的临界变形区域随温度的变化,避免因临界变形度和随后再结晶而引起的晶粒异常长大。

钢料锻造时的变形程度可用锻造比表示。锻造比是影响锻件质量的一个重要的因素。对于用铸锭锻制的大型锻件和一些高合金钢,正确选取锻造比有重要的实际意义。锻造比以锻件变形前后的横截面积的比值来表示。不同的锻造工序,锻造比的计算方法各不相同。拔长时,锻造比 $y=F_0/F_1=L_1/L_0$(F_0、F_1 为拔长前后钢料的横截面积,L_0、L_1 为拔长前后的钢料的长度);镦粗时的锻造比 $y=F_1/F_0=H_0/H_1$(F_0、F_1 为镦粗前后钢料的横截面积,H_0、H_1 为镦粗前后的高度)。当只用拔长或只用镦粗进行几次锻造时,总锻造比等于各次锻造比的乘积;如两次拔长中间镦粗或两次镦粗中间拔长时,总锻造比规定为两次锻造比之和,不将中间镦粗或中间拔长的锻造比计算在总锻造比之内。

　　铸锭在高温下延伸变形时,等轴晶沿变形方向拉长,树枝晶主干逐渐向变形方向偏转且伸长变细。钢中的非金属夹杂物和一些在高温时稳定的碳化物、氮化物等也沿此方向被拉长或者沿此方向排列,树枝晶及存在的偏析区也被拉长了,但偏析并未能消除,这样便形成纤维组织,亦称为流线。当锻造比为 6~8 时,钢的低倍组织为完全变形组织,纤维结构明显,组织的致密性与均匀性得到提高。用酸浸试验的方法可以显示出钢中的纤维组织(图 1.27)。纤维组织中的明亮带是树枝晶主干与枝干改变了位向的结果,而暗带则是树枝晶晶轴之间部分沿变形方向伸长形成的。随锻造比的增加,钢的纵向和横向的力学性能都有改善,当锻造比增加到一定程度后,纵向的性能改善不多,而横向的塑性和韧性将有所降低;强度指标屈服强度 σ_s 或抗拉强度 σ_b 在纵横方向的数值相差不大。这是由于在横向上一些被拉长了的非金属夹杂具有较低的强度并引起应力集中,从而降低了横向的断裂强度 S_K,使过早地断裂,致使横向的塑性没有得到充分的利用,所以塑韧性指标都降低。相反,纵向的塑性由于组织排列方向比较有利,不利于裂纹的传布,故塑韧性指标都有些提高。σ_s 和 σ_b 代表对塑性变形的抗力,所以在纵向和横向上没有多少

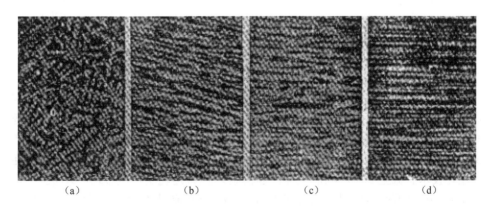

(a)　　　　　　(b)　　　　　　(c)　　　　　　(d)

图 1.27　热加工对流线形成的影响(沿金属流动方向形成的宏观组织)[20]

(a) 钢锭的树枝状组织;(b) 压下量为 5mm 时,形成的流线;

(c) 同(b),压下量为 30mm;(d) 同(b),压下量为 138mm

差别。热塑性变形后钢材纵向和横向力学性能的差异称之为钢材的各向异性,通常以各向异性系数 α 表示,它表示纵向性能与横向(或者切向)性能之比。因此有一个适宜的锻造比,此值大约为 3~5,视钢的成分、冶炼情况、工件的使用条件和钢锭大小而定。在拔长之前进行镦粗可以得到更为均匀的性能。合金结构钢钢锭比碳素结构钢钢锭的铸造缺陷严重,所需的锻造比要大一些。电渣钢比一般冶炼钢的质量好,所需锻造比可小些。当锻件受力方向与纤维方向不一致时,为了保证横向性能,避免明显的各向异性,可取锻造比 2.0~2.5;当锻件受力方向与纤维方向完全一致时,为提高纵向性能,可取锻造比为 4 或更高。

锻件冷却时,由于表层与中心的冷却速率不同,在锻件内部将产生热应力。有相变重结晶的钢制锻件以较快速率冷却时,由于表层与中心的组织转变时间有先后,转变的组织也可能不同,使锻件内部可能产生很大的组织应力。在变形残余应力、热应力和组织应力的联合作用下,锻件容易在表面形成裂纹。若采用缓冷,可以减少表面与中心的温度差和由此引起的热应力,同时可以减小表层与中心的组织差异,防止裂纹的产生。具体的冷却制度因钢种而异。碳钢和低合金结构钢锻后一般均在空气中冷却。合金结构钢中型锻件、合金工具钢小型锻件常置于坑中或箱中冷却,坑和箱中可以放入沙子、石灰等填料,以进一步降低冷却速率。对于过共析钢,在锻后冷却时为了避免因碳化物的析出而形成碳化物网,锻件锻后应快冷至 600~700℃,然后缓冷。锻件在锻后一般均需进行软化退火或正火。锻后冷却时易产生裂纹的钢应及时退火。大型锻件一般采用炉冷,而且常把炉冷和退火结合在一起。锻后冷却的另一个任务是防止白点的产生。

1.3.3　薄板坯连铸连轧

传统热轧板材和带材的生产工艺如图 1.22 所示。原料是连铸板坯或初轧板坯,厚度为 130~300mm。一部分通过热轧生产成各种规格的钢板,亦称平板;一部分在带钢热轧机上生产厚度 1.2~8mm 的成卷热轧钢带,亦称卷板。宽度600mm 以下称为窄带钢,超过 600mm 的称为宽带钢,最大卷重为 30~35t。20 世纪 70 年代热轧带钢已占钢材总产量的 50% 左右。

近年来,一种近终形薄板坯连续铸钢技术得到了很快的发展。这种技术的实质是在保证钢材质量的前提下,尽量缩小铸坯的断面来取代压力加工。1989 年德国西马克(Siemag)公司在美国建成采用薄板坯连铸连轧技术的紧凑式带钢生产线(compact strip production,CSP),之后许多公司开发出了不同类型的薄板坯连铸连轧技术。截至 2013 年底,全球已建薄板坯连铸连轧生产线 63 条 97 流,年生产能力 11008 万 t,我国已建或在建 15 条 30 流,年生产能力约 3724 万 t,居全球之首[21]。图 1.28 为薄板坯连铸连轧 CSP 工艺过程示意图[22]。薄板坯的厚度一般为 50~110mm,宽度一般为 850~1600mm,单流的年生产能力达到 120 万~150 万 t。薄板坯连铸连轧生产的热轧带钢和板材厚度为 0.8~25mm。

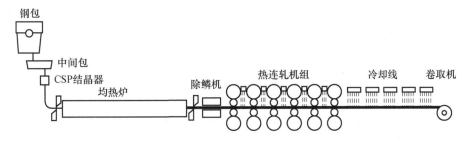

图 1.28　薄板坯连铸连轧 CSP 工艺过程示意图[22]

由于连铸薄板坯薄,经过冷却器和二次冷却区的快速冷却后,铸坯中的柱状晶短,等轴晶区宽,晶粒细小,组织致密。CSP 工艺连铸坯在奥氏体区直接轧制,取消了传统连铸坯 $\gamma \rightarrow \alpha$ 相变区的中间冷却和轧制前加热升温过程中又发生的 $\alpha \rightarrow \gamma$ 转变,节能降耗明显。

薄板坯连铸连轧简化了生产工艺,减少了设备,缩短了生产线,从冶炼钢水至热轧板卷输出,仅需 1.5h,缩短了生产周期,提高了成材率,降低了生产成本。预计 2010 年全球 50% 左右的热轧板卷会由薄板坯连铸连轧技术来生产[23]。

与传统工艺相比,薄板坯连铸连轧工艺具有独特的微合金化行为。薄板坯连铸后直接奥氏体化,在热轧开始前,微合金元素在奥氏体中几乎完全溶解,具有全部微合金化优势,可用于奥氏体晶粒细化和最终组织的析出强化,有利于生产高强度钢材。终轧温度不可过低,以免 AlN 的析出。

热卷取的温度应控制在 550~650℃。温度过高会增加氧化皮和引起晶粒长大,温度过低则钢材变硬、弹性增加,不利于卷取。对用铝脱氧的镇静钢应控制卷取温度及冷却速率,卷取的温度要尽量低一些,以避免 AlN 过早地析出。

薄板坯连铸连轧的产品一部分用于生产冷轧带钢的原料(冷轧基板),一部分薄规格的热轧带钢直接供应市场。后者主要应用于对钢带的表面质量、尺寸精度、力学性能要求低的领域和构件,如建筑业用的钢带、冷弯型钢、集装箱、车厢等。近年由于技术的进步,一些厚度大于 1.0mm 的热轧带钢已可取代冷轧带钢。

1.3.4　冷轧薄钢板和钢带[24,25]

现代热连轧机在轧制厚度小而长度大的薄板带产品时,由于轧件在轧制过程中温降剧烈,引起轧件首尾温差,使产品尺寸超出公差范围,性能出现显著差异。因此,实际生产中很少生产 1.8mm 以下的热轧板卷。而冷轧则不存在热轧温降和温度不均匀的问题,可以得到厚度更薄、精度更高的冷轧薄板和钢带[24]。

冷轧薄钢板和钢带一般厚度为 0.1~3.5mm,宽度为 100~2080mm。冷轧均以热轧带钢为原料,在常温下经冷轧机轧制成材。冷轧生产产品的质量与热轧带钢的质量密切相关。影响热轧带钢的组织和性能的因素主要有:钢坯加热温度、保温时间、终轧温度、末道次压下率和卷取温度。

热轧带钢的显微组织特征会保持到冷轧薄带上,冷轧不能消除热轧变形时得到的粗大晶粒、过细晶粒及不均匀晶粒。对于低碳带钢,当其有高的终轧温度和卷取温度,并缓慢冷却下来时,将得到粗大的晶粒并析出大的渗碳体。冷轧时粗大的晶粒和大的渗碳体被轧碎,渗碳体呈条状分布,这将引起在冲压时裂纹的产生。最好的热轧轧制条件是:终轧温度应略高于 Ar_3,轧后要尽可能快速冷却,保证卷取温度低于 Ar_1,这样可以得到均匀晶粒及细小分散的渗碳体。

冷轧带钢和薄板具有表面光洁、平整、尺寸精度高和力学性能好等优点。热轧板热轧状态表面粗糙度为 $20\mu m$,酸洗后为 $25\mu m$。冷轧板可以根据不同用途制造不同表面粗糙度的钢板。光亮板的表面粗糙度不大于 $0.9\mu m$,作为冲压部件用的无光泽钢板的表面粗糙度为 $3\sim10\mu m$。冷轧板带钢的产品品种很多,如金属镀层薄板(镀锌板、镀锡板等)、深冲钢板(以汽车板为最多)、涂层钢板、不锈钢板等,成品供应有板、卷或纵剪带的形式。成卷冷轧薄板生产效率高,使用方便,有利于后续加工,因此应用广泛。冷轧带钢单卷质量已达 40t,个别达到 60t。冷轧带钢和薄板的产量已占轧材总产量的 20% 左右。

冷轧带钢的生产流程如下:酸洗—冷轧—工艺润滑—退火—平整—镀层、剪切和包装。冷轧生产方法不断进步,已从单张生产方法发展到完全连续式生产方法。图 1.29 是最新的冷轧生产工艺流程——全联合式全连续轧制。

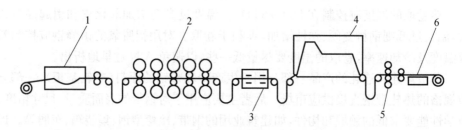

图 1.29　全联合式全连续轧制[24]

1—酸洗机组;2—冷连轧机;3—清洗机组;4—连续式退火炉;5—平整机;6—表面检查横切分卷机组

作为冷轧薄板和钢带原料的热轧带钢,是在高温下轧制和卷取的,其表面的氧化铁皮能牢固地覆盖在带钢的表面上,其清除需通过酸洗工序来完成。酸洗在连续酸洗机组上用硫酸或盐酸去除钢带表面上的氧化铁皮,酸洗前先焊接开卷,酸洗后进行清洗、烘干、剪边和分卷。

酸洗后的带坯在冷连轧机上轧制到成品厚度。冷轧是冷轧带钢生产中最重要的工序。现在大批量的低碳与结构冷轧带钢和涂层加工用带钢都是由四辊式冷连轧机生产的。轧制厚度 0.3～3mm 的汽车板、镀锌板采用五机架连轧机,冷轧总压缩率一般为 60%～80%。轧制厚度 0.15～0.5mm 的镀锡薄板采用六机架连轧机,冷轧总压缩率一般为 70%～90%。采用刚性很大的二十辊轧机可以轧制0.002～0.2mm 的极薄带钢和变形困难的高强度钢材。

退火的目的是消除冷轧加工硬化,使钢板具有标准所要求的力学性能、工艺性能及显微组织结构,一般采用再结晶退火。根据钢种和性能要求也可进行其他相应的热处理。退火方式有罩式炉成卷退火和连续炉退火。使用罩式炉成卷退火时,先将退火钢卷吊放在炉台底部上,一般堆放 4 卷,然后把保护罩扣在钢卷堆上,在保护罩外面再扣上加热罩。连续炉退火采用立式的连续炉代替间歇式的罩式炉,可以与其他生产工序联结成一套生产机组,实现连续化生产,如图 1.29 所示。采用罩式炉成卷退火周期长,但炉子数量多、使用灵活、投资少。连续炉退火产量大、时间短,生产出成品的时间由成批退火的 10 天缩短为 10min。连续炉退火技术复杂,一次投资费用高,带钢厚度受到限制。

冷轧带钢的退火工艺必须保证在退火过程中钢卷层间不黏结,表面不出现氧化,中高碳钢、合金钢不脱碳,汽车板能获得深冲性能等。再结晶温度根据产品及其内部组织状态来确定,一般为 570～720℃。要使带钢不脱碳、不氧化,必须进行光亮退火,应向炉内通入保护气体。

平整的目的在于避免退火后的钢板在冲压时产生塑性失稳,以及提高钢板的平整度及表面质量,平整压缩率为 0.5%～1.5%。

薄钢板的需求量增长很快,尤其是冷轧薄板,但薄板的腐蚀是相当严重的,所造成的经济损失也是惊人的。一些冷轧厂的后工序都设有各种的镀涂层生产线。钢板的镀涂层生产分为两大类:一类是金属镀层,如镀锌、镀锡、镀铬等;另一类是非金属涂层,如涂漆、覆膜等,其具体工艺可参阅有关著作[24～26]。

1.4　钢的冶金质量和质量检验

钢材在生产过程中,要经过冶炼、浇注、轧制(或锻造)等工序,最后成材。由这些过程所控制的质量,称为冶金质量。钢的冶金质量对钢的使用性能和工艺性能有相当大的影响。如果钢的冶金质量差,钢中存在有较严重的缺陷,则即使其成分适合,热处理工艺正确,产品性能仍达不到要求,在使用时会早期失效甚至引起严重事故。

合金钢比碳素钢更容易形成一些冶金缺陷。这是因为加入合金元素以后常会增加钢的稠度,流动性降低,因而非金属夹杂和气体不易去除,容易造成偏析。合金钢的液固线间距离较大,更容易生成粗大的初生组织和树枝状偏析,由于合金元素扩散能力较差,高温扩散退火(1000～1200℃)也无法完全消除。合金钢的淬透性较高,冷却时较易产生组织的不均匀性,导热性也差,这些都会增加钢中的残余应力,易引起裂纹的生成。

为了鉴定钢材的冶金质量,我国已建立了宏观检验、显微检验、力学性能检验、工艺性能检验、物理性能检验、化学性能检验、表面缺陷检验、无损检验及热处理检验等各方面的检验方法标准[27,28]。每种检验方法都有相应的国家标准或行业标准,有些企业还就有关试验方法制定了自己的企业标准。不同检验方法之间应配合使用,方能得出正确的结论。各种钢材根据其使用要求确定其需检验的项目,规定其合格级别。

宏观检验亦称低倍检验,是用肉眼或在不高于十倍的放大镜检查钢材的纵横断面上的宏观组织和缺陷的方法,能在较大面积上检验钢材质量。宏观检验包括酸浸试验、断口试验、塔形试验和硫印试验。

酸浸试验一般采用热酸浸蚀法,对于截面比较大的试件,常用冷酸浸蚀法。检验的项目包括一般疏松、中心疏松、残余缩孔、锭型偏析、斑点状偏析、气泡、白点、低倍夹杂等。断口试验是将横截面切取的试样折断,检验其断口质量,可以核实酸浸试验发现的缺陷,有时比酸浸试验更敏感。塔形试验是将钢材试样加工为不同尺寸的阶梯状,进行酸洗或磁力探伤,检查裂纹程度,衡量钢中夹杂物、气泡存在的多少。硫印试验是将钢锭或钢坯断面刨光后,在印相纸上显影,可以明显地看出硫化物在钢中的分布情况及钢材的低倍缺陷。

显微检验也常称为金相检验或高倍检验,所使用的仪器最常见的是光学显微镜。为了研究和解决检验中所遇到的难题,也使用电子显微镜等现代微观分析测试仪器。

表面缺陷检验是检验钢材表面及其皮下的缺陷,如裂纹、折叠、耳子、重皮、结疤等。为使钢材表面缺陷显露出来,应将钢材进行酸洗以除掉氧化铁皮,或者用砂轮沿钢材全长进行螺旋磨光。供热加工用的钢材,必须清除其表面所有缺陷。供冷加工用的钢材,如果其表面缺陷深度未超过加工余量,可不必清除。

本节简要论述钢中偏析的形成过程,介绍钢中常见的低倍、高倍和断口缺陷[28]。钢中许多缺陷的生成与钢中偏析的形成过程有关。

1.4.1　偏析

由于凝固或固态相变而导致的钢中化学成分的不均匀分布称为偏析(segregation)。在 1.2 节已述及偏析按其分布的范围大小分为微观偏析和宏观偏析。微观偏析指显微组织中成分的不均匀分布,是由凝固或固态相变产生的,或凝固与固态相变共同产生的;宏观偏析针对整个铸件范围而言,即铸件不同区域之间的成分差异,只能由凝固过程产生。

1.4.1.1 微观偏析

微观偏析又称显微偏析,一般指枝晶偏析。枝晶偏析是选择结晶的结果。由于选择结晶和溶质元素扩散不充分,构成了树枝晶晶轴与晶间成分的不均匀。先结晶的枝干比较纯,碳浓度较低,后结晶的枝间碳浓度较高。硫、磷及其他合金元素在枝干和枝间的偏析情况大体与碳相仿。枝晶偏析还包括其他杂质元素和气体元素的偏析。一般说来,氧化物析出较早,多处于枝干,硫化物析出较晚,多处于枝间。脱氧用铝较多的情况下,在钢液温度降低时所形成的固态夹杂物,如 Al_2O_3、MnO 等,可以作为非自发形核,树枝状晶以其为核心进行生长,或者由于表面张力的关系,氧化物也倾向于靠在枝干上。氢的枝晶偏析将促使在枝间形成气泡。

在树枝晶内,晶轴上的溶质元素浓度最低,且各处几乎相同,枝间的溶质元素浓度最高,且不同部位上的差别亦大。可用显微偏析度 A 表示元素枝晶偏析的程度:$A = C_{max}/C_{min}$,其中 C_{max} 为枝间元素的最高浓度,C_{min} 为枝干上元素的浓度。溶质的显微偏析度由钢锭或铸坯的表面向中心逐渐增大,最大偏析度出现在钢锭或铸坯的轴心区。随钢锭或铸坯断面尺寸的加大,最大的显微偏析度亦随之增大。随着钢中碳含量的增加,元素 S,Cr,Mn 等的显微偏析度亦增大[2]。

枝晶偏析可以通过钢锭的高温扩散退火(均匀化退火)予以减轻,一般需要较长的时间。扩散退火目的,不只是要达到碳的均匀化,更主要的是取得合金元素分布的相对均匀,没有合金元素的相对均匀化,就不会有碳的均匀化。由于碳原子的尺寸和扩散系数与合金元素有显著差别,通过高温扩散容易使碳的分布趋于均匀,而合金元素的均匀化要困难得多。残留下的合金元素的枝晶偏析将影响相变,从而影响碳的再分布,促使带状组织的形成。

在生产上,钢锭的质量越小,冷却速率越快,枝晶偏析程度就越小,这对随后用扩散退火消除枝晶偏析是很有利的。消除枝晶偏析最有效的办法是采用炉外精炼技术等手段,最大限度地降低钢液中有害杂质(S、P、O、H、N)的含量,生产纯净钢[2]或洁净钢(clean steel)。

1.4.1.2 宏观偏析

宏观偏析又称区域偏析,是指钢锭或铸坯不同区域之间的成分差异。在凝固速率不是很高的情况下,由于液相可以流动,原树枝晶近旁的杂质元素在液相中有可能被转移到很远的地方。随着凝固的进展,杂质元素在最后剩余的钢液中富集,结果,各种元素在钢锭范围内发生了长距离的重新分布,产生了宏观偏析。宏观偏析大小常用偏析量 $\Delta C = C - C_0$、偏析度 $A = C/C_0$、偏析差别 $\Delta A = (C_{max} - C_{min})/C_0$ 等来量度,式中 C 为测定点某元素含量,C_0 为该元素在钢中的平均含量。$\Delta C > 0$ 或 $A > 1$ 为正偏析,$\Delta C < 0$ 或 $A < 1$ 为负偏析。

镇静钢的外壳层凝固速率很快,杂质和合金元素来不及向内转移,其成分与钢的平均成分相同。在柱状晶形成期间,杂质与合金元素富集在柱状晶间隧道中。由于靠近柱状晶前沿较冷的钢液密度较大,有下沉的趋势,而锭心部分温度较高,钢液密度较小,有上浮的趋势,于是就产生了钢液的循环流动。循环流动的钢液沿柱状晶前沿向下流动时,把柱状晶间隧道中富集杂质和合金元素的钢液带走,钢液达到接近钢锭底部凝固区时,再向内流动,然后沿钢锭轴心区域上升,杂质和合金元素就会被带到钢锭的心部和头部。硫、磷等元素减小钢液的密度,促使钢液向上流动,故较多地富集在钢锭的中上部。

在中心等轴晶带结晶期间,钢液中 Al_2O_3 粒子和半固态硅酸盐或铝酸盐夹杂物能够成为初生晶体结晶的靠背。晶体附在这些夹杂物上生长时,这些夹杂物将不能继续上浮,而是被密度较大的树枝晶拉向下方,造成钢锭中下部较高的氧化物夹杂含量。因此,除氧以外,其他元素包括碳、硫、磷和合金元素均富集于钢锭的中上部。镇静钢凝固时钢锭上部温度高,保温帽部分最后凝固,该处的正偏析最大。在使用大钢锭制造大型锻件时,这种情况必须予以考虑。

宏观偏析可使由钢锭不同部位轧制出来的钢材在力学性能和物理性能上产生很大的差异。宏观偏析只能通过控制和改善浇注工艺来解决。

1.4.2　低倍缺陷

钢的低倍缺陷种类很多,有些是比较普遍的,也有一些仅在某些特殊钢中才能见到。检验低倍缺陷时,先将制备好的试片进行酸浸试验(GB/T 226—2015《钢的低倍组织及缺陷酸蚀检验法》)。由于发生选择性腐蚀,在试面上出现明显可见的浸蚀特征,将其作为评定的依据,然后与相应的标准图片进行比较后做出评定。我国的相应标准为 GB/T 1979—2001《结构钢低倍组织缺陷评级图》。评级图中各缺陷级别根据缺陷存在严重程度,划分为若干等级。该标准适用于评定碳素结构钢、合金结构钢、弹簧钢钢材横截面酸浸低倍组织中允许和不允许的缺陷。经供需双方协议,也可用做评定其他钢类的低倍组织缺陷。

为检查一些连铸坯的质量和低倍缺陷,钢铁行业还制定了有关行业标准,如YB/T 4002—2013《连铸钢方坯低倍组织缺陷评级图》、YB/T 4003—2016《连铸钢板坯低倍组织缺陷评级图》。钢材低倍组织缺陷允许与否及合格级别在相应产品标准中规定。

1.4.2.1　残余缩孔

镇静钢钢锭头部中心部位的缩孔应控制在钢锭冒口线以上,以便在开坯或轧制后切除。有时因浇注工艺不当会使缩孔尖细的底部深入锭身,在加工成材后的该部位横向低倍试片上,呈现出形状不规则的中心小孔洞,成为残余缩孔。连铸坯液相穴很长,如果钢水补缩不足,也会产生中心疏松和缩孔。GB/T 1979—2001 按裂缝或空洞大小将残余缩孔分为三级评定。缩孔和残余缩孔都是钢材技术标准中所不允许存在的缺陷,生产中必须切除干净。缩孔,特别是深入锭身的缩孔,必然降低钢锭成材率。

1.4.2.2　疏松

钢的组织不致密性称为疏松。根据疏松在断面上的分布位置,可分为一般疏松和中心疏松。GB/T 1979—2001 按钢材的尺寸为 40～150mm、150～250mm 和>250mm 分别制定评级图片,各分为四级。

一般疏松的特点:在经热酸浸蚀的横向试片上,疏松呈现分散的空隙和暗点。空隙多为不规则的空洞或圆形针孔,暗点多为圆形或椭圆形。这些暗点和空隙一般出现在粗大的树枝晶主轴和各次轴之间,疏松区发暗而轴部发亮,见图 1.30。产生的原因是钢液在凝固时,在树枝晶主轴和次轴之间存在着钢液凝固时产生的微空隙和析集一些低熔点组元、气体和非金属夹杂物,腐蚀后呈现组织疏松。

一般疏松的评级图片的评定原则:根据整个截面上暗点和空隙的数量、大小及其分布状态,并考虑树枝晶的粗细程度而定。

中心疏松和一般疏松的主要区别是其空隙和暗点仅存在于试样的中心部位,而不是分散在整个截面上,见图 1.31。产生的原因是钢液凝固时体积收缩而引起组织疏松及钢锭中心部位因最后凝固使气体析集和夹杂物聚集较为严重,中心疏松通常出现在缩孔下面。

图 1.30　一般疏松,3 级
GB/T 1979—2001 评级图二,评级图实际尺寸
为 100mm,适用于直径或边长为 40～150mm 的钢材

图 1.31　中心疏松,3 级
GB/T 1979—2001 评级图二,评级图实际尺寸
为 100mm,适用于直径或边长为 40～150mm 的钢材

中心疏松的评级图片的评定原则:依暗点和空隙的数量、大小及密集程度而定。

一般疏松不太严重时,对钢材的力学性能及使用寿命均无大的影响;但严重时,将降低钢的横向塑性和韧性,对制品的加工光洁度也有一定的影响。对于制造重要用途制品的钢材,限制一般疏松不大于 2 级、中心疏松不大于 2 级。防止或减少疏松的措施主要是控制冶炼和浇注质量,以减少钢中的杂质和气体,轧制或锻造时加大钢材的压缩比。

1.4.2.3　气泡

气泡可分为皮下气泡、蜂窝气泡和镇静钢的内部气泡。

在钢锭表面附近的气泡,称为皮下气泡,这种气泡通常是由于钢锭锭模生锈或涂料不当等而产生的。在钢材横向酸浸试片上,皮下气泡分布在表皮下十几毫米以内的区域,经常是在距表皮几毫米的区域最多。有时皮下气泡穿过钢材表皮而呈现为垂直于表面的小裂缝,裂缝的末端是圆角(图 1.32),与其他原因形成的裂纹有区别。皮下气泡距表面很近,热加工用钢不允许有皮下气泡,冷加工用钢如果皮下气泡存在于表皮不深的区域,在机械加工时能被清除掉,如果存在于较深的区域,加工后留在工件内会在使用时造成事故。

在沸腾钢钢锭中,通常有蜂窝气泡和二次气泡存在,这种正常的气泡在热加工时能焊合,故允许存在。如果沸腾过分剧烈,以致这种气泡数量过多,体积过大,甚至分布至锭心,在热加工时将无法焊合,这往往是形成裂纹的根源。

镇静钢的内部气泡是因为钢液中含有大量气体而造成的。因钢液中含有大量气体,在钢锭结晶过程中,气体的溶解度降低,故有大量气体析出,形成气泡。随着结晶的进行,在树枝晶之间形成的气泡不能很好上浮,只能沿水平方向往锭心部分尚未凝固的钢液中转移而后浮出。这类气泡转移后留下的空位由后凝固的富集有低熔点元素的钢液填充。因此,在热酸浸时,这些部位不耐腐蚀,表现为暗黑色斑点,斑点内组织疏松凹陷(图 1.33)。某些未及时浮出而残留于钢中的气泡,周围

图 1.32　皮下气泡
GB/T 1979—2001 评级图六,
评级图实际尺寸 100mm

图 1.33　内部气泡
GB/T 1979—2001 评级图六,
评级图实际尺寸直径 100mm

吸附了偏析组元,在轧制时成为径向裂纹。内部气泡是镇静钢中不允许存在的缺陷,有内部气泡的钢应报废。

1.4.2.4　发纹

在热酸浸后的塔形试样(图1.34)上,沿轧制方向分布有一定长度和深度的小裂纹称为发纹。由于发纹较窄而深,观察时呈黑色,与热酸浸时出现的流线不同,流线的线条较宽,深度很浅。

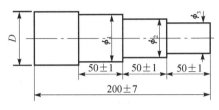

图1.34　方钢和圆钢塔形试样
(GB/T 15711—2018)
$\phi_1=0.90D$, $\phi_2=0.75D$, $\phi_3=0.60D$

发纹是由于钢中的非金属夹杂物和气体形成的,因为钢中的夹杂物在压力加工后变形,经过浸蚀后夹杂物剥落就形成了细长发纹。钢中夹杂物对发纹形成起主要作用。不同钢种对发纹的敏感性也不同,对发纹敏感的钢用电渣重熔法冶炼可以改善发纹。重要用途的结构钢、不锈钢及耐热钢均需做塔形检验,检验方法按GB/T 15711—2018《钢中非金属夹杂物的检验　塔形发纹酸浸法》执行。

1.4.2.5　低倍夹杂

低倍夹杂是指酸浸试片上肉眼可见尺寸在1mm以上的夹杂物,如炉渣及其他非金属夹杂物。夹杂物细小时可用放大镜观察。它们在试片上以镶嵌形式存在,并保持其固有的各种颜色。它们在钢中的分布没有一定规律,当夹杂物在表皮附近时评为皮下夹杂,分布在整个试片上者评为断面夹杂。低倍夹杂在纵向断口上将造成夹层或断口夹杂。低倍夹杂主要是外来夹杂,这些夹杂物主要是氧化物类夹杂。

1.4.2.6　锭形偏析

在经过酸浸的钢坯横向试片上,有时会出现和钢锭横截面形状相似的深腐蚀框带(图1.35),称为锭形偏析。因一般钢锭截面是方形的,故这种偏析一般是方框形,常称为方框形偏析。由于热压力加工变形的影响,方框并不规整,有时呈十字形。钢坯上的锭形偏析是钢上Λ形偏析带的横截面,也可能包括Ⅴ形偏析带在内。锭形偏析的腐蚀带本身由很多细小密集的小点组成,其组织疏松,带内有C、S、P的富集,夹杂物的含量较高。在偏析区取拉伸和冲击试样做试验,表明其塑性和韧性较偏析区外的显著降低。方框形经常出现在钢材横截面半径1/2处,但由于结晶过程的变化,也可能出现在靠近中心部或靠近边缘。这种锭形偏析,有时在钢锭加工成细棒或线材之后,仍然保留着原来的形状。锭形偏析设有四个评级图,各适用于以下的尺寸范围:直径或边长<40mm、40~150mm、>150~250mm、>250mm,各分为四级,可根据钢材的用途确定合格级别。严重的锭形偏析强烈地降低钢的质量,给以后的加工造成困难。

1.4.2.7　斑点状偏析

在钢坯酸浸试片上有时还发现点状的深腐蚀区,称为斑点状偏析。这种偏析一般多发生在铸锭上 $1/2\sim1/3$ 高度处。斑点的直径有时可大到几个毫米。斑点状偏析处 C、P、S 含量较高,同时夹杂物也较多。斑点状偏析的产生可能与气体的析出有关。大部分结构钢、工具钢会产生这种缺陷。斑点状偏析对钢材力学性能的影响,还研究得不够充分。斑点状偏析根据存在部位不同,分为一般斑点状偏析(分布在整个断面)和边缘斑点状偏析(仅存在于边缘处),根据其出现点的多少及严重程度评定级别。GB/T 1979—2001 设有一般斑点状偏析和边缘斑点状偏析的两类评级图,每类均有两个评级图,适应于钢材直径或边长为 $40\sim150$ mm 和 $>150\sim250$ mm 的尺寸范围。图 1.36 为一般斑点状偏析(2 级)。

图 1.35　锭形偏析,3 级

GB/T 1979—2001 评级图二,评级图实际尺寸直径 100mm,适用于直径或边长为 $40\sim150$ mm 的钢材

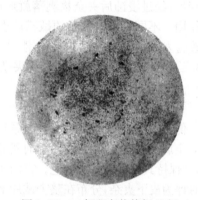

图 1.36　一般斑点状偏析,2 级

GB/T 1979—2001 评级图二,评级图实际尺寸直径 100mm,适用于直径或边长为 $40\sim150$ mm 的钢材

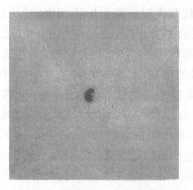

图 1.37　连铸方坯中心偏析,3 级

YB/T 4002—2013 第 2 评级图 A.3

评级图实际边长尺寸 100mm

1.4.2.8　中心偏析

中心偏析是连续铸钢过程中连铸坯中心部位的钢液凝固时冷却较慢而造成的成分偏析,这是连铸坯常见的缺陷,这一缺陷在成材后仍保留。中心偏析往往伴有中心裂纹和中心疏松,这进一步降低铸坯的内部致密性和轧材的力学性能。中心偏析分为 4 级,评定原则:根据中心暗斑的面积大小和数量来评定。图 1.37 为连铸钢材中心偏析(3 级)。

1.4.2.9　白点

白点在横向低倍组织上表现为细小的发裂,呈放射状或不规则的排列,在纵向断口上则表现为圆形或椭圆形的银白色的斑点或细小裂缝(图 1.38),在裂缝附近没有塑性变形的痕迹,是一种脆性断裂的结果。检验白点应将试片在淬火状态下折断,以免试片折断时由于塑性变形而使白点失真,白点分为 3 级。白点多见于尺寸大于 30mm 的锻件、轧材中,与表面有一定距离,并平行于流线,很少出现在铸件中。白点发生的温度范围为 $100\sim250℃$,有时达到 $300℃$,视钢的成分和冷却速率而定。白点的出现有一定的孕育期,开始时出现一些细小的裂纹,并随时间而增长,同时出现新的裂纹。热压力加工以后的冷却速率与白点的发生有密切的关系。极缓慢的冷却可以防止白点的发生或者大大减少发生的机会。在防止了白点发生以后,重新加热将不会再产生白点,即白点发生的过程具有不可逆的性质。白点主要发生在一些合金结构钢和珠光体类工具钢中,不同种类的钢对白点的敏感性不同,但一些高合金钢,如高速钢、铁素体钢、半铁素体钢、奥氏体钢中都不会发生白点。一般地说,碳钢较合金钢不易产生白点,但碳钢大型锻件锻后冷却不当时也常出现白点。

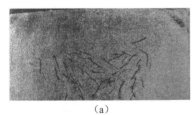
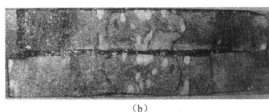

(a)　　　　　　　　　　　　　　　　　　　　(b)

图 1.38　钢中的白点[29]

(a) 20Cr2Ni4 钢中的白点(横截面的一半,80mm×80mm 方坯);(b) 5CrMnMo 钢中的白点(纵向断口)

白点的发生会严重地损害钢的力学性能,损害的程度和钢中白点的数量和大小有关,也和白点在切取的试样中的位置有关。白点是一种内部的裂纹,会引起体积应力,阻止塑性变形。在工作时,如果零件内部有白点,在这种裂纹的端部产生应力集中,常常引起零件过早地破坏。因此白点是一种不允许的缺陷。

白点的生成主要是钢中的氢及组织应力共同作用的结果[30,31]。氢在钢中有一定的溶解度,钢液凝固时,一部分氢将留在钢中。氢在钢中的溶解度随温度的下降而迅速降低(图 1.39),过饱和部分的氢将析出,因其原子半径最小,故氢是在铁中扩散最快的元素。表 1.1 比较了氢、氮、碳在铁中的扩散系数。由此可以看出,氢在低温时仍有很大的扩散能力。如果冷却时有足够的时间使氢逸出表面,则白

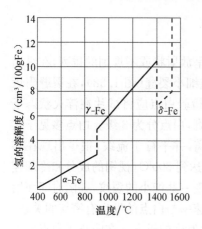

图 1.39　氢在铁中的溶解度,
压力为一个大气压[30]

本图原作者为 A. Sievert,发表于 1943 年

点将不发生;如果冷却速率不够慢或者断面尺寸比较大,靠中心部分的氢来不及逸出,过剩的氢将进入钢中的一些缺陷,如枝晶间隙、气孔内,在一定温度以下可以结合成分子,不断聚集,结果会产生很高的压力。留在固溶体中的氢又增加了钢的脆性,称为氢脆。当压力超过钢的正断抗力时将生成裂纹(白点)。氢的存在是发生白点的必要条件,但还不足以解释不同成分和不同组织对白点生成的影响,白点的生成还需要一些附加的条件。较为普遍的看法认为,应力的存在起着重要的作用。这种应力可能来自组织的转变、组织的不均匀性,而热应力、变形应力及外加应力也都是有作用的。

表 1.1　碳、氮、氢在铁中的扩散系数[32]

温度/℃	扩散系数/(cm²/s)		
	碳	氮	氢
20	$2.0×10^{-17}$	$8.8×10^{-17}$	$1.5×10^{-5}$
100	$3.3×10^{-14}$	$8.3×10^{-14}$	$4.4×10^{-5}$
500	$4.1×10^{-8}$	$3.6×10^{-8}$	$3.3×10^{-4}$
900	$3.6×10^{-6}$	$2.3×10^{-6}$	$6.3×10^{-4}$
950(α)	$5.1×10^{-6}$	$3.1×10^{-6}$	$6.7×10^{-4}$
950(γ)	$1.3×10^{-7}$	$6.5×10^{-8}$	$1.8×10^{-4}$

　　除了碳含量小于 0.2%的碳钢不发生白点以外,其他一般钢中都可能产生白点,但敏感程度不同。当合金元素增加钢中奥氏体稳定性时,将增加白点敏感性,因为奥氏体的分解将移向较低的温度,这对氢的扩散是不利的。如果钢的珠光体转变进行很快,则钢的转变结束温度很高,氢在铁素体中很容易逸出,不易产生白点。对于马氏体钢,降低马氏体点的元素将增加白点敏感性。在高合金钢中一般都不生成白点,如在铁素体和半铁素体钢中,氢在 α-Fe 中极易扩散,故不发生白点。在高速钢中不产生白点,可能是由于钢中含有较多的铬和钒能与氢结合的缘故。在奥氏体钢中亦不发生白点,这可能是由于氢在奥氏体中有较大的溶解度,奥氏体钢一般都含有大量的铬,能生成氢化物而不生成白点。

　　热压力加工后必须采取防止白点生成的措施。以前多采用的措施是在热压力加工后放在缓冷坑中,缓慢冷却至 100~150℃。这种方法需要很长的冷却时间,缓冷坑需占用很大面积。现在工厂一般采用专门防止白点的热处理工艺,其原则是使锻件锻后尽快地冷却至过冷奥氏体易分解的温度,使之分解为铁素体和碳化物的混合物,然后加热至比 Ac_1 略低的温度下保温,这样就形成了氢逸出的最好条件,同时使钢软化,便于以后的切削加工。

为了防止白点的生成,应当首先从冶炼和浇注条件考虑减少钢中氢的含量。一般认为钢中氢含量低于 $2\sim3cm^3/100g$ 时,锻件没有白点敏感性。为了有效地减少钢中的氢含量,尤其在生产大锻件时,现在广泛采用了钢液真空处理和炉外精炼技术从而减少钢的白点敏感性,可以大大缩短消除白点的热处理工艺周期。

1.4.2.10　连续坯裂纹

在连铸坯中常出现不同类型的表面裂纹和内部裂纹[2,33]。表面裂纹有表面纵裂、表面横裂、角部纵裂、角部横裂和星状裂纹。内部裂纹有中心裂纹、中间裂纹、对角线裂纹等。图 1.40 是各种内部裂纹的示意图。

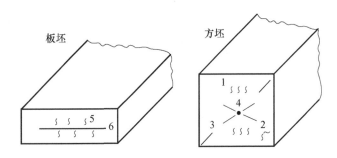

图 1.40　连铸坯内部裂纹示意图[33]

1—中间裂纹;2—角部裂纹;3—对角线裂纹;4,6—中心裂纹;5—矫直弯曲裂纹

中间裂纹多发生在方坯厚度的 1/4 处,并垂直于铸坯表面。产生的原因主要是由于在二次冷却下段,铸坯中心热量向外传递,使铸坯表面温度回升,坯壳受热膨胀。当某一处的张力应变超过该处的极限应变值时,就会产生中间裂纹,因此应控制二次冷却区冷却制度,减缓铸坯表面温升速率。

角部裂纹和对角线裂纹多出现在方坯中。当铸坯的四个面冷却不均时会引起方坯的歪扭变形,即脱方。在两个钝角之间靠近凝固前沿的地方,会形成角部裂纹和对角线裂纹。

中心线裂纹出现在铸坯横断面的中心区,并靠近凝固末端,是连铸板坯中较常见的缺陷。其形成一般认为是由凝固末期铸坯心部收缩造成的。二次冷却不当、板坯鼓肚、中心偏析严重都会促使中心线裂纹的产生。

矫直与弯曲裂纹产生的原因:当连铸坯带有液心进行弯曲或矫直时,或者铸坯已完全凝固,但内部温度在固相线温度附近进行弯曲矫直时,即使受到很小的拉应力,也会导致晶界开裂。

通常在压缩比够大的情况下,内部裂纹可以在轧制过程中焊合,对一般用途的钢不会带来危害;但在压缩比小时,或者对于对心部质量有严格要求的铸坯,内部裂纹会影响轧材的性能并降低成材率。

1.4.3　高倍缺陷

高倍检验是评定钢的质量的重要方法之一,主要检查正常组织和缺陷组织。检验的项目很多,如脱碳层深度、珠光体组织、非金属夹杂物、带状组织、碳化物不均匀度、石墨碳测定、α 相等。

在绝大多数情况下,脱碳对钢的性能产生有害影响。大多数工业用钢对其脱碳层均有严格的限制,对允许的脱碳层深度作出明确的规定,其测定方法见 GB/T 224—2008《钢的脱碳层深度测定法》。

碳素工具钢、合金工具钢、铬轴承钢经过球化退火形成球状珠光体组织,其目的是软化钢的组织,以便于切削加工,并为钢材热处理准备良好的金相组织。球化不好,仍存在片状珠光体,不但钢的硬度高,加工困难,而且在成品热处理时易开裂和出现软点等缺陷。因此在碳素工具钢、合金工具钢和铬轴承钢的技术条件中均制定了珠光体组织级别的检验标准。

GB/T 13299—91《钢的显微组织评定方法》规定了低碳钢中游离渗碳体、低碳变形钢的珠光体、带状组织及魏氏组织的金相评定方法。

α 相的测定是用金相法测定奥氏体不锈钢和铁素体-奥氏体型双相不锈钢中 α 相的面积占总面积的百分数。因为在这些钢中,α 相的含量对钢的性能有很大的影响,需对其含量有一定的限制。在 GB/T 13305—2008《不锈钢中 α-相面积含量金相测定法》中规定将检验面上 α 相含量最多处与标准评级图进行比较,作出评定。

1.4.3.1　非金属夹杂物

钢中含有氧、氮、硫等元素,它们在钢中的溶解度随温度下降而降低,在钢冷却和凝固时析出并与铁和其他金属等结合成为各种化合物,称为非金属夹杂物。非金属夹杂物按照化学成分可分为氧化物夹杂、硫化物夹杂、硅酸盐夹杂、钙铝酸盐夹杂和氮化物夹杂等;按照夹杂物的塑性可分为塑性夹杂、脆性夹杂和不变形夹杂。夹杂物的性质和形态和它的成分有关。

氧化物是常见的夹杂,有简单的氧化物,如 FeO、MnO、Al_2O_3、SiO_2、TiO_2 等,也有复杂的氧化物,如 $MgO \cdot Al_2O_3$、$MnO \cdot Al_2O_3$ 等。氧化物夹杂的特点是性脆易断裂,热压力加工后,沿加工方向呈链状分布。

硫化物夹杂主要是 MnS、FeS、CaS 等。MnS 的熔点为 1655℃,在钢液中不能生成,是在钢凝固时由于硫的偏析而析出于树枝晶间的。硫化物夹杂大多塑性良好,压力加工时沿压延方向延伸成条状或片状。FeS 具有低的熔点(1190℃),能与 γ-Fe 生成低熔点(988℃)共晶体,并沿晶界分布,引起热脆性。在钢中加入锰会减弱硫的有害作用,因为锰与硫比铁与硫有更大的亲和力,生成高熔点的 MnS,并改善其分布,消除了热脆性。为防止 FeS 的生成,锰与硫的比值应大于 5。

硅酸盐夹杂成分复杂,是钢中最常见的一类非金属夹杂物。硅酸盐夹杂物有易变形的,如 $2MnO \cdot SiO_2$、$MnO \cdot SiO_2$,它们与硫化物相似,沿加工方向伸延,呈线段状;也有不易变形的,如各种不同配比的 Al_2O_3、SiO_2 和 FeO 等,与氧化物相似。还有一类硅酸盐夹杂,经加工后不变形,以点(球)状形式存在,称为点状不变形夹杂物,如 $CaO \cdot SiO_2$、玻璃质 SiO_2 等。

钙铝酸盐夹杂多见于用钙处理的铝脱氧钢以及合成渣洗的轴承钢中。钙铝酸盐随 CaO 与 Al_2O_3 两者的比例不同,可以形成不同的化合物:$3CaO \cdot Al_2O_3$（C_3A）、$12CaO \cdot 7Al_2O_3$（$C_{12}A_7$）、$CaO \cdot Al_2O_3$（CA）、$CaO \cdot 2Al_2O_3$（CA_2）、$CaO \cdot 6Al_2O_3$（CA_6）。大多数钙铝酸盐为球形,经压力加工后不变形。

在钢中加入与氮亲和力大的元素 Al、V、Ti、Zr、Nb 等时,有可能在铸坯凝固时形成尺寸在 $1\mu m$ 以上的大块状的碳氮化物。它的出现降低了微合金元素的有效利用率,是有害的,可视为夹杂物,形态为方形或多边形,性脆,压力加工时不变形。

非金属夹杂物对钢的性能影响很大。夹杂物的存在破坏了基体金属的连续性,起到相当于钢中空穴和裂纹的危害作用,影响钢的力学性能。夹杂物对钢的静强度影响不大,但却降低钢的塑性,特别是对横向的塑性和韧性影响较大。夹杂物使钢的疲劳强度下降,横向试样的疲劳强度降低更大。在夹杂物的含量、种类、大小因素中,以夹杂物大小的影响最大,其平均直径越大,材料的疲劳强度越低。夹杂物还降低钢的耐腐蚀性、焊接性和切削加工性(易切削钢除外)。

钢的夹杂物,在淬火时可能导致工件开裂,因为夹杂物和基体的热膨胀系数不同,会在两者之间形成空隙,有些夹杂物在加热和冷却时可能产生相变,这样在淬火过程中引起的热应力和组织应力会引起应力集中而发生淬裂。

因此,为保证钢的质量,必须对钢中的非金属夹杂物进行显微评定。新制定的GB/T 10561—2005《钢中非金属夹杂物含量的测定　标准评级图显微检验法》等同采用国际标准 ISO 4967:1998(E)《用标准图谱评定钢中非金属夹杂物的显微方法》,代替了原用的 GB 10561—89《钢中非金属夹杂物测定方法》。

夹杂物的形态在很大程度上取决于钢材压缩程度,因此,只有在经过相似程度变形的试样坯制备的截面上才可能进行测量结果的比较。

GB/T 10561—2005 规定用于测量夹杂物含量试样的抛光面积约为 $200mm^2$（$20mm \times 10mm$）,并平行于钢材纵轴,位于钢材外表面到中心的中间位置。

GB/T 10561—2005 规定将抛光后未浸蚀的试样在放大 100 倍的显微镜下与标准评级图谱比较。夹杂物评定的视场应为边长为 0.71mm（实际面积为 $0.50mm^2$）的正方形视场。根据夹杂物的形态和分布,标准图谱分为 A、B、C、D 和DS 五大类。这五大类夹杂物代表最常观察到的类型和形态。

A 类(硫化物类):具有高的延展性,有较宽范围形态比(长度/宽度)的单个灰色夹杂物,一般端部呈圆角。

B 类(氧化铝类):大多数没有变形,带角,形态比小(一般小于 3),黑色或带蓝色的颗粒,沿轧制方向排成一行(至少有 3 个颗粒)。

C 类(硅酸盐类):具有高的延展性,有较宽范围形态比(一般不小于 3)的单个黑色或深灰色夹杂物,一般端部呈锐角。

D 类(球状氧化物类):不变形,带角或圆形,形态比小(一般小于 3),黑色或带蓝色无规则分布的颗粒。

DS 类(单颗粒球状类):圆形或近似圆形,直径不小于 $13\mu m$ 的单颗粒夹杂物。

非传统类型夹杂物也可通过将其形状与上述五类夹杂物进行比较评定,并注明其化学特征,如 D_{CaS} 表示球状硫化钙。

沉淀相如硼化物、碳化物、碳氮化物、氮化物等,也可以根据它们的形态与上述五类夹杂物进行比较评定,并按上述方法表示它们的化学特征。

GB/T 10561—2005 只设一套标准图谱,共 54 张图片。五大类夹杂物中的前四类标准还分为细、粗两个系列,每个系列分六级,由 0.5~3 级图片组成;DS 类分六级,不设细、粗系列,由 0.5~3 级图片组成。这些级别随着夹杂物的长度或串(条)状夹杂物(stringer)的长度(A、B、C 类),或夹杂物的数量(D 类),或夹杂物的直径(DS 类)的增加而递增,具体划分界线见表 1.2。GB/T 10561—2005 规定其标准图谱适用于评定压缩比不小于 3 或等于 3 的轧制或锻制钢材,可能不适用于评定易切削钢之类的钢材。图 1.41 和图 1.42 分别为 A、B、C、D 和 DS 类夹杂物标准评级图示例。

表 1.2 夹杂物评级界限(最小值)(GB/T 10561—2005)

评级图级别	夹杂物类别				
	A 类总长/μm	B 类总长/μm	C 类总长/μm	D 类数量/个	DS 类直径/μm
0.5	37	17	18	1	13
1	127	37	76	4	19
1.5	261	184	176	9	27
2	436	343	320	16	38
2.5	649	555	510	25	53
3	898(<1181)	822(<1147)	746(<1029)	36(<49)	76(<107)

GB/T 10561—2005 规定表 1.2 中各类夹杂物的数量小于 0.5 级评级界限的最小值时,不予以评级;当其尺寸等于或超过 3 级规定的最大值时(括号中的数值),仍应纳入视场评级,并在实验报告中说明:如果一个视场处于两相邻图片之间时,应记为较低的一级。这表明标准中的评级图谱为下限图谱。关于 GB/T 10561—2005 的详细解读,可参考有关文献[34,35]。

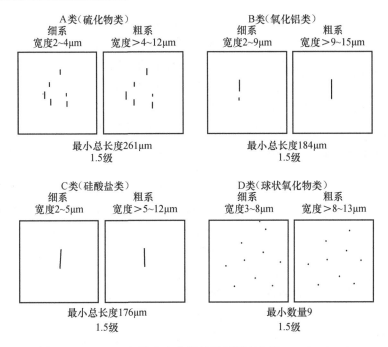

图 1.41　A、B、C、D 类夹杂物评级图示例（GB/T 10561—2005）

视场边长原为 0.71mm

纯净钢即指钢中非金属夹杂物和气体很少的钢，主要特点：钢中的总氧含量低，非金属夹杂物数量少、尺寸小、分布均匀、形状合适。研究证明，钢材中发现的非金属夹杂物大多是在钢液凝固时有害杂质元素偏析浓缩而与金属元素结合形成的。因此，非金属夹杂物的数量与 S、P、O、H、N 这五种有害元素的含量水平都可以代表钢的纯净度[2]。

纯净钢是针对特定的钢材和特定的服役环境而言的，不同钢种、不同用途钢材的纯净度要求是不同的。在某些情况下，具有一定性能的夹杂物对钢材无害，不必去除，某些微细夹杂物可以被用来强化钢的性能。

DS（单颗粒球状类）

最小直径27μm

1.5级

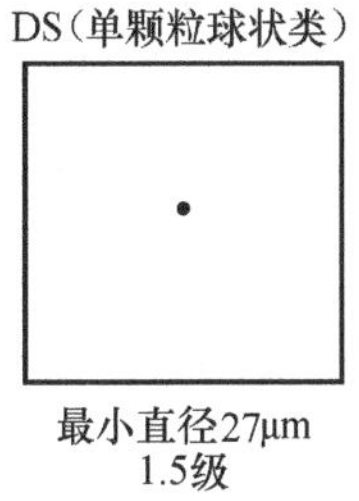

图 1.42　DS 类夹杂物评级图示例（GB/T 10561—2005）

视场边长原为 0.71mm

1.4.3.2　带状组织

低中碳钢和低合金结构钢热压力加工过程后，容易出现带状组织。带状组织表现为沿纵向铁素体和珠光体交替成层（图 1.43）。在亚共析钢中形成带状组织的原因是由于自奥氏体状态缓慢冷却经过 A_3 和 A_1 的温度范围时，被拉长了的各种非金属夹杂物对铁素体的析出起形核作用，形成带状铁素体，铁素体的形成促使

图 1.43　25 钢的带状组织[36]　70×
成分:0.22%~0.29% C、0.17%~
0.37% Si、0.5%~0.8% Mn

碳向未转变的区域扩散至共析浓度后转变为珠光体,结果形成了带状组织。

拉长了的树枝状偏析区也促进带状组织的生成。生成铁素体/珠光体带状组织时发生了碳的偏析,这种偏析是固态相变时形成的,所以也叫二次碳偏析。前面曾指出,一般来说,硫化物应处在树枝间,硅酸盐处在树枝干,因此硫化物和硅酸盐可以分别作为枝间和枝干的标记。二次碳偏析有两种情况:第一种是在铁素体条带中含有硅酸盐,同时珠光体条带中含有硫化物,在这种情况下,铁素体条带位于原枝干部分,珠光体带位于原枝间部分,这种带状组织的二次碳偏析与枝晶偏析是一致的,称为"顺态"的;第二种情况是,铁素体条带中含有硫化物,同时珠光体中含有硅酸盐,表明铁素体出现在原枝间部分,珠光体出现在原枝干部分(图 1.43),这说明,在固态相变时发生了碳的重新分布,由原来的枝间处扩散到枝干上,这种二次碳偏析与原枝晶偏析是相反的,称为"逆态"的。出现上述情况的原因是,溶解在奥氏体中的碳和溶质元素在扩散速率上有显著差别。碳是间隙原子,它的扩散系数比置换式原子的扩散系数大几个数量级,因此在凝固过程中碳和其他元素一起发生偏析富集在枝间,但当钢在奥氏体相区停留时,碳能优先达到相对均匀,而置换式原子的均匀化却很困难,其偏析仍顽强地在相当程度上保持着。溶于奥氏体的这些溶质元素影响奥氏体的 Ar_3,有的元素如 Si、P、W、Mo、B 等使 Ar_3 升高,有的元素如 Mn、Ni、Cr(含量较低时)使 Ar_3 温度降低,结果原枝干和枝间的 Ar_3 温度出现了差别。于是,当热变形钢从奥氏体相区冷却通过 $Ar_3 \sim Ar_1$ 温度范围时,铁素体优先在奥氏体的 Ar_3 温度较高的区域产生,碳不断向 Ar_3 温度较低的区域扩散,并在其中富集,当温度达到 Ar_1 温度时,保留到最后的奥氏体转变成珠光体。因此在枝干的 Ar_3 温度较枝间的 Ar_3 温度高的情况下,如当碳钢中含有较高的 Mn,而含 S 又不是很高,出现"顺态"二次碳偏析;反之,在枝间的 Ar_3 温度较枝干的 Ar_3 温度高的情况下,如当碳钢中含 Si、P 较高时,则出现"逆态"的二次碳偏析。

带状组织严重时,影响到钢的切削加工性,加工时表面光洁度差,渗碳时引起渗层不均匀,热处理时易变形且硬度不均匀。带状组织一般通过正火可以改善。合金元素偏析引起的带状组织要通过高温扩散退火进行改善。根据 GB/T 13299—91《钢的显微组织评定方法评级图》,带状组织评级时,试样的磨面应为纵向,放大倍数为 100 倍,与标准评级图比较,由 3 个系列各 6 个级别组成。A 系列用于碳含量不大于 0.15%钢的带状组织评级;B 系列用于碳含量 0.16%~0.30%

钢的带状组织评级;C 系列用于碳含量 0.31%~0.50%钢的带状组织评级。评定珠光体钢中的带状组织级别时,要根据带状铁素体数量的增加、带状铁素体贯穿视场的程度、连续性和变形铁素体晶粒多少的原则确定。

1.4.3.3　网状碳化物

过共析钢在热加工后的冷却过程中,其过剩的碳化物在晶粒边界上析出所构成的网络,称为网状碳化物。网状碳化物严重时,在随后的正常退火和淬火、回火后,不能把它完全消除,加工过程中易开裂。保留在工件中的残余网状碳化物降低了钢的力学性能和使用寿命。网状碳化物的级别的评定是在 500 倍金相显微镜下进行的,取正常温度淬火-回火后试样,与标准评级图比较。

在 GB/T 1299—2014《工模具钢》中,非合金工具钢和合金工具钢退火状态的碳化物网状级别均分为 4 级。1 级最轻,晶界只有少量短条状碳化物;2 级中的短条状碳化物增多;3 级中的晶界碳化物已形成半网状;4 级中的碳化物已连成封闭网状。网状碳化物达到 2 级以上时,毛坯和成品都容易脆裂。在 GB/T 18254—2016《高碳铬轴承钢》中,球化退火碳化物网状分为 1、2、2.5、3 级,共四个级别。有关网状碳化物级别及其评级图将在有关章节进一步论述。

1.4.3.4　带状碳化物

高碳铬轴承钢中的碳化物带状组织是由于钢锭结晶时所发生的树枝状偏析引起的,热变形后偏析区域被拉长,一些富有铬和碳的偏析区将析出较多的碳化物,因而在钢材纵断面的显微磨片下呈现为碳化物带状组织。为了观察带状碳化物,取纵向试样经过淬火和低温回火,经深度浸蚀后,整个基体(回火马氏体)是暗黑的,其上分布着碳化物颗粒所构成的"银河"带。高碳铬轴承钢的带状碳化物分为1、2、2.5、3、3.5、4 六个级别,取其最严重处在 100 倍金相显微镜下根据碳化物偏析带的宽度和碳化物聚集程度评定。在放大 500 倍下可以观察碳化物颗粒的大小、分布和形状。

1.4.3.5　碳化物液析

在高碳铬轴承钢中也可能出现个别的粗大碳化物沿热变形方向排列,称为碳化物液析。铸锭凝固时,在树枝状偏析严重的情况下,局部地区钢液中的碳和铬含量很高,具备了形成共晶的条件。当共晶液体的数量很少时,共晶中的奥氏体相附加在原来的奥氏体树枝晶上生成,而将其中的碳化物剩留在两个相邻的树枝晶体之间,热变形后液析碳化物沿着钢的延伸方向拉长呈条带状,因此,液析碳化物是一次碳化物。碳化物带状与碳化物液析产生的原因都是由于树枝状偏析,但碳化物形成的过程不同。当偏析程度较低时,只出现碳化物带状,而在偏析严重时,会同时出现碳化物液析和碳化物带状。

碳化物具有高的硬度和脆性,暴露在零件工作面上的粗大液析碳化物容易剥落。粗大的碳化物内部的晶界或者微裂纹是薄弱地带,往往成为疲劳裂纹的发源地。显著的碳化物液析急剧地增加零件的磨损。碳化物液析和碳化物带状一样引起轴承零件硬度的不均匀和力学性能的方向性,增大零件淬火时的开裂倾向。因此,对碳化物液析也必须严格控制。在 GB/T 18254—2016 中将碳化物液析分为条状和链状两个系列,每个系列分为 4 级,在 100 倍下检查试片的纵截面。碳化物液析通过扩散退火能够被消除。

有关高碳铬轴承钢中的碳化物带状组织和碳化物液析的评级及评级图将在有关章节进一步介绍。

合金工具钢中也可能出现较严重的碳化物液析,目前我国有关标准对其液析的检查尚未作规定。

1.4.3.6　碳化物不均匀度

一些高碳高合金钢钢锭在浇注后的冷凝过程中,由于实际的冷却速率不可能很快,在温度继续下降时,剩余的钢液发生共晶反应,形成呈网络分布的鱼骨状莱氏体。经过热加工使共晶碳化物破碎,在显微组织中碳化物不同程度地聚集成条带,这种聚集程度称为碳化物不均匀度。

碳化物不均匀度的存在,将使这些钢的工艺性能变坏,降低钢的使用性能。碳化物严重不均匀时,碳化物呈网状堆积,破坏钢的连续性,导致钢材使用时易脆断。GB/T 14979—94《钢的共晶碳化物不均匀度评定法》规定了这类钢的碳化物不均匀度的评定方法,采用了六套评级图。第一评级图适用于变形钨系高速钢,第二评级图适用于变形钨钼系高速钢和高温不锈轴承钢,第一和第二评级图按共晶碳化物形态分为网状和带状两个系列,有 8 个级别。第三评级图适用于直径不小于120mm 的高速钢锻材,有 5～8 四个级别。第四评级图适用于变形合金工具钢钢材。第五评级图适用于变形高碳铬不锈轴承钢钢材。第六评级图适用于高温轴承钢钢材。后面三个评级图均有 8 个级别,其中的部分级别又按形态分为网状和带状。共晶碳化物呈网状或带状主要是受锭型和加工过程的影响。

碳化物不均匀度在 100 倍金相显微镜下评定。检验用试样取自距钢材直径或方钢对角线 1/4 处,并选择不均匀最严重的视场。试样经淬火和回火后沿锻轧延伸方向磨制。使用时,根据用途和截面尺寸确定钢材的合格级别。图 1.44 为合金工具钢碳化物不均匀性图片(5 级)。

1.4.3.7　石墨碳测定

在一定条件下,某些钢中的固溶碳和化合碳能以游离状态析出。高碳工具钢

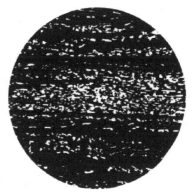

图 1.44　合金工具钢的碳化物不均匀度　100×

网状和带状,5级(GB/T 14979—94)

反复加工和热处理时,易出现石墨碳。硅弹簧钢,由于加入的硅能加速和促使石墨化过程,在长时期退火后易出现石墨碳。钢中含有钨和钼、脱氧时用铝过多、终轧温度太低、在低于 Ac_1 不多的温度过长时间地停留、冷变形后进行退火等均能促进石墨碳的析出。钢中出现石墨后,由于石墨破坏金属的连续性,钢的强度显著降低,脆性增加。

根据 GB/T 13302—91《钢中石墨碳显微评定方法》,制好的不腐蚀试样用金相显微镜放大 250 倍进行观察,将石墨碳数量较多处与标准评级图对比加以评定。根据钢中石墨碳的常见形态,标准评级图分为两类:团絮状类和条片状类,其中团絮状类石墨碳按直径不同分为细系(≤6μm)和粗系两个系列,各类均分为 0.5、1.0、1.5、2.0 四个级别。

1.4.4　断口检验

检验钢材的断口是检查钢材宏观缺陷的重要方法之一。在很多情况下,断口检验与酸浸试验可以同时并用,相互补充。例如,钢的过热和过烧在断口处最易发现,钢中的白点在横向酸浸试样中虽然可以显示出来,但如做纵向断口检验,则显现得更为清楚。

我国制定了两个断口检验法标准,即 GB 1814—79《钢材断口检验法》和 GB 2971—82《碳素钢和低合金钢断口检验方法》。前者适用于优质碳素结构钢、合金结构钢、合金工具钢、高速工具钢、弹簧钢等,断口在淬火或调质状态下折断。后者适用于碳素结构钢和低合金结构钢轧制的钢板、条钢、型钢,断口在轧制状态下折断。这两个标准不能互相代替。

这些标准规定,凡直径(或边长)大于 40mm 的钢材,做纵向断口检验,直径(或边长)不大于 40mm 的钢材可考虑做横向断口检验,试样如图 1.45 所示。由于一般缺陷,如偏析、非金属夹杂物等随热加工方向延伸,在纵向断口上易于发现,应

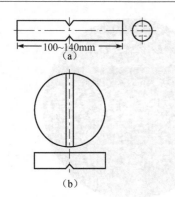

图 1.45　断口试样(GB 1814—79)
(a) 用于直径不大于 40mm 钢材;
(b) 用于直径大于 40mm 钢材

当尽可能地制取纵向断口。根据钢材种类和检验要求的不同,断口检验试样在折断以前要经过热处理,可使其处于脆性状态(淬火断口)或韧性状态(调质断口),其目的在于使真实的缺陷容易显露。淬火断口可以发现白点、夹杂、气孔、萘状、石状等断口缺陷,调质断口可以检查层状断口缺陷。

断口分正常断口、允许缺陷断口和报废缺陷断口三种。

正常断口有纤维状、瓷状和结晶状三种。纤维状断口表面为暗灰色、无光泽、无结晶颗粒的均匀组织,这种断口的边缘通常有显著的塑性变形,为穿晶韧性断裂。瓷状断口具有绸缎光泽、很致密、类似细瓷碎片的亮灰色断口,这种断口常出现在过共析钢和某些合金钢轧制的、淬火及低温回火后的钢材上。结晶状断口具有强烈金属光泽、明显结晶颗粒、断口平齐的银灰色,这种断口常出现在热轧或退火的钢材上。

允许缺陷断口有台状和撕痕状两种。台状断口的宏观特征是纵向断口上呈宽窄不同的平台状组织,颜色比金属基体稍浅,多分布在偏析区,这种缺陷一般出现在树枝晶发达的钢锭头部和中部,是钢沿其粗大树枝晶断裂的结果,属允许缺陷。大量试验研究结果表明,台状断口对纵向力学性能无影响,对横向强度指标也无影响,对塑性、韧性指标有一定影响,但绝大部分情况下都能满足技术条件的要求。撕痕状断口特征是在纵向断口上出现比基体颜色较浅、灰白色而致密的沿热加工方向的光滑条带。其分布无一定规律,可在柱状晶区,也可在等轴晶区。出现撕痕状断口的主要原因是钢中残留铝过多,造成氮化铝沿铸造晶界析出而形成脆性薄膜,薄膜断裂便产生撕痕状缺陷,随钢中残余铝含量的增加,这种缺陷出现的概率和严重程度也增加。轻微的或不严重的撕痕状缺陷对钢的纵、横向力学性能的影响不大,是允许的缺陷。如对上述两种缺陷评定存在困难时,可对试样做横向力学性能试验,以进行综合判定。

报废缺陷断口有层状、残余缩孔、白点、气泡、内裂、低倍夹杂、黑脆、石状、萘状等。下面分析层状断口、萘状断口、石状断口、黑脆断口等缺陷。

1.4.4.1　层状断口

产生层状缺陷时,结构钢的断口呈劈裂的朽木状或高低不平的台阶状,外形似许多薄板顺压延方向焊合而成,见图 1.46。层状断口只发生在热压力加工以后。为了显示钢的层状断口,需使整个断口处于韧性状态。如果整个断口是脆性的(淬火或低温回火后),则检查不出层状断口。为了使断口呈韧性状态,可以事先进行调质或者预热至 60～150℃时再做断口试验。

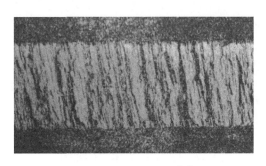

图 1.46　层状断口(35 钢)[29]　1×

层状断口严重地影响钢的横(切)向的力学性能,主要是降低塑性,特别是断面收缩率和冲击韧性,对强度的影响较小,对纵向性能则没有什么影响。这种缺陷对横(切)向力学性能的损害程度与层状断口发展的程度有关。

断口产生的原因有以下几方面:①钢中的非金属夹杂沿压延方向被拉长;②树枝状偏析区被拉长;③一些气孔被拉长;④带状组织。各个因素的作用大小视具体情况而不同,总之有层状断口说明钢的质量是非常差的。在板材中由于压延程度很大,这种缺陷更容易出现。层状断口是无法用热处理的方法来消除的。层状断口是不允许的缺陷,因此必须注意在冶炼过程中提高钢的纯度,减小有害夹杂和气体含量。

1.4.4.2　石状断口

石状断口是一种粗晶粒状晶间断口,断口凹凸不平无金属光泽。这种缺陷严重时可以分布在整个断口上,主要是严重过热的结果。产生的原因可能是过热后缓冷时引起已溶入的硫化物沿晶界重新析出。出现石状断口后采用一般的热处理方法很难消除。图 1.47 为 18Cr2Ni4W 钢因过热引起的石状断口,类似打碎的水泥和石子组成的混凝土块。

1.4.4.3　萘状断口

萘状断口的特点是在断口上有具反射能力的光亮点。萘状断口是一种穿晶断口。在结构钢中,萘状断口是一种过热断口,是钢材的加热温度过高或高温区保温时间太长使晶粒粗大而引起的,因此可以用热处理重结晶的方法予以消除。较严重的粗的萘状断口至少需要二次重结晶才能消除。

高速钢中的萘状断口形成的原因与结构钢不同,在有关章节中再作分析。

图 1.47　18Cr2Ni4W 钢的石状断口[14]

1.4.4.4　黑脆断口

黑脆断口上局部或全部为灰黑色,严重时可看到石墨颗粒,一般多在中心区,有时也会出现在边缘地带。这种缺陷多出现在退火后的共析和过共析工具钢、含硅的弹簧钢以及含钼 0.5% 左右的珠光体热强钢的断口上。它是在一定条件下,钢中的渗碳体分解产生石墨的结果。除进行断口检查外,还可在显微镜下进行缺陷的检查和评级。由于析出了石墨,钢的脆性增大,用热处理和热加工的方法不能消除黑脆断口,所以这种缺陷是不允许存在的。

1.5　钢 的 分 类

碳素钢是以铁为基础的铁碳合金。由于冶炼时所用原材料及冶炼方法和工艺操作等的影响,钢中总不免有少量的其他元素存在,如 Si、Mn、S、P、Cu、Cr、Ni 等。这些元素一般作为杂质或残余元素看待,它们的存在有时起到一些有益的作用(如残存的镍、铬可以提高钢的淬透性),还可以利用天然存在于某些矿石中的元素以提高钢的性能。但在某些情况下这些元素亦会产生不利的影响,如残余元素镍、铬、铜等的存在会对钢的焊接性和冷变形加工性等产生不良的影响,所以在优质碳素钢中,都规定出它们的最高许可量。在冶炼过程中,钢液不可避免地含有微量的气体元素——O、N、H。这些元素在钢中的含量虽然很少,但在一定条件下或超过一定含量后,却能对钢的性能产生重要影响,因而不能不加以考虑。

为了提高钢的性能或得到某种特殊的性能,有目的地加入钢中的元素,称为合金元素。目前钢中常用的合金元素有 Cr、Mn、Si、Ni、Mo、W、V、Ti、Ta、Nb、Zr、Co、Al、Cu、N、B 等。合金元素在钢中含量各不相同,例如,结构钢中 B 的含量为 0.0005%~0.0035%,V 在钢中的含量大约为 0.1%~5%,Cr 在钢中的含量可以达到 30%。

当钢中合金元素总含量小于或等于 5% 时,称为低合金钢;合金元素总含量为 5%~10% 时,称为中合金钢;合金元素总含量超过 10% 时,称为高合金钢。不过这种划分并没有严格的规定。

当合金元素含量足够高时,决定点阵结构的不是铁而是合金元素,因此称之为某合金元素为基的合金。

钢的种类很多,为了便于管理、熟悉、选用和比较,根据某些特性,从不同角度出发,可以把它们分成若干具有共同特点的类别。这些分类方法主要为了方便和实际需要,因此同一种钢,可以根据其不同特点划为不同类型。

GB/T 13304—91《钢分类》于 1992 年实施。为了增强与 ISO(国际化标准组织)标准的一致性,2008 年将原标准修改为 GB/T 13304—2008《钢分类》,新的标准分为两部分,即

第 1 部分:按钢的化学成分分类;

第 2 部分:按主要质量等级和主要性能或使用特性的分类。

在标准中提出:①按照化学成分对钢进行分类的基本准则,并规定了非合金钢、低合金钢与合金钢中合金元素含量的基本界限值;②非合金钢、低合金钢和合金钢按主要质量等级和主要性能或使用特性分类的基本原则和要求。

1.5.1　按化学成分分类

钢按化学成分分为非合金钢、低合金钢和合金钢。合金元素含量的确定应符合下列规定:当技术条件对钢的熔炼分析化学成分规定最低值或范围时,应以最低值作为规定含量进行分类;当技术条件规定最高值时,应以最高值的 0.7 倍作为规定含量进行分类;不作为合金化元素有意加入钢中的残余元素含量,不应作为规定含量对钢进行分类。表 1.3 为非合金钢、低合金钢和合金钢合金元素规定含量界限值。

表 1.3　非合金钢、低合金钢和合金钢合金元素规定含量界限值(GB/T 13304—2008)

合金元素	合金元素规定含量界限值(质量分数)/%		
	非合金钢	低合金钢	合金钢
Al	<0.10	—	≥0.10
B	<0.0005	—	≥0.0005
Bi	<0.10	—	≥0.10
Cr	<0.30	0.30~<0.50	≥0.50
Co	<0.10	—	≥0.10
Cu	<0.10	0.10~<0.50	≥0.50
Mn	<1.00	1.00~<1.40	≥1.40

续表

合金元素	合金元素规定含量界限值(质量分数)/%		
	非合金钢	低合金钢	合金钢
Mo	<0.05	0.05~<0.10	≥0.10
Ni	<0.30	0.30~<0.50	≥0.50
Nb	<0.02	0.02~<0.06	≥0.06
Pb	<0.40	—	≥0.40
Se	<0.10	—	≥0.10
Si	<0.50	0.50~<0.90	≥0.90
Te	<0.10	—	≥0.10
Ti	<0.05	0.05~<0.13	≥0.13
W	<0.10	—	≥0.10
V	<0.04	0.04~<0.12	≥0.12
Zr	<0.05	0.05~<0.12	≥0.12
La系(每一种元素)	<0.02	0.02~<0.05	≥0.05
其他合金元素(C、N、S、P除外)	<0.05		≥0.05

注:La系元素含量,也可作为混合稀土含量总量。表中"—"表示不规定,不作为划分依据。

当 Cr、Cu、Mo、Ni 四种元素,有其中两种、三种或四种元素同时规定在钢中时,对于低合金钢,应同时考虑这些元素中每种元素的规定含量;所有这些元素的规定含量总和,应不大于规定的两种、三种或四种元素中每种元素最高界限值总和的70%。如果这些元素的规定含量总和大于规定的元素中每种元素最高界限值总和的70%,即使这些元素每种元素的规定含量低于规定的最高界限值,也应划入合金钢。上述原则也适用于 Nb、Ti、V、Zr 四种元素。

1.5.2　按主要质量等级和主要性能或使用特性的分类

非合金钢、低合金钢和合金钢按主要质量等级和主要性能或使用特性的分类。

1) 非合金钢

非合金钢按主要质量等级分为普通质量非合金钢、优质非合金钢和特殊优质非合金钢。

(1) 普通质量非合金钢是指不规定生产过程中需要特别控制质量要求的,并应同时满足下列四种条件的所有钢种。

① 钢为非合金化的。

② 不规定热处理(退火、正火、消除应力及软化处理不作为热处理对待)。

③ 如技术条件有规定,其特性值应符合下列条件:碳含量最高值不小于0.10%,硫或磷含量最高值不小于0.045%,氮含量最高值不小于0.007%,抗拉强度最低值不大于690MPa,屈服强度最低值不大于360MPa,弯心直径最低值不小于0.5×试件厚度,伸长率最低值不大于33%,冲击功最低值(20℃,V型,纵向)不

大于 27J，洛氏硬度最高值（HRB）不小于 60。

④ 未规定其他质量要求。

普通质量非合金钢主要包括：一般用途碳素结构钢、碳素钢筋钢、铁道用一般碳素钢、一般钢板桩型钢。

（2）优质非合金钢是指普通质量和特殊质量非合金钢以外的非合金钢。在生产过程中需特别控制质量（如控制晶粒度，降低硫、磷含量，改善表面质量或增加工艺控制等），以达到比普通质量非合金钢特殊的质量要求（良好的抗脆断性、良好的冷成形性等），但其生产控制不如特殊质量非合金钢严格。

优质非合金钢主要包括：机械结构用优质碳素钢，工程结构用碳素钢，冲压薄板的低碳结构钢，镀层板、带用的碳素钢，锅炉和压力容器用碳素钢，造船用碳素钢，铁道用优质碳素钢，焊条用碳素钢，用于冷锻、冷挤压、冷冲击、冷拔的对表面质量有特殊要求的非合金钢棒料和线材，非合金易切削结构钢，优质铸造碳素钢等。

（3）特殊质量非合金钢是指需要特别严格质量和性能（如淬透性和纯净度）的非合金钢，应符合下列条件。

① 钢材要经热处理并至少具有下列一种特殊要求的非合金钢（包括易切削钢和工具钢）：a. 要求淬火和回火或模拟表面硬化状态下的冲击性能；b. 要求淬火或淬火和回火后的淬硬层深度或表面硬度；c. 要求限制表面缺陷；d. 要求限制非金属夹杂物含量和（或）要求内部材质均匀性。

② 钢材不进行热处理并至少应具有下述一种特殊要求的非合金钢：a. 要求限制非金属夹杂物含量和（或）内部材质均匀性，如钢板抗层状撕裂性能；b. 要求限制磷含量和（或）硫含量最高值（成品含量不大于 0.025%）；c. 要求残余元素的含量同时作如下限制（熔炼分析）：$w_{Cu} \leqslant 0.10\%$、$w_{Co} \leqslant 0.05\%$、$w_V \leqslant 0.05\%$；d. 表面质量的要求比冷镦和冷挤压用钢的规定更严格。

特殊质量非合金钢主要包括：保证淬透性非合金钢，保证厚度方向性能非合金钢，铁道用特殊非合金钢（车轴坯、车轮、轮箍钢），航空、兵器等专用非合金结构钢，核能用非合金钢，特殊焊条用非合金钢，碳素弹簧钢，特殊盘条钢及钢丝，特殊易切削钢，碳素工具钢，中空钢等。

非合金钢按其基本性能及使用特性分类如下：

（1）以规定最高强度（或硬度）为主要特性的非合金钢，如冷成形用薄钢板。

（2）以规定最低强度为主要特性的非合金钢，如造船、压力容器、管道等用的结构钢。

（3）以限制碳含量为主要特性的非合金钢（但下述（4）、（5）两项包括的钢除外），如线材、调质用钢等。

（4）非合金易切削钢，钢中硫含量最低值、熔炼分析值不小于 0.070%，并（或）加入 Pb、Bi、Te、Se 或 P 等元素。

（5）其他非合金钢,如原料纯铁等。

2）低合金钢

低合金钢按主要质量等级分为普通质量低合金钢、优质低合金钢和特殊优质低合金钢。

（1）普通质量低合金钢是指不规定生产过程中需要特别控制质量要求的,供一般用途的低合金钢,并应同时满足下列条件。

① 合金含量较低(符合表 1.3 规定)。

② 不规定热处理(退火、正火、消除应力及软化处理不作为热处理对待)。

③ 如技术条件中有规定,其特性值应符合下列条件:硫或磷含量最高值不小于 0.045%,抗拉强度最低值不大于 690MPa,屈服点或屈服强度最低值不大于 360MPa,伸长率最低值不大于 26%,弯心直径最低值不小于 2×试件厚度,冲击功最低值(20℃,V 型,纵向标准试样)不大于 27J。

④ 未规定其他质量要求。

普通质量低合金钢主要包括:一般用途低合金结构钢(规定的屈服强度不大于 360MPa),低合金钢筋钢,铁道用一般低合金钢,矿用一般低合金钢。

（2）优质低合金钢是指除普通质量低合金钢和特殊质量低合金钢以外的低合金钢,在生产过程中需要特别控制质量(如降低硫、磷含量,控制晶粒度,改善表面质量,增加工艺控制等),以达到比普通质量低合金钢特殊的质量要求(如良好的抗脆断性能、良好的冷成形性等),但这种钢的生产控制和质量要求不如特殊质量低合金钢严格。

优质低合金钢主要包括:可焊接的高强度结构钢(规定的屈服强度大于 360MPa 而小于 420MPa),锅炉和压力容器用低合金钢,造船用低合金钢,汽车用低合金钢,桥梁用低合金钢,自行车用低合金钢,低合金耐候钢,铁道用低合金钢,矿用低合金钢,输油、输气管线用低合金钢。

（3）特殊质量低合金钢是指在生产过程中需要特别严格控制质量和性能(特别是严格控制硫、磷等杂质含量和纯洁度)的低合金钢,应至少符合下列一种条件。

① 规定限制非金属夹杂物含量和(或)内部材质均匀性,如钢板抗层状撕裂性能。

② 规定严格限制磷含量和(或)硫含量最高值,成品分析值不大于 0.025%。

③ 规定限制残余元素含量,并符合下列规定(熔炼分析):$w_{Cu} \leqslant 0.10\%$、$w_{Co} \leqslant 0.05\%$、$w_V \leqslant 0.05\%$。

④ 规定低温(低于 -40℃,V 型)冲击性能。

⑤ 可焊接的高强度钢,规定的屈服强度最低值不小于 420MPa。

特殊质量低合金钢主要包括:核能用低合金钢,保证厚度方向性能低合金钢,铁道用特殊低合金钢,低温用低合金钢,舰船、兵器等专用特殊低合金钢。

低合金钢按其基本性能或使用特性分类如下：

① 可焊接的低合金高强度结构钢；

② 低合金耐候钢；

③ 低合金钢筋钢；

④ 铁道用低合金钢；

⑤ 矿用低合金钢；

⑥ 其他低合金钢。

3）合金钢

合金钢按其主要质量等级分为优质合金钢和特殊质量合金钢。

（1）优质合金钢是指在生产过程中需要特别控制质量和性能,但其生产控制和质量要求不如特殊质量合金钢严格的合金钢。

优质合金钢主要包括：一般工程结构用合金钢,合金钢筋钢,电工用硅（铝）钢（无磁导率要求）,铁道用合金钢,地质、石油钻探用合金钢,硫、磷含量大于0.035％的耐磨钢和硅锰弹簧钢。

（2）特殊质量合金钢是指在生产过程中需要特别严格控制质量和性能的合金钢。除优质合金钢以外的所有其他合金钢都为特殊质量合金钢。

特殊质量合金钢主要包括：锅炉和压力容器用合金钢,热处理合金钢筋钢,经热处理的地质石油钻探用合金钢,合金结构钢,合金弹簧钢,不锈钢,耐热钢,合金工具钢,高速工具钢,轴承钢,高电阻电热钢和合金,无磁钢,永磁钢。

合金钢按其基本性能及使用特性分类如下：

① 工程结构用合金钢,包括一般工程结构用合金钢、合金钢筋钢、压力容器用合金钢、地质石油钻探用钢、高锰耐磨钢等。

② 机械结构用合金钢,包括调质处理合金结构钢、表面硬化合金结构钢、冷塑性成型（冷顶锻、冷挤压）合金结构钢、合金弹簧钢等,但不锈、耐蚀和耐热钢,轴承钢除外。

③ 不锈、耐蚀和耐热钢,包括不锈钢、耐酸钢、抗氧化钢和热强钢等。

④ 工具钢,包括合金工具钢、高速工具钢。

⑤ 轴承钢。

⑥ 特殊物理性能钢,包括软磁钢、永磁钢、无磁钢及高电阻钢和合金等。

⑦ 其他,如铁道用合金钢等。

1.5.3　其他分类方法

1）按冶炼方法分类

钢按冶炼方法可分为平炉钢、转炉钢、电炉钢和炉外精炼钢。平炉钢过去主要冶炼非合金钢、低合金钢和部分合金钢,现在平炉已被淘汰。转炉钢的主要品种为非合金钢、低合金钢和少量合金钢,配以炉外精炼,现代转炉主要是顶底复吹转炉,可以生产几乎所有的钢类。电炉钢包括电弧炉钢、感应炉钢、电渣炉钢、真空感应炉钢、真空自耗炉钢等。电弧炉钢冶炼的主要品种为优质非合金钢、低合金钢和合金钢。

将精料、电炉和炉外精炼配合,主要生产特殊质量非合金钢、低合金钢和合金钢。

按照冶炼时采用的脱氧方法和脱氧程度,又可以把钢分为沸腾钢、镇静钢和半镇静钢。

2) 按组织分类

(1) 按平衡状态或退火状态的组织分类,其中包括:

① 亚共析钢,组织为珠光体和自由铁素体。

② 共析钢,组织为珠光体。

③ 过共析钢,组织内有二次碳化物,如高碳工具钢。

④ 莱氏体钢,组织内有一次碳化物,如高速钢和高铬工具钢。

⑤ 铁素体钢,当钢中加入较多的能稳定铁素体的元素时,能使钢在高温和室温时铁素体都是稳定的,这类钢在加热和冷却时铁素体不进行转变。

⑥ 奥氏体钢,当钢中加入较多的能稳定奥氏体的元素时,能使钢在高温和室温时奥氏体都是稳定的,加热和冷却时奥氏体的组织不变。

⑦ 半铁素体钢,此类钢在加热和冷却时,有一部分铁素体能发生铁素体和奥氏体的相互转变。

(2) 按正火组织分类。这种方法是根据直径为 25mm 的钢材加热至 900℃ 后,在空气中冷却时所得到的组织分类的,这种分类方法自然不是严格的,但接近某些生产条件下(如轧制后空气中冷却)所得到的组织。

① 珠光体类,冷却时奥氏体进行珠光体分解,合金元素含量不高者属于这一类。

② 贝氏体类,冷却时奥氏体进行贝氏体转变,室温时基本上是贝氏体组织。

③ 马氏体类,冷却时奥氏体能过冷至马氏体点以下,则室温时将是马氏体组织。

④ 奥氏体类,冷却时奥氏体尚来不及分解,而马氏体点在室温以下,因此室温时将是奥氏体组织。

3) 按使用加工方法分类

按照在钢材使用时的制造加工方式可以将钢分为压力加工用钢、切削加工用钢和冷顶锻用钢。

压力加工用钢是供用户经塑性变形制作零件和产品用的钢。按加工前钢是否经过加热,又分为热压力加工用钢和冷压力加工用钢。

切削加工用钢是供切削机床(如车、铣、刨、磨等)在常温下切削加工成零件用的钢。

冷顶锻用钢是将钢材在常温下进行锻粗,做成零件或零件毛坯,如铆钉、螺栓及带凸缘的毛坯等,这种钢也称为冷锻钢。

在实际工作中,上述各种钢的分类方法差不多都能碰到,并且常常几种方法重叠使用。

4) 按用途分类

按照用途不同可以把钢分为碳素结构钢、优质碳素结构钢、碳素工具钢、低合金高强度结构钢、合金结构钢、弹簧钢、合金工具钢、高速工具钢、轴承钢、不锈耐酸钢、耐热钢和电工用硅钢等十二大类。

为了满足专门用途的需要,由上述钢类又派生出一些专门用途的钢,简称为专门钢。它们包括:焊接用钢、钢轨钢、铆螺钢、锚链钢、地质钻探管用钢、船用钢、汽车大梁用钢、矿用钢、压力容器用钢、桥梁用钢、锅炉用钢、焊接气瓶用钢、车辆车轴用钢、机车车轴用钢、耐候钢和管线钢等。

1.5.4　编号方法

钢的种类很多,需要进行编号。编号的原则是:简短醒目,便于书写、打印和识别而不易混淆,又要能表示其主要成分及用途以及其主要性能和相应的状态。目前还很少有哪种编号方法能满足一切要求。

世界各国都有自己的钢的编号方法,本节主要介绍我国钢的编号方法,同时简要介绍美国、俄罗斯、日本、德国和国际标准化组织(ISO)等相关标准中的钢的编号方法[36]。

1.5.4.1　中国

新中国成立初期曾采用过苏联的钢的编号方法,1952 年决定用注音字母代替苏联编号中的俄文字母。1959 年原冶金部批准颁布了我国的钢铁产品编号方法,1963 年改为国家标准 GB 221—63《钢铁产品牌号表示方法》,采用了汉字和拉丁字母同时并举的原则。之后又陆续修改为 GB 221—79、GB/T 221—2000 和 GB/T 221—2008,名称未变。

为了适应钢铁产品的发展、便于国际交流和贸易的需要,最新修订的 GB/T 221—2008 与修订前的标准比较,内容有了适当的修改。钢铁牌号的表示,通常采用大写汉语拼音字母、化学元素符号和阿拉伯数字相结合的方法表示,也可采用大写英文字母或国际惯例表示符号。

产品牌号中的元素用化学元素符号表示,混合稀土元素符号用"RE"表示,元素含量用质量分数表示。

采用汉语拼音字母或英文字母表示产品名称、用途、特性和工艺方法时,一般从产品名称中选取有代表性的汉字的汉语拼音的首位字母或英文单词的首位字母。当和另一产品所取字母重复时,改取第二个字母或第三个字母,或同时选取两个(或多个)汉字或英文单词的首位字母。采用汉语拼音字母或英文字母,原则上只取一个,一般不超过三个。

下面将依序介绍按钢的用途所分的除电工用硅钢以外的各大类钢的牌号表示方法。

1) 碳素结构钢和低合金结构钢

碳素结构钢和低合金结构钢的牌号通常由四部分组成。

第一部分:前缀符号+强度值(MPa),其中通用结构钢前缀符号为代表屈服强度的拼音字母"Q",专用结构钢的前缀符号见表 1.4。

表 1.4　专用结构钢的前缀符号(GB/T 221—2008)

成品名称	采用的汉字及汉语拼音或英文单词			采用字母
	汉字	汉语拼音	英文单词	
热轧光圆钢筋	热轧光圆钢筋	—	hot rolled plain bars	HPB
热轧带肋钢筋	热轧带肋钢筋	—	hot rolled ribbed bars	HRB
细晶粒热轧带肋钢筋	热轧带肋钢筋+细	—	hot rolled ribbed bars+fine	HRBF
冷轧带肋钢筋	冷轧带肋钢筋	—	cold rolled ribbed bars	CRB
预应力混凝土用螺纹钢筋	预应力、螺纹、钢筋	—	prestressing,screw,bars	PSB
焊接气瓶用钢	焊瓶	HAN PING	—	HP
管线用钢	管线	—	line	L
船用锚链钢	船锚	CHUAN MAO	—	CM
煤机用钢	煤	MEI	—	M

第二部分(必要时):钢的质量等级,用英文字母 A、B、C、D、E、F…表示。

第三部分(必要时):脱氧方式表示符号,即沸腾钢、半镇静钢、镇静钢、特殊镇静钢分别以 F、b、Z、TZ 表示。镇静钢、特殊镇静钢表示符号通常可以省略。

第四部分(必要时):产品用途、特性、工艺方法表示符号,见表 1.5。

表 1.5　碳素结构钢和低合金结构钢产品用途、特性、工艺方法表示符号(GB/T 221—2008)

成品名称	采用的			采用字母	位　置
	汉字	汉语拼音	英文单词		
锅炉和压力容器用钢	容	RONG	—	R	牌号尾
锅炉用钢(管)	锅	GUO	—	G	牌号尾
低温压力容器用钢	低容	DI RONG	—	DR	牌号尾
桥梁用钢	桥	QIAO	—	Q	牌号尾

续表

成品名称	采用的			采用字母	位　置
	汉字	汉语拼音	英文单词		
耐候钢	耐候	NAI HOU	—	NH	牌号尾
高耐候钢	高耐候	GAO NAI HOU	—	GNH	牌号尾
汽车大梁用钢	梁	LIANG	—	L	牌号尾
高性能建筑结构用钢	高建	GAO JIAN	—	GJ	牌号尾
低焊接裂纹敏感性钢	低焊接裂纹敏感性	—	crack free	CF	牌号尾
保证淬透性钢	淬透性	—	hardenability	H	牌号尾
矿用钢	矿	KUANG	—	K	牌号尾
船用钢	采用国际符号				

示例:Q235AF 表示最小屈服强度为 235MPa 的碳素结构钢,质量 A 级,沸腾钢;Q345D 表示最小屈服强度为 345MPa 的低合金高强度结构钢,质量 D 级,特殊镇静钢;CRB550 表示最小抗拉强度为 550MPa 的冷轧带肋钢筋;Q345R 表示最小屈服强度为 345MPa 的锅炉和压力容器用钢,特殊镇静钢。

根据需要,低合金高强度结构钢的牌号也可以两位阿拉伯数字(表示以万分之几计的平均碳含量)加元素符号及必要时加代表产品用途、特性和工艺方法的表示符号,按顺序表示。

示例:碳含量 0.15%～0.26%、锰含量 1.20%～1.60% 的矿用钢牌号为 20MnK。

2) 优质碳素结构钢和优质碳素弹簧钢

优质碳素结构钢牌号通常由五部分组成。

第一部分:以两位阿拉伯数字表示平均碳含量(以万分之几计)。

第二部分(必要时):较高锰含量的优质碳素钢,加锰元素符号 Mn。

第三部分(必要时):钢材冶金质量,即高级优质钢、特级优质钢分别以 A、E 表示,优质钢不用字母表示。

第四部分(必要时):脱氧方式表示符号,即沸腾钢、半镇静钢、镇静钢分别以 F、b、Z 表示,但镇静钢表示符号通常可以省略。

第五部分(必要时):产品用途、特性、工艺方法表示符号,见表 1.5。

优质碳素弹簧钢的牌号表示方法与优质碳素结构钢相同。

示例:08F 表示碳含量 0.05%～0.11%、锰含量 0.25%～0.50% 的优质碳素结构钢,沸腾钢;50MnE 表示碳含量 0.48%～0.56%、锰含量 0.70%～1.00% 的特级优质碳素钢,镇静钢;65Mn 表示碳含量 0.62%～0.70%、锰含量 0.90%～1.20% 的优质碳素弹簧钢,镇静钢。

3) 易切削钢

易切削钢钢号通常由三部分组成。

第一部分:易切削钢表示符号"Y"。

第二部分:以两位阿拉伯数字表示平均碳含量(以万分之几计)。

第三部分:易切削元素符号,如含钙、铅、锡等易切削元素的易切削钢分别以 Ca、Pb、Sn 表示。加硫和加硫磷易切削钢,通常不加易切削元素符号 S、P。较高锰含量的加硫或加硫磷易切削钢,本部分为锰元素符号 Mn。为区分牌号,对较高硫含量的易切削钢,在牌号尾部加硫元素符号 S。

示例:碳含量 0.42%～0.50%、钙含量 0.002%～0.006% 的易切削钢,其牌号表示为 Y45Ca;碳含量 0.40%～0.48%、锰含量 1.35%～1.65%、硫含量 0.16%～0.24% 的易切削钢,其牌号表示为 Y45Mn;碳含量 0.40%～0.48%、锰含量 1.35%～1.65%、硫含量 0.24%～0.32% 的易切削钢,其牌号表示为 Y45MnS。

4) 车辆车轴及机车车辆用钢

车辆车轴及机车车辆用钢牌号通常由两部分组成。

第一部分:车辆车轴用钢表示符号"LZ"(辆轴)或机车车辆用钢表示符号"JZ"(机轴)。

第二部分:以两位阿拉伯数字表示平均碳含量(以万分之几计)。

示例:JZ45 表示碳含量 0.40%～0.48% 的机车车辆用钢。

5) 合金结构钢和合金弹簧钢

合金结构钢牌号通常由四部分组成。

第一部分:以两位阿拉伯数字表示平均碳含量(以万分之几计)。

第二部分:合金元素含量以化学元素符号及阿拉伯数字表示。具体表示方法为:平均含量小于 1.50% 时,牌号仅标明元素,一般不标明含量;平均元素含量为 1.50%～2.49%、2.50%～3.49%、…时,在合金元素后相应地加上 2、3、…。化学元素符号的排列顺序推荐按含量值递减排列。如果两个或多个元素的含量相等时,相应符号位置按英文字母顺序排列。

第三部分:钢材冶金质量,即高级优质钢、特级优质钢分别以 A、E 表示,优质钢不用字母表示。

第四部分(必要时):产品用途、特性、工艺方法表示符号,见表 1.5。

合金弹簧钢的表示方法与合金结构钢相同。

示例:见表 1.6。

表 1.6　合金结构钢和合金弹簧钢牌号表示方法示例(GB/T 221—2008)

产品名称	第一部分	第二部分	第三部分	第四部分	牌号示例
合金结构钢	碳含量 0.22%～0.29%	铬含量 1.50%～1.80% 钼含量 0.25%～0.35% 钒含量 0.15%～0.30%	高级优质钢	—	25Cr2MoVA

续表

产品名称	第一部分	第二部分	第三部分	第四部分	牌号示例
锅炉和压力容器用钢	碳含量 ≤0.22%	锰含量 1.20%～1.60% 钼含量 0.45%～0.65% 铌含量 0.025%～0.050%	特级优质钢	锅炉和压力容器用钢	18MnMoNbER
优质弹簧钢	碳含量 0.56%～0.64%	硅含量 1.60%～2.00% 锰含量:0.70%～1.00%	优质钢	—	60Si2Mn

6）非调质机械结构钢

非调质机械结构钢牌号通常由四部分组成。

第一部分:非调质机械结构钢表示符号"F"。

第二部分:以两位阿拉伯数字表示平均碳含量(以万分之几计)。

第三部分:合金元素含量,以化学元素符号及阿拉伯数字表示,表示方法同合金结构钢第二部分。

第四部分(必要时):改善切削性能的非调质机械结构钢加硫元素符号 S。

示例:F35VS 表示碳含量 0.32%～0.39%、钒含量 0.06%～0.13%、硫含量 0.035%～0.075%的非调质机械结构钢。

7）工具钢

工具钢通常分为碳素工具钢(非合金工具钢)、合金工具钢、高速工具钢三类。

(1) 碳素工具钢。碳素工具钢牌号通常由四部分组成。

第一部分:碳素工具钢表示符号"T"。

第二部分:以两位阿拉伯数字表示平均碳含量(以千分之几计)。

第三部分(必要时):较高锰含量碳素工具钢,加锰元素符号 Mn。

第四部分(必要时):钢材冶金质量,即高级优质碳素工具钢以 A 表示,优质钢不用字母表示。

示例:T8MnA 表示碳含量 0.80%～0.90%、锰含量 0.40%～0.60%的高级优质碳素工具钢。

(2) 合金工具钢。合金工具钢牌号通常由两部分组成。

第一部分:平均碳含量小于 1.00%时,采用一位数字表示碳含量(以千分之几计),平均碳含量不小于 1.00%时,不标明碳含量数字。

第二部分:合金元素含量,以化学元素符号及阿拉伯数字表示,表示方法同合金结构钢第二部分,低铬(平均铬含量小于 1%)合金工具钢,在铬含量(以千分之几计)前加数字"0"。

示例:9SiCr 表示碳含量 0.85%～0.95%、硅含量 1.20%～1.60%、铬含量 0.95%～1.25%的合金工具钢。Cr06 为平均含铬量小于 0.6%的合金工具钢。

(3) 高速工具钢。高速工具钢牌号表示方法与合金结构钢相同,但在牌号头部一般不标明碳含量的阿拉伯数字。为了区别牌号,在牌号头部可以加"C"表示高碳高速钢。

示例:W6Mo5Cr4V2 表示碳含量 0.80%～0.90%、钨含量 5.50%～6.75%、钼含量 4.50%～5.50%、铬含量 3.80%～4.40%、钒含量 1.75%～2.20%的高速工具钢,但其碳含量提高至 0.86%～0.94%,而其他成分基本相同时,其表示符号为 CW6Mo5Cr4V2。

8) 轴承钢

轴承钢按化学成分和使用特性分为高碳铬轴承钢、渗碳轴承钢、高碳铬不锈轴承钢和高温轴承钢四大类。

(1) 高碳铬轴承钢。高碳铬轴承钢牌号通常由两部分组成。

第一部分:滚动轴承钢表示符号"G",但不标明碳含量。

第二部分:合金元素"Cr"符号及其含量(以千分之几计),其他合金元素含量以化学元素符号及阿拉伯数字表示,表示方法与合金结构钢第二部分相同。

示例:GCr15SiMn 表示铬含量 1.40%～1.65%、硅含量 0.45%～0.75%、锰含量 0.95%～1.25%的高碳铬轴承钢。

(2) 渗碳轴承钢。在牌号头部加符号"G",采用合金结构钢的牌号表示方法,高级优质渗碳轴承钢在牌号尾部加"A"。

示例:G20CrNiMoA 表示碳含量 0.17%～0.23%、铬含量 0.35%～0.65%、镍含量 0.40%～0.70%、钼含量 0.15%～0.30%的高级优质渗碳轴承钢。

(3) 高碳铬不锈轴承钢和高温轴承钢。在牌号头部加符号"G",采用不锈钢和耐热钢的牌号表示方法。

示例:G95Cr18 表示碳含量 0.90%～1.00%、铬含量 17.0%～19.0%的高碳铬轴承钢;G80Cr4Mo4V 表示碳含量 0.75%～0.85%、铬含量 3.75%～4.25%、钼含量 4.00%～4.50%的高温轴承钢。

9) 钢轨钢和冷镦钢

钢轨钢和冷镦钢牌号通常由三部分组成:

第一部分:钢轨钢表示符号"U"、冷镦钢(铆螺钢)表示符号"ML"。

第二部分:以阿拉伯数字表示平均碳含量,优质碳素结构钢同优质碳素结构钢第一部分,合金结构钢同合金结构钢第一部分。

第三部分:合金元素含量,以化学元素符号及阿拉伯数字表示,表示方法同合金结构钢第二部分。

示例:U70MnSi 表示碳含量 0.66%～0.74%、硅含量 0.85%～1.15%、锰含量 0.85%～1.15%的钢轨钢;ML30CrMo 表示碳含量 0.26%～0.34%、铬含量 0.80%～1.10%、钼含量 0.15%～0.25%的冷镦钢。

10) 不锈钢和耐热钢

不锈钢和耐热钢牌号采用化学元素符号和表示各元素含量的阿拉伯数字表示。各元素含量的阿拉伯数字表示应符合以下规定。

(1) 碳含量。用两位或三位阿拉伯数字表示碳含量最佳控制值(以万分之几计或十万分之几计)。只规定碳含量上限者,当碳含量上限不大于 0.10% 时,以其上限的 3/4 表示碳含量;当碳含量上限大于 0.10% 时,以其上限的 4/5 表示碳含量。例如,碳含量上限为 0.08%,以 06 表示;碳含量上限为 0.20%,以 16 表示;碳含量上限为 0.15%,以 12 表示。

对超低碳不锈钢(即碳含量不大于 0.030%),用三位阿拉伯数字表示碳含量最佳控制值(以十万分之几计)。例如,碳含量上限为 0.030% 时,其牌号中的碳含量以 022 表示;碳含量上限为 0.025% 时,其牌号中的碳含量以 019 表示;碳含量上限为 0.020% 时,其牌号中的碳含量以 015 表示;碳含量上限为 0.01% 时,其牌号中的碳含量以 008 表示。

规定上下限者,以平均碳含量×100 表示。例如,碳含量为 0.16%~0.25% 时,其牌号中的碳含量以 20 表示。

(2) 合金元素含量。合金元素含量以化学元素符号及阿拉伯数字表示,表示方法同合金结构钢第二部分。钢中有意加入铌、钛、锆、氮等合金元素,虽然含量很低,也应在牌号中标出。例如,碳含量不大于 0.08%,铬含量 18%~20%,镍含量 8%~11% 的不锈钢,牌号为 06Cr19Ni10;碳含量不大于 0.030%,铬含量 16%~19%,钛含量 0.1%~1% 的不锈钢,牌号为 022Cr18Ti;碳含量 0.15%~0.25%,铬含量 14%~16%,锰含量 14%~16%,镍含量 1.50%~3.00%,氮含量 0.15%~0.30% 的不锈钢,牌号为 20Cr15Mn15Ni2N;碳含量不大于 0.25%,铬含量 24%~26%,镍含量 19%~22% 的耐热钢,牌号为 20Cr25Ni20。

11) 焊接用钢

焊接用钢包括焊接用碳素钢、焊接用合金钢、焊接用不锈钢等类。焊接用钢牌号通常由两部分组成:第一部分,焊接用钢表示符号"H";第二部分,各类焊接用钢牌号表示方法。应符合各类钢的规定。

1.5.4.2　美国

美国的钢铁产品牌号通常采用美国各团体标准的牌号表示方法,主要的标准化机构有美国材料与试验协会(ASTM)、美国汽车工程师协会(SAE)、美国金属学会(ASM)、美国钢铁学会(AISI)等。

对于碳素和合金结构钢,AISI 标准与 SAE 标准大致相同,都采用四个数字(少部分用五个数字)。四个数字中,前两个表示钢的种类,后两个表示钢的平均碳含量(以万分之一为单位)。AISI 标准的有些钢号带有前缀字母或后缀字母,如前

缀"E"表示电炉钢,前缀"C"表示碳素钢,后缀"F"表示易切削钢。表 1.7 为 SAE
标准的碳素和合金结构钢钢号系统示例。

表 1.7　SAE 标准的碳素和合金结构钢钢号系统示例[37]

数字系统	钢　类	合金元素含量范围或平均值/%
10××	碳素钢	≤1.0Mn
11××	含硫易切削钢	—
12××	含硫和含硫磷易切削钢	—
13××	锰钢	1.75Mn
15××	较高锰含量碳素钢	—
23××	镍钢	3.5Ni
25××	镍钢	5Ni
31××	镍铬钢	1.25Ni,0.65~0.8Cr
32××	镍铬钢	1.75Ni,1.07Cr
33××	镍铬钢	3.5Ni,1.50~1.57Cr
34××	镍铬钢	3.0Ni,0.77Cr
40××	钼钢	0.2~0.30Mo
41××	铬钼钢	0.5/0.8/0.95Cr,0.12/0.2/0.30Mo
43××	镍铬钼钢	1.82Ni,0.5/0.8Cr,0.25Mo
43BV××	镍铬钼钢	含硼和钒
44××	钼钢	0.4/0.52Mo
46××	镍钼钢	0.85/1.82Ni,0.2/0.25Mo
46××	铬镍钼钢	1.05Ni,0.45Cr,0.2/0.35Mo
48××	镍钼钢	3.5Ni,0.25Mo
50××	铬钢	0.27~0.65Cr
51××	铬钢	0.8~1.05Cr
61××	铬钒钢	—
81××	镍铬钼钢	0.3Ni,0.4Cr,0.12Mo
86××	镍铬钼钢	0.5Ni,0.5Cr,0.20Mo
87××	镍铬钼钢	0.55Ni,0.5Cr,0.25Mo
88××	镍铬钼钢	0.55Ni,0.5Cr,0.35Mo
92××	硅锰钢	

注:在四位数中间插入字母"L",表示含铅钢种,在最后标以字母"L"表示超低碳钢种。

　　AISI 和 SAE 标准的保证淬透性钢,则在钢号后面附字母"H",如"4140H"表
示有一定淬透性要求的铬钼钢。

　　AISI 和 SAE 标准的高碳铬轴承钢的钢号由五位数字组成,第一位数字"5"表示铬钢,第二位数字表示铬含量:0 表示 0.5%、1 表示 1.0%、2 表示 1.45%,后三位数字表示平均碳含量×100。例如,52100 表示含 0.95%～1.05%C、1.30%～1.60%Cr 的高碳铬轴承钢。

　　美国工具钢,根据 AISI 和 SAE 编号,按其用途和所含合金元素,分为十三类,各类分别用字母和顺序数字表示,这种编号方法不能表示出钢的化学成分。具体编号见表 1.8。

表 1.8　AISI 和 SAE 标准工具钢钢号系列[37]

钢　号	钢　类	钢　号	钢　类	钢　号	钢　类
W×	水淬工具钢,一般系碳素工具钢或含有少量 Cr、V 的钢。×为顺序数字(下同),如 W1	A×	空冷硬化冷作模具钢	L×	低合金特种用途工具钢
		D×	高碳高铬型冷作模具钢	F×	碳钨工具钢
		H1×	中碳中铬型热作模具钢	P×	塑料模具钢
S×	耐冲击工具钢	H2×	钨系热作模具钢	T×	钨系高速工具钢
O×	油冷冷作工具钢	H4×	钼系热作模具钢	M×	钼系高速工具钢

　　不锈钢和耐热钢一般用"AISI"的编号,钢号由三个数字组成,第一个表示钢类,第二、三位数字表示序号,具体编号如下:

　　2××——铬锰镍氮奥氏体钢;

　　3××——铬镍奥氏体钢,如"302",相当于我国的 1Cr18Ni9;

　　4××——高铬不锈钢,如"403"和"430",相当于我国的 1Cr13 和 Cr17;

　　5××——低铬马氏体钢,如"501",相当于我国的 Cr5Mo 耐热钢。

1.5.4.3　俄罗斯

　　ГОСТ 是苏联的标准代号,现俄罗斯仍沿用这个代号作为国家标准代号。ГОСТ 标准中钢铁牌号的表示方法和我国钢铁标准的牌号表示方法基本相同,只是钢号中的化学元素用俄文字母表示,其表示方法见表 1.9。

表 1.9　合金钢钢号中表示各合金元素的俄文字母代号[37]

代　号	汉字及俄文	代　号	汉字及俄文	代　号	汉字及俄文	代　号	汉字及俄文
А	氮 Азот	К	钴 Кобальт	С	硅 Кремний	Ю	铝 Алюмиий
Б	铌 Ниобий	М	钼 Мольбден	Т	钛 Титан	Ч	稀土元素 Редкоземельные элементы
В	钨 Вольфрам	Н	镍 Никель	Ф	钒 Ванадий		
Г	锰 Марганец	П	磷 фосфор	Х	铬 Хром		
Д	铜 Медь	Р	硼 Бор	Ц	锆 Цирконий		

　　钢号中常用的前缀或后缀字母代号及其含义见表 1.10。

表 1.10　钢号中部分常用的前缀或后缀字母代号[37]

代号	含　义	前缀或后缀	代号	含　义	前缀或后缀	代号	含　义	前缀或后缀
Ст	钢(普通碳素钢)	前	А	高级优质钢	后	Ш	滚动轴承钢	前
кп	沸腾钢	后	У	碳素工具钢	前	Л	铸钢	后
пс	半镇静钢	后	А	含硫易切削钢	前	К	锅炉用钢	后
сп	镇静钢	后	АС	含铅易切削钢	前	Р	高速钢	前

此外,还有些非标准的钢,其表示方法各异,ЭИ 表示电炉钢厂试验研究钢种,ЭП 表示工业试验钢种,后面附有号数,如 ЭИ958、ЭП658 等。

普通碳素钢在新的 ГОСТ 标准中,已采用屈服强度值下限表示,以便和 ISO 国际标准的钢号接轨,如表示为 C235 的钢号,其 $\sigma_s \geqslant 235\text{MPa}$。

优质碳素钢和碳素工具钢表示方法与我国标准相同,如 10、20F 表示为 10、20кп;Т10、Т12А 表示为 Y10、Y12A。

合金钢的表示方法,除高速钢不同外,均与我国标准相同。高速钢以 Р 表示,后面数字表示钨含量。有时在俄文书刊中可以看到一些代号,如 Я 表示镍铬不锈钢,Ж 表示铬不锈钢和耐热钢。例如,Ж3 表示 3X13,Я1Т 表示 1X18H9T。

表 1.11 为俄罗斯合金钢钢号表示方法与我国合金钢钢号表示方法对照。

表 1.11　俄罗斯合金钢钢号表示方法与我国合金钢钢号表示方法对照

合金钢名称	俄罗斯钢号表示方法	我国钢号表示方法
低合金钢	15ГС	15MnSi
合金结构钢	38ХМЮА,30ХГС,18ХГТ	30CrMoAlA,30CrMnSi,18CrMnTi
易切削钢	А40Г	Y40Mn
弹簧钢	60С2,50ХФА	60Si2Mn,60Si2,50CrV
滚珠轴承钢	ШХ15,ШХ15СГ	GCr15,GCr15SiMn
合金工具钢	5ХНМ,Х12,Х06,9ХС(极个别情况)	5CrNiMo,Cr12,Cr06,9SiCr
高速钢	Р18,Р6М5	W18Cr4V,W6Mo5Cr4V2
耐热钢,不锈钢	1X18H9T,3X13,1X14H14B2MT	1Cr18Ni9Ti,3Cr13,1Cr14Ni14W2MoTi

1.5.4.4　日本

JIS 是日本工业标准的代号。日本 JIS 标准钢号系统的编号方法的主体结构基本上由三部分组成。

第一部分:采用前缀字母,表示材料分类,以"S"表示钢。

第二部分:采用英文字母或假名拼音的罗马字,表示用途、钢材种类等;对于合金结构钢,第二部分为主要合金元素符号。

第三部分:数字,表示钢类或钢材的序号或强度值下限。钢号序号有一位、二位或三位数。有的钢号在数字序号后还附加后缀 A、B、C 等字母,表示不同质量等级、种类或厚度。在钢号主体之后,根据情况需要,可附加表示形状、制造方法及热处理的后缀符号。

表 1.12 为 JIS 标准钢号表示第二部分的表示符号和后缀符号的含义。

表 1.12　JIS 标准中一些表示钢的用途、种类、钢类的符号和各类后缀符号[37]

钢号表示第二部分		钢号后缀		
表示用途、钢材种类	表示钢组	表示形状	表示制造方法	表示热处理
K—工具	锰钢—Mn	CP—冷轧板	R—沸腾钢	A—退火
U—特殊用途	铬钢—Cr	HP—热轧板	K—镇静钢	N—正火
W—线材、钢丝	锰铬钢—MnC	CS—冷轧带	A—铝镇静钢	Q—淬火回火
P—钢板	铬钼钢—CM	HS—热轧带	S-C—冷拔无缝钢管	S—固溶处理
T—钢管	镍铬钢—NC	TP—管道用钢材	D9—冷拔,精度 9 级	SR—消除应力处理
C—铸件	镍铬钼钢—NCM	WR—线材		
F—锻件	铝铬钼钢—ACM	B—棒材		

普通碳素结构钢的钢号组成为 SS×××,前缀 S 代表钢,中间的 S 代表结构用,后面的三位数代表抗拉强度的最低值(MPa),如 SS400。

机械制造用结构钢包括优质碳素结构钢和合金结构钢。

优质碳素钢钢号组成为 S××C 或 S××CK,中间数字代表平均碳含量的万分之几,后缀 C 代表优质钢,后缀 CK 代表渗碳钢。

在合金结构钢标准中的钢号组成为:S○○○◎××○,其中○○○代表钢组或主要元素符号(见表 1.12),◎为主要元素含量数字代号,根据元素含量的高低采用四个偶数代号表示(见表 1.13),其后的两位数字××原则上采用平均碳含量的万分之几来表示,取其整数,其值小于 10 时,数值前加 0,如 09。如果主合金元素符号、元素和碳含量的数字代号均相同时,则对合金元素含量较高的钢种采取××+1,后缀符号采用英文字母,用于基本钢种添加微量元素或特殊元素时;或用于保证某种特性,如"H"表示保证淬透性钢。

表 1.13　主要合金元素含量、数字代号与元素含量范围[37]　　（单位：%）

主要合金元素含量数字代号	锰钢	锰铬钢		铬钢	铬钼钢		镍铬钢		镍铬钼钢		
	Mn	Mn	Cr	Cr	Cr	Mo	Ni	Cr	Ni	Cr	Mo
2	>1.00	>1.00	>0.30	>0.30	>0.30	>0.15	>1.00	>0.25	>0.20	>0.20	>0.15
	<1.30	<1.30	<0.90	<0.80	<0.80	<0.30	<2.00	<1.25	<0.70	<1.00	<0.40
4	>1.30	>1.30	>0.30	>0.80	>0.80	>0.15	>2.00	>0.25	>0.70	>0.40	>0.15
	<1.60	<1.60	<0.90	<1.40	<1.40	<0.30	<2.50	<1.25	<2.00	<1.50	<0.40
6	>1.60	>1.60	>0.30	>1.40	>1.40	>0.15	>2.50	>0.25	>2.00	>1.00	>0.15
			<0.90	<2.00		<0.30	<3.00	<1.25	<3.50		<1.00
8	—	—	—	—	>0.80	>0.30	>3.00	>0.25	>3.50	>0.70	>0.15
					<1.40	<0.60		<1.25		<1.50	<0.40

弹簧钢钢号用 SUP× 表示,× 为一位或二位数字的序号,如 SUP3。

滚动轴承钢用 SUJ× 表示,× 为数字序号,钢号有 SUJ1、SUJ2、SUJ3 等。

碳素工具钢的钢号有 SK1~SK7,其中碳含量随序号的增加而降低,如 SK1 的碳含量为 1.30%~1.50%,SK7 的碳含量为 0.60%~0.70%。

合金工具钢的钢号有 SKS×、SKD×、SKT× 三类,字母后用一位或两位数字表示序号。

SKS 类主要用于表示切削工具、耐冲击工具和一部分冷作模具。

SKD 类主要用于表示一部分冷作模具和一部分热作模具。

SKT 类主要用于表示一部分热作模具。

高速工具钢钢号用 SKH 加数字序号表示。

不锈钢钢号用 SUS××× 表示,××× 为三位数字编号,基本上参照美国 AISI 不锈钢标准的编号系统。例如,SUS301 可与美国 AISI301 对照。超低碳不锈钢在数字后加 L;添加 Ti、Se、N 的钢种在数字后分别加 Ti、Se、N。对于不锈钢钢材不同品种,则在主体牌号后再附加后缀代号,经常用"-"号隔开,如 SUS×××-CP 表示冷轧不锈钢板。

耐热钢钢号用 SUH 加数字编号表示,有一部分已参照美国 AISI 的三位数字编号系列。

1.5.4.5 　德国

DIN 是德国工业标准的代号。根据 DIN 17006 系统的编号法,钢号由三部分组成,以材料强度或化学成分作为编号的核心,前面冠以冶炼方法和原始特性的缩写字母,后面附有代表保证范围的数字和处理状态的缩写字母,不过这两部分在非必需时应加以省略。因此,在大部分情况下,只使用编号的核心部分。表 1.14 为 DIN 系统采用的部分字母和数字的含义。

表 1.14　DIN 系统冠在主体部分前和附在主体部分后的字母和数字的含义[38]

冶炼方法 (代表字母)	原始特征 (代表字母)	保证范围(代表字母)	处理状态(代表字母)
E—电炉钢	A—抗时效的	1—屈服点	A—经回火
W—转炉钢	G—含较高的磷和(或)硫	2—弯曲和顶锻试验	B—经处理获得最佳可切削性
Y—氧气转炉钢		3—冲击韧性	E—经渗碳淬火
I—感应电炉钢	K—含较低的磷和(或)硫	4—屈服点和弯曲顶锻或顶锻试验	G—经软化退火
SS—焊接用钢		5—弯曲或顶锻试验及冲击韧性	H—经淬火
	R—镇静钢	6—屈服点及冲击韧性	N—经正火
	Q—可冷镦的	7—屈服点和弯曲或顶锻试验及冲击韧性	U—未经处理
	S—可熔焊的	8—高温强度或蠕变试验	V—经调质

德国是欧洲标准化委员会(CEN)的成员,按规定,各会员国的标准必须等同采用欧洲标准(EN)。因此,20 世纪 90 年代起,德国所制订或修订的一大批标准已等同采用欧洲标准(EN),其标准号为 DIN EN××××(加年份)。由于德国DIN 标准和钢号使用历史很久,习惯影响很深,在很多场合下新旧两种钢号还处在交替过程,并存使用[37]。

新的 DIN 17006 系统把钢号表示方法分为两类,即按材料力学性能和用途表示和按化学成分表示。分述如下[37]。

1) 按材料力学性能和用途表示的钢号

这种表示方法常用于结构和工程用非合金钢、耐候钢、细晶粒钢等。

(1) 结构和工程用非合金钢。

这类钢的钢号大部分表示为 S×××,字母"S"表示结构用钢,"S"后的三位数字表示屈服强度下限值(MPa),通常加后缀符号表示质量等级和状态。用于表示保证冲击性能范围的后缀字母见表 1.15。

表 1.15　表示保证冲击性能范围的后缀字母[37]

试验温度/℃	后缀字母		
	冲击吸收功 27J	冲击吸收功 40J	冲击吸收功 60J
+20	JR	KR	LR
0	J0	K0	L0
−20	J2	K2	L2
−30	J3	K3	L3
−40	J4	K4	L4
−50	J5	K5	L5
−60	J6	K6	L6

例如,钢号 S235JR,表示屈服强度 $\sigma_{0.2} \geqslant 235\text{MPa}$,冲击吸收功 $A_{kv} \geqslant 27\text{J}(+20℃)$的钢材。

还有一部分钢号表示为 E×××,字母"E"表示工程(或机械制造)用钢,"E"后缀的三个数字也表示屈服极限的下限值(MPa),加后缀字母"C"表示冷拉钢材。

旧的 DIN 17006 系统对于非合金钢,钢号的主体由"St"字母和随后的抗拉强度下限数值(kgf/mm²)组成。一般不再进行热处理,必要时再在主体部分前后标以如表 1.14 列举的各种字母或数字。例如,RSt37 表示抗拉强度下限值为360MPa 的镇静钢,QSt37-3U 表示可冷镦的、保证冲击韧性和未经处理的钢。

(2) 耐候钢。

耐候钢的钢号是参照上述工程用非合金钢钢号,加后缀字母 W 或 WP。其中,W 表示耐候钢,P 表示磷含量较高的钢。

以 S355J2G1W 为例,为 DIN EN 标准钢号,有时标以 S355J2W,其中有的钢号出现 G1、G2,是为了区别略有不同的钢种。DIN 标准旧钢号表示为 WTSt52-3,前缀字母 WT 表示耐候钢。

(3) 细晶粒结构钢。

细晶粒结构钢的钢号采用 S×××或 P×××,加后缀符号,S 表示工程用钢,P 表示压力容器用钢。字母 S 或 P 后的三位数字,表示屈服强度下限值(MPa)。后缀字母:N 表示正火处理,Q 表示调质处理,H 表示高温用,L 表示低温用,R 表示室温用。这类钢的新旧钢号变化情况,可用下例说明:DIN EN 标准钢号 P420N、P420NH、P420HL 对应的 DIN 标准旧钢号分别为 StE420、WStE420、TStE420

2) 按化学成分的表示方法

这种表示方法可以区分为非合金钢、合金钢和高合金钢三种类型。

(1) 非合金钢。

对碳素钢来说,只有在使用时,当钢的其他性能比力学性能更突出或钢材需进行热处理(如渗碳钢、调质钢)时,其钢号才采用按化学成分的表示方法。

非合金钢的钢号采用 C××,字母"C"后的两位数字表示平均碳含量的万分之几,必要时可加前缀或后缀符号。常见的后缀字母:E 表示要求控制硫含量上限,R 表示要求控制硫含量范围。例如,C30E 表示平均碳含量 0.30%的调质钢,其硫含量不大于 0.035%。

这类钢的新旧钢号表示方法变化较大,在旧钢号(DIN)中,对碳素钢的不同质量要求(硫、磷含量的限制)及不同用途要求,是用前缀字母表示的,如 Ck 表示控制硫、磷含量的优质碳素钢,Cf 表示表面淬火用钢,Cq 表示冷镦用钢。

(2) 合金钢。

按 DIN 标准规定,当钢中 $w_{Si} \geqslant 0.50\%$,$w_{Mn} \geqslant 0.80\%$,$w_{Cu} \geqslant 0.25\%$,$w_{Al} \geqslant 0.10\%$,$w_{Ti} \geqslant 0.10\%$时,这些元素才称为合金元素。

合金钢的钢号由表示碳含量的数字(平均含量的万分之几)、合金元素符号及含量数字组成。合金元素的符号是采用国际化学符号,并按其含量的多少依次排列;当含量相同时则按字母顺序排列。钢号中合金元素含量的表示方法,采用合金元素平均含量的百分数(%)乘以表 1.16 中的系数来表示。

表 1.16　钢号中合金元素的系数[37]

合金元素	含量的系数(平均含量的百分数(%)乘以)
Cr、Co、Mn、Ni、Si、W	4
Al、Be、Cu、Mo、Pb、Nb、Ta、Ti、V、Zr	10
Ce、N、P、S	100
B	1000

因此,在查阅合金钢钢号时,欲求该钢号中的化学成分时,应除以表 1.16 中的系数。

示例:15Cr3E 为含 0.15%C、0.75%Cr 的铬钢,经渗碳淬火使用;E13CrV53.8 为含 0.13%C、1.25%Cr、0.3%V 的电炉钢(前冠以"E"代表电炉钢),"8"为代表保证一定的高温强度的数字。

(3) 高合金钢。

钢中有一种合金元素含量在 5% 以上者,称为高合金钢。编号之前冠以字母 X 以示区别;接着是表示平均碳含量的数字,以万分之几表示;然后是合金元素符号,按含量高低排列;最后标明各主要合金元素含量的平均值,按四舍五入化为整数。例如,X10CrNi188 为含 0.1%C、18%Cr、8%Ni 的不锈钢。如果由于碳含量无关紧要而不必注明时,则字母"X"也可省略。

(4) 工具钢。

德国自 21 世纪初,其非合金工具钢的钢号执行与 EN 标准及 ISO 标准相一致的表示方法。其钢号由 C××U 组成,×× 为两位数字,表示钢的平均碳含量(万分之几),后缀字母 U 表示工具钢专用钢种。例如,C90U 表示碳含量不大于 0.90% 的非合金工具钢(碳素工具钢)。

按 DIN 标准,碳素工具钢的钢号由 C××W× 组成,C×× 表示平均碳含量万分之几的数字,W 表示工具钢。其中,W1 表示一级质量,W2 表示二级质量,W3 表示三级质量,WS 表示特殊质量和用途。

目前常见到新旧钢号并用的情况,如 C70U 相当于 C70W1,C85U 相当于 C85W 等。

合金工具钢的大部分钢号表示与合金结构钢相同,但有两个特点:一是对平均碳含量超过 1% 的钢号,用三位数字表示碳含量;二是钢中有一种合金元素超过 5% 的,按高合金钢的钢号表示方法表示,即所表示的含量数字是表示平均含量的百分数(不必乘以系数)。例如,X165CrCoMo12 即是按照高合金钢号表示的合金工具钢。

近年来,德国高速工具钢也采用与 EN 标准及 ISO 标准相一致的钢号表示方法,其钢号由 HS×-×-× 组成。HS(high speed)表示高速钢,后面由表示合金元素平均含量的三组或四组数字组成,每组之间加短线相隔。各组数字按 W-Mo-V-Co 次序排列,Cr 不必表示。用数字表示的合金元素含量以平均含量的百分数表示。不含 Mo 的高速钢用数字"0"表示,而不含 Co 的高速钢,则只用前三组数字表示即可。

DIN 标准的高速工具钢钢号,由 S×-×-× 组成。S 表示高速钢,其余表示方法与上述相同,目前两者通用。

示例:S12-1-4-5(HS12-1-4-5)表示平均含 12%W、1%Mo、4%V、5%Co(4%

Cr)的高速钢;HS12-1-4-5(S12-1-4-5)表示平均含 12%W、1%Mo、4%V、5%Co、4%Cr 的高速钢。

1.5.4.6　国际标准化组织

ISO 是国际标准化组织(International Organization for Standardization)的标准代号。该组织在 1985 年以前颁布的 ISO 标准,大部分钢铁牌号采用序号或以强度表示,没有形成一套较系统的钢号表示方法。因此各国都不直接采用它的牌号命名,而采用本国牌号系统。自从欧洲标准建立以后,ISO 在 1986 年以后颁布的 ISO 标准,其钢号主要采用欧洲标准(EN)的牌号系统,而 EN 牌号系统基本上是在德国 DIN 标准的牌号系统的基础上制定的,并作了改进。例如,钢号的前缀和附加符号由德文字母改为英文字母,其含义亦为英文含义,这样更有利于交流。同时 ISO 标准的钢铁牌号也有了很大变化。1989 年 ISO 组织又颁发了《以字母符号为基础的钢号(表示方法)》技术文件,作为建立统一的国际钢号系统的建议,以后颁布的 ISO 标准均采用该钢号系统表示方法。

1) ISO 标准中主要以力学强度表示的钢号

非合金结构用钢钢号由前缀字母"S"和后面的数字组成,后面的数字为最低屈服强度,如 S235(指厚度不大于 16mm 的钢材)。非合金工程用钢的前缀字母为E,随后的数字为最低屈服强度。以上两类钢常采用附加的后缀字母 A、B、C、D、E 来表示不同的等级,并表示不同温度下的冲击功(A_{kv}),见表 1.17。

低合金高强度钢的钢号表示方法与非合金工程用钢相同,为了区别质量等级,采用附加的后缀字母 CC、DD,如 E355CC。

表 1.17　ISO 标准中表示不同质量等级的后缀字母[37]

质量等级符号	A	B	C	D	E	CC	DD
温度/℃	—	20	0	−20	−50	0	−20
A_{kv}/J(不小于)	不规定	27	27	27	27	40	40

注:E、CC、DD 主要用于高强度钢钢号的后缀。

钢板、钢管、钢筋等牌号采用前缀字母+力学强度值,必要时再附加后缀字母。前缀字母如 P 表示钢板,PL 表示低温用钢板,PH 表示高温用钢板,T 表示钢管,B 表示钢筋,RB 表示钢筋混凝土钢筋,PB 表示光圆钢筋;后缀字母如 N 表示正火或正火+回火,Q 表示淬火+回火。这些钢材的钢号表示方法与非合金工程用钢基本相同。

2) ISO 标准中主要以化学成分表示的钢号

适用于热处理的非合金钢相当于我国的优质碳素钢,其前缀字母为"C",后面数字为碳含量平均值的万分之几(即碳含量乘以 100),如 C25 表示平均碳含量为

0.25％的钢。这类钢按硫、磷含量分为优质钢和高级优质钢,分别采用附加的后缀
"E"和"M"来表示。

合金结构钢和弹簧钢等标准中所列钢号的表示方法均与德国 DIN 17006 系
统的表示方法相同。例如,钢号为 34CrNiMo4,其平均碳含量为 0.34％,平均铬含
量为 1％。

这些钢的产品,必要时采用附加后缀字母表示热处理状态等,但这些后缀字母
与德国钢号中代表热处理的后缀字母含义完全不同,见表 1.18。

表 1.18　ISO 标准中表示热处理状态等的后缀字母及其含义[37]

代表字母	含　义	代表字母	含　义	代表字母	含　义
TU	未处理	TQW	水淬	TT	回火
TA	退火(软化退火)	TQO	油淬	TSR	消除应力处理
TAC	球化退火	TQA	空冷淬火	TS	改善冷剪切性能处理
TM	热力学处理	TQS	盐浴淬火	H	保证淬透性
TN	正火(或控轧)	TQF	形变热处理	E	用于冷镦
TS	经固溶处理	TQB	等温淬火	TC	冷加工
TQ	淬火	TP	沉淀硬化	THC	热/冷加工

非合金工具钢也称碳素工具钢,其钢号前缀字母"C",后缀字母"U",中间的数
字表示平均碳含量的万分之几。例如,C90U 表示平均碳含量为 0.9％的非合金工
具钢。

合金工具钢的钢号表示方法与合金结构钢相同,平均碳含量不小于 1％的钢
种用三位数字表示平均碳含量。

高速工具钢钢号前缀字母"HS",后面由表示合金元素平均含量的三组或四组
数字组成,每组数字之间加短线相隔。各组数字按 W-Mo-V-Co 次序排列,Cr 不
予表示。不含 Mo 的高速钢用数字"0"表示,不含 Co 的高速钢不必加"0",只用前
三组数字表示。

参 考 文 献

[1] 周建男.钢铁生产工艺装备新技术[M].北京:冶金工业出版社,2004.
[2] 全钰嘉.中国冶金百科全书:钢铁冶金卷[M].北京:冶金工业出版社,2001.
[3] 朱苗勇.现代冶金学:钢铁冶金卷[M].北京:冶金工业出版社,2005.
[4] 高泽平.炼钢工艺学[M].北京:冶金工业出版社,2006.
[5] 戴云阁,李文秀,龙腾春.现代转炉炼钢[M].沈阳:东北大学出版社,1998.
[6] 李慧.钢铁冶金概论[M].北京:冶金工业出版社,1993.
[7] 高泽平,贺道中.炉外精炼[M].北京:冶金工业出版社,2005.
[8] 郑沛然.炼钢学[M].北京:冶金工业出版社,2005.

[9]　傅杰. 特种熔炼与冶金质量控制[M]. 北京:冶金工业出版社,1999.

[10]　黄乾尧,李汉康,等. 高温合金[M]. 北京:冶金工业出版社,2002.

[11]　李正邦. 21 世纪电渣冶金的新进展[J]. 特殊钢,2004,25(4):1.

[12]　王庆义. 冶金技术概论[M]. 北京:冶金工业出版社,2006.

[13]　蔡开科,程士富. 连续铸钢原理与工艺[M]. 北京:冶金工业出版社,1994.

[14]　冶金工业部钢铁研究院. 钢的金相图谱:钢的宏观组织与缺陷[M]. 北京:冶金工业出版社,1975.

[15]　熊及滋. 压力加工设备[M]. 北京:冶金工业出版社,1995.

[16]　中国大百科全书总编辑委员会. 中国大百科全书:矿冶[M]. 北京:中国大百科全书出版社,1984.

[17]　李培武,杨文成. 塑性成形设备[M]. 北京:机械工业出版社,1995.

[18]　中国大百科全书总编辑委员会. 中国大百科全书:机械工程Ⅰ、Ⅱ[M]. 北京:中国大百科全书出版社,1987.

[19]　郭鸿镇. 合金钢与有色合金锻造[M]. 西安:西北工业大学出版社,1999.

[20]　华中工学院金相教研组. 合金钢及其热处理[M]. 武汉:华中工学院出版社,1976.

[21]　毛新平,高吉祥,柴毅忠. 中国薄板坯连铸连轧技术的发展[J]. 钢铁,2014,49(7):49.

[22]　康永林,傅杰,柳得橹,等. 薄板坯连铸连轧钢的组织性能控制[M]. 北京:冶金工业出版社,2006.

[23]　田乃媛. 薄板坯连铸连轧[M]. 2 版. 北京:冶金工业出版社,2007.

[24]　傅作宝. 冷轧薄钢板生产[M]. 2 版. 北京:冶金工业出版社,2006.

[25]　Llewellyn D T, Hudd R C. Steels:Metallurgy and Applications[M]. 3rd Ed. Oxford:Butterworth-Heinemann,1998.

[26]　马鸣图. 先进汽车用钢[M]. 北京:化学工业出版社,2008.

[27]　朱学仪,陈训浩. 钢的检验[M]. 北京:冶金工业出版社,1992.

[28]　刘天佑. 钢的质量检验[M]. 2 版. 北京:冶金工业出版社,2008.

[29]　上海市金属学会. 金属材料缺陷金相图谱[M]. 上海:上海科学技术出版社,1975.

[30]　Меськин B C. Основы легирования стали[M]. Москва:Металлурдиздаг,1959.

[31]　陈德和. 钢的缺陷[M]. 修订本. 北京:机械工业出版社,1977.

[32]　Fast J D, Verrijp M B. Diffusion of nitrogen in iron[J]. Journal of the Iron and Steel Institute,1954,176:24.

[33]　陈雷. 连续铸钢[M]. 北京:冶金工业出版社,1994.

[34]　何群雄,孙时秋. GB/T 10561—2005《钢中非金属夹杂物含量的测定　标准评级图显微检验法》介绍[J]. 理化检验:物理分册,2007,43(1):43.

[35]　何群雄,孙时秋. GB/T 10561—2005《钢中非金属夹杂物含量的测定　标准评级图显微检验法》介绍(续)[J]. 理化检验:物理分册,2007,43(2):103.

[36]　李炯辉,施友方,高汉文. 钢铁材料金相图谱[M]. 上海:上海科技出版社,1981:366.

[37]　林慧国,瞿志豪,茅益明. 袖珍世界钢号手册[M]. 4 版. 北京:机械工业出版社,2009.

[38]　林慧国,林刚,马跃华. 袖珍世界钢号手册[M]. 2 版. 北京:机械工业出版社,1998.

第2章 铁基二元相图与钢的相组成

碳素钢中加入合金元素能改善钢的使用性能和工艺性能,这主要是由于合金元素加入后,与铁、碳及合金元素之间相互作用,改变了钢的相组成,影响钢的相变过程,从而使钢的内部组织与结构发生了变化。

2.1 钢中常见元素与铁的相图

2.1.1 铁碳合金相图

纯铁在固态下具有两种同素异形体,在1536℃凝固为具有体心立方晶体结构的δ-Fe;继续冷却,在1392℃(A_4)转变为具有面心立方晶体结构的γ-Fe;然后在911℃(A_3),又转变为具有体心立方晶体结构的α-Fe。δ-Fe的性能值都位于α-Fe的性能-温度曲线的外延线上,因此通常把α-Fe和δ-Fe看做是同一个相。体心立方晶体结构的α-Fe在20℃时的点阵常数为0.2866nm,面心立方晶体结构的γ-Fe在950℃时的点阵常数为0.3656nm。

碳的原子半径较小,在α-Fe和γ-Fe中均可进入点阵中的间隙而形成间隙固溶体。碳在α-Fe中形成的间隙固溶体叫做铁素体(F或α),碳在γ-Fe中形成的间隙固溶体叫做奥氏体(A或γ)。在铁碳合金中,碳含量超过它在铁中的溶解度之后,在不同的条件下将分别以介稳定相Fe_3C(渗碳体)或稳定相石墨(C)两种形式存在。图2.1为铁碳合金相图,由实线(Fe-Fe_3C)和虚线(Fe-C)两部分组成。

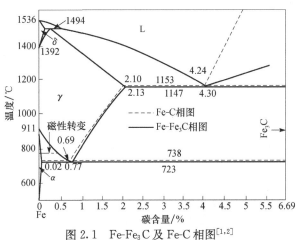

图2.1 Fe-Fe_3C及Fe-C相图[1,2]

L表示液相;α,γ表示固溶体相,以下同

渗碳体属于正交晶系,是一种间隙化合物,晶胞内含有 12 个铁原子和 4 个碳原子(含碳 6.69%),熔点为 1252℃,有高的硬度值 950～1050HV,塑性几乎为零。在铁碳合金中石墨是稳定的相,石墨具有成层的六方晶体结构,硬度很低,塑性近于零。由于石墨的表面能很大,形核需要克服很高的能垒,在一般条件下,碳含量小于 2.13% 的铁碳合金(钢)中,大部分碳总是和铁化合成渗碳体的。

2.1.2 合金元素对铁同素异构转变的影响

钢中的合金元素对 α-Fe、γ-Fe 及 δ-Fe 的相对稳定性和同素异形转变温度 A_3 和 A_4 有很大的影响。合金元素溶于 α-Fe 或 γ-Fe 中形成以 α-Fe 或 γ-Fe 为基的固溶体。对于那些在 γ-Fe 中有较大溶解度并稳定 γ-固溶体的合金元素,称为奥氏体形成元素;在 α-Fe 中有较大溶解度,使 γ-Fe 不稳定的合金元素,称为铁素体形成元素。合金元素可以按其对铁的同素异构转变温度 A_3 和 A_4 的不同影响分为两大类,每类又分为两组。

第一类合金元素能扩大与铁生成的合金中的 γ 相区域,因此合金元素量越多,A_3 和 A_4 的距离越大,即 A_3 下降而 A_4 上升(但有例外)。还可以进一步按照它们扩大 γ 区的情况分为两组:

(1)与铁生成无限互溶的 γ 相区域(图 2.2(a)),属于这类的合金元素有锰、镍、钴、钌、铂、铱等。

(2)与铁生成有限溶解的 γ 相区域(图 2.2(b)),属于这类的合金元素有碳、氮、铜、金等。

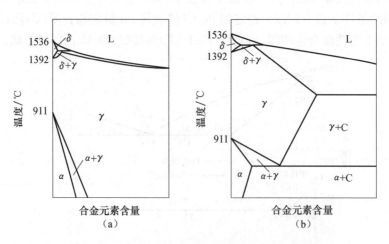

图 2.2 扩大 γ 相区的铁-合金元素状态示意图[3]

C 表示化合物相,以下同

第二类合金元素能缩小与铁生成的合金中的 γ 相区域,随着合金元素加入量的增加,A_3 将上升而 A_4 将下降(但有例外)。按照它们是否能使 γ 区封闭,又可以分为两组:

(1) 能完全封闭 γ 区(图 2.3(a)),此时与 α 区之间为 $\alpha+\gamma$ 的二相区,属于这类的合金元素有铬、铍、铝、硅、磷、钛、钒、钼、钨、砷、锡等。

(2) 随合金元素含量的增加,γ 区在缩小,但不能完全被 $\alpha+\gamma$ 区封闭而出现 $\gamma+$ 新相的两相区域(图 2.3(b)),属于这类的合金元素有铌、钽、锆、锶等。

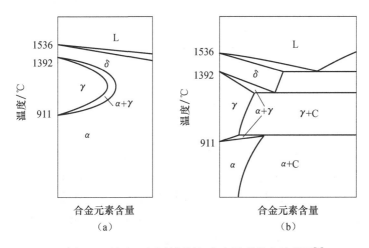

图 2.3 缩小 γ 相区域的铁-合金元素状态示意图[3]

合金元素对铁的二元状态图的不同影响,可以用热力学加以描述[4]。用 C_α 和 C_γ 分别表示在温度 T 时某元素在 α 相和 γ 相的平衡浓度,若 α 相和 γ 相处于平衡状态,则

$$\ln(C_\gamma/C_\alpha) = -(\Delta H/RT) + A \qquad (2.1)$$

式中,ΔH 是热焓变化,是每单位溶质原子溶于 γ 相和 α 相中吸收的热量的差值,即 $\Delta H = H_\gamma - H_\alpha$;$A$ 为常数。

对于奥氏体形成元素,$H_\gamma < H_\alpha$,ΔH 为负值,相图上形成了开放的 γ 区,溶质原子的增加,使下转变温度下降,上转变温度上升(图 2.4(a))。对于铁素体形成元素,ΔH 为正值,情况正好相反,形成了闭合的 γ 区(图 2.4(b))。由此可以得到铁合金的两种基本类型。

2.1.3 二元铁合金相图

首先介绍能与铁生成无限互溶的 γ 相区域的二元合金相图,属于这类合金的有:铁-锰、铁-镍、铁-钴。

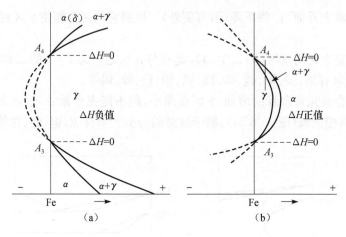

图 2.4　两类基本相图[5]

1) 铁-锰平衡图(图 2.5)

锰具有四种同素异形形式:α、β、γ 和 δ。γ-Mn 为面心立方点阵,其点阵常数与 γ-Fe 相差很小,故可以形成无限固溶体。锰扩大 γ 相区,使 A_3 下降,A_4 上升。由于锰在 α-Fe 和 γ-Fe 中形成置换固溶体,其扩散速率比碳要慢得多,所以很难准确地确定 $\alpha+\gamma$ 两相区的平衡边界(尤其温度较低时)。因此即使在极缓慢的加热与冷却条件下也可以看到冷却时 $\gamma\rightarrow\alpha$ 的转变线与加热时 $\alpha\rightarrow\gamma$ 的转变线(图 2.6)

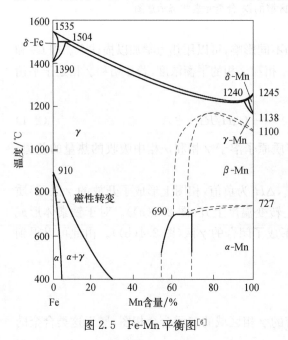

图 2.5　Fe-Mn 平衡图[6]

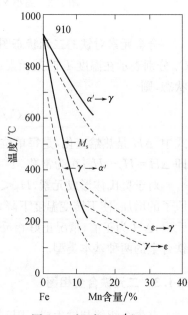

图 2.6　锰对 $\gamma\leftrightarrow\alpha'$ 和 $\gamma\leftrightarrow\varepsilon$
转变的影响[6]

与平衡条件下比较有明显的迟滞现象。当锰含量大于 5％时,在一般冷却速率下 $\gamma \to \alpha'$ 转变将以马氏体转变方式进行;而当锰含量大于 12％时,γ-Fe 将以马氏体转变方式转变为具有密集六方点阵的 ε 相,一般加热条件下这些转变是可逆的。

2) 铁-镍平衡图(图 2.7)

镍具有面心立方点阵,点阵常数为 0.351nm,与 γ-Fe 相近,故能与之生成无限固溶体。镍扩大 γ 区,使 A_3 下降,A_4 上升,当镍含量大于 6％时,$\gamma \to \alpha$ 转变温度已比较低。镍与锰相同,在铁中形成置换固溶体。镍在 α-Fe 和 γ-Fe 中的扩散激活能很高,此时原子的扩散异常缓慢,$\gamma \to \alpha$ 转变将以马氏体的方式进行,生成过饱和的 α 固溶体,或称之为 α'' 相。在一般加热条件下,这种转变是可逆的,加热和冷却时同样有明显的迟滞现象(图 2.8)。镍含量大于 28％时,室温可以保持 γ 相。当镍含量超过 36％时,即使在 -196℃ 的液体氮中也不再发生 $\gamma \to \alpha$ 转变。

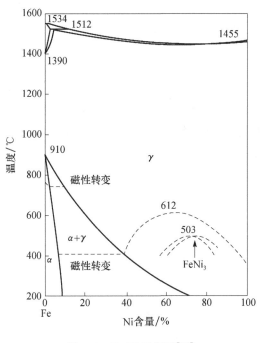

图 2.7　Fe-Ni 平衡图[2,6]

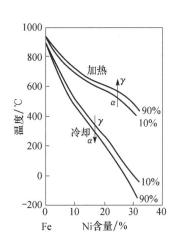

图 2.8　Ni 对 $\gamma \leftrightarrow \alpha$ 的影响[6]

3) 铁-钴平衡图(图 2.9)

钴有两种同素异晶形式,400℃以下为六方点阵(α),400℃以上为面心立方点阵(β)。β-Co 能与 γ-Fe 无限互溶。钴使 A_4 上升,但当钴含量增加时,A_3 却不断上升,至大约超过 50％后下降。由图 2.9 可以看出,Co 在 α-Fe 中也有很大的溶解度。

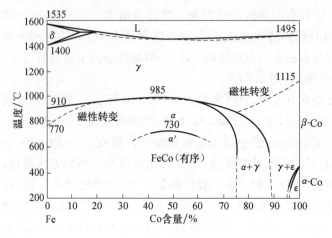

图 2.9　Fe-Co 平衡图[2,6]

下面介绍能与铁生成有限溶解 γ 相区的二元合金相图,属于这类的合金有:铁-碳(图 2.1)、铁-铜、铁-氮等。

1) 铁-铜平衡图(图 2.10)

铜具有面心立方点阵,能扩大 γ 区,使 A_3 下降,A_4 上升。铜在 γ-Fe 中的溶解度有限,在 1094℃时,有最大的溶解度,约 8%,但比在 α-Fe 中的溶解度要大得多。Fe-Cu 平衡图与 Fe-C 平衡图有些相似,但铁与铜不生成金属化合物。在 850℃时,铜在 α-Fe 中有最大溶解度,约 1.4%。温度下降,溶解迅速减少,800℃时为 0.9%,750℃时为 0.5%,室温时少于 0.2%[6]。

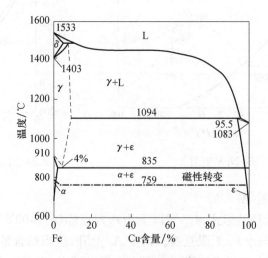

图 2.10　Fe-Cu 平衡图[6]

2) 铁-氮平衡图(图 2.11)

氮固溶于铁,与 α-Fe 和 γ-Fe 形成间隙固溶体。铁-氮平衡图与铁-碳平衡图的富铁端相似。氮提高其 A_4,使 A_3 和 A_1 降低。氮是一种很强的稳定奥氏体的元素,其效应约为镍的 20 倍,在一定限度内,可代替一部分镍用于钢中。

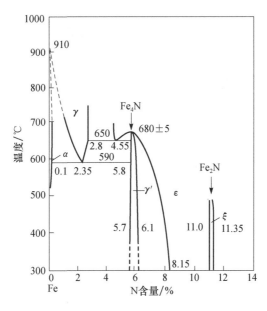

图 2.11　Fe-N 平衡图[6]

在铁-氮平衡图中,铁和氮可以形成五种相: α、γ、γ'、ε 和 ξ。α 相是氮在 α-Fe 中的间隙固溶体,在 590℃时氮的最大溶解度约为 0.1%。γ 相是氮在 γ-Fe 中的间隙固溶体,在 650℃的最大溶解度为 2.8%。γ' 相是以 Fe_4N 为基的固溶体,面心立方点阵,在 680℃以上,γ' 相转变为 ε 相。ε 相是以 Fe_3N 为基的固溶体,密排六方点阵,其氮含量变化范围很宽。ξ 相是以 Fe_2N 为基的固溶体,斜方点阵,在约 500℃以上转变成 ε 相。钢中加入合金元素能改变氮在 α 相中的溶解度。一些强氮化物形成元素可提高氮在 α 相中的溶解度。

下面举出一些与铁形成完全封闭 γ 区的二元合金——铁-铬、铁-钒、铁-钨、铁-钼、铁-钛、铁-铝、铁-硅、铁-磷——的相图,其中铬和钒与 α-Fe 可以无限互溶,其余都与 α-Fe 有限溶解。

1) 铁-铬平衡图(图 2.12)

铬具有体心立方点阵,点阵常数 $a=0.288nm$,与 α-Fe 的点阵常数相近,能与 α-Fe 无限互溶。铬加入铁中使 A_4 下降,但也使 A_3 下降,直到铬含量大于 7%以后,A_3 开始上升。约在铬含量为 12%和 1000℃时,γ 区封闭,以后是两相区 $\alpha+\gamma$。当铬含量超过 14%时,将得到 α 固溶体。当铬含量为 42%~48%,且温度较低

(<820℃)时,将出现以 σ 相(FeCr)为基的固溶体,在 σ 相区两边存在扩展范围很广的 α+σ 两相区。

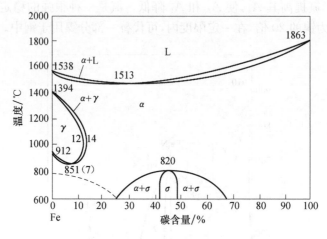

图 2.12　Fe-Cr 平衡图[1]

2) 铁-钒平衡图

铁-钒平衡图与铁-铬平衡图极相似,但含钒约 1.5% 时,即使 γ 区封闭(约1115℃),两相区 α+γ 范围也很窄。当钒含量增至 0.2% 时,A_3 下降至 896℃,以后上升。铁与钒同样可以生成 σ 相(FeV)[6]。

3) 铁-钨平衡图(图 2.13)

钨具有体心立方点阵,点阵常数 $a=0.315$nm,与 α-Fe 的点阵常数相差甚远,因此只能有限地溶于 α-Fe 中。钨使 A_3 上升,A_4 下降,相当于 3.2%(1160℃)时使 γ 区封闭,而两相区扩展至钨含量 6.6%。钨在 α-Fe 中的最大溶解度为 32.5%(1540℃),而 700℃时约为 4.5%,因此钨含量为 6%~32%时,合金具有弥散硬化

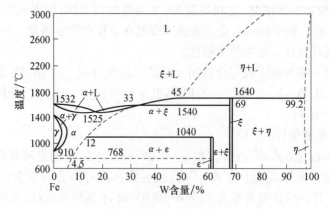

图 2.13　Fe-W 平衡图[6]

的能力。钨与铁能生成两种金属间化合物,Fe_2W(ε 相)或 Fe_7W_3 和 Fe_3W_2(ξ 相)或 Fe_7W_6。

4）铁-钼平衡图（图 2.14）

钼具有体心立方点阵,点阵常数 $a=0.314nm$。铁-钼平衡图与铁-钨平衡图相似,钼提高 A_3 点,降低 A_4 点,当钼含量约 3% 时,可以形成封闭的 γ 相圈（1130℃）,$\alpha+\gamma$ 范围很窄;钼含量超过 4% 时,为 α 相区。钼在 α-Fe 中的溶解度在共晶温度 1450℃ 时为 37.5%,在室温时减至约 4%。钼与铁可形成四种金属间化合物相:λ(Fe_2Mo)、R、σ($FeMo$)和 μ(Fe_3Mo_2 或 Fe_7Mo_6）。

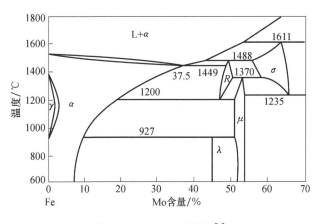

图 2.14　Fe-Mo 平衡图[1]

5）铁-钛平衡图（图 2.15）

钛有两种同素异构体:在 882.5℃ 以下为 α 相,具有密排六方结构;在 882.5℃

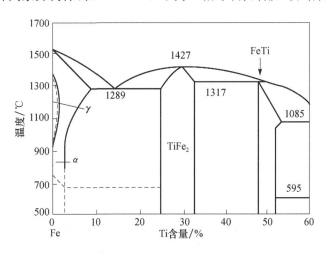

图 2.15　Fe-Ti 平衡图[1,2]

以上为 β 相,具有体心立方结构,点阵常数 $a=0.328nm$。从铁-钛平衡图可以看出,钛提高 A_3,降低 A_4,缩小铁的 γ 区,约在 1100℃ 及钛含量为 0.75% 时,γ 相圈封闭,相邻的 $\alpha+\gamma$ 相区延伸至钛含量为 1.3% 时。钛在 α-Fe 中的最大溶解度是在 1289℃ 时的约 9%,随着温度的降低,其溶解度降低,至 600℃ 时约为 2.5%。

6) 铁-铝平衡图(图 2.16)

铝具有面心立方点阵,与 γ-Fe 的晶体点阵相似,但它溶于铁中,却使其 A_4 下降,A_3 上升,使 γ 相区强烈缩小,形成 γ 相圈。$\gamma/(\alpha+\gamma)$ 和 $(\alpha+\gamma)/\alpha$ 相区边界的最大铝含量在 1150℃ 时分别为 0.65% 和 0.95%,铝含量在 0%～36% 的范围内可以形成一系列的固溶体,存在着有序-无序转变。β_1(Fe_3Al)相具有有序面心立方点阵,β_2(FeAl)相具有有序体心立方点阵。铝含量为 13.9%～20% 的铁铝合金缓冷后转变为 β_1 相;铝含量为 20%～36% 的铁铝合金冷却后转变为 β_2 相。铝作为合金化元素,在钢中的加入量不高,但 Fe_3Al 和 FeAl 作为金属间化合物,由于具有良好的抗氧化性能和耐蚀性能,而受到重视[7]。

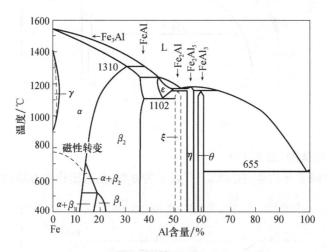

图 2.16　Fe-Al 平衡图[1,2]

7) 铁-硅平衡图

硅是封闭 γ 相区的元素。硅提高 A_3,降低 A_4。图 2.17 是富铁端的铁-硅平衡图。$\gamma/(\alpha+\gamma)$ 和 $(\alpha+\gamma)/\alpha$ 相区边界的最大硅含量在 1120℃ 时分别为 1.62% 和 1.94%。硅在一般结构钢中的含量不超过 3%,但在耐热不起皮钢和硅钢片中的含量分别可以达到 4.3% 和 4.5%。

8) 铁-磷平衡图

磷也是封闭 γ 相区的元素。磷提高 A_3,降低 A_4。图 2.18 是富铁端的铁-磷平衡图。$\gamma/(\alpha+\gamma)$ 和 $(\alpha+\gamma)/\alpha$ 相区边界的最大磷含量在 1150℃ 时分别为 0.3% 和 0.7%。

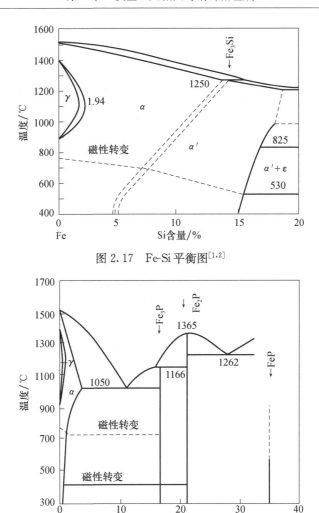

图 2.17　Fe-Si 平衡图[1,2]

图 2.18　Fe-P 平衡图[1,2]

磷在 α-Fe 中的最大溶解度是在 1050℃ 时的 2.8%，在此温度下可以发生 α 与 Fe_3P 的共晶转变。随着温度的降低，磷在 α-Fe 中的溶解度急剧减小，室温时的溶解度尚无确切的数据，可以认为为零[1]。

由于磷加入铁扩大了液相线和固相线间的距离，含磷的铁合金凝固时从液态至固态需要通过较宽的温度间隔，因而增大了磷的偏析程度。磷在铁中的扩散速率慢，必须通过长时间的扩散退火才能改善磷在钢中的偏析。

砷、锑与磷属于元素周期表中同一族的元素，它们与铁的平衡图很相似，都使 γ 区封闭，对钢性能的影响亦有类似的作用。锡和锌与铁的平衡图亦具有封闭的 γ 区，温度较高时，在 α-Fe 中有较高的溶解度，但随温度的下降而迅速减小。

　　能缩小 γ 区但不能与铁形成完全封闭 γ 区的二元合金相图有:铁-铌、铁-钽、铁-锆、铁-硼、铁-硫等。

　　1) 铁-铌平衡图(图 2.19)

　　铌具有体心立方点阵,点阵常数为 0.33nm。铌缩小 γ 区,使 A_3 上升,A_4 下降,但随铌含量的增加,在 1210~961℃将析出 ε 相(Fe_2Nb),因此不能使 γ 区完全封闭。在 1210℃发生 $\delta \rightleftharpoons \gamma + \varepsilon$ 之间的共析转变,1210℃时铌在 γ-Fe 中的溶解度为 1.5%。在 961℃发生 $\gamma + \varepsilon \rightleftharpoons \alpha$ 之间的包析转变,961℃时铌在 α-Fe 中的溶解度为 1.2%,并随着温度的下降而迅速降低。Fe_2Nb 相有较宽的成分范围,文献中亦记为 Fe_3Nb_2。铁-铌平衡图还存在 μ 相(FeNb)。铁-钽平衡图与铁-铌平衡图十分相似。

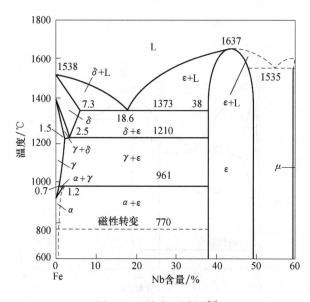

图 2.19　铁-铌平衡图[1]

　　2) 铁-硼平衡图

　　硼作为合金元素加入钢中的量甚微。富铁端的铁-硼平衡图至今尚未完全确定。图 2.20 是微量硼含量的铁-硼平衡图,图中的实线和虚线代表不同作者的测定结果。硼降低 A_4,提高 A_3,属于缩小 γ 区的元素。在 911℃时发生 $\gamma \rightleftharpoons \alpha + Fe_2B$ 之间包析转变。911℃下,硼在 α-Fe 中的溶解度比在 γ-Fe 中要大。根据一些研究,硼在 α-Fe 中形成置换固溶体,而在 γ-Fe 中形成间隙固溶体。由于硼的原子半径(0.097nm)和碳、氮比较起来要大些,而 α-Fe 的间隙较小,不能与之形成间隙固溶体。在 γ-Fe 中,由于硼的原子尺寸较大,硼主要是分布在晶界等点阵缺陷处。

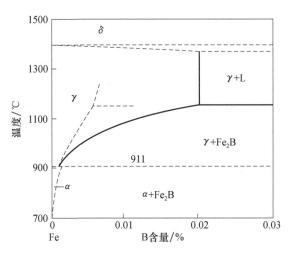

图 2.20　微量硼含量的 Fe-B 平衡图[1,6]

3）铁-硫平衡图

一般认为硫是残存在钢中的有害元素,只是在含硫易切削钢中,可以适当提高硫含量,使形成 MnS 等易切削相,以改善钢的切削加工性,加入量不超过 0.30%。图 2.21 为富铁端的铁-硫平衡图。硫使 A_3 升高,A_4 下降,但由于在 988℃ 出现共晶反应 L $\rightleftharpoons$ γ+FeS,未能形成封闭的 γ 圈。硫与铁可以形成 FeS 和 FeS₂ 两种化合物,前者在钢中较为常见。由于液相与固相共存的温度范围很宽,硫在钢凝固时产生严重的偏析。硫在 γ-Fe 和 α-Fe 中溶解度都很小,当两者共存时,硫在α-Fe 中的溶解度略大。

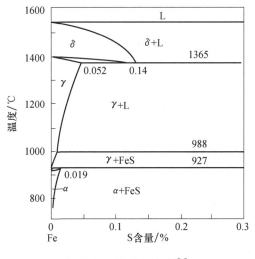

图 2.21　Fe-S 平衡图[1]

4) 铁-稀土元素的平衡图

稀土元素一般指周期表中原子序数为 57~71 的镧系元素,即镧、铈等 15 个元素和ⅢB族的钪和钇。由于稀土元素不易分离,稀土金属又很活泼,铁与各种稀土元素的平衡相图难以准确地测定。20 世纪 60 年代以后,随着稀土的分离、提纯问题逐步解决,稀土元素相图的研究日臻完备。铁-稀土二元系相图大都已系统地作了研究,对其中的铁-铈平衡图研究得较为详细。

在铁-铈平衡图中,铈提高 A 和 A_3 点,使 γ 区缩小[1],由于在 920℃发生包析反应 $\gamma+Ce_2Fe_{17} \rightleftharpoons \alpha$,限制了 γ 圈的形成[8]。在铁-铈系中有两种金属间化合物相:Ce_2Fe_{17} 和 $CeFe_2$。铈在 α-Fe 中溶解度都很小,在室温准平衡态下,其值不大于 0.048%[9]。

铁与其他稀土元素的平衡图大都与铁-铈平衡图相似。除铁-镧系不形成金属间化合物外,铁与其他稀土元素均能生成 1~4 种金属间化合物。这些稀土元素在 α-Fe 中的溶解度都很小。

生产中通常加入的是混合稀土元素(RE),较常见的稀土合金中各元素的含量大致为铈 40%~50%,镧 20%~25%,钕 15%~20%,其他稀土元素合计 10%~15%。

关于合金元素何以对铁的同素异构转变和铁与合金元素形成的二元相图产生许多不同的影响,曾有过许多理论,但还没有哪一种理论能给出满意的解释[10]。下面的一些因素显然是起作用的。

1) 合金元素的点阵类型

属于第一类的只能是具有面心立方点阵的元素,而且具有密集点阵的元素大部分也属于第一类,具有体心立方点阵的元素都属于第二类。形成有限固溶体,且溶质与溶剂元素具有相同点阵类型时,其溶解度通常也较不同结构时大。

2) 尺寸因素

尺寸因素是指合金元素与铁的原子半径之比。在生成置换固溶体时,原子半径相差越大,则溶解度越小,这在同一周期内看得比较明显,如从钼到铌到锆。但当原子半径很小时则将生成间隙固溶体,如氮、碳等。它们在 γ-Fe 中的溶解度大于在 α-Fe 中,因为 γ-Fe 中间隙尺寸较大。但是也有一些例外的情况,如铜具有面心立方点阵,原子半径与 γ-Fe 相近,却不能无限溶解于 γ-Fe;铝具有面心立方点阵,但在 α-Fe 中的溶解度比在 γ-Fe 中大得多,能封闭 γ 相区。表 2.1 列出了一些元素的原子半径值。

表 2.1　一些元素的原子半径值[6,11]

元　素	原子半径值/nm	元　素	原子半径值/nm	元　素	原子半径值/nm	元　素	原子半径值/nm
H	(0.046)	Ni	0.125	V	0.136	α-Ti	0.147
O	(0.060)	α-Fe	0.127	Zn	0.137	Sn	0.158

续表

元　素	原子半径值/nm	元　素	原子半径值/nm	元　素	原子半径值/nm	元　素	原子半径值/nm
N	(0.071)	Cr	0.128	Mo	0.140	α-Zr	0.159
C	(0.077)	Cu	0.128	W	0.141	Sb	0.161
B	(0.097)	α-Mn	0.130	Al	0.143	Pb	0.175
S	0.104	P	0.13	Nb	0.147	Ce	0.182
α-Co	0.125	Si	0.134	Ta	0.147	Ca	0.197

注:金属原子半径按配位数 12 计算(室温下);非金属原子的半径系以其间隙位置计算的,写在括号内。

3) 原子的电子结构及其相互作用,即电化学作用

合金元素对铁的同素异构转变的不同影响与其原子中的电子结构有着深刻的联系,如当未填满的 d 层电子层与最外层 s 层电子数目之和不少于 7 时,合金元素将扩大 γ 区,否则将缩小 γ 区,这里不包括原子半径很大和很小的元素。同时要考虑到电子层在合金中的分布与在孤立原子中也是不同的。

按照对铁的同素异构转变的影响,把合金元素分成两类,有重要的实际意义。时常利用合金元素缩小或扩大 γ 区的影响而得到铁素体钢(或合金)或奥氏体钢(或合金),这些钢因其常具有各种特殊性能而获得工业和技术上的应用。在复杂的合金中,往往也可以利用这一点判断合金元素对 α 相或 γ 相区域的稳定性和对其扩大或收缩的影响;但由于合金元素的相互影响,在多元合金中也可能出现和二元合金中完全相反的情况,如在 Fe-Cr-Ni 合金中有时铬不但不阻碍反而可能促进 γ 相的生成。

合金元素对 A_3 的影响常常决定着对钢中临界点的影响,而临界点的位置对各种热处理工艺规程(淬火、退火)的确定有直接的关系。

2.2　铁基固溶体和钢中的碳化物

2.2.1　铁基固溶体

铁与其他元素形成的二元合金中,可以生成两类铁基固溶体:置换固溶体和间隙固溶体。只有极少数的元素在铁中的溶解度很低,可以认为这些元素实际上不溶于铁,如 Pb、Zr、Ta、Bi 等。Pb 在 1450℃时在 γ-Fe 中的溶解度为 0.02%,850℃时在 α-Fe 中的溶解度仅为 0.001%。

铁基置换固溶体的形成规律,遵循 Hume-Rothery 等总结的形成置换固溶体的一般经验规律[4,12]。决定组元在置换固溶体中溶解度的条件是:溶剂与溶质的点阵是否相同;原子的尺寸因素;组元的电子结构,即组元在周期表中的相对位置。运用上述条件分析合金元素在铁中的溶解度时,必须考虑纯铁具有的两种同素异构体:体心立方晶体结构的 α-Fe 和面心立方晶体结构的 γ-Fe。

Ni、Co、Mn 可以生成以 γ-Fe 为基的无限固溶体,而 Cr、V 可以生成以 α-Fe 为基的无限固溶体,这里符合溶剂与溶质点阵相同的条件。如果组元的点阵不同,则不能形成无限固溶体。但对形成无限固溶体来说,这一条件是必要的,但不是充分的,即不是所有具有相同点阵的元素都能形成无限固溶体。例如,α-Fe-Mo、α-Fe-W 均系体心立方点阵,γ-Fe-Cu、γ-Fe-Al 均系面心立方点阵,但在这些合金系中只能形成有限固溶体。

形成固溶体的第二个必要的条件是原子的尺寸因素。当形成无限或有限固溶体时,溶质与溶剂的原子半径差应不超过 ±15%,否则固溶度很小。铁基与难溶金属形成无限固溶体时,两者原子半径之差应不超过 ±8%。

Ni、Co、Mn、Cr 和 V 的原子尺寸与相同点阵的 Fe 的同素异构体的原子尺寸之差不超过 8%,因此这些元素与 Fe 可以形成无限固溶体。这些元素与具有不同点阵的 Fe 的同素异构体生成的有限固溶体也有很宽的溶解度。Mo 和 W 的原子尺寸因素超过 8%(分别为 10% 和 11%),因此,它们与铁的两个同素异构体只能形成具有较宽溶解度的有限固溶体。原子尺寸处于尺寸因素边界的元素,如 Ti、Nb、Ta,只能生成溶解度很小的固溶体或者几乎不溶于铁中。尺寸因素超过 15% 的一些元素,如 Zr、Hf、Pb,在铁中只有极小的溶解度。

尺寸因素虽然是形成置换式固溶体的必要的条件,但还不是充分的条件。合金元素在铁中的溶解度极限还取决于这些元素在周期表中的相互排列的位置。元素与铁在同一周期,并且位于最接近 V～Ⅷ族的位置时,将在铁中有最大的溶解度。离铁越远的过渡族金属,d 层和 s 层的电子结构的差异越大,金属的原子价和电化学性能的差异也越大,即其化学亲和力越大,在铁中的溶解度越小,而两者形成稳定的化合物的倾向越大。

上述铁基固溶体的形成规律是对铁与合金元素二元系而言的,在实际的钢中可能形成多元固溶体,其形成规律将根据具体的钢类进行分析。

铁与原子尺寸较小的元素生成间隙固溶体,这些元素有 H、N、C 等,其原子半径值见表 2.1。

间隙固溶体总是有限固溶体,其溶解度取决于溶剂金属的晶体结构和间隙原子的原子尺寸。在间隙固溶体中,溶剂金属保持原来的点阵,间隙原子仅占据溶剂金属中的八面体或四面体间隙,而且总是有一部分间隙位置未被填满。

图 2.22 和图 2.23 分别示出了面心立方和体心立方点阵中八面体和四面体间隙的位置,利用几何关系可以求出间隙的数目和大小,计算结果见表 2.2。体心立方结构的四面体和八面体间隙是不对称的,其棱边长度不全相等。

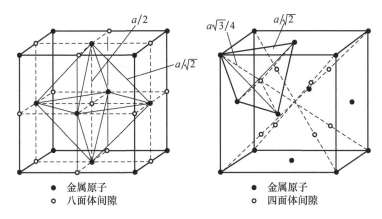

图 2.22　面心立方点阵中的间隙[11]

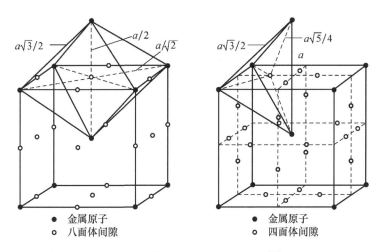

图 2.23　体心立方点阵中的间隙[11]

表 2.2　面心立方和体心立方点阵的间隙

晶体结构	间隙类型	间隙数目	间隙大小(r_B/r_A)
面心立方	四面体间隙	8	0.225
	八面体间隙	4	0.414
体心立方	四面体间隙	12	0.154
	八面体间隙	6	0.291

注：r_A 为溶剂原子半径尺寸；r_B 为可放入间隙的小球最大半径。

　　比较 C、N 原子尺寸与上述点阵中存在的间隙大小后可以看出，C、N 原子进入到铁的点阵中必将引起点阵的畸变。γ-Fe 中的八面体间隙大于其四面体间隙，

C在γ-Fe中形成间隙固溶体时,是进入八面体间隙的。γ-Fe的点阵间隙较大,因此C在γ-Fe中的溶解度也比较大,最大溶解度在1147℃时为2.13%,以原子分数表示,大约为9%。这表明即便是达到最大溶解度时,也并非所有八面体间隙都含有C原子,而是平均每2.5个晶胞中才有一个八面体间隙被C原子占据。C在α-Fe中是处于不对称的八面体间隙中,这是由于间隙原子溶入后,相邻两个铁原子移动引起的应变比较轻微。对四面体间隙来说,有四个相邻铁原子,移动这四个原子需要更高的应变能。体心立方结构的排列虽不像密排的面心立方结构那样紧密,但由于空隙位置的数目较多,每一间隙位置的大小反而比密排结构要小,间隙原子的填入要产生较大的畸变。C在α-Fe中最大溶解度在723℃时为0.02%,相当于每600个晶胞中有一个八面体间隙被C原子占据。

　　间隙原子的溶解度随其原子尺寸的减小而增加。N原子半径小于C,因此它在α-Fe中的溶解度较大,见图2.24。N在γ-Fe中的溶解度为2.8%,也高于C。

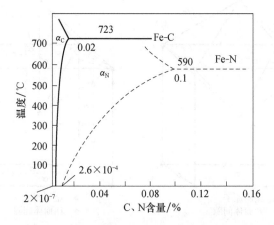

图2.24　C(实线)和N(虚线)在α-Fe中溶解度和温度的关系[14]

　　硼原子的尺寸因素无论对于铁形成置换固溶体或间隙固溶体都极不合适,都会引起大的点阵畸变。如形成置换固溶体时点阵有很大的收缩,而形成间隙固溶体将引起点阵有很大的膨胀,故硼不论在γ-Fe还是α-Fe中都只有比较小的溶解度。

　　表2.3列出一些元素在γ-Fe和α-Fe中的溶解度。

表2.3　一些元素在γ-Fe和α-Fe中的溶解度[13,15]　　　　　(单位:%)

元　素	结构类型	在γ-Fe中的最大溶解度	在α-Fe中的最大溶解度	室温时在α-Fe中的溶解度
Al	面心立方	0.78(1197℃)	~36	~35
B	正交	0.015(1176℃)	~0.008	<0.001
C	石墨、金刚石型	2.11(1148℃)	0.02(723℃)	<0.00005

续表

元　素	结构类型	在 γ-Fe 中的最大溶解度	在 α-Fe 中的最大溶解度	室温时在 α-Fe 中的溶解度
Co	β-Co 面心立方,α-Co 密排六方	无限	80.4(162℃)	76
Cr	体心立方	11.5(986℃)	无限	无限
Cu	面心立方	7.23(1098℃)	1.80(843℃)	0.2
Mn	γ-Mn 面心立方,α-Mn 和 β-Mn 复杂立方	无限	3.27(248℃)	~3
Mo	体心立方	2.82(1141℃)	36.4(1453℃)	1.4
N	简单方	2.64(650℃)	0.1(590℃)	<0.001
Nb	体心立方	1.61(1184℃)	1.23(957℃)	0.1~0.2
Ni	面心立方	无限	4.81(492℃)	—
P	正交	0.31(1146℃)	2.55	~1.2
S	—	0.62(1366℃)	0.022(914℃)	—
Si	金刚石型	1.73(1164℃)	14.8(963℃)	~14
Ti	β-Ti 体心立方,α-Ti 密排六方	0.69(1157℃)	8.39(1287℃)	~2.5(600℃)
V	体心立方	1.26(1156℃)	无限	无限
W	体心立方	4.33(1119℃)	34.6(1547℃)	4.5(700℃)
Zr	β-Zr 体心立方,α-Zr 密排六方	~0.7	~0.3	0.3(385℃)

2.2.2　钢中的碳化物

在钢中的合金元素一部分能与碳结合,在钢中生成碳化物,一部分不能生成碳化物。合金元素在钢中能否生成碳化物与其原子的电子结构有关。

在钢中能生成碳化物的元素都属于过渡族金属,并且其 d 层电子的未填满程度比铁为高,在周期表中它们都位于铁的左边。图 2.25 为按周期表位置排列的过渡族金属的二元碳化物,其中钴和镍虽然能生成独立的碳化物,但其稳定性很低,在钢中不会出现,所以它们仍属于不生成碳化物的元素。由图 2.25 可以看出,碳

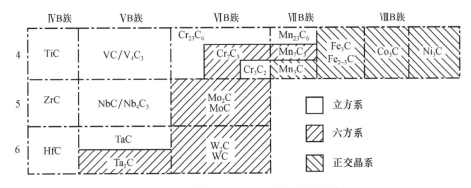

图 2.25　过渡族金属的二元碳化物[14,16]

化物的结构与金属元素在周期表中的位置有密切的联系。表 2.4 列出了在钢中常见的与碳化物的结构和性能有关的一些数据,其结合强度可用生成热熔 ΔH_{298K}、熔点等来表征。可以看出,合金元素中 d 层未填满的电子数目越多,其生成碳化物倾向越强,而生成的碳化物越稳定。这在第四周期内看得很明显,生成碳化物的稳定性按以下的顺序增加:Fe、Mn、Cr、V、Ti。在第五和第六周期内这种变化也同样存在,如自 Mo 到 Zr,自 W 到 Hf。在同一族中这种稳定性的变化不甚明显。

表 2.4　钢中常见的碳化物的结构与性能[14,17]

金属	原子半径比 r_C/r_M	碳化物	金属原子排列类型	室温点阵常数/nm	单位晶胞中含有的原子数	熔点/℃	ΔH_{298K}/(kJ/mol)	显微硬度HV(50g)
Fe	0.61	Fe_3C	正交	$a=0.4535$ $b=0.5089$ $c=0.6743$	16(12M+4C)	1227	+8.3	～860(HB)
Mn	0.6	Mn_3C	同上	$a=0.4545$ $b=0.5103$ $c=0.6778$	16(12M+4C)	1520	−5.0	—
Cr	0.6	Cr_7C_3	复杂六方	$a=1.398$ $c=0.4523$	80(56M+42C)	1665	−26.4	2100
		$Cr_{23}C_6$	复杂立方	$a=1.065$	116(92M+24C)	1580	−17.6	1650
V	0.57	VC	面心立方	$a=0.4182$	8(4M+4C)	2830	−83.7	2100
Mo	0.56	Mo_2C	密排六方	$a=0.3023$ $c=0.4734$	3(2M+1C)	2430*	−22.8	1600
		MoC	简单六方	$a=0.2898$ $c=0.2809$	2(1M+1C)	2700*	−10.0	～1500
		Fe_3Mo_3C	复杂立方	$a=1.111$	112(96M+16C)	～1400*		1350
W	0.55	W_2C	密排六方	$a=0.2985$ $c=0.4716$	3(2M+1C)	2795*	−23.0	3000
		WC	简单六方	$a=0.2906$ $c=0.2837$	2(1M+1C)	2785*	−35.2	1730
		Fe_3W_3C	复杂立方	$a=1.109$	112(96M+16C)	～1400*	—	～1000
Ti	0.53	TiC	面心立方	$a=0.4318$	8(4M+4C)	3140	−183.4	3200
Nb	0.53	NbC	面心立方	$a=0.4470$	8(4M+4C)	3480	−140.6	2055
Ta	0.52	TaC	面心立方	$a=0.4441$	8(4M+4C)	3880	−161.2	1800
Zr	0.48	ZrC	面心立方	$a=0.4696$	8(4M+4C)	3550	−184.6	2700

*　表示分解。

　　我们大致可以按合金元素生成碳化物稳定性程度,把它们排成下列顺序(自弱到强):Fe、Mn、Cr、Mo、W、V、Ta、Nb、Hf、Zr、Ti。碳化物的稳定性取决于其原子键力,在生成碳化物时,碳原子的价电子填入金属未填满的 d 层生成强的金属键,有些情况下也可能由碳和金属的部分电子生成部分共价键。可以近似地根据熔点

的高低或生成热 ΔH_{298K} 的变化比较它们的相对稳定性。熔点越高,生成热的负值越大,其稳定性也越高。合金元素生成的碳化物的稳定性有重要的实际意义,它影响着这些碳化物加热时在钢中开始分解的温度和速率,以及回火时碳化物析出聚集的条件等。分析二元碳化物的点阵结构可以看出以下的规律(Hägg 规则),并以此把它们分为两类:

(1) 当 $r_C/r_M \leqslant 0.59$ 时,这些元素生成间隙相。在间隙相中,金属的原子生成与纯金属不同的点阵,但一般都是简单的、密排的点阵结构,其间隙大于碳原子直径,故可以容纳碳原子。第ⅣB族和第ⅤB族的 Ti、Zr、Hf、V、Nb、Ta 等过渡金属生成具有面心立方点阵的碳化物,如 TiC、ZrC、HfC、VC、NbC、TaC 等。第ⅥB族的 W、Mo 则生成具有六方点阵的碳化物,如 Mo_2C、W_2C、MoC、WC。这些碳化物熔点都比较高,稳定性也高,不易在加热时溶解于奥氏体中。

(2) 当 $r_C/r_M > 0.59$ 时,则不能生成间隙相而生成具有复杂点阵的碳化物,如铬、锰、铁生成的碳化物 $Cr_{23}C_6$(复杂立方)、Cr_7C_3(复杂六方)、Fe_3C(正交晶系)。由于碳原子也位于点阵的间隙中,故称之为间隙化合物。它们的熔点较低,稳定性较低,在加热时较易溶解于奥氏体中。

钨和钼在钢中时可以生成复杂的三元碳化物 Fe_3W_3C、Fe_3Mo_3C、$Fe_{21}W_2C_6$、$Fe_{21}Mo_2C_6$。Fe_3W_3C 和 Fe_3Mo_3C 具有复杂的立方点阵结构。$Fe_{21}W_2C_6$ 和 $Fe_{21}Mo_2C_6$ 与 $Cr_{23}C_6$ 有相同的点阵结构[16]。文献中常用 M 代表金属原子,上述碳化物可用 M_6C、$M_{23}C_6$ 表示。

碳化物常常具有一定范围的溶解度或者溶入其他的合金元素。Fe_3C 和 Mn_3C 可以无限互溶,在室温时,Fe_3C 可以溶入 18%～20%Cr、1%～2%Mo 或 W、0.4%～0.5%V、0.15%～0.25%Ti,碳原子还可以被氮、氧等原子置换,因此当渗碳体溶入其他元素时可以写成 $(Fe、Mn、Cr\cdots)_3(C、N、O\cdots)$。许多有相同点阵的间隙相可以生成无限固溶体,如 TiC-VC、TiC-ZrC 等。

MC 型碳化物中的处于间隙位置的碳原子常常缺位,因此,这种碳化物相不具备严格的化学成分和化学式。一般形式是 MC_x,其中 $x \leqslant 1$。一些碳化物的浓度范围如下:$TiC_{1.0\sim0.28}$、$ZrC_{1.0\sim0.28}$、$HfC_{1.0\sim0.56}$、$VC_{0.95\sim0.75}$、$NbC_{1.0\sim0.7}$、$TaC_{0.91\sim0.58}$[14]。文献中常遇到的钢中的 V_4C_3 或 Nb_4C_3 等碳化物,应视为 MC_x 的形式,其中 $x=0.75$。

三元碳化物 Fe_3W_3C 只是代表平均成分,实际成分可以在 Fe_2W_4C 与 Fe_4W_2C 范围内变动,并且可以溶入其他元素,可写成 M_6C。$Fe_{21}W_2C_6$ 可以 $M_{23}C_6$ 表示,其中 W、Mo 可以互相代替,钨含量在 5%～15%,能溶解 60%Cr。在有限溶解时,溶解度将随温度变化。Cr_7C_3 室温时可以溶入 38%Fe,而在 1300℃时可以溶入 60%Fe。

碳化物中能溶入其他元素对其性能可能有重要影响。图 2.26 表示 TiC 的显

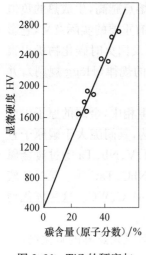

图 2.26　TiC 的硬度与
碳含量的关系[10]

微硬度与碳含量的关系曲线,可以部分地说明不同研究者测出的碳化物硬度值何以会有相当大的差异。溶入的合金元素对碳化物的稳定性也有很大的影响,一般说来,当溶入碳化物的元素能生成更为稳定的碳化物时,将提高前者的稳定性,而当溶入的合金元素不能生成碳化物或生成碳化物的稳定性较弱时,将降低其稳定性。例如,合金钢的渗碳体中常常溶入一些强的碳化物生成元素,故在热处理时其分解温度比在碳钢中要高。在碳钢中加入 Ti、V、Zr、Nb 等元素所生成的碳化物很稳定,加热至 $900\sim1000℃$ 时完全不溶解于奥氏体,因此它们将加速过冷奥氏体的分解。但当钢中加入 $1.5\%\sim2.5\%$ 的锰时,锰部分地溶于这些碳化物中降低了它们的原子键力,因此加热至 $900\sim1000℃$ 时,这些碳化物将部分地溶解于奥氏体中。此时将增加奥氏体的稳定性,铬也有此作用,但影响程度不如锰[18,19]。

当加入的一种合金元素如 Cr、W、Mo 等,能在钢中生成几种碳化物时,在钢中出现的碳化物类型取决于合金元素与碳原子数量的比值(平衡条件下),而在介稳定状态时还与热处理的规程有关。

图 2.27 为 Fe-Cr-C 三元系在 700℃时的平衡图[16]。可以看出,当 Cr:C 原子比增加时,钢中先后生成 $(Fe,Cr)_3C$、$(Cr,Fe)_7C_3$ 和 $(Cr,Fe)_{23}C_6$。在一些中间成分时将生成有两种碳化物的混合组织。以含 $1\%C$ 的钢为例说明当铬含量变化

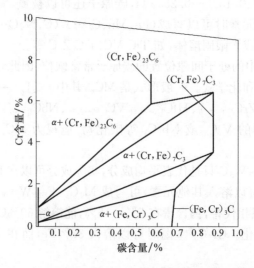

图 2.27　Fe-Cr-C 三元系在 700℃的等温截面平衡图[16]

时对钢中碳化物生成的影响。在含 1%C 的钢中,当 Cr 含量不超过 3% 时,钢中的相组成不变,为铁素体(Cr 溶解量低于 1%)和合金渗碳体$(Fe,Cr)_3C$,在合金渗碳体中最多可以溶解 18%Cr;Cr 含量超过 3% 后将出现合金碳化物,如含 Cr 为 4% 时钢中除了含有合金渗碳体外还含有$(Cr,Fe)_7C_3$;Cr 含量超过 5% 时,$(Fe,Cr)_3C$就变得不稳定了,因此只有一种碳化物存在;在 Cr 含量自 5% 增至 11% 时,钢中仍只含有一种碳化物$(Cr,Fe)_7C_3$,而铁素体中溶解的 Cr 含量自约 1% 增至 5%。在钢中含 Cr 更高时将出现含 Cr 更高的碳化物相$(Cr,Fe)_{23}C_6$。

　　Fe-W-C 三元系中的稳定碳化物有 Fe_3C、WC 和 M_6C,这需要在 700℃长期保温后才可以达到。由表 2.5 可以看出,当 W:C 原子比增加时,钢在长期保温后生成的稳定碳化物类型依次为 Fe_3C、WC、M_6C。$M_{23}C_6$($Fe_{21}W_2C_6$)是一个亚稳碳化物,它常常在奥氏体恒温转变情况下暂时出现。图 2.28 是 Fe-W-C 三元系在 700℃时的亚稳平衡图[16],由图可以看出,当钢中 W:C 原子比增加时,恒温转变中生成的碳化物中的 W:C 原子比也随之增加,碳化物出现的次序是$(Fe,W)_3C$、$M_{23}C_6$、M_6C。可以根据图 2.28 判断含钨钢在退火状态下的碳化物类型。Fe-Mo-C 三元系中碳化物的形成规律与 Fe-W-C 三元系很相似。

表 2.5　钨、碳原子比不同的钢在 700℃恒温保持后析出的亚稳和稳定碳化物的相成分[20,21]

（预先在 1300℃奥氏体化 10min,使碳化物全部溶入）

序　号	C 含量/%	W 含量/%	W:C 原子比	析出的碳化物相(X 射线分析)	
				700℃等温保持 10h(介稳定)	700℃等温 2000h(稳定)
1	0.98	0.49	0.033	Fe_3C	Fe_3C+WC
2	1.16	1.16	0.065	Fe_3C	Fe_3C+WC
3	0.65	1.50	0.15	$M_{23}C_6$	Fe_3C+WC
4	0.89	2.62	0.19	$M_{23}C_6$	Fe_3C+WC
5	0.55	1.96	0.23	$M_{23}C_6+M_6C$	Fe_3C+WC
6	0.59	3.62	0.40	$M_{23}C_6+M_6C$	$WC+Fe_3C$
7	0.60	6.12	0.67	$M_{23}C_6+M_6C$	$WC+Fe_3C$
8	0.27	5.45	1.32	$M_6C+M_{23}C_6$	$WC+M_6C$
9	0.34	8.15	1.57	$M_6C+M_{23}C_6$	$WC+M_6C$
10	0.32	9.56	1.96	M_6C	M_6C+WC

　　图 2.29 为 Fe-V-C 三元系的等温截面(20℃)平衡图。可以看出,V 在$(Fe,V)_3C$中的溶解度很小,钒含量不高时便可以在钢中生成碳化物 VC。使钢中出现 VC 的钒含量界限还不清楚,可能在 0.1% 以下。Fe-Ti-C、Fe-Nb-C 等三元系的等温截面与 Fe-V-C 三元系相似。

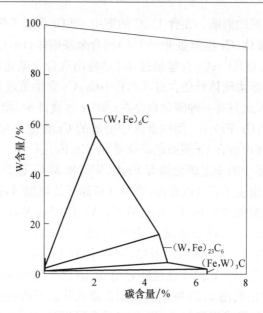

图 2.28　Fe-W-C 三元系在 700℃时的亚稳平衡图[16]

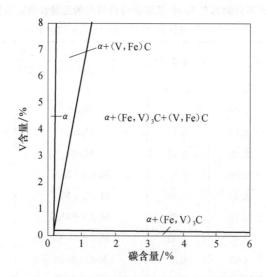

图 2.29　Fe-V-C 三元系在 20℃时的亚稳平衡图[20]

当钢中同时含有几种能生成碳化物的合金元素时,其生成的规律如下:当碳含量比较低时,强的碳化物生成元素将优先与碳结合,而当碳含量逐渐增加时,弱的碳化物生成元素也将成碳化物。例如,当钢中含有 Mo、W 和 Cr 时,随碳含量的增加将依次生成 M_6C、$Cr_{23}C_6$、Cr_7C_3、Fe_3C。如果钢中已经含有几种碳化物,当加入更强的生成碳化物元素时,它将首先自弱碳化物生成元素生成的碳化物中取去碳。

例如,钢中含有 M_6C 和 Cr_7C_3 时,加入 V 之后,将首先自 Cr_7C_3 中,然后自 M_6C 中取去碳。此时首先驱使铬然后是钨或钼进入固溶体中。

了解钢中碳化物的生成规律对于阐明钢的合金化原理有重要作用。

有些合金元素在钢中不能与碳结合,如 Cu、Si、Al、Ni、Co 等,它们几乎完全溶于固溶体中,这些元素有促进石墨化的作用。硅和铝的石墨化作用最强,Cu、Ni、Co 也有促进石墨化的作用。

钢在石墨化时首先有石墨化核心生成,石墨化的生成核心可以是碳化物的分解,也可能是由碳直接从固溶体析出在已有的其他核心上,但是石墨化核心生成的机理目前还不完全清楚。因此,对于合金元素的影响也常常有不同的解释。

还应当指出,生成碳化物的元素也可能有促进石墨化的作用,如钨和钼使钢略有石墨化倾向,可能是这些元素的原子半径与铁的原子半径相差太大(r_W 比 r_{Fe} 大 12%),当其溶入 Fe_3C 中时,变得不稳定。钢中有少量的锆或钛时,也有促进石墨化的作用,有人用这些元素生成的特殊碳化物的核心作用来解释。

2.2.3　合金元素在铁素体和渗碳体间的分配

了解合金元素在钢中各相之间的分布规律,对于明确合金元素在钢中的作用及其作用发挥的程度是很重要的。首先探讨合金元素在铁素体和渗碳体之间的分配问题。

合金元素在铁素体和渗碳体之间的分配受热处理过程的影响。在平衡状态下,这种分配取决于钢中的合金元素和碳的含量。

合金钢淬火后低温回火时,只有扩散较快的碳原子能做长距离的移动,因此生成的渗碳体和基体中的金属组成成分基本上相同。当回火温度超过 400℃ 后,合金元素原子的扩散比较显著,因此发生了合金元素在渗碳体和铁素体间的重新分配。与碳有较大亲和力的元素,如 Mn、Cr、Mo 等,部分地脱离了铁素体,扩散到渗碳体中去。而在周期表中位于铁右边的与碳亲和力弱或没有亲和力的元素,如 Co、Ni、Cu、Si、Al、P,部分或全部脱离了渗碳体,扩散到铁素体中去。温度越高,扩散进行得越快。图 2.30 显示了含有 0.50%C、4.97%Ni、0.26%Mn 的镍钢渗碳体中的 Ni、Mn 含量随回火时间增加的改变。Mn 向渗碳体中富集,Ni 向铁素体中富集,最后达到平衡分配。

图 2.31 显示在低合金钢中,Cr、Mn、Co 三元素在渗碳体和铁素体间的平衡分配,由这些直线关系可以得到这三个元素的平衡分配常数。根据试验,同样可以求出其他元素的平衡分配常数,这些数值见表 2.6。这些钢中的合金元素含量不会引起特殊碳化物的生成。有的研究工作者采用合金元素在渗碳体中含量和在钢中含量的比值作为研究对象,但这一比值随钢中碳含量的改变而改变,不是一个常数,缺乏物理意义。

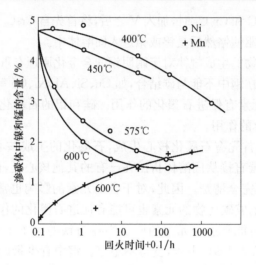

图 2.30　0.50％C-0.26％Mn-4.97Ni 钢在不同温度回火时渗碳体成分的改变[16]

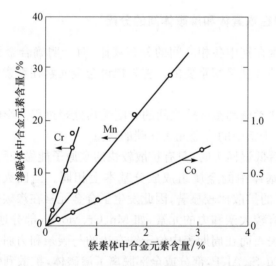

图 2.31　在 700℃时 Cr、Mn、Co 在渗碳体铁素体间的平衡分配[16]

表 2.6　一些合金元素在渗碳体和铁素体之间的平衡分配[16]

元　素	钢中的含量/％	分　配	元　素	钢中的含量/％	分　配
Cr	0.5～3.0	28.0∶1.0	Al	0.5～1.0	不溶于 Fe₃C
Mn	0.2～3.2	11.4∶1.0	Si	1.7	不溶于 Fe₃C
Co	0.25～3.0	0.23∶1.0	P	0.28	不溶于 Fe₃C
Ni	3.0～5.0	0.3∶1.0	Mo	0.17～0.25	8.0∶1.0
Cu	0.25～1.0	不溶于 Fe₃C	W	0.45	2.0∶1.0

注:热处理采用 1100～1300℃淬火,然后在 600～700℃保温,直至合金元素在各相中的含量不变为止。

2.3 钢中的氮化物和硼化物

2.3.1 氮化物

钢在冶炼时多少要吸收大气中的氮,另外,氮还可以作为合金元素加入钢中,因此钢中会形成铁或其他合金元素的氮化物。氮原子的原子半径比碳原子小(表 2.1),并且氮原子半径与过渡族金属原子半径之比 r_N/r_M 均小于 0.59,故它们之间只能生成具有简单密排结构的间隙相,金属原子处于点阵结点上,而尺寸较小的氮原子处于点阵的间隙位置。与碳化物相似,这类化合物同样具有高的熔点、高的生成热、高的硬度和脆性。表 2.7 列出了在钢中可能出现的氮化物的结构和性能的有关数据。

表 2.7 钢中氮化物的结构与性能[14,15,22]

金属	原子半径比 r_C/r_M	氮化物	金属原子排列类型	室温点阵常数/nm	单位晶胞中含有的原子数	熔点/℃	ΔH_{298K}/(kJ/mol)	显微硬度 HV
Fe	0.56	γ'-Fe_4N	面心立方	$a=0.3797$			-11.1	1340
Cr	0.56	Cr_2N	密排六方	$a=0.4805$ $c=0.4479$		1650		1571
		CrN	面心立方	0.414	8(4M+4N)	1500(分解)	-123.0	1090
V	0.52	VN	面心立方	0.4136	8(4M+4N)	2050	-217.2	1520
Mo	0.52	Mo_2N	面心立方	0.4163	6(4M+2C)		-69.5	630
		MoN	简单六方	$a=0.2866$ $c=0.2810$	2(1M+1N)			
W	0.51	W_2N	面心立方	0.4126	6(4M+2C)		-35.6	
		WN	简单六方	$a=0.2893$ $c=0.2826$	2(1M+1N)	800(分解)		
Ti	0.50	TiN	面心立方	$a=0.4239$	8(4M+4N)	2950	-337.9	2450
Nb	0.49	NbN	面心立方	$a=0.4394$	8(4M+4N)	2050	-236.4	1400
Ta	0.49	TaN	密排六方	$a=0.2910$ $c=0.5176$		3090	-252.3	1060
Zr	0.43	ZrN	面心立方	$a=0.4585$	8(4M+4N)	2952	-365.3	1520
Al		AlN	密排六方	$a=0.311$ $c=0.498$	4(2M+2N)	2517	-318	1230

氮化物中金属元素排列属于面心立方点阵的有 TiN、NbN、ZrN、VN、Mo_2N、W_2N、CrN、γ'-Fe_4N 等。氮化物的含量是在一定的范围内变化的,这是因为有氮原子的缺位存在。一些氮化物的浓度变化范围如下:$TiN_{1.2\sim0.38}$、$ZrN_{1.0\sim0.55}$、

$HfN_{1.1\sim0.74}$、$VN_{1.0\sim0.72}$[14]。在若干氮化物中可能出现 $x>1$,这可能是氮的原子半径较碳为小,以及氮可能分布于金属点阵的四面体间隙的缘故。属于密排六方点阵的氮化物有 TaN、Nb_2N 等,属于简单六方点阵的氮化物有 WN、MoN、Cr_2N 等。

与碳化物一样,凡是 d 层电子越少的过渡族金属,与氮的亲和力越大。Ti、Zr、Nb、V 是强氮化物形成元素,在钢中形成稳定的氮化物,几乎不溶于基体。W、Mo 是中强氮化物形成元素,其氮化物有较大的稳定性和较小的溶解度,一般在钢中含这些元素较高时才容易出现。Cr、Mn、Fe 是较弱的氮化物形成元素,在高温下它们的氮化物可以溶于基体,在低温下又可以重新析出。

各种氮化物之间根据点阵类型的差别、尺寸因素和电化学因素也会完全互溶或有限溶解。氮化物和碳化物之间也可以相互溶解,形成碳氮化物,如 TiN 中的氮可以被碳部分地置换,形成 Ti(N,C)。在含氮的 Cr-Ni 或 Cr-Mn 不锈钢中,氮原子可以置换$(Cr,Fe)_{23}C_6$ 中的部分碳原子,形成$(Cr,Fe)_{23}(C,N)_6$ 的碳氮化物。

钢中还会出现氮化物 AlN,为密排六方点阵,不属于间隙相,氮原子并不处于铝原子的间隙位置,它具有与 ZnS 相同的点阵,属于正常价非金属化合物。AlN 与其他间隙相氮化物之间完全不互溶。AlN 在钢中有比较高的稳定性,只有在 1100℃以上才大量溶于 γ-Fe,在较低温度下又重新析出。

2.3.2　硼化物

用硼进行合金化的钢中存在硼化物。硼与过渡族金属的原子半径比值 $r_B/r_M>0.59$,因此,所形成的硼化物属于具有复杂结构的间隙化合物,具有高的硬度和熔点(表 2.8)、正的电阻温度系数,这是具有金属键的特征。但金属与硼原子之间还是有存在共价键的可能。

表 2.8　硼化物的硬度及其熔点[15]

性　能	TiB_2	TiB	W_2B	WB	Mo_2B	Cr_2B	CrB	Fe_2B	FeB
显微硬度 HV	2700	—	2420	3700	2500	1350	1250	1500	1900
熔点/℃	2920	2230	2770	2400	2140	1890	1550	1389	1650

硼化物 TiB_2 具有六方晶系,$c/a=1.065$[6]。W_2B、Mo_2B、Cr_2B、Fe_2B、Co_2B、Ni_2B 等具有四方晶系,$c/a<1$,单位晶胞中原子数为12,即8个金属原子,4个硼原子。在钢中硼含量较高时形成 Fe_2B 相,点阵常数 $a=0.5109nm$,$c=0.4249nm$,$c/a=0.842$。由于硼吸收中子能力很强,在反应堆中常使用含硼 0.1%~4.5%的高硼钢,Fe_2B 是其主要相之一。当钢存在硼化物形成元素 Cr、Mo、Mn 时,能溶于 Fe_2B,形成复合的硼化物$(Fe,M)_2B$。

　　TiB、MnB、FeB 等硼化物具有正交晶系，单位晶胞中有 8 个原子，金属原子和硼原子各 4 个，其中硼原子呈链状排列。钢渗硼时，表面可生成 FeB 相，其点阵常数 $a=0.5506\mathrm{nm}$、$b=0.2952\mathrm{nm}$、$c=0.4061\mathrm{nm}$，硬度为 $1800\sim2000\mathrm{HV}$，有较大的脆性。

　　钢中还存在有类似 Fe_3C 的 Fe_3B 相。硼原子可以置换 Fe_3C 中的碳原子，其置换率可达 80%，形成 $Fe_3B_{0.8}C_{0.2}$ 类型的化合物。

　　在钢中加入微量硼时，还会出现铁的硼碳化物 $Fe_{23}(C,B)_6$ 或者 $Fe_{23}B_3C_3$，属于 $Cr_{23}C_6$ 型的立方晶系，其中铁原子可被其他过渡族金属元素所置换。$Fe_{23}(C,B)_6$ 一般在钢基体组织的晶界上析出。

2.4　钢中的金属间化合物

　　合金钢中由于合金元素之间及合金元素与铁之间产生相互作用，可能形成各种金属间化合物。金属间化合物保持着金属的特点，说明各组元之间仍保持有金属键的结合。当能生成金属间化合物的元素属于碳化物形成元素时，在钢中存在碳的条件下，一般先生成碳化物（热力学上更有利），只是当合金元素的含量超过生成碳化物所需要的量以后，才能生成金属间化合物。许多金属间化合物属于拓扑密堆相。

　　分析各种实际晶体后发现，如果将金属的原子看做是半径相等的刚球，它们有两种密排方式，即几何密排和拓扑密排。

　　由表 2.2 可以看出，在晶体点阵中四面体间隙最小。如果使晶体点阵中的间隙全部成为四面体间隙，就会得到最致密的排列。但等径刚球不可能堆成完全由四面体组成的点阵，而是存在着四面体和八面体两种类型的间隙，能够得到的最高配位数为 12，即面心立方或密排六方晶体点阵，具有这种结构的相称为几何密堆相（geometrical close-packed phase），简称 GCP 相。

　　1956 年 Kasper 首先指出，由两种大小不同的刚球可以得到空间利用率更高，全部或主要由四面体间隙组织的晶体点阵，每个四面体的四个顶点均被同一种原子占据，各四面体按一定方式相互连接，配位数可达 12、14、15、16，以 CN12、CN14、CN15 和 CN16 表示。由于这类结构具有拓扑特征，故称之为拓扑密堆相（topological close-packed phase），简称 TCP 相[23]。合金钢中可能出现的拓扑密堆相种类很多，如 σ 相、χ 相、μ 相（A_6B_7 相）、Laves 相（拉弗斯相或 AB_2 相）等。

　　在钢和合金中还经常出现一些 AB_3 相，又称有序相，是一种 GCP 相。

2.4.1　σ 相

　　σ 相具有较复杂的正方结构，其轴比 $c/a\approx0.52$，每个晶胞中有 30 个原子。周期表中的第一长周期的第ⅦB族和第ⅧB族过渡金属与周期表中的第ⅤB族和第ⅥB组金属能形成σ相,如FeCr、FeMo、FeV等。FeCr是最早发现的σ相。σ相的分子式可写做AB或$A_x B_y$,σ相的成分在一定的范围内变化,是以化合物为基的固溶体。A、B原子呈一定程度的有序排列,尺寸较大的原子占据高配位数的位置,尺寸较小的原子分布在配位数为12的位置上。

在二元系中形成σ相与下面的条件有关:

(1)原子尺寸相差很大不利于形成σ相,一般不超过8%。已知差别最大的W-Co系中的σ相,其原子半径差为12%。

(2)必定有一个组元具有体心立方点阵(配位数为8),另一个组元为面心立方或密排立方点阵。

(3)σ相出现在s+d层电子浓度在6.5~7.4时。电子浓度是指化合物中每个原子拥有的s+d层电子数。

第三种元素的加入会影响σ相形成的浓度范围和温度范围。若第三种元素与铁或另一种元素能形成σ相,则在三元相图上有相当宽广的σ相成分范围。例如,在Fe-Cr-Mn三元系中,Fe-Cr和Cr-Mn都能形成σ相,当Mn加入不锈钢中会加速形成σ相,并使σ相稳定的温度范围加宽。

σ相在常温下硬而脆,它的存在通常对合金性能有害。不锈钢中出现σ相会引起晶间腐蚀和脆性,在镍基高温合金和耐热钢中,如果成分或热处理控制不当,会发生片状的硬而脆的σ相沉淀,使材料变脆,故应避免。

在形成σ相的合金系中还存在χ相,χ相主要出现在含钼的Fe-Cr-Mo不锈钢中,其组成为$Fe_{36}Cr_{12}Mo_{10}$,后来又在Fe-Cr-Ti钢中被发现。χ相具有与α-Mn相同的复杂立方点阵,单位晶胞中有58个原子,点阵常数$a = 0.892mm$。在Cr-Mn-Mo不锈钢中,由于锰的存在,χ相更容易形成,其化学式为$(Fe, Mn)_{36}Cr_{12}Mo_{10}$。$\chi$相同样会引起钢的韧性和塑性下降。目前$\chi$相在某些沉淀硬化不锈钢中已用做沉淀硬化相。

在一些复杂的高合金钢中还出现μ相($A_6 B_7$)。μ相类似于σ相,出现在高Mo、W和Nb量的高温合金中,如$W_6 Fe_7$、$Mo_6 Co_7$等,其成分在一定的范围内变化,是以化合物为基的固溶体。μ相具有菱方点阵,单位晶胞内有13个原子。A、B原子呈一定程度的有序排列,尺寸较大的A原子占据高配位数的位置,尺寸较小的B原子分布在配位数为12的位置上。在一些非化学计量的μ相中,较小的B原子占据了一部分A原子的位置。μ相常沿基体的{111}面呈片状析出,降低合金的塑性和韧性,但可以改善合金的高温持久塑性。

2.4.2　拉弗斯相

拉弗斯相大部分是由过渡族金属组成,可用分子式AB_2表示。

A 原子的半径 r_A 大于 B 原子的半径 r_B。理论计算 $r_A/r_B=1.225$，实际上大多数拉弗斯相的 $r_A/r_B=1.1\sim1.6$，A 原子的配位数为 16，B 原子的配位数为 12。AB_2 相是尺寸因素起主导作用的化合物。AB_2 相的晶体结构有三种点阵类型，但它具有哪一种点阵则受电子浓度的影响。

在钢中出现的拉弗斯相 $MoFe_2$、WFe_2、$NbFe_2$、$TiFe_2$ 等具有复杂六方点阵，电子浓度的范围为 $1.80\sim2.00$。在多元合金钢中还出现复合的 AB_2 相，尺寸大的合金元素处于 A 组元的位置，尺寸较小的合金元素 Mn、Ni、Cr 可置换 Fe 的位置，形成化学式为 $(W,Mo,Nb)(Fe,Ni,Mn,Co)_2$ 的复合 AB_2 相。在耐热钢中广泛应用 AB_2 相作为强化相。

2.4.3　有序相

有序（AB_3）相是很多钢及合金中的沉淀硬化相，如 Ni_3Al、Ni_3Ti、N_3Nb、Fe_3Al 等。有序相中组元之间电化学性的差别还不够形成稳定的化合物的条件，它们是介于无序固溶体与化合物之间的过渡状态。在有序固溶体中，有一些接近无序固溶体，如 Ni_3Fe、Fe_3Al 等，当温度升高到临界温度时，它们便变成无序固溶体。另一些则与化合物接近，如 Ni_3Al、Ni_3Ti、Ni_3Nb，其有序原子排列一直可保持到熔点。有序相都具有密排的有序结构，晶体结构都是由密排面按不同方式堆垛而成，只是由于密排面上 A 原子和 B 原子的有序排列方式不同和密排面的堆垛方式不同而产生不同的结构。

在高温合金中常见的 γ'-Ni_3Al 具有面心立方有序结构，η-Ni_3Ti 具有密排六方有序结构，δ-Ni_3Nb 具有正交有序结构，配位数都是 12。在复杂的耐热钢和耐热合金中，γ'-Ni_3Al 是重要的强化相，其中可溶解多种合金元素。通过合金化和适当的热处理，可使 AB_3 相以细微粒子均匀地析出，显示有效的沉淀强化作用。

2.5　合金元素对铁碳合金状态图的影响

了解合金元素对铁碳状态图的影响对于分析钢在热处理过程中的组织变化和确定其热处理工艺是很重要的。由于三元或多元状态图较为复杂，人们通常以铁碳状态图为出发点，分析合金元素的影响，以粗略地了解合金元素的作用。

2.5.1　合金元素对钢的共析成分的影响

在钢中加入另外一种合金元素后，将对其共析成分产生影响。能溶解于铁中，并且不生成碳化物的元素，如镍、硅、钴等，将减少共析体中的碳含量，并且原子量越小，影响程度越大，如图 2.32（a）所示[10]。能生成碳化物的合金元素，如果大部分是溶于铁素体中,少部分生成碳化物(溶于渗碳体中或者生成特殊碳化物),而生成的碳化物能参与共析体的生成,则其影响与上一类相同,如铬、锰,如图2.32(b)所示。一些能生成很稳定的碳化物的元素,在铁素体中的溶解量很小,它们生成的碳化物在一般加热条件下很少溶解,也不参与共析体的生成。它们结合了一部分碳,因此为了生成共析体,钢中便需要更多的碳,钛、铌、钒都属于这类元素(图2.32(c))。钼和钨的作用与这些元素相似。

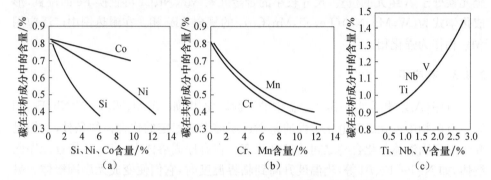

图2.32　合金元素对钢的共析成分中碳含量的影响[10]

在文献中也有完全不同的论述,主要是关于强碳化物生成元素对共析成分的影响问题。有的作者认为钛、钒等元素可以大大降低共析成分中的碳含量(图2.33(a)),而另外一些作者却认为这些元素能明显地增加共析成分中的碳含量。我们认为,共析成分的碳含量应当根据生成共析组织或进行共析转变 $\alpha + Fe_3C \leftrightarrow \gamma$ 时的成分来确定这些元素的影响,而不能只根据生成单一奥氏体区域的最低温度时

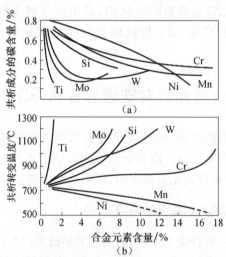

图2.33　合金元素对钢的共析成分中碳含量和共析转变温度(Ac_1)的影响[24]

的碳含量来确定,如图 2.34 所示。比较图 2.34(d)和图 2.35 可以看出,对于不生成碳化物的元素(Si),二者是一致的,弱碳化物生成元素的情况也如此,但对于强碳化物的生成元素,如钛,则不能根据图 2.34(c)所示的单一奥氏体区域,而应当根据图 2.36 所示的共析转变 $\gamma \leftrightarrow \alpha + Fe_3C$ 发生的温度来决定。由图 2.36 可以看出,在加热时进行了共析转变后,特殊碳化物(TiC)还不能溶解,只有加热至较高温度时才能部分或完全溶解;而当这些元素的含量高时,甚至得不到单相的奥氏体区域(图 2.36(b))。还要考虑到钢中加入一种合金元素后实际是三元合金,共析转变将在一个温度间隔中进行。除此以外还可能在恒温下进行包析转变 $\gamma + K_1 \rightarrow \alpha + K_2$(K 为碳化物)或生成三元共析体。在含合金元素量很高时,转变进行很慢,动力学因素也是很重要的。

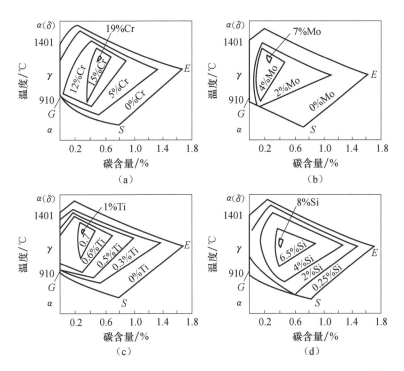

图 2.34　铬、钼、钛、硅等合金元素对铁碳合金奥氏体区域范围的影响[24]

　　合金元素对共析成分(平衡图上 S 点)的影响是很重要的。一般碳钢中共析成分的碳含量约为 0.8%,而当加入 4%Mn 时,共析成分只需 0.6%的碳含量。在一些高合金钢中,甚至含碳 0.4%左右时已经是过共析钢。合金元素对平衡图上的 E 点也同样会产生影响。当 E 点左移时,出现莱氏体的碳含量降低,因此在一些高合金钢中,在碳含量不超过 1%时也可能出现莱氏体组织,如高速钢的铸态组织。

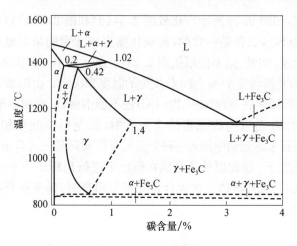

图 2.35 Fe-C-Si(3.5%)三元系的垂直截面图[25]

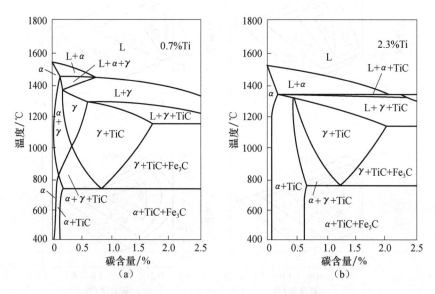

图 2.36 Fe-C-Ti(0.7%及2.3%Ti)三元系的垂直截面图[25]

2.5.2 合金元素对钢临界点的影响

共析成分的碳钢在加热至 Ac_1 时,珠光体中的铁素体首先在其与渗碳体分界处生成奥氏体核心,进行 $\alpha \rightarrow \gamma$ 的点阵改组。在分界处由于可以供给较多的碳,这些生成的核心容易达到稳定的尺寸,以后则进行扩散长大,即依靠渗碳体的分解继续吞并铁素体,直至铁素体全部消失,然后残余的渗碳体继续溶解。最后在奥氏体中,碳达到均匀一致的共析成分。继续加热时,在亚共析钢中,自由铁素体不断地进行点阵改组并提高碳含量,奥氏体的碳浓度相应地下降,直至加热至 Ac_3 可以得到单一的奥氏体;在过共析钢中,则过剩渗碳体不断溶解,奥氏体中碳浓度不断增加,直到加热至 A_{cm},可以得到单一的奥氏体。

在合金钢中,合金元素可以溶于铁素体中影响 $\alpha \rightarrow \gamma$ 转变;另外,合金元素还可以影响碳化物相(包括渗碳体)的稳定性,可以使它更为稳定而难以在加热时分解,也可能降低它的稳定性。从合金元素的这两方面的作用可以分析它们对 Ac_1 的不同影响。

锰和镍都较明显地降低 $\alpha \rightarrow \gamma$ 转变的温度,所以能使 Ac_1 下降。考虑到锰能够增加渗碳体的稳定性,而镍可以少量溶于渗碳体降低其稳定性,所以镍的影响比锰甚,如图 2.37(a)所示。铜、铂、氮等也属于这一类元素。锰和镍的这一作用对含锰和镍较高的钢的退火工艺有很大的影响。由于这类钢的临界点比较低,其过冷奥氏体在分解时,碳及合金元素的扩散速率很慢,因而不易退火软化。

碳化物生成元素,如铬,部分溶于渗碳体能增加其稳定性。但也有一些元素在渗碳体中溶解很少,而生成特殊的碳化物,如钛、钒等,对渗碳体的稳定性影响很小。对于 $\alpha \rightarrow \gamma$ 转变,有一些元素,如铬、钒、钛,在增至一定含量之前略降低转变温度,而钨、钼则提高转变温度。所以这些元素提高 Ac_1 点的程度不高,铬的影响比较显著(图 2.37(b)),钼、钨略能提高 Ac_1 点,钛、钒等则影响很小。图 2.33(b)中所示钛对 Ac_1 点的影响是不正确的,是由于把图 2.34(c)中获得完全奥氏体组织的最低温度当做了 Ac_1 点,而不是发生共析转变 $\gamma \leftrightarrow \alpha + Fe_3C$ 的温度。

还有一些元素,如铝、硅、磷等,它们提高 $\alpha \rightarrow \gamma$ 转变温度,不溶解于渗碳体,对渗碳体的稳定性没有什么影响,所以能提高 Ac_1 点,钴也属于这一类。图 2.37(c)为硅、铝、钴对 Ac_1 点的影响。

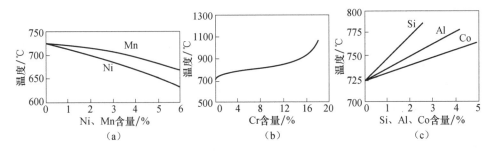

图 2.37　合金元素对 Ac_1 的影响[10]

合金钢中 Ac_3 点的位置一方面和合金元素对 $\alpha \rightarrow \gamma$ 转变的影响有关,另一方面和碳含量有关。在亚共析钢中,奥氏体形成元素锰和镍促进 $\alpha \rightarrow \gamma$ 转变,因而使 Ac_3 降低,含这些元素的钢热处理时的加热温度较低。而对于含铝、硅等铁素体形成元素的亚共析钢,这些元素能稳定铁素体,使 $\alpha \rightarrow \gamma$ 转变较困难,因而提高了 Ac_3

点,这些钢热处理时的加热温度较高。

在过共析合金钢中,A_{cm}点取决于相应碳化物完全分解的温度,但过共析钢一般均进行不完全淬火或不完全退火(球化退火),A_{cm}点的实际意义不大,只是在需要进行正火时(为了消除网状碳化物),A_{cm}点的位置才有实际意义。当钢中含有几个合金元素时,各个元素对临界点的影响仍然存在。

Ac_1点和Ac_3点在加热速率增加时将升高。动力学因素对于冷却时的临界点Ar_3和Ar_1的位置影响尤其明显,对于易于过冷的合金钢要用很缓慢的速率冷却才能接近平衡时的条件。这在一般情况下是很少实现的,所以Ar_3和Ar_1点的位置的数据尤其不一致。合金钢的临界点一般是用膨胀仪测出的,加热与冷却速率约为$2\sim5℃/min$。

了解到合金元素对共析成分和临界点的影响以后,我们对于合金元素对铁碳平衡图的影响可以有一个初步的概念,但是如果要有确切的了解,需要参考铁-碳-合金元素三元状态图。

2.6　溶质原子在晶粒中的分布

2.6.1　溶质原子与晶体缺陷的交互作用

在置换固溶体和间隙固溶体中,溶质原子的分布在宏观上是均匀的,但在微观尺度上,它们的分布并不均匀。当同类原子(即 A-A、B-B)间的结合能 E_{AA} 与 E_{BB} 和异类原子(即 A-B)间结合能 E_{AB} 相近时,即 $E_{AA}\approx E_{BB}\approx E_{AB}$,则溶质原子倾向于呈无序状态。如同类原子间的结合能大于异类原子间的结合能,则溶质原子易呈偏聚状态。当异类原子间结合能较同类原子间结合能大时,溶质原子就会呈部分有序排列。对某些成分接近一定原子比(如 AB 或 A_3B)的合金,当它从高温缓冷到某一临界温度以下时,溶质原子会从统计随机分布过渡到占据一定位置的规则排列状态,即发生有序化过程,形成有序固溶体。

许多实验已经证实,晶粒中晶内和晶界的成分也会有很大的差异,钢中某些重要现象与元素的这种不均匀分布状态有密切关系。

钢中存在晶体缺陷,如空位、位错、晶界、亚晶界、相界及层错等。这些晶体缺陷附近的原子排列规则性受到破坏,发生点阵的畸变。与完整的晶体比较,这些缺陷区具有较高的畸变能。元素溶于基体后,与晶体缺陷产生相互作用。这种相互作用主要有两个方面:溶质原子在位错的偏聚和溶质原子在晶界缺陷区的晶界偏聚。

位错周围有弹性畸变存在。对一个刃型位错,滑移面上边受压应力,下边受张应力。比铁原子小的置换式溶质原子趋向于刃型位错上边的压应力区的点阵上,而比铁原子大的置换式溶质原子和间隙式溶质原子趋于刃型位错下边受张应力的点阵区,形成溶质原子气团,而使总的畸变能减小,如图 2.38 所示。溶质原子松弛位错应力引起的在位错的偏聚称为柯垂尔(Cottrell)气团*。在平衡状态下,位错附近溶质原子的浓度可以表示为

$$C = C_0 \exp(-U/kT) \qquad (2.2)$$

式中,C_0 为晶体中溶质原子的平均浓度;U 为位错与溶质原子的相互作用能[4]。像亚晶界等小角度晶界,是由位错构成

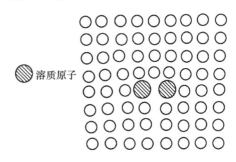

图 2.38　溶质原子与位错的弹性作用

的,溶质原子在这些区域的偏聚与对位错的作用相同。溶质原子的这种偏聚能使畸变能降低,故可以自发地进行,以达到热力学上的平衡态。溶质原子在层错附近形成的溶质原子的偏聚称为铃木(Suzuki)气团。在体心立方结构中,间隙原子可与螺型位错发生交互作用而形成斯诺克(Snoek)气团[4]。

　　根据溶液表面吸附热力学理论并把它应用在固溶体中,可以得出如下的结论:在金属及合金(包括钢)的晶粒中当合金元素能降低表面能量时,这些元素将在晶粒边界富集,产生内吸收,现一般称为晶界偏聚,这类元素称为表面活性元素。图 2.39 为晶界结构的示意图,原子排列由一个晶粒取向位置过渡到另一个晶粒取同位置时,出现不同大小尺寸的空洞,不同尺寸的溶质原子占据不同大小的空洞以减少晶界的畸变能。这种偏聚的溶质局限于晶界结构混乱范围内,即 2～3 个原子层的厚度。

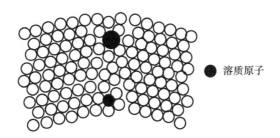

图 2.39　溶质原子在晶界偏聚示意图

2.6.2　晶界的平衡偏聚

　　McLean 应用热力学方法,导出了溶质原子的晶界平衡偏聚量的表达式[26]

$$C_g = \frac{C_0 \exp(Q/RT)}{1 - C_0 + C_0 \exp(Q/RT)} \qquad (2.3)$$

---

* 旧文献中称为科氏气团。

式中,C_g 为晶体缺陷区的溶质浓度;C_0 为溶质在基体内的平均浓度;Q 为溶质原子在晶内和晶界区引起的畸变能的差值,$Q=0\sim20\text{kJ/mol}$。

当 $C_0\ll1$ 时

$$C_g = C_0\,\mathrm{e}^{Q/RT} \tag{2.4}$$

Q 值随温度的升高而下降,C_g/C_0 表示晶界偏聚的富集系数。这种偏聚称为平衡偏聚[4,26]。此公式说明以下几点:

(1) 随着 Q 值增大,偏聚浓度 C_g 也增大。溶质原子与基体原子半径差越大,Q 值就越大,溶质原子在缺陷处的富集也越显著。锆、钛、铌、钼、稀土元素等原子与铁原子尺寸差别较大,碳、氮原子形成间隙固溶体,但原子容积都比间隙容积大,故都有较强烈的偏聚现象。无论形成置换固溶体还是间隙固溶体,硼原子都使基体点阵产生很大的畸变,所以无论在铁素体还是奥氏体中都有强烈的偏聚现象。畸变能还取决于基体中缺陷处原子排列的混乱程度。溶质原子在完整晶体与在缺陷处的畸变能差越大,在晶体缺陷处的偏聚就越显著。因此,溶质原子在晶界、亚晶界等不同地方的偏聚程度是不相等的。溶质原子的偏聚现象使这些缺陷处成为新相形核的优先位置。

(2) 随着温度的降低,晶界等缺陷处的偏聚浓度增高。随着温度升高,偏聚现象减弱,在一定温度以上,晶界和晶内溶质原子浓度差几乎消失。结构钢中加入微量的硼以后,因其在奥氏体中产生偏聚,从而提高了钢的淬透性,但当淬火温度过高时,由于偏聚现象减弱,淬透性反而下降。

(3) 溶质原子尺寸与基体原子尺寸相差较大时,Q 值较大,即使在较高的温度下也可以产生偏聚现象。两者相差较小时,由于 Q 值小,只有在较低的温度下才能较明显地出现偏聚现象。但偏聚是一个扩散过程,溶质原子只有在能够扩散的温度范围才能产生偏聚现象。例如,氢原子扩散激活能很小,在 0℃ 以下仍能显著地扩散,能偏聚于位错形成气团,碳、氮等原子需要在室温附近才能在钢中有明显的偏聚现象;磷原子在 350℃ 以上温度即可产生偏聚;钼、铌、钒等高熔点的溶质元素,只有在 500℃ 以上才有明显的偏聚现象发生。

第一种溶质元素的晶界偏聚还要受到第二种溶质元素的影响。由于元素的相互竞争,晶界偏聚倾向强烈的元素可以减弱另一种元素在晶界的偏聚。有些溶质元素之间在晶界发生强烈的交互作用,形成共偏聚(见 3.8.7.2 节)。

另外,基体的点阵类型对于置换溶质原子的偏聚并不发生影响,但对间隙溶质原子则有影响。这是由于在面心立方或密排六方点阵中原子间隙位置的容积大于体心立方点阵中间隙位置的容积。因此,间隙溶质原子在体心立方点阵中所造成的畸变比在面心立方和密排六方点阵中为大,故在体心立方点阵中间隙原子将产生强烈的偏聚,如碳、氮在铁素体中的偏聚比在奥氏体中更显著。有实验证明,在铁素体的亚晶界,碳含量可达到 0.25%。

　　溶质元素在晶界的富集程度超过该元素的化合物在该温度下的固溶度后,将产生晶界沉淀。硼钢的硼在高温下是均匀分布于奥氏体中的,在随后的冷却过程中发生硼在晶界的偏聚,如果钢中的硼含量较高,在适当的温度下保温一段时间,将发生硼化物的晶界沉淀和晶内沉淀。

2.6.3　晶界的非平衡偏聚

　　上述晶界偏聚是一种热力学平衡现象,此外,还存在晶界的非平衡偏聚现象[27,28]。非平衡偏聚是一种动力学过程,是指由于一些外界因素(温度、应力、辐照等)的变化引起溶质原子在晶界化学位的变化,从而引起元素再分布的现象。这时,溶质原子将富集到晶界及其邻近区域,其聚集量明显超过该温度下的平衡偏聚量,但随保温时间的延长,这种偏聚会消失,也可能转化为析出。偏聚原子的分布向晶内延伸到几十、几百甚至更多的原子层范围。

　　非平衡偏聚的机理可用空位-原子模型解释[27,28]。空位是点缺陷一种形式,热力学平衡状态下的空位浓度 $c=Ae^{-U/kT}$,式中,A 为一常数,U 为空位形成能,k 为玻尔兹曼常量。平衡浓度随温度的上升而迅速增加,在接近于熔点的温度时,平衡空位浓度可高达 $10^{-3}\sim10^{-4}$;自高温淬火可将过饱和的空位冻结,保留到室温或低温。

　　空位-原子模型认为,在高温热处理时,晶内存在较多数量的空位。有些溶质元素(I)能与空位(V)生成复合体(C),并处于热力学平衡状态:I+V ⟷ C。合金,包括钢,经高温固溶处理,然后在较低温度保持,在保持过程中,由于晶界是良好的空位阱,过饱和的空位将消失于晶界,以达到在此较低温度下的平衡浓度。空位浓度的降低引起晶界附近复合体解体为空位和溶质原子,使晶界附近复合体浓度降低,空位消失在晶界,过量的溶质原子留在晶界及晶界附近区域。同时,在远离晶界的区域,没有其他空位阱的情况下,空位将与溶质原子结合成复合体,使复合体浓度增加,使空位浓度降低。晶内与晶界之间的复合体浓度梯度驱使复合体自晶内向晶界扩散,使超过晶界平衡浓度的溶质原子继续在晶界上富集,形成了溶质原子的非平衡偏聚。由于超过平衡浓度的溶质原子存在于晶界上,又引起溶质原子的自晶界向晶内扩散(图 2.40)。当这两个方向相反的扩散流在该温度下保持的某一时刻相互平衡时,晶界偏聚将达到极大值。超过此时间,偏聚浓度将随在该温度下保持时间的延长而降低,这一恒温下的保持时间称为临界时间,这是非平衡晶界偏聚的最基本特征之一。当恒温保持时间小于临界时间时,复合体从晶内向晶界的偏聚占主导地位,此过程称为偏聚过程;恒温保持时间大于临界时间时,溶质原子从晶界向晶内扩散占主导地位,此过程称为反偏聚过程。因此,非平衡偏聚动力学曲线呈现晶界偏聚量随时间延长出现一个超过平衡晶界偏聚量的浓度极大值。图 2.41 为含微量硼的 Fe-30Ni 合金中硼晶界偏聚量随在 1050℃条件下恒温时间的变化曲线,表明临界时间的存在[29,30]。现已发现,P、S、Sn、Ti、Mn、Cr、

Mg 等多种元素存在临界时间现象。

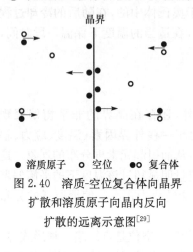

● 溶质原子　　○ 空位　　●○ 复合体

图 2.40　溶质-空位复合体向晶界
扩散和溶质原子向晶内反向
扩散的远离示意图[29]

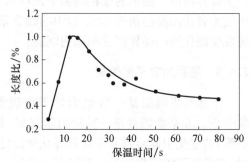

图 2.41　Fe-30Ni 合金中硼晶界偏聚随在
1050℃条件下恒温时间的变化[29,30]
纵坐标表示视区内硼偏聚的晶界总长 L
与同一视区内晶界总长度 L_0 之比

　　当溶质发生平衡偏聚时,由于这是一种热力学平衡状态,其偏聚动力学曲线呈现偏聚量随时间延长逐渐增大,最后出现一个平衡值的状态。若溶质最大偏聚量小于或等于该条件下的平衡偏聚量时,溶质原子将会按照平衡偏聚机制进行,也就观察不到临界时间现象了。

　　在连续冷却过程中也可以发生非平衡晶界偏聚,不同的冷却速率产生不同的非平衡晶界偏聚浓度。充分快的冷却速率可以完全抑制非平衡晶界偏聚,充分慢的冷却速率也会完全消除非平衡晶界偏聚,因此,必然存在一个临界冷却速率。实验证实了临界冷却速率的存在,含硼的奥氏体不锈钢的样品从 1250℃以中间速率 13℃/s 冷却,钢中的硼获得最大的晶界偏聚浓度[31]。

　　当钢中存在多种溶质时,要考虑到它们之间的相互作用;如果它们之间相互作用尚不足以在基体中生成析出物时,就会发生共聚现象。有些元素在钢中只有平衡偏聚特征,如 Ni 和 Sb,而 Ti 在钢中有非平衡偏聚特征。但当 Ti、Ni、Sb 同时存在于钢中时,由于 Ti 和 Ni、Sb 的相互吸引作用,当 Ti 偏聚到晶界上时,Ti 也将 Ni 和 Sb 拖曳到晶界上,使 Ti、Ni、Sb 三种元素的晶界浓度均超过它们的平衡晶界浓度,出现三种元素在恒温过程中的晶界的极大值和其后的反偏聚。这说明一些具有非平衡偏聚特征的溶质元素,可以诱发本来没有非平衡共偏聚特征的溶质元素发生非平衡晶界偏聚和反偏聚。这种相互协同的偏聚现象称为非平衡共偏聚[27]。1997 年此模型提出后[32]获得一些实验结果的支持。例如,在 Fe-2½Mn-Sb 结构钢中,Mn 的非平衡偏聚诱发 Sb 的非平衡偏聚[33],在 NiCrMoV 钢中 Cr 的非平衡偏聚诱发 N 的非平衡偏聚[34]。

　　平衡偏聚和非平衡偏聚的关系可以用图 2.42 表示[27]。金属材料先在高温进行均匀化处理,然后以确定的冷却速率冷至室温。在均匀化阶段可以发生溶质原子的平衡晶界偏聚,且随恒温温度的降低,偏聚浓度增加,如图 2.42 曲线 A 所示。在冷却至室温的阶段,溶质原子会发生以非平衡偏聚为主的晶界偏聚,且随恒温温度的降低,偏聚浓度亦降低,如图 2.42 曲线 B 所示。有些溶质元素既发生平衡偏聚又发生非平衡偏聚,此时晶界偏聚应是这两个过程发生偏聚的复合,如图 2.42 曲线 C 所示。

D 点对应的温度称为转换温度,在此温度下均匀化处理后,以确定的冷却速率冷却至室温的非平衡偏聚量等于在该温度下的平衡偏聚量。高于此温度冷却,偏聚以非平衡偏聚为主,低于此温度冷却,以平衡偏聚为主。因此,存在一个

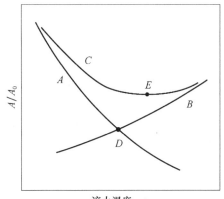

图 2.42 平衡偏聚和非平衡偏聚引起的晶界偏聚量随淬火时均匀化温度变化的示意图[27]
A—平衡偏聚;B—非平衡偏聚;C—晶界复合偏聚量;A/A_0—同一区域偏聚晶界长度与晶界总长度之比

复合偏聚量最小的均匀化温度,称为最小偏聚温度(图 2.42 中 E 点对应的温度)。钢中的硼是一个既可以发生平衡偏聚,又可以进行非平衡偏聚的元素。实验证实了在一些含微量硼的钢中存在着平衡偏聚和非平衡偏聚之间的转换温度和最小偏聚温度。

参 考 文 献

[1] Okamoto H. Phase Diagrams of Binary Iron Alloys[M]. Ohio:ASM International,1993.

[2] 长崎诚三,平林真. 二元合金状态图集[M]. 刘安生译. 北京:冶金工业出版社,2004.

[3] Wever F. Arch Eisenhuttenw[J]. 1928/1929,2:739.

[4] 冯端,邱第荣. 金属物理学,第一卷:结构与缺陷[M]. 北京:科学出版社,1987.

[5] Oelsen W,Wever F. Arch Eisenhuttenw[J]. 1948,19:97.

[6] Hamson M. Constitution of Binary Alloys[M]. 2nd Ed. New York:McGraw-Hill Book Company,1958.

[7] 陈国良,林均品. 有序金属间化合物结构材料物理金属学基础[M]. 北京:冶金工业出版社,1999.

[8] 章复中,谷力军. 铁-稀土二元系相图[J]. 稀土,1981,(1):68.

[9] 章复中,谷力军,瞿柳兴,等. 铁-稀土二元系相图[J]. 金属学报,1987,23(6):A503.

[10] Меськин В С. Основы легирования стали[M]. Москва:Металлургиздат,1959.

[11] Barrett C S,Massalski T B. Structure of Metals[M]. 3rd Ed. Oxford:Pergamon Press,1980.

[12] Hume-Rothery W,Raynor G V. The Structure of Metals and Alloys[M]. Russell:Institute

of Metals,1954.

[13] 胡赓祥,蔡珣. 材料科学基础[M]. 上海:上海交通大学出版社,2000.

[14] Гольдштейн М И, Грачев С В, Векслер Ю Г. Специальные стали [M]. Москва: Металлургия,1985.

[15] 干勇,田志凌,董瀚,等. 中国材料工程大典 第 2 卷 钢铁材料工程(上);第 3 卷 钢铁材料工程(下)[M]. 北京:化学工业出版社,2006.

[16] 郭可信. 合金钢中的碳化物[J]. 金属学报,1957,2(3):303.

[17] Самсонов Г В,Уманский Я С. Твердые соединения тугоплавких металлов [M]. Москва: Металлурги-здат,1957.

[18] Коган Л И и,Энтин Р И. Проблемы металловедения и физики металлов[M]. Москва: Металлурги-здат,1955:251.

[19] Вяшняков Д Я и,Лэй Тин-цюань(雷廷权). Известия высших учебных заведенийй[J]. Черная Металлургия,1960,(11):97.

[20] Houdremont E. Handbuch der Sonderstahlkunde[M]. Berlin:Springer-Verlag,1956.

[21] Kuo K(郭可信). Carbide precipitation, secondary hardening, and red hardness of high speed steel[J]. Journal of the Iron and Steel Institute,1953,173:363.

[22] 雍歧龙. 钢铁材料中的第二相[M]. 北京:冶金工业出版社,2006.

[23] Sinha A K. Topologically Close-packed Structures of Transition Metal and Alloys[M]. Oxford:Pergamon Press,1972.

[24] Bain E C,Paxton H W. Alloying Elements in Steel[M]. 2nd Ed. Russell:American Society for Metals,1961.

[25] Металловедение и термическая обработка стали,Справочник Том I (издание второе)[M]. Под редакцией Бернштейна М Л и Рахштадта А Г. Металлургиздат,1961.

[26] Mclean D. Grain Boundaries in Metals[M]. Oxford:Oxford University Press,1957.

[27] 徐庭栋. 非平衡晶界偏聚和晶间脆性断裂的研究[J]. 自然科学进展,2006,16(2):160.

[28] 吴平,贺信莱. 晶界非平衡偏聚研究的回顾与展望[J]. 金属学报,1999,35(10):1009.

[29] 王民庆,郑磊,邓群,等. 溶质非平衡晶界偏聚的临界时间[J]. 自然科学进展,2007, 17(4):506.

[30] Xu T D. The critical time and critical cooling rate of non-equilibrium grain boundary seg-regation[J]. Journal of Materials Science,1988,7(3):241~242.

[31] Karlsson L,Norden H. Non-equilibrium grain boundary segregation of boron in austenitic steel[J]. Acta Metallurgica,1988,36(1):13.

[32] Xu T. Non-equilibrium cosegregation to grain boundaries[J]. Scripta Materialia,1997,37: 1643.

[33] Guo A W,Yuan Z X,Shen D D,et al. Overaging phenomenon of Fe-2%Mn-Sb-Ce struc-tural steels during tempering[J]. Journal of Rare Earths,2003,21:210~214.

[34] Misra R D K,Balubramanian T V. Cooperative and site-competitive interaction processes at grain boundaries of a Ni-Cr-Mo-V steel[J]. Acta Metallurgica,1989,37:1475~1480.

第3章 合金元素对钢中相变的影响

合金钢中的转变过程大都涉及原子的扩散,其中包括碳原子的扩散、合金元素的扩散和铁原子的自扩散。因此在讨论合金元素对钢的转变过程的影响以前,应当了解合金元素对这些扩散过程的影响。

3.1 钢中的扩散问题

扩散系数 D 是反映扩散速率的量。影响扩散系数最主要的因素是温度和扩散激活能 Q,它们之间的关系可以下式表示:

$$D = D_0 e^{-Q/RT} \tag{3.1}$$

式中,D_0 和 Q 取决于晶体的成分、结构和扩散机制,与温度无关,称 D_0 为扩散常数或频率因子;T 表示热力学温度;R 为摩尔气体常数;Q 为扩散激活能(kJ/mol);D 为扩散系数(cm²/s)。扩散激活能表示为了进行扩散,原子必须具备的最小能量。因为原子处于结点位置时比较稳定,能量比较低,在脱离原来位置迁移到新的位置时,要克服周围原子对它的牵制或阻碍。因此,扩散激活能的大小表示扩散原子在点阵内结合的牢固程度。

1) 铁原子的自扩散[1,2]

有关铁原子自扩散的研究较少,由于实验方法不同,研究结果亦有所不同。下面为一组 D_γ^{Fe} 和 D_α^{Fe} 的自扩散系数方程:

$$D_\gamma^{Fe} = 5.8 e^{-310.5/RT} \tag{3.2}$$

$$D_\alpha^{Fe} = 2.3 \times 10^3 e^{-306.3/RT} \tag{3.3}$$

在所有温度下,$D_\alpha^{Fe} > D_\gamma^{Fe}$,其数值相差两个数量级。这是由于 γ-Fe 的点阵具有密排结构,原子结合力较强。

有关碳及合金元素对铁原子的自扩散影响的研究表明,碳及合金元素会显著影响铁的自扩散系数。

合金元素,如铬、锰、钼、钛、铌均减慢 γ-Fe 中铁原子的自扩散速率,使扩散激活能 Q_γ^{Fe} 增加,因为这些合金均能增加原子间的结合力。在 γ-Fe 中,铬含量增至 4% 和 8% 时,Q_γ^{Fe} 自 285kJ/mol 增至 314kJ/mol 和 377kJ/mol。硅、镍、钴和碳加速 γ-Fe 中铁原子的自扩散速率。碳削弱 γ-Fe 原子的结合力,因而降低了 Q_γ^{Fe},其关系式如下(式中 C 表示碳原子的原子分数,%,下同):

$$Q_\gamma^{Fe} = 10^{-C} e^{-(288-29C)/RT} \tag{3.4}$$

以上是没有区分晶界与界内铁的自扩散系数。由于晶界处缺陷较多,扩散容易进行,特别是碳在晶界的偏聚,使晶界处铁的自扩散系数增大,其关系式如下:

$$Q_{\gamma\,晶界}^{Fe} = 2.3 e^{-128/RT} \tag{3.5}$$

其他一些元素的影响,尚缺乏可靠的数据,如钒,有的人认为它可以加速 γ-Fe 的自扩散,而另外也有完全相反的结果。

2) 碳原子的扩散[1]

碳在 γ-Fe 中的扩散系数与钢中的碳含量有关,随着钢中碳含量的提高,碳在钢中的扩散系数也增大。下面列出的是一个通过实验导出的公式:

$$D_\gamma^C = (0.04 + 0.08\%C) e^{-131/RT} \tag{3.6}$$

研究工作表明,不仅是 D_0,扩散激活能 Q 也与 γ-Fe 中的碳含量有关。γ-Fe 中的碳含量由 1% 增至 6%(原子分数),Q 由 150.7kJ/mol 降至 119.3kJ/mol。

合金元素对碳在 γ-Fe 中的扩散激活能和扩散常数的影响见表 3.1。图 3.1 为 1200℃时合金元素对碳在奥氏体中扩散系数的影响(0.4%C)[1]。碳化物形成元素含量增高时使点阵原子结合力增加,碳在 γ-Fe 中的扩散激活能也增高,碳在 γ-Fe 中的扩散常数降低。弱碳化物形成元素锰对扩散激活能与扩散常数的影响都不大,只是在含量很高时才增加碳在 γ-Fe 中的扩散激活能,降低扩散常数。镍和钴使碳在 γ-Fe 中的扩散激活能降低,使扩散常数增加,镍的影响弱于钴。硅虽是非碳化物形成元素,却使碳在 γ-Fe 中的扩散激活能稍增大,使其扩散常数降低。

表 3.1　合金元素对碳在 γ-Fe 中的扩散激活能和扩散常数的影响[1]

合金元素	含量/%	Q/(kJ/mol)	D_0/($\times 10^2 cm^2/s$)			合金元素	含量/%	Q/(kJ/mol)	D_0/($\times 10^2 cm^2/s$)		
			0.2%C	0.4%C	0.7%C				0.2%C	0.4%C	0.7%C
Mo	0.9	141	13	20	29	Mn	1	132	7	8	11
	1.55	144	14	19	25		12	142	15	19	25
W	0.5	131	5	7	10		18	151	33	41	46
	1.05	134	6	8	10	Si	1.6	134	6	8	11
	1.95	139	7	10	14		2.55	134.3	5	8	10
Cr	1	144	8	11	13	Ni	4	130	5	7	10
	2.5	155	9	14	13		9.5	128	5	7	10
	7.0	163	12	18	25		18.0	125	4	9	10
Al	0.7	130	6	7	—	Co	6	128	6	8	10
	1.0	133	6	8	—		11.0	125	5	7	10
	2.45	134	6	8	—		21.0	121	—	5	7

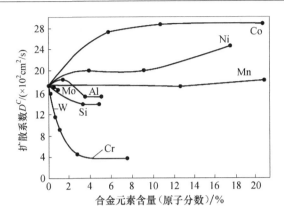

图 3.1　1200℃时合金元素对碳在奥氏体中扩散系数的影响(0.4%C)[1]

对于碳在 α-Fe 中的扩散系数,不同研究者采用不同的方法,得出了不同的计算公式。下面是用内耗法测出的碳和氮在 α-Fe 中的扩散系数方程式[3]:

$$D_\alpha^C = 6.2 \times 10^{-3} e^{-80/RT} \tag{3.7}$$

$$D_\alpha^N = 3 \times 10^{-3} e^{-76/RT} \tag{3.8}$$

碳在铁素体中的扩散激活能为 71.6~84kJ/mol,此数值显著低于碳在奥氏体中的扩散激活能(约 131kJ/mol),这表明碳在铁素体中的移动要容易得多。根据式(3.7)和式(3.8),在 250℃以下,氮在 α-Fe 中的扩散系数 D_α^N 要大于碳在 α-Fe 中的扩散系数 D_α^C,这是由于氮原子的尺寸小于碳原子的尺寸(表 2.1)

3) 合金元素的扩散[2,3]

合金元素的扩散速率比碳要慢得多,因为这些元素大多都与铁生成置换固溶体,而碳、氮生成间隙固溶体,其扩散过程容易得多。下面举出几个元素在奥氏体中的扩散系数方程式:

$$D_\gamma^{Mo} = 0.068 e^{-247/RT} \tag{3.9}$$

$$D_\gamma^{Cr} = 1.8 \times 10^4 e^{-406/RT} \tag{3.10}$$

$$D_\gamma^{Co} = 3.0 \times 10^2 e^{-354/RT} \tag{3.11}$$

$$D_\gamma^W = 10^3 e^{-377/RT} \tag{3.12}$$

$$D_\gamma^{Ni} = (0.34 + 0.012 w_{Ni}) e^{-282/RT} \tag{3.13}$$

$$D_\gamma^{Mn} = (0.48 + 0.011 w_{Mn}) e^{-278/RT} \tag{3.14}$$

$$D_\gamma^P = 28.3 e^{-293/RT} \tag{3.15}$$

$$D_\gamma^S = 1.35 e^{-202/RT} \tag{3.16}$$

上式中,w_{Ni}、w_{Mn} 分别表示 Ni、Mn 含量(%)。

当钢中含有碳时可以加速合金元素的扩散,因为碳可以降低原子间的结合力。例如,当含有 0.6%C 时,镍和锰的扩散系数将增加 2~3 倍。比较碳的扩散系数可以看出,这些元素的扩散系数要比碳低 4～5 个数量级。这样,需要通过合金元素的扩散而进行的相变,其过程要比碳钢慢得多。

合金元素在 α-Fe 中的扩散系数高于其在 γ-Fe 中的扩散系数,下面列出几个元素在 α-Fe 中的扩散系数方程式:

$$D_\alpha^{Mo} = 3.467e^{-242/RT} \tag{3.17}$$

$$D_\alpha^{Cr} = 3 \times 10^4 e^{-343/RT} \tag{3.18}$$

$$D_\alpha^{Co} = 0.4e^{-226/RT} \tag{3.19}$$

$$D_\alpha^{W} = 3.8 \times 10^2 e^{-293/RT} \tag{3.20}$$

$$D_\alpha^{Si} = 0.44e^{-201/RT} \tag{3.21}$$

$$D_\alpha^{Mn} = 0.35e^{-220/RT} \tag{3.22}$$

$$D_\alpha^{Ni} = 9.7e^{-258/RT} \tag{3.23}$$

$$D_\alpha^{P} = 2.9e^{-230/RT} \tag{3.24}$$

4) 快速通道扩散

多晶体中的扩散除了在晶粒的点阵内部进行以外,还会沿金属自由表面及内界面和缺陷(晶粒界、相间界、亚结构界和位错中心)进行扩散。在这些地方,原子运动的阻力相对较小,原子的迁移率要大些,扩散激活能远较在点阵中的要小,其扩散系数也要比点阵内的大得多,是扩散的快速通道(high-diffusivity path),或称短路扩散(short circuit diffusion)。若以 Q_i、Q_s 和 Q_b 分别表示晶内、表面和晶界的扩散激活能,D_i、D_s 和 D_b 分别表示晶内、表面和晶界的扩散系数,则一般规律是 $D_s > D_b > D_i$,其扩散激活能则 $Q_s < Q_b < Q_i$。

表面扩散在诸如金属粉末的烧结等冶金过程中有重要作用,但在一般整体试件中,内界面的总面积远较表面为大,因此晶界的扩散要重要得多。图 3.2 是 A、B 两种金属焊合后的扩散偶经加热扩散后原子迁移路径的示意图,表明 A 原子沿晶界渗入的深度比晶内大。在晶界处积累的 A 原子还会从晶界向晶内扩散。因此,沿晶界的快速扩散使平均扩散速率增加。在高温下晶界扩散与晶内扩散的差异较小,但在低温下当温度小于 $(0.75 \sim 0.8)T_m$(T_m 为金属的熔点,热力学温度)时,晶界扩散就显得重要了。

原子沿晶界的扩散速率与晶界的结构有关,而晶界的结构又与相邻晶粒的位向和晶界面的取向有关。添加元素可以促进或抑制晶界扩散,这与加入元素在晶界的偏析有关。

位错中心也是扩散的快速通道,一些研究工作表明,不同的位错结构对扩散的影响也不同,但其激活能 Q_d 均远低于体扩散激活能 Q_L。在温度比较高时,体扩散的速率快,沿位错中心的扩散可以忽略不计,但在温度低于 $0.5T_m$ 时,位错中心的扩散对整体的影响就比较显著了。

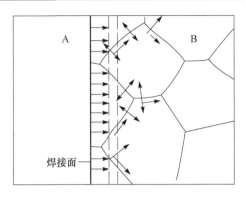

图 3.2 晶界扩散与体扩散的复合效果[4]

3.2 碳在铁中的热力学活度

如上节所述,铁素体或奥氏体中加入的各种合金元素将对碳的行为产生重要影响。决定碳在固溶体中行为的最主要的特性是其热力学活度。组元 i 的活度 a_i 与其摩尔浓度 N_i 有关:

$$a_i = \gamma_i N_i \tag{3.25}$$

式中,γ_i 为 i 组元的活度系数。活度 a_i 表示组元的活泼程度,组元的活度越大,则组元越活泼,因而其化学位越高,越易发生化学变化。钢中许多相变过程与碳及合金元素的热力学活度有关。

根据菲克(Fick)扩散第一定律,扩散通量 J_i 取决于浓度梯度 $(\partial C_i / \partial x)$:

$$J_i = - D_i (\partial C_i / \partial x) \tag{3.26}$$

式中,D_i 称为扩散系数;C_i 是体积浓度。

实际中常常观察到"上坡扩散",即扩散物质流从溶质较低浓度区域向较高浓度的区域流动。从根本上来说,扩散过程的动力不是浓度梯度而是化学位或自由能梯度 $(\partial G_i / \partial x)$:

$$J_i = - D_i (\partial G_i / \partial x) \tag{3.27}$$

式中,D_i 为真实扩散系数。

由化学热力学可知,在恒温恒压条件下,系统总是趋向于自由能的最小状态。系统中某组元一摩尔的自由能是用其偏摩尔自由能,也称化学位来表示的,组元 i 的化学位 μ_i 定义为

$$\mu_i = (\partial G / \partial n_i)_{T,P,n_j} \tag{3.28}$$

式中,G 为系统的自由能;n_i 为 i 组元的物质的量;n_j 为除 i 以外其他组元的物质的量。可知,μ_i 是溶液中 i 组元的偏摩尔自由能。

化学位向当于重力场中的势能,势能函数对距离的微分便是力函数。由于化

学成分的不同,出现了化学位随距离 x 的变化,此时组元 i 在 x 方向上便会感受一化学力。x 方向摩尔 i 组元所受的化学力 F_i 为

$$F_i = -\partial\mu_i/\partial x \tag{3.29}$$

因此,只要在合金中存在有化学位梯度,原子便经受一化学力的作用,这就是驱使原子扩散的力。

定义迁移率 B 为单位作用力下的原子运动速率。组元 i 的扩散流量可以写成体积浓度 C_i 与运动速率 v_i 的乘积,$J_i = C_iv_i$。根据迁移率的定义 $v_i = B_iF_i$,F_i 为作用在 i 原子上的力,其数值为 $-\partial\mu_i/\partial x$。因此 $J_i = -C_iB_i(\partial\mu_i/\partial x)$。由热力学知,$\mathrm{d}\mu_i = RT\mathrm{d}\ln a_i$,$a_i$ 为 i 原子的活度。结合菲克第一定律,可以得出

$$J_i = -C_iB_i(\partial\mu_i/\partial x) = -D_i(\partial C_i/\partial x) \tag{3.30}$$

化简后得到

$$D_i = B_iRT\ \mathrm{d}\ln a_i/\mathrm{d}\ln C_i \tag{3.31}$$

代入 $a_i = \gamma_iN_i$,在恒摩尔密度的条件下,得到

$$D_i = B_iRT(1 + \mathrm{d}\ln\gamma_i/\mathrm{d}\ln N_i) \tag{3.32}$$

式中,$1 + \mathrm{d}\ln\gamma_i/\mathrm{d}\ln N_i$ 称为热力学因子。在理想溶液与稀薄溶液中,γ_i 为常数,则

$$D_i = B_iRT \tag{3.33}$$

此方程表明,原子迁移率与扩散系数间存在有直接关系。原子的迁移率高,其扩散系数也大。当 $1 + \mathrm{d}\ln\gamma_i/\mathrm{d}\ln N_i$ 为负值时,D_i 为负值。

现在讨论合金元素对碳在奥氏体和铁素体中活度的影响。碳固溶于奥氏体或铁素体中时的自由能 G 与其活度 a_C 有关;$G = RT\ln a_C$。

若合金元素溶入后,影响固溶体中碳的活度为 a_C^M,则引起的自由能的变化为

$$\Delta G = RT\ln(a_C^M/a_C) = RT\ln(\gamma_C^M N_C/\gamma_C N_C) = RT\ln(\gamma_C^M/\gamma_C) = RT\ln(f_C) \tag{3.34}$$

碳在加入合金和未加入合金的铁中的活度系数比值 γ_C^M/γ_C 即碳的相对活性系数 f_C,它表征合金元素在 Fe-C 合金中对碳的活度的影响。如果 $f_C > 1$,则 $\ln f_C$ 为正值,合金元素提高碳在奥氏体和铁素体中的活度;如果 $f_C < 1$,$\ln f_C$ 为负值,即合金元素降低碳在奥氏体和铁素体中的活度。

因此,碳在奥氏体或铁素体中扩散通量

$$J_C = -D_C(\partial G_C/\partial x) = -D_C RT\partial\ln f_C/\partial x \tag{3.35}$$

关于合金元素对碳在奥氏体中活度的影响,已积累了大量的实验资料,而碳在合金铁素体中的活度的数据相对较少。这是由于碳在铁素体中的溶解度很小,实验难以确定碳在铁素体中的相对活性系数 f_C。系数 f_C 变化的物理本质,不论是在铁素体还是在奥氏体中都是相同的。在固溶体中的合金元素改变了金属原子与碳的结合力或结合强度。碳化物形成元素增加固溶体中碳与合金元素间的结合强度,使处于间隙位置的碳原子出现在占据点阵结点位置的合金元素附近的概率增

加,将碳原子"吸引"过来,从而使碳在固溶体中的活动性降低,即降低其热力学活度。非碳化物形成元素置换固溶体中的铁原子,相反将"推开"碳原子,提高其活动性,即增加其活度,同时将出现碳从固溶体中析出的倾向[5]。

图 3.3 是综合了不同研究者关于合金元素对碳在奥氏体中的相对活度系数影响的数据。由图可见,合金元素形成碳化物的能力越强,即在周期表中处于铁的越左边的过渡族元素,将越使 f_C 小于 1。在奥氏体中的非碳化物形成元素 Co、Ni 和 Si 使 f_C 大于 1。关于合金元素对碳在铁素体中相对活度系数的影响,只有关于 Si 的报道。

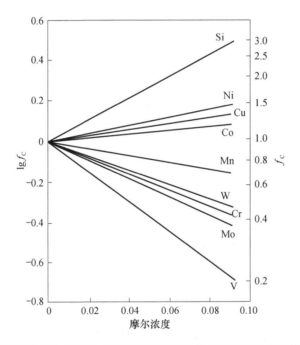

图 3.3　不同元素的摩尔浓度对 1000℃时碳在奥氏体中的相对活度系数 f_C 的影响[5]

必须指出,合金元素对固溶体中碳的活度的影响,只是发生在它们溶于固溶体中时,这里考虑的是固溶体中合金元素的含量,而不是它们在钢中的总含量。

3.3　合金元素对钢在加热时转变的影响

3.3.1　奥氏体的形成

首先讨论共析成分的碳钢由平衡态组织转变为奥氏体的过程。共析成分碳钢的平衡态组织是珠光体,亚共析碳钢的平衡态组织为先共析铁素体＋珠光体,过共析碳钢的平衡态组织为渗碳体＋珠光体。珠光体的典型形态是层片状的铁素体与渗碳体的混合物。但亚共析碳钢预先经过调质处理,共析和过共析碳钢预先经过球化退火后,其平衡组织将是铁素体基体上分布着粒状渗碳体的组织,称为粒状珠光体。

从 Fe-Fe$_3$C 状态图可知,珠光体加热到 A_1(723℃)以上时将转变为奥氏体。加热转变是通过形核与长大进行的。一般认为,珠光体转变为奥氏体时,奥氏体的晶核是在铁素体与渗碳体的交界面上通过扩散机制形成的。这是因为铁素体的碳含量仅为 0.02%,而渗碳体的碳含量高达 6.67%,当转变温度略高于 A_1 时奥氏体的碳含量为 0.77%。因此,从成分上考虑,奥氏体晶核只能在铁素体与渗碳体的交界面上,通过碳原子的扩散和铁素体中的碳浓度起伏,使铁素体局部地区的碳含量达到形成奥氏体所需的碳含量时才能形成。从能量上考虑,由于界面可以提供形核所需的能量,奥氏体晶核最易在铁素体与渗碳体交界面上形成。晶核一旦形成,可以依靠渗碳体不断地溶解所提供的碳原子而使奥氏体晶核继续长大。

在一般情况下,奥氏体晶核的长大是通过渗碳体的溶解,碳原子在奥氏体中的扩散和奥氏体两侧的界面向铁素体及渗碳体推移来进行的。奥氏体晶核的长大过程是受碳在奥氏体中的扩散所控制的。

在珠光体转变为奥氏体的过程中,珠光体中的铁素体全部消失时,渗碳体还未完全溶解。从 Fe-Fe$_3$C 状态图可以看出,ES 线的斜率较大,GS 线的斜率较小,奥氏体的平均碳浓度低于共析成分。而且随着加热温度的升高,刚刚形成的奥氏体的平均碳含量降低。实际热处理时加热速率越大,钢中残留的渗碳体越多。只有继续加热或保温时残留的渗碳体才能逐渐溶解。

珠光体转变为奥氏体时,在残余渗碳体刚刚完全溶入奥氏体的情况下,碳在奥氏体内的分布是不均匀的。原来是渗碳体的区域,碳含量较高;原来的铁素体的区域,碳含量较低。随着加热速率的增大,这种碳浓度分布的不均匀性越加严重。只有继续加热或保温,通过碳原子的扩散,才能使整个奥氏体中的碳分布趋于均匀。图 3.4 为共析碳钢奥氏体等温形成图,图中曲线 1 表示形成一定量的能测定的奥氏体所需时间与温度的关系,曲线 2 表示铁素体完全消失时所需的时间与温度的关系,曲线 3 和曲线 4 分别为渗碳体完全溶解和奥氏体均匀化所需时间与温度的关系。

亚共析碳钢经普通退火后的组织为珠光体加先共析铁素体,其中珠光体的数量随钢中碳含量的降低而减少。对这类钢,加热温度超过 Ac_1 时首先进入两相区,珠光体转变为奥氏体后,仍有部分铁素体未转变。如果保温时间不太长,还会有部分渗碳体残留下来。加热至 Ac_3 以上,在铁素体全部转变为奥氏体后不久,如果是碳含量较高的亚共析钢,可能仍有部分渗碳体残留。再继续保温才能使残留渗碳体全部溶解和使奥氏体均匀化。

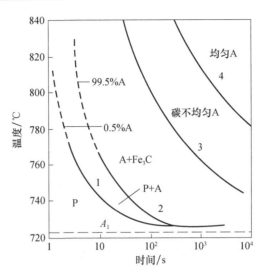

图 3.4　共析碳钢奥氏体等温形成图[6]

过共析碳钢经球化退火的组织是粒状珠光体,钢中的渗碳体数量比共析碳钢多。当加热温度在 Ac_1 和 A_{cm} 之间,珠光体刚刚转变为奥氏体时,钢中仍有大部分先共析渗碳体和部分共析渗碳体未溶解,只有在温度超过 A_{cm} 并经相当时间的保温后,渗碳体才能完全溶解。同样,在渗碳体溶解以后,需延长时间才能使碳在奥氏体中均匀分布。

3.3.2　合金元素对奥氏体形成及其成分不均匀性的影响

奥氏体的形成是靠晶核形成及长大完成的。一切影响加热时奥氏体晶核的形成和长大速率的因素都会影响奥氏体的形成速率。这些因素主要有加热温度、钢中的碳含量、原始组织、合金元素的加入。

奥氏体的形成温度越高,其形成速率越快。钢中的碳含量增加,奥氏体的形成速率也加快。因为碳含量增加,碳化物的数量也增多,因而增加了铁素体与渗碳体的相界面,减小了碳的扩散距离,从而提高了奥氏体的形核率和长大速率。同时,碳含量的增加使碳和铁原子的扩散系数增大,也加速了奥氏体的形成。

在钢的成分相同时,原始组织中碳化物分散度越大,相界面越多,形核率也越高。碳化物分散度增大,珠光体片层间距减小,奥氏体的碳浓度梯度加大而扩散距离缩短,奥氏体长大速率加快。所以,原始组织越细,奥氏体的形成速率也越快。原始组织中碳化物的形状对奥氏体形成速率也有影响。粒状珠光体的相界面比片状珠光体小,片状珠光体中的渗碳体较薄,易于溶解,加热时奥氏体易于形成。通常,粒状珠光体组织与片状珠光体比,残余碳化物的溶解和奥氏体均匀化都比较慢。

钢中加入合金元素并未改变奥氏体的形成机理,其对奥氏体形成过程的影响主要有以下几方面:

(1) 奥氏体的形成速率主要受碳在奥氏体中的扩散速率所控制,因此合金元素对碳在奥氏体中扩散速率的影响,对钢中奥氏体形成速率有重要意义。强碳化物形成元素 Cr、Mo、W 等,溶于奥氏体中,能减慢碳的扩散,对奥氏体的形成起减缓作用。非碳化物形成元素,如 Ni、Co 能加快碳的扩散,对奥氏体的形成有加速作用。Si、Al 对碳在奥氏体中的扩散系数影响不大,因此对奥氏体形成速率没有多大影响。

(2) 奥氏体相的增长依赖于渗碳体的溶解。合金元素对渗碳体稳定性的影响直接关系到渗碳体向奥氏体中溶解的难易程度。奥氏体形成后,在组织中尚存在残余的未溶渗碳体,这种现象虽然在碳钢中也有,但在钢中加入某些碳化物形成元素后,就更为显著。有时需要加热至较高的温度才能溶解或部分溶解。渗碳体刚溶解于形成的奥氏体中时,原来渗碳体的位置处,碳化物形成元素和碳的浓度都高于奥氏体的平均浓度,而不溶于渗碳体的非碳化物形成元素(Al、Si、P)或很少溶于渗碳体的非碳化物形成元素(Co、Ni)的浓度则低于奥氏体的平均浓度。随着保温时间的延长,碳化物形成和非形成元素以及碳都趋于在晶内扩散并均匀分布。由于合金元素扩散较慢,这种均匀化过程进行缓慢,而且由于碳化物形成元素对奥氏体中碳的亲和力强,在碳化物元素富集区,碳的浓度也偏高,故在碳化物形成元素均匀化之前,碳的分布也是不均匀的。如果加入钢中的碳化物形成元素在钢中生成稳定性更高的特殊碳化物,它们将更难溶入于奥氏体中。因此,对于含较强的碳化物形成元素的合金钢,为了得到比较均匀的奥氏体,必须适当地提高加热温度,采用较长的保温时间,这是在热处理操作时,提高钢的淬透性的有效方法。

在合金钢的加热相变中,对于亚共析钢,即使在组织中有过剩铁素体存在,奥氏体形成后,仍有若干稳定的碳化物残留下来。这些碳化物的溶解,取决于其本身所需要的溶解温度。碳化物越稳定,所需要的溶解温度也越高。最稳定的碳化物(如 TiC、NbC)在一般情况下是很难溶入奥氏体中的。在某些情况下,组织中有若干未溶的碳化物是有利的,如可以阻止奥氏体晶粒的长大。

(3) 亚共析钢中在加热转变过程中,当其中的珠光体转变为奥氏体后,铁素体与奥氏体两相共存(可能还有残存的未溶碳化物)。此时还将进行合金元素的重新分配,进而影响奥氏体的长大。例如,成分为 0.06%C-1.5%Mn 的钢在 740℃ 保温 1h 后,Mn 在铁素体与奥氏体中的含量如图 3.5 所示。由图可见,界面上两相的 Mn 含量有明显的差别,分别达到各自的平衡浓度,Mn_γ^α 高达 3%,较平均 Mn 含量高出一倍。因此有合金元素重新分配时,奥氏体的长大将受合金元素的扩散所控制。

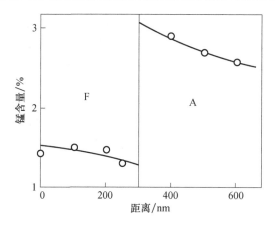

图 3.5　0.06％C-1.5％Mn 钢在 740℃保温 1h 后奥氏体(A)与铁素体(F)中的 Mn 含量[7]

（4）合金元素的加入改变了钢的临界点的位置,并使它们变成一个温度范围。转变温度一定时,改变临界点也就是改变了过热度,因而影响转变速率。Ni、Mn、Co 降低 A_1 点,相对来说增加了过热度,也就增加了奥氏体形成速率,Cr、Mo、Si、Al 等升高了 A_1 点,相对地减慢了奥氏体的形成速率。

3.3.3　非平衡组织加热时奥氏体的形成

非平衡组织指的是淬火组织及淬火并不充分回火的组织,其中包括马氏体、贝氏体及回火马氏体等。生产上有时会遇到淬火工艺不当,致使组织不合格的情况,如晶粒粗大,或者经过热处理后,被处理零件的性能不合要求。这时需考虑重新处理的问题。因此,有必要研究非平衡组织奥氏体化的规律。

非平衡组织的加热转变较平衡组织的加热转变复杂。因为钢的化学成分、预先热处理规程和所获得的不平衡组织类型、最终加热时的加热速率等均影响加热时奥氏体的形成过程。

首先分析加热速率对非平衡组织加热转变的影响。以淬火中碳结构钢为例,可按加热转变及机制的不同将加热速率分为慢速、快速和中速三类[8]。

1）慢速加热（1～2℃/min）时的加热转变

慢速加热时,从室温加热到 700℃需 6～12h。对碳钢而言,不管原始组织如何,在加热至奥氏体转变前,其组织已是平衡组织了。但对一些合金钢而言,经过 6～12h 的加热过程,可能 α 相中的碳已充分析出,但 α 相的再结晶尚未发生,板条马氏体的特征依然存在。当加热到略高于临界点的温度时,将首先在板条的条界上有碳化物的地方形成奥氏体的晶核,并沿条界长大成针状奥氏体,其大小与板条马氏体的尺寸相当,与 α 相保持 K-S（Курдюмов-Sachs）关系：$\{111\}_\gamma /\!/ \{110\}_\alpha$,$\langle 110 \rangle_\gamma /\!/ \langle 111 \rangle_\alpha$,而且在同一板条束内形成的针状奥氏体具有相同的空间取向,在彼此相遇时,将合并成一个粗大的与板条束相同的颗粒状奥氏体,其尺寸与原奥氏体晶粒的尺寸大致相当。这一现象被称为组织遗传,即第二次加热至略高于上临界点的温度,并未获得细晶粒奥氏体组织,而仍然得到了与第一次加热时所得到的相同的粗大的奥氏体晶粒(图 3.6)。

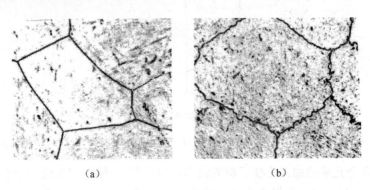

(a) 　　　　　　　　　　　(b)

图 3.6　37ХН3Т(37CrNi3Ti)钢的组织遗传性[9]　300×

(a) 原始组织马氏体;(b) 慢速加热(2℃/min)至 Ac_3 后恢复原来粗大的奥氏体晶粒

如进一步提高温度,奥氏体的晶粒将进行再结晶,晶粒又将重新变细。这是由于在 $\alpha \rightarrow \gamma$ 转变过程中伴随的体积变化引起了新生成的奥氏体晶粒的加工硬化,奥氏体晶粒不断进行着多次塑性变形,虽每次变形量甚微,但总变形量可达到 10%～15%。这种相内的加工硬化使塑性变形进行得很均匀,所以再结晶过程不易进行。再结晶温度取决于钢的成分、组织和加工硬化的程度,它可能低于或者和 Ac_3 一致。此时,再结晶过程将与 $\alpha \rightarrow \gamma$ 相变过程同时进行而无法区分。再结晶温度也可能高出 Ac_3 甚多,常常要加热到 Ac_3 以上 100～150℃(或者进行多次退火)。温度进一步升高时,奥氏体晶粒又开始长大。

生产上也遇到这样的情况:有些毛坯的原始组织十分粗大,而经过正常的一次完全退火或正火,并不能消除粗大的组织。因此需要考虑采用二次或者多次的退火或正火才能细化晶粒,或者要加热到高出一般退火或正火温度很多时才能达到细化晶粒的目的。这在一些大截面用合金钢的预先热处理中是常常遇到的。这些现象与上述理论是符合的。

因此,加热至 Ac_3 以上时,奥氏体晶粒的长大常常不是单纯地随温度升高而不断增大,而常常呈现复杂的方式。使用高温金相显微镜可以直接观察到这种复杂的奥氏体晶粒长大方式。

2) 快速加热(每秒几百摄氏度)时的加热转变

一些中碳合金结构钢进行快速加热时,可使原奥氏体晶粒得到完全恢复(图 3.7)。用金相和 X 射线结构分析等方法证实奥氏体晶粒的大小、形状及取向均得到恢复。钢中所含能提高奥氏体稳定性的合金元素越多,预淬火后所保留的残余奥氏体越多,或等温淬火成贝氏体时,这一现象越易出现。

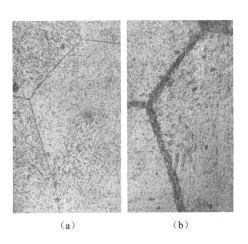

（a）   （b）

图 3.7　37XH3(37CrNi3)钢快速加热时的组织遗传[9]　100×
(a) 1300℃油淬；(b) 1300℃油淬后,快速(500~1000℃/s)加热至 Ac_3

　　快速加热所恢复的粗大奥氏体晶粒,在进一步加热时也将通过再结晶而使奥氏体晶粒变细。

　　3) 中速加热(100~150℃/min)时的加热转变

　　加热速率介于慢速与快速之间时称为中速加热。在发生 $\alpha \rightarrow \gamma$ 转变前马氏体已分解,将不会出现组织遗传性。这时,$\alpha \rightarrow \gamma$ 转变与再结晶过程重合,晶粒立即得到细化。

　　加热速率介于慢速与中速或中速与快速之间时,将出现过渡现象。此时,将在原奥氏体晶界形成奥氏体晶核,长成细小奥氏体晶粒,在原奥氏体晶粒内部则将按慢速或快速加热转变方式转变成粗大的奥氏体晶粒。沿原奥氏体晶界出现细小颗粒状奥氏体晶粒的现象称为晶粒边界效应。

　　上述加热速率对非平衡态钢加热转变的影响可概括为图 3.8。应当指出,上述加热速率是相对的,视钢的成分而变化。

　　在某些合金结构钢中容易出现组织遗传性,如 30CrMnSiA、37CrNi3A、20Cr2Ni4A 等。含有强碳化物生成元素 Ti、V、Nb,而且预先热处理时发生过热的钢中,最易出现组织遗传性。

　　在高速钢、马氏体时效钢、马氏体不锈钢等高合金钢中,组织遗传性可以在比较宽的加热速率范围内出现。因此,在这些钢中,组织遗传性可以在通常的加热条件下观察到。

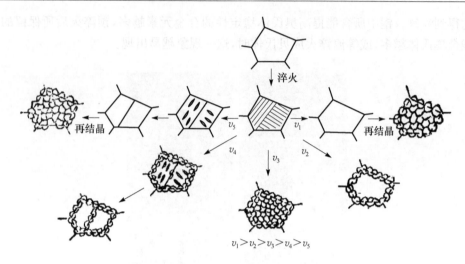

图 3.8　加热速率对非平衡态钢加热转变所得组织影响示意图[8]

加热速率和钢的合金化程度对出现组织遗传性的影响可以归纳为表 3.2,表中"＋"表示在钢中出现组织遗传,"－"表示不出现。

表 3.2　加热速率和钢的合金化程度对出现组织遗传性的影响[5]

钢　类	快速加热	中速加热	慢速加热
高合金钢	＋	＋	＋
合金钢	＋	－	＋
低合金钢和碳钢	－*	－	－

* 加热速率相当于 1000℃/s 时可能出现组织遗传性。

3.3.4　碳化物和氮化物溶解于奥氏体中的规律

热处理时,碳、氮化物溶入奥氏体的情况影响钢的许多性能,如过冷奥氏体的稳定性、淬透性和淬硬性、回火时软化、析出强化等。

碳、氮化物在钢中的溶解和析出过程是一个可逆的化学反应过程,任一温度下,当反应时间足够长之后就将达到动态平衡,其反应平衡常数主要取决于溶解于钢中有关元素的活度。在一般结构钢中,碳、氮化物在奥氏体中的溶解度都很小。由热力学有关理论可知,此时溶体可以看做是符合拉乌尔定律的理想固溶体,可以近似地认为活度等于浓度。另一方面,当温度变化时,钢中第二相的溶解析出反应的平衡常数将随温度而按指数型的关系变化。因此,当固溶的合金元素很少时,第二相 MX_n 在固溶体中的固溶度积可用下述形式的公式表述:

$$\lg([M][X]^n) = A - B/T \tag{3.36}$$

式中,[ ]表示某元素处于固溶态的质量分数(％);M 表示合金元素;X 表示 C,N;

T 为热力学温度；A、B 为常数，且 B 为正值（固溶反应为放热反应）。

由目前已有的热力学数据可以直接推导出各种微合金碳、氮化物在奥氏体中或铁素体中的固溶度积公式，定出其中的常数 A、B。也可以用试验方法获得碳、氮化物在奥氏体中的固溶度积公式。但由于它们在铁素体中溶解度过于微小，用试验方法难以测定它们在铁素体中的固溶度积公式。

目前用各种方法得到的固溶度积公式很多，表 3.3 列出了部分公式。由于获得固溶度积的方法不同，不同研究者得到的固溶度积之间有明显的差别。根据表中的公式，当碳、氮化物形成元素的含量已知时，可以大致计算其形成的碳化物或氮化物溶入奥氏体的温度，但它们溶入奥氏体的温度不仅与该相的成分有关，也与钢的奥氏体成分有关。已存在于钢中奥氏体的碳、氮化物形成元素 Mn、Cr、Mo 等减少 C 和 N 的热力学活度系数（图 3.3），从而增加碳化物和氮化物的固溶度积，促进这些相溶入奥氏体。钢中奥氏体含有非碳化物形成元素 Si、Ni、Co 将增加碳和氮的热力学活度系数，使碳化物和氮化物难于溶入奥氏体。

表 3.3　碳化物和氮化物在低碳(0.1%C)钢奥氏体中的固溶度积公式[5]

相	固溶度积公式
$VC_{0.75}$	$\lg[V][C]^{0.75}=-7600/T+5.76$
VN	$\lg[V][N]=-8330/T+3.40$
$NbC_{0.87}$	$\lg[Nb][C]^{0.87}=-7700/T+3.18$
NbN	$\lg[Nb][N]=-10230/T+4.04$
TiC	$\lg[Ti][C]=-10475/T+5.33$
TiN	$\lg[Ti][N]=-15660/T+4.25$
ZrC	$\lg[Zr][C]=-8464/T+4.23$
ZrN	$\lg[Zr][N]=-14900/T+3.68$
AlN	$\lg[Al][N]=-7300/T+1.50$

因此，当钢中存在有几种碳化物或氮化物时，在加热过程中先溶入奥氏体的是稳定性较弱的碳化物或氮化物。例如，在钢中存在含有锰、铬和钒的碳化物时，在奥氏体化过程中，首先是含有锰和铬的碳化物溶解，已溶于奥氏体的锰和铬将增加 VC 的固溶度积，促进 VC 的溶解。

实际的微合金钢中，通常得到的是微合金碳氮化物，若不考虑 C、N 原子的间隙缺位，其分子式可写为 MC_xN_{1-x}。可以通过有关的试验方法或理论计算得出 MC_xN_{1-x} 的固溶度积公式。下面列出的是一个碳氮化铌的固溶度积计算公式[10]：

$$\lg([Nb][C]^{0.7}[N]^{0.2})=-9450/T+4.12 \qquad (3.37)$$

对于其他微合金碳氮化物,也可以得到类似的计算公式。固溶度积公式可以用于微合金碳化物、氮化物、碳氮化物的溶解量及析出量的计算。

图 3.9 为钢中几种微合金元素碳氮化物固溶度积随温度的变化曲线,可见这些微合金元素碳氮化物固溶度积大致按下列顺序递增:TiN、BN、AlN、NbN、VN、Nb(C,N)、TiC、NbC、VC。VC 具有最大的固溶度积,比其他碳化物的固溶度积要大两个数量级。TiN 具有最小的固溶度积,远小于其他氮化物的固溶度积。

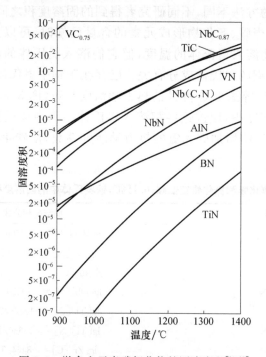

图 3.9　微合金元素碳氮化物的固溶度积[10,11]

3.3.5　合金元素对奥氏体晶粒长大的影响

钢件加热进行奥氏体化时要求获得一定大小的晶粒。加热转变终了时所获得的奥氏体晶粒称为奥氏体起始晶粒,奥氏体晶粒形成后在高温停留期间将继续长大,长大到冷却开始时的奥氏体晶粒大小,称为实际晶粒度。在(930±10)℃保温3~8h 后测定的钢中晶粒大小称为本质晶粒度。经上述试验,晶粒尺寸按 8 级评定标准为:1~4 级者称为本质粗晶粒钢,5~8 级者称为本质细晶粒钢,晶粒尺寸超过 8 级者称为超细晶粒钢。

奥氏体晶粒度按 GB/T 6394—2017《金属平均晶粒度测定方法》进行评定。显微晶粒度级别 G 与晶粒个数 N 的关系为

$$N = 2^{G-1} \tag{3.38}$$

式中,N 为在金相显微镜下放大 100 倍时,每 $645.16mm^2$($1in^2$)视野中包含的平均晶粒数。可以与标准评级图对比,也可以用直接测量的方法确定奥氏体晶粒级别。表 3.4 为晶粒度级别与每平方毫米和晶粒平均直径对照表。

表 3.4　显微晶粒度级别对照表(GB/T 6394—2017)

显微晶粒度 (级别数 G)	$654.16mm^2$ 内晶粒数 $N/\times100$	每平方毫米内晶粒数/ $(1/mm^2)(\times1)$	平均截距 $\bar{l}/\mu m$
1	1	15.5	226.3
2	2	31	160.0
3	4	62	113.1
4	8	124	80.0
5	16	248	56.6
6	32	496	40.0
7	64	992	28.3
8	128	1984	20.0
9	256	3968	14.1
10	512	7936	10.0

加热转变终了后,随着温度的升高和时间的继续延长,奥氏体晶粒通过晶界的迁移而长大。推动晶界迁移的驱动力来自奥氏体晶界的界面能。奥氏体晶粒的长大导致界面的减少,使能量降低。

可以证明[4],对于曲率半径为 r 的球形晶界,其处于凹侧的晶粒较处于凸侧的晶粒具有较高的化学位,因而驱使原子由凹侧移向凸侧,使晶界趋于平直。晶粒以晶界能为主要驱动力造成的晶粒长大称为晶粒的正常长大。设晶界能 γ 为常数,D_0 是时间为零时的晶粒直径,D_t 是时间为 t 时的晶粒直径,可以求得奥氏体晶粒恒温长大公式:

$$D_t^2 - D_0^2 = Kt \tag{3.39}$$

式中,K 为常数。当 $D_t \gg D_0$ 时,$D_t = (Kt)^{1/2}$。在对许多实验的观察中发现,D_t 与 t 之间更符合以下关系式:

$$D_t = (Kt)^n \tag{3.40}$$

而常数 K 可表示为

$$K = K_0 e^{-Q_g/RT} \tag{3.41}$$

式中,K_0 与 n 均为常数;Q_g 为 Fe 原子自扩散激活能;R 为摩尔气体常数;T 为热力学温度。

恒温下奥氏体晶粒的正常长大往往在不长的时间后便停止,这是由于晶界上经常存在着阻止晶粒长大的因素。此时晶粒的直径变为温度的函数,温度越高,晶粒尺寸越大。

　　不同合金元素对奥氏体晶粒长大的倾向有不同的影响和不同的机制。

　　存在于奥氏体中的弥散的、稳定的第二相颗粒可以阻碍奥氏体晶粒的长大。例如,合金元素能形成细小、弥散的碳化物或氮化物微粒,它们存在于奥氏体中时,对晶界起了钉扎作用,从而阻碍了晶界的迁移。只有当这些弥散相溶入奥氏体或聚集之后,消除了它们的阻碍作用,晶粒才能继续长大。根据齐纳(Zener)质点钉扎理论,奥氏体晶粒的平均半径 R 与钉扎粒子半径 r 及其体积分数 f 有如下关系[10]：

$$R = \frac{4r}{3f} \tag{3.42}$$

可见粒子尺寸越小,其体积分数越大,奥氏体的实际晶粒越细小。

　　后来,Gladman 导出一个临界钉扎质点半径 r_c,大于它时,晶粒边界称为非钉扎的,由此晶粒发生长大。此临界质点半径在很大程度上取决于质点的体积分数及晶粒尺寸的不均匀性：

$$r_c = \frac{6Rf}{\pi}\left(\frac{3}{2} - \frac{2}{Z}\right)^{-1} \tag{3.43}$$

式中,R 为基体晶粒半径；f 为钉扎粒子的体积分数；Z 为晶粒尺寸不均匀系数[11,12],$Z = D_M/D_0$,D_M 为最大晶粒直径,D_0 为平均晶粒直径。晶粒正常长大时 Z 值约为1.7。假设 $Z = 1.5$,由式(3.43)可得图3.10,可见最有效的晶粒边界钉扎和最小的晶粒尺寸需要最小的质点尺寸和钉扎质点的最大体积分数,而质点尺寸是最重要的。因此,能在较低温度从奥氏体中析出的质点将是最有效的,而在液

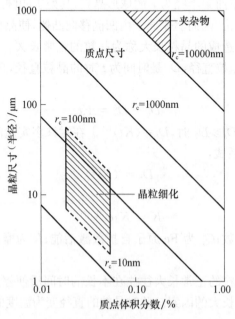

图 3.10　晶界钉扎质点体积分数和尺寸对晶粒尺寸的影响[12,13]

态或凝固时产生的质点将大得多,所以对一定体积分数的质点来说,其晶粒细化效果要差一些。在实际的钢中,质点能够钉扎的最小晶粒尺寸位于图中下方的阴影区域,上方的阴影区域是能被大夹杂物固定的最小晶粒尺寸。

一种理论认为溶质的拖曳作用可以阻碍晶粒粗化。钢中加入表面活性元素时,这种元素较多地偏聚在晶界区域,降低界面能,特别当固溶元素的电负性、原子尺寸和扩散速率与基体相差很大时,溶质的拖曳作用十分显著,因此将减弱晶粒长大的趋势或者升高奥氏体晶粒开始长大的温度。固溶的铌具有强烈的溶质拖曳作用,而固溶钛和钒的溶质拖曳作用要小一些,这已为实验所证实(图 4.85)。

还有一种理论认为,晶粒长大是通过晶界的扩散移动实现的,即通过铁原子的扩散进行的。晶粒长大的激活能和晶界铁原子自扩散的激活能都取决于原子间的结合力。加入合金元素后,合金元素影响着奥氏体的原子结合力,从而影响着奥氏体晶粒的长大速率。根据一些研究,γ-Fe 的晶粒长大激活能约为 117kJ/mol,晶界铁原子扩散的激活能约为 128kJ/mol,和晶界长大的激活能很相近,也有利于说明这种理论。γ-Fe 的原子结合力高于 α-Fe,所以高温时单相的铁素体钢晶粒长大的趋向比奥氏体钢大得多。

下面分析各种元素对晶粒长大的影响。

Ti、Zr、Nb、V 等强碳氮化物形成元素,在钢生成碳氮化物粒子时显著地阻止奥氏体晶粒粗化。这些碳氮化物粒子在铸坯冷却过程的较高温度下析出,再加热时未溶入,起钉扎晶界的作用,尺寸为 0.1~0.5μm。在多种微合金碳氮化物中,以 TiN 的作用最为显著。图 3.11 为一些微合金元素在 C-Mn 低合金高强度钢中对奥氏体晶粒长大及晶粒粗化的影响。

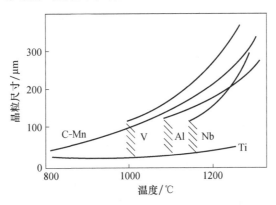

图 3.11　微合金元素对奥氏体晶粒长大及晶粒粗化的影响[14]

重新加热时已溶入奥氏体的微合金碳氮化物在轧制过程应变能驱动力作用下会重新析出在先存的晶界和位错线或应变带上,从而推迟形变奥氏体的再结晶,

析出粒子的尺寸为 30~80nm。粒子对奥氏体晶界的钉扎力 F_P 为[15]

$$F_P = 6\gamma fl/(\pi d^2) \tag{3.44}$$

式中,γ 为基体的晶界能;f 为析出物的体积分数;l 为亚晶尺寸;d 为析出物的平均直径。由式(3.44)可知,析出物体积分数越大平均尺寸越小,对基体的钉扎力越大,阻碍奥氏体再结晶发生的效果越好。图 3.12 为微合金溶质加入量对 0.07%C-0.225%Si-1.40%Mn 钢的再结晶终止温度的影响。在几种微合金元素中,铌阻碍奥氏体再结晶的作用最明显,其次是钛,钒的作用最小。铌是提高再结晶终轧温度、细化铁素体晶粒最重要的微合金元素。

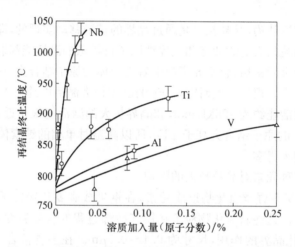

图 3.12　微合金溶质加入量对再结晶终止温度的影响[16]

还有一些生成碳化物的合金元素,如钼、钨、铬等,也能起阻碍晶粒长大的作用。当它们溶于奥氏体中时,能提高其原子结合力,也能起延缓晶粒长大的作用。

Al 作为脱氧剂加入钢水中时,由于钢水中含有残余的氮,将生成 AlN。实验证明,生成的 AlN(化学分析时和溶于固溶体中的铝一起溶于酸)起着阻碍晶粒长大的作用(图 3.12),而不是 Al_2O_3(化学分析时不溶于酸)。加入的铝量使酸溶部分达到 0.03% 时,对阻止晶粒长大最有效,继续增加时,晶粒开始长大的温度又开始降低,这可能是由于一部分铝开始溶入奥氏体中,能降低原子结合力并促使晶粒的长大。不溶于酸的 Al_2O_3 在用铝脱气时一般含量总在 0.008% 左右。为了得到细晶粒钢,最少要加入 500g/t 的铝(随钢的成分而定)。

当形成间隙固溶体的元素(C、N、B)溶于奥氏体时,能促使奥氏体晶粒长大粗化。例如,碳显著地降低了 γ-Fe 的原子结合力,增加了铁原子的自扩散系数,故能强烈地促进晶粒长大。氮在溶于奥氏体中时,其作用应当与碳相同,但在一般加热温度下,氮由于与一些元素结合成稳定的氮化物,反而阻碍晶粒长大。在一些钢中

（如铁素体钢等），常常有意增加氮含量（以氮化铬铁形式加入）以细化晶粒。氮的这种作用也可解释大家熟知的事情，即以铝细化晶粒的钢在加热至 AlN 开始溶入奥氏体的温度以上时，晶粒长大很迅速，甚至超过了不含铝的钢，这是由于氮、铝同时溶于奥氏体中起作用的结果。

不生成碳化物的合金元素中，镍和钴都能阻止晶粒长大。铜含量在 0.6% 以下没有什么影响，但铜含量超过 0.6% 时，将使钢容易过热。磷促进晶粒长大，它们的影响只有从它们对原子结合力的影响来考虑。

关于锰和硅的影响，已有的数据常常有矛盾。一般认为含硅较少（<1.5%）时能阻止晶粒长大，继续增加其含量时将能促使晶粒长大。锰则被认为最能促使晶粒长大，含锰的钢容易过热。锰的这种作用可能是由于锰对碳钢中碳促进奥氏体晶粒长大的作用有某种加强，但锰在低碳钢中并不促进奥氏体晶粒长大，因此在一些普通低合金结构钢中，常用锰来合金化。

锰在钢中与硫生成的 MnS 夹杂物，通常被认为是有害的，但在生产冷轧硅钢片时却常常将 MnS 作为有利夹杂，能稳定地抑制一次晶粒长大，其尺寸控制在 $0.5\mu m$ 左右[17]。在以后的高温退火中，采用高纯度氢保护，可使 MnS 分解，使硫从钢中逸出；也可以采用氮化物和碳化物抑制一次晶粒长大。

研究合金元素对奥氏体晶粒长大的影响，有很重要的现实意义，因为奥氏体晶粒的大小决定着冷却时转变生成组织的粗细。粗大的晶粒有时是有利的，如能提高淬透性，一定条件下可以提高高温蠕变性能，改善切削性等，有时却是有害的，也可能影响不大，这要看钢的用途和对钢的性能要求来决定。在大多数情况下，对钢的力学性能有不良的影响，对热处理工艺性能也常常是不利的。

晶粒粗大对力学性能的影响表现在降低塑性，尤其能降低冲击韧性，对低温冲击韧性的不良影响更为显著。晶粒粗大对于强度（σ_s、σ_b）值的影响较不明显，但提高加热温度，由于能使奥氏体均匀化，或者提高淬透性使工件可以在较缓和的介质中冷却，有时也可以允许有较粗大的晶粒存在而不致过多地降低其力学性能，这要根据具体的情况进行分析。

3.3.6　热变形对奥氏体组织状态的影响

在热变形过程中，与形变硬化同时发生的回复、再结晶过程称为动态回复和动态再结晶。钢的奥氏体在热变形时的真应力-真应变曲线的形状与热变形时的应变速率有关，如图 3.13 所示。

在高的应变速率下，真应力-真应变曲线有三个阶段（图 3.13 曲线 1）。

第一阶段为加工硬化阶段。当塑性变形小时，随着变形量的增加，位错密度不

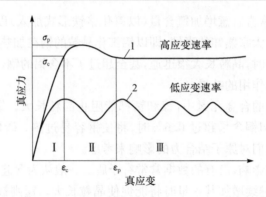

图 3.13　发生动态再结晶时的真应力-真应变曲线[18,19]

断增加,变形抗力也增加,发生材料的加工硬化。由于材料在高温下变形,变形中产生的位错能够在热加工过程中通过交滑移和攀移等方式运动,使部分位错消失,部分重新排列,奥氏体出现回复。当位错的重新排列发展到一定程度,形成清晰的亚晶界,称为动态多边形化。奥氏体的动态回复和动态多边形化都使材料软化,但总的趋势在第一阶段加工硬化还是超过动态软化,因此随变形量的增加,变形应力还是不断增加的。

　　第二阶段为开始再结晶阶段。发生动态再结晶所必需的最低变形量称为动态再结晶的临界变形量,以 ε_c 表示。ε_c 接近于真应力-真应变曲线上应力峰值所对应的应变量 ε_p,精确地讲,$\varepsilon_c \approx 0.83\varepsilon_p$[18]。曲线的应变峰值 σ_p、形变速率 $\dot{\varepsilon}$、变形温度 T 之间符合以下关系:

$$\dot{\varepsilon} = A\sigma_p^n \exp(-Q/RT) \tag{3.45}$$

式中,A 为常数;n 为应力指数,一般为 6;R 为摩尔气体常数;T 为热力学温度;Q 为过程激活能,大体等于自扩散激活能。当 Q 不依赖于应力、温度时,σ_p 可用 Zener-Hollomon 参数 Z 表示

$$Z = \dot{\varepsilon}\exp(Q/RT) = A\sigma_p^n \tag{3.46}$$

式中,Z 称为温度校正过的应变率,可表示为 $\dot{\varepsilon}$ 和 T 的各种组合。当变形速率 $\dot{\varepsilon}$ 越大,变形温度越低时,Z 值越大,即 σ_p 越大,动态再结晶开始的变形量 ε_c 也越大,表示需要一个较大的变形量才能发生动态再结晶。

　　在第二阶段,变形量超过临界变形量 ε_c 时发生动态再结晶,当应力小于 σ_p 时,硬化效应仍大于软化效应,只是曲线斜率减小,但当应力达到 σ_p 后,再结晶加快,软化效应为主,曲线下降。随着变形的继续进行,奥氏体中不断形成再结晶核心并继续成长直到完成一轮再结晶,变形应力降到最低值。从动态再结晶开始,直至一轮再结晶全部完成并与加工硬化相平衡,变形应力不再下降为止,形成了真应力-真应变曲线的第二阶段。

　　第三阶段为稳态流变阶段。此阶段,变形引起的硬化和再结晶引起的软化达

到平衡,出现稳态流变,真应力-真应变曲线呈水平线,这种情况称为连续动态再结晶。

在低的应变速率下,真应力-真应变曲线上有较多的峰值出现。在第一阶段,即加工硬化阶段,曲线斜率,即加工硬化率随应变速率的降低而减小。在第二阶段出现动态再结晶软化之后,由于应变速率低,加工硬化与动态软化达不到平衡,位错密度的增长尚不足以引起新一轮再结晶过程,重新出现以硬化为主的曲线上升。之后当加工硬化导致的位错密度积累,使动态再结晶占主导地位时,曲线又下降,出现另一峰值。如此反复进行,应力出现波浪式变化,这种情况称为间断动态再结晶或不连续动态再结晶(图 3.13 曲线 2)。

在动态再结晶进行过程中,中断热变形,材料处在高温下,此时动态再结晶仍可继续进行。动态再结晶中遗留下来尚未生长的再结晶晶核和生长在中途的再结晶晶粒可不经孕育期来完成未尽的过程,这种再结晶过程称为亚动态再结晶。

热变形终止后,在奥氏体区的缓冷过程中,其组织将继续发生变化,力图消除加工硬化所造成奥氏体组织结构的不稳定性。这种变化仍是回复、再结晶,它们不是发生在热加工过程中,所以称为静态回复、静态再结晶。

动态再结晶只能在一定条件下发生,可用 Z 讨论其发生的条件。当 Z 一定时,随着加工程度或变形量 ε 的增大,材料微观组织发生由动态回复→部分动态再结晶→完全动态再结晶的变化。当 ε 一定时,随着 Z 的增大,材料组织发生由完全动态再结晶→部分动态再结晶→动态回复的变化。这表明,ε 一定时,在某一 Z 值以上得不到动态再结晶组织,这个 Z 称为 Z 的上临界值 Z_c。Z_c 随加工程度 ε 而变,ε 越大,Z_c 越大,因此动态再结晶能否发生要由 Z 和 ε 共同决定。

热变形后发生静态再结晶需要一定的条件。在一定的变形温度和变形速率下,为了使静态再结晶发生,给以某一个临界值以上的变形量是必要的,这一临界值称为静态再结晶的临界变形量。

3.4　合金元素对珠光体转变的影响

3.4.1　珠光体转变

共析成分的碳钢在其过冷奥氏体进行珠光体分解时,一般认为首先在已有的界面上析出片状渗碳体,并沿长度方向和侧向长大。在旁边的奥氏体区域,碳含量的降低导致铁素体核心的生长和长大,接着又引起相邻奥氏体区域内生成新的片状渗碳体,这样不断进行,生成珠光体领域(pearlite colony)或珠光体团(pearlite group)。在一个奥氏体晶粒内,可以形成几个珠光体领域。珠光体领域内相邻两片渗碳体(或铁素体)中心之间的距离称为珠光体的片间距(图 3.14)。片间距的

大小主要取决于珠光体的形成温度。碳钢中珠光体的片间距与过冷度的关系,可用下列经验公式表达[20]:

$$S_0 = C/\Delta T \tag{3.47}$$

式中,$C = 8.02 \times 10^3$ nm·K;S_0 为珠光体的片间距(nm);ΔT 为过冷度(K)。

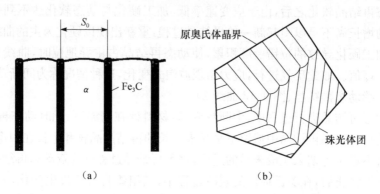

图 3.14　片状珠光体的片间距(a)及珠光体团(b)示意图[21]

　　片状珠光体一般指在普通光学显微镜下能明显分辨出片层的珠光体,其片间距约为 150~450nm,片间距更小时,光学显微镜难以分辨,需用电子显微镜观察。片间距约为 80~150nm 的细片珠光体被称为索氏体。在更低温度下形成的片间距为 30~80nm 的极细片状珠光体被称为屈氏体[21]。

　　珠光体的形成是通过形核和长大进行的。珠光体是由两个相组成的,因此首先成核的是铁素体还是渗碳体? 目前尚无定论。一般认为,共析钢和过共析钢中珠光体形成时的领先相是渗碳体,亚共析钢的领先相是铁素体[22]。

　　珠光体形成时,新相(渗碳体和铁素体)与母相有一定的晶体学位向关系,使新相和母相原子在界面上能够较好的匹配,形成不易移动的共格晶面。在铁素体与奥氏体之间为 K-S 关系 $\{110\}_\alpha // \{111\}_\gamma$,$\langle 111 \rangle_\alpha // \langle 110 \rangle_\gamma$。渗碳体($\theta$)与奥氏体之间存在 Pitsch 关系,该关系接近于 $(100)_\theta // (1\bar{1}1)_\gamma$,$(010)_\theta // (110)_\gamma$,$(001)_\theta // (1\bar{1}2)_\gamma$[23]。此时珠光体内的铁素体与渗碳体之间也存在着一定的位向关系。珠光体团中的铁素体及渗碳体与被长入的奥氏体晶粒之间不存在位向关系,形成可动的非共格晶面,如图 3.15 所示。

　　如果在奥氏体晶界上有先共析渗碳体存在,珠光体是在先共析渗碳体上形核长成的,则珠光体团中的铁素体与渗碳体之间存在 Богаряцкий 位向关系[8],即 $(001)_\theta // (2\bar{1}1)_\alpha$,$[100]_\theta // [011]_\alpha$,$[010]_\theta // [111]_\alpha$,而珠光体团与被长入的奥氏体晶粒之间没有位向关系。

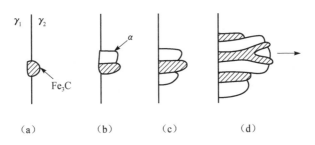

图 3.15　珠光体的形核与长大[23]

(a) 渗碳体在晶界形核,与奥氏体晶粒 γ_1 相保持共格和位向关系,而与 γ_2 相没有
共格关系;(b) α 相与渗碳体相邻形核并与 γ_1 相保持共格和位向关系;(c) 重复形
核过程,非共格面长入 γ_2 相;(d) 新片层可以分枝长大

　　透射电子显微镜的观察表明,在退火状态下,珠光体中铁素体的位错密度较小,渗碳体中的位错密度更小,而铁素体与渗碳体片的交界处常具有较高的位错密度。在同一珠光体团中,存在有亚晶界,构成许多亚晶粒。

　　在一般情况下,共析成分的过冷奥氏体在 A_1 温度以下,总是转变为片状珠光体。但当奥氏体化温度较低、保温时间较短、加热转变未充分进行时,在奥氏体中有许多未溶的残留碳化物或许多微小的高浓度碳的富集区,或者转变为珠光体的等温温度高、等温时间足够长,或者冷却速率极慢,将会使得渗碳体成为颗粒状,获得粒状珠光体。可以获得粒状珠光体的工艺有很多,统称为球化处理。

　　如果钢的原始组织是片状珠光体,则在加热到 A_1 以下的加热或保温过程中,片状渗碳体将自发地发生破裂、断开和球化。Thomson-Freundish 公式(或称 Gibbs-Thomson 公式)指出,在一定温度下固溶体粒子大小对其溶解度的影响可表示为

$$\ln(C_r/C_\infty) = 2\, M\gamma/RT\rho r \tag{3.48}$$

式中,C_r 和 C_∞ 分别为粒子半径为 r 和无限大时的溶解度;γ 为相界面的表面能;M 为粒子的物质的量;ρ 为密度[24]。

　　式(3.48)表明,粒子半径越小,其溶解度越大。因此,片状渗碳体的尖角处的溶解度高于平面处的溶解度。与渗碳体尖角接壤处铁素体中的碳浓度大于与平面接壤处铁素体的碳浓度,引起碳的扩散。为了恢复平衡,渗碳体的平面处将向外长大,尖角处将不断溶解。此过程继续进行,最后形成了各处曲率半径相近的粒状渗碳体。图 3.16 和图 3.17 分别为共析碳钢的片状珠光体组织和球化组织。

　　珠光体转变是扩散式的,其转变进行的速率取决于形核率 N 和晶体的长大速率 G,这两者与转变温度(过冷度)之间的关系都具有极大值的特征。因此,珠光体

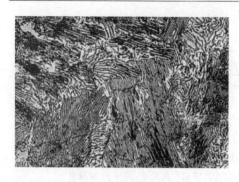 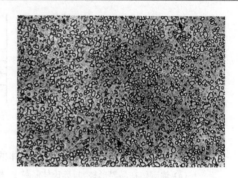

图3.16　共析碳钢热轧退火组织[25]　600×　　图 3.17　共析碳钢的球化退火组织[25]　500×
　　　　全部为片状珠光体　　　　　　　　　　　渗碳体颗粒分布在铁素体基体上

转变动力学可用结晶规律来分析。Johnson 与 Mehl 证实了奥氏体转变为珠光体的等温动力学曲线可用下式表示[11]:

$$f(t) = 1 - \exp(-\pi NG^3 t^4 / 3) \tag{3.49}$$

式中,$f(t)$是在某转变温度的任何时刻 t 所形成的珠光体的体积分数。

　　随着过冷度的增加,奥氏体与珠光体的自由能差增大,有利于晶核的生成。但随着过冷度的增大,原子活动能力减小,又使形核率有减小的倾向。因此,形核率与转变温度的关系具有极大值的变化趋向。晶体的长大过程与原子的扩散过程密切相关,转变温度降低时,原子扩散速率减慢,使晶体长大速率有减慢的趋向。与此同时,与铁素体交界处的奥氏体的碳浓度和与渗碳体交界处的奥氏体的碳浓度的差值亦增大,这就增大了碳的扩散速率。综合这些因素的影响,长大速率与转变温度的关系曲线也具有极大值的特征,所以珠光体转变速率随过冷度的增加也将出现一个最大值。

　　通常使用实验方法测定在不同过冷度下珠光体的转变量与时间的关系。一般取转变量为 1% 或 5% 时(视实验方法的灵敏性而定)所需的时间为转变开始时间,取转变量为 99% 或 95% 时所需的时间为转变终了时间。然后以时间为横坐标,以等温转变温度为纵坐标,将各温度下转变一定量的点连接成曲线,即可得到珠光体等温转变动力学曲线,亦称为 C 曲线,或 TTT 曲线(图 3.18 中的实线所示)。

3.4.2　亚共析钢或过共析钢的珠光体转变

　　亚共析钢或过共析钢的珠光体转变基本上与共析钢相似,但需考虑先共析铁素体或先共析渗碳体的析出。

　　亚共析钢奥氏体化后被冷却到 Ar_3 线以下时,将有先共析铁素体析出。先共析铁素体的析出量取决于奥氏体碳含量、冷却速率和析出温度。碳含量越高,冷却

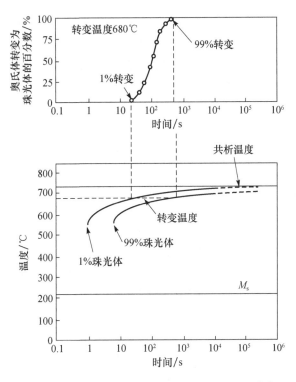

图 3.18　共析钢的珠光体等温转变动力学曲线[11]

速率越大,析出温度越低,先共析铁素体的析出量越少。先共析铁素体有三种不同的形态:等轴状、片状和块状。

先共析铁素体的析出也是一个形核和长大的过程。先共析铁素体的晶核大都是在奥氏体晶界上形成的。晶核与一侧的奥氏体晶粒存在 K-S 关系,两者之间为不易移动的共格界面,与另一侧面的奥氏体晶粒是可动的非共格界面。晶核形成后,与铁素体晶核交界的奥氏体的碳浓度将增加,在奥氏体内形成碳的浓度梯度,引起碳的扩散。为保持相界面碳浓度的平衡,恢复界面奥氏体碳的高浓度,奥氏体将继续析出低碳的铁素体,使铁素体晶核不断长大。在铁素体长大过程中,部分铁原子将进行扩散,使晶体点阵从面心立方结构转变为体心立方结构。如果原奥氏体碳含量较高,则当奥氏体晶界上的铁素体晶核长大并相互接触成网时,剩余奥氏体的碳浓度已接近共析成分,将通过共析转变,转变为珠光体。其组织形态将是先共析铁素体呈网状分布加珠光体。此时先共析铁素体的析出量较少,其分布勾画出母相奥氏体晶界的轮廓,有时称之为仿晶界型铁素体(allotriomorphic ferrite)。如果原奥氏体碳含量较低,先共析铁素体的析出量较多,先共析铁素体可以长入奥氏体内部,最后形成了等轴状铁素体,亦称多边铁素体(polygonal ferrite,PF)加珠光体的组织形态。

　　当转变温度较低时,由于铁原子的自扩散变得困难,使非共格界面不易迁移,共格界面的迁移将成为主要的。此时,铁素体晶核将通过共格晶面向与其有位向关系的奥氏体晶粒内长大。为减少弹性能,铁素体将沿奥氏体某一晶面向晶粒内伸长,通常将这类晶面称为惯析面。铁素体的惯析面为$\{111\}_\gamma$面。同一奥氏体晶粒内的$\{111\}$界面或是相互平行,或是相交一定角度,所以片状铁素体常常呈现为彼此平行,或互成60°、90°。这种先共析片状铁素体通常称为魏氏组织铁素体(Widmannstätten ferrite)。魏氏组织铁素体形成时,还会在磨光的表面上产生浮突(relief),与马氏体转变引起的浮突呈"N"形不同,魏氏体组织引起的浮突呈"∧"形。有时可能是由于析出开始的温度较高,最先析出的铁素体沿奥氏体晶界形成网状,随后温度降低,再由网状铁素体的一侧以片状向晶粒内长大。图3.19为45钢的近乎正火后的显微组织,可以观察到网状铁素体和从网状铁素体的一侧长出的轻度过热的魏氏组织。需要指出,魏氏组织是常与粗晶组织伴生的。奥氏体晶粒越粗大,晶界越少,使晶界铁素体含量越少,剩余的奥氏体所富集的碳也越少,有利于魏氏组织铁素体的形成。在连续冷却时,魏氏组织只在一定的冷却速率下才会形成,过缓或过快的冷却速率都会抑制它的生成。钢中加入 Mn 促进魏氏组织铁素体的形成;加入 Mo、Cr、Si 会阻碍其形成。国家标准 GB/T 13299—91《钢的显微组织评定方法》中规定了亚共析钢中魏氏组织的评级标准,按碳含量不同分为A、B 两个系列,A 系列指定作为碳含量 0.15%～0.30%钢的魏氏组织,B 系列指定作为碳含量 0.31%～0.50%钢的魏氏组织,每个系列各由 6 个级别组成,0 级表示无魏氏组织特征,从 1 级到 5 级,按魏氏组织出现的程度递增。魏氏组织及其伴生的粗晶组织会降低钢的韧性。

图 3.19　45 钢的显微组织[26]　500×

　　块状铁素体(massive ferrite,MF)也是先共析铁素体的相变产物,含碳很低的碳钢在快速冷却时有可能通过块状转变(massive transformation)形成块状铁素体,亦称为准多边铁素体(quasi-polygonal ferrite,QP)。块状转变的特点是新相和母相的成分相同,因此只要把合金过冷至新、母相自由能相同的温度下,就能发生这类相变。块状相变显示出成核生长的特征。由于新、母相成分相同,相变过程涉及几个原子间距的热激活迁移,是短程扩散,而不需要原子的长程扩散,只要母相原子越过界面即可生长。母相与新相的界面在所有方向都是非共格的大角度晶界,所以转变速率很快,晶粒尺寸呈高度的不规则,界面粗糙(图 3.20)。因此,要产生块状相变,一方面冷却速率必须足够快,以阻止母

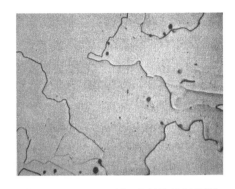

图 3.20　Fe-0.002％C 中的块状组织[23]
自 1000℃淬入冰盐水中

相由于长程扩散而分解为平衡相;另一方面又不能太快,以防热激活生长变得不可能。

　　先共析铁素体的形态取决于钢中的碳含量和形成温度。图 3.21 为钢中先共析铁素体(或先共析渗碳体)的形态与等温温度和碳含量的关系,图中 G、W、M 分别代表网状铁素体(或网状渗碳体)、魏氏组织铁素体(或魏氏组织渗碳体)、块状铁素体,P 和 B 分别代表珠光体和贝氏体。

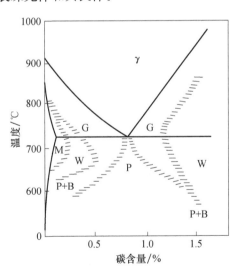

图 3.21　钢中先共析铁素体的形态与转变温度和碳含量的关系[8]
奥氏体晶粒度为 0～1

　　对于过共析钢,奥氏体过冷到 A_{cm} 线以下、A_1 线以上的区域,将析出先共析渗碳体。先共析渗碳体的形态有两种,即网状和片状。先共析片状渗碳体亦可称为魏氏组织渗碳体,并与奥氏体之间有一定的位向关系。

　　如将亚共析或过共析钢(成分为 C_1 或 C_2)自奥氏体区域以较快速率冷却时，使先共析铁素体或先共析渗碳体来不及析出，奥氏体将被过冷到 GS 和 ES 的延长线 $E'SG'$ 以下(图 3.22)，保持一定时间后，将自奥氏体中同时析出铁素体与渗碳体。这一转变被称为伪共析转变，转变产物被称为伪共析组织(图 3.22 中 $E'SG'$ 区域)，一般仍称为珠光体。

　　过共析钢中的网状或片状渗碳体，显著增大钢的脆性。为了消除过共析钢中出现的网状或片状渗碳体，必须将其加热到 A_{cm} 以上，使渗碳体充分溶入奥氏体中，然后快速冷却，使先共析渗碳体来不及析出，形成伪共析或其他组织，再进行球化退火。

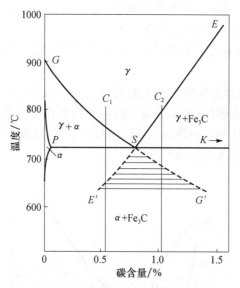

图 3.22　过冷亚共析钢和过共析钢生成伪共析组织[27]

3.4.3　影响珠光体转变的动力学因素

　　根据转变的热力学和动力学条件，影响珠光体转变速率的主要因素有以下几点。合金元素通过对这些因素的影响起作用。

　　1) 碳含量及碳的扩散

　　亚共析钢经完全奥氏体化后，随碳含量的增加，过冷至珠光体转变区时，铁素体的形核率下降，析出先共析铁素体的孕育期增长，析出速率减慢。珠光体形成的孕育期亦随之增长，形成速率也随之减慢。过共析钢经完全奥氏体化后，过冷奥氏体析出先共析渗碳体的孕育期则随碳含量的增加而缩短，析出速率加快，与此同时，珠光体转变孕育期也随之缩短，形成速率增大。因此，碳素钢中共析钢过冷奥氏体最稳定。

　　珠光体转变是扩散式的,在转变开始时,碳的扩散是必要的,碳在奥氏体中的扩散速率不但与碳含量有关,而且更受合金元素的影响。由于合金元素(Co 除外)能降低碳的扩散速率,从而使转变速率下降(表 3.1)。

　　2) 合金元素

　　钢中加入合金元素可以显著改变珠光体转变动力学图。大多数合金元素,如 Mn、Ni、Mo 等,都使钢的 C 曲线右移。这是因为大多数合金元素的加入可以降低形核率和长大速率,但 Co 的加入却显著增加形核率和长大速率。

　　合金元素加入钢中后影响珠光体转变速率的原因涉及珠光体转变过程,除了需要碳在铁素体和渗碳体之间的再分配,是否也需要合金元素的再分配? 在最初析出碳化物相的时候,是只有碳原子的扩散,还是同时也需要合金元素的重新分布? 在加入碳化物生成元素时,最先析出的碳化物相是渗碳体(其中合金元素含量等于钢的平均含量)或是有合金元素富集的渗碳体,还是特殊碳化物? 当加入不生成碳化物的元素时,是否在珠光体转变开始时有合金元素在铁素体中的富集? 这个问题有过较多的争论[1,28]。许多学者进行过这方面的研究工作。

　　综合这些研究的结果,可以认为:

　　(1) 当钢中加入不生成碳化物的合金元素(如 Ni、Co 等)时,最初析出渗碳体,不一定需要合金元素事先在奥氏体中的重新分配。此时渗碳体中的合金元素含量与奥氏体中的合金元素量相同。随着转变过程的进行,渗碳体中合金元素逐渐向铁素体中转移,这一过程在珠光体转变完成之后,还会继续进行。

　　(2) 在加入生成碳化物的合金元素时,可能最初析出合金元素含量与奥氏体相同的渗碳体,也可能直接析出合金元素富集的渗碳体或者直接析出特殊碳化物。如果最初析出的是合金元素含量与奥氏体相同的合金渗碳体,此时没有合金元素的再分配,不需要合金元素的扩散。随着珠光体转变的进行,碳化物形成元素逐渐向渗碳体富集,直至达到饱和,此时合金渗碳体将转变为热力学更加稳定的特殊碳化物。如果珠光体开始转变时,最初析出的是合金元素富集的渗碳体或者直接析出特殊碳化物,此时碳化物中的合金元素含量既可能是在珠光体形成之后重新分配,也可能是与珠光体形成的同时,在奥氏体中进行预先再分配。在随后的珠光体转变过程中及转变结束后,碳化物形成元素可以继续通过扩散向已生成的碳化物中富集,达到饱和后,转变为热力学更稳定的碳化物。

　　奥氏体化后的钢在进行珠光体转变时,最初析出的碳化物类型以及是否需要预先进行合金元素的再分配与钢中合金元素的含量、奥氏体中合金元素与碳的比值、转变温度等因素有关。

　　Razik 等[29]研究了 Fe-Mn-C 和 Fe-Cr-C 合金在珠光体转变时合金元素在铁素体和渗碳体间的分配问题。研究工作表明,在较高转变温度下,珠光体形成时,在奥氏体-珠光体界面上,合金元素要重新分配。转变温度升高,开始转变时,重新分配的合金元素的数量增多。在较低的转变温度下,合金元素不发生重新分配。存在一个合金元素不重新分配的最高温度 T_p。Mn 含量为 1.08% 和 1.8% 时,T_p 分别为 683℃ 和 649℃,而含 1.29%Cr 的钢,T_p 为 703℃。在珠光体转变完成之后,合金元素的重新分配还会继续进行,这种情况可以在 T_p 以上发生,也可以在 T_p 以下发生,直至达到平衡浓度。

张沛霖等的研究[30]表明,含铬钢奥氏体化后进行珠光体转变时,初期形成的碳化物的类型与奥氏体中铬与碳的比值有关。铬和碳原子的亲和力较大,在奥氏体中碳原子倾向于铬原子附近位置,同时铬在奥氏体中的分布也是不均匀的,因此在铬与碳的比值小的时候,在贫铬区域尚有足够的碳原子使形成渗碳体晶核的概率大,所以先析出渗碳体型的碳化物,但当此比值较大的时候,奥氏体中的碳原子大部分处于铬的附近,贫铬区域的碳原子很少。因此富铬区域形成特殊碳化物的概率要大得多,将直接析出特殊碳化物。

在珠光体转变开始时,如果有合金元素的重新分配,由于碳化物形成元素在奥氏体中扩散速率远低于碳原子,因而延长了过冷奥氏体转变为珠光体的孕育期,并减缓形成速率。

(3) 铁原子的自扩散。珠光体转变是扩散式的,因此在长大时奥氏体中的铁原子将以扩散方式转移到生成的 α-Fe 和碳化物相中。合金元素的加入将影响铁原子的自扩散。

(4) $\gamma \rightarrow \alpha$ 相变自由能的变化。这个数值的大小决定着 α 相临界尺寸晶核生成的难易,在一定条件下,可能决定着转变的速率。加入合金元素后相变自由能之差 ΔG 可能有不同方向和数值的变化。直接的计算还很难,但是我们根据合金元素对 γ-Fe 和 α-Fe 相对稳定性的影响,还可以作大致的判断。因此 C、Mn、Ni 使 γ-Fe 稳定,因而都减少 ΔG,可能使 $\gamma \rightarrow \alpha$ 转变减慢。Cr 在开始时也减少 ΔG,而 Co、Al、Mo、W 等将增加 ΔG,使 $\gamma \rightarrow \alpha$ 转变加速进行。

上面我们分析了影响珠光体转变速率的几个因素,不同合金元素可能起不同的作用。随着钢的成分和转变的条件不同,可能某个因素或某几个因素是最主要的,成为影响转变过程的主要环节。

除了上述影响因素以外,其他影响珠光体转变的因素还有:奥氏体化温度和保温时间、原始组织和塑性变形等。奥氏体化温度和保温时间可以影响第二相的溶解和奥氏体的均匀性,从而改变奥氏体的成分和状态。原始组织粗大,奥氏体化时,碳化物溶解较慢,奥氏体均匀化也较慢,这将加快珠光体的形成速率。在奥氏体状态下进行塑性变形,增加了晶内的缺陷密度,提高了形核率,加快了原子扩散速率,因此加速了珠光体的转变。

3.4.4　钢中的相间析出

加入少量 V、Ti、Nb 等强碳化物形成元素的低碳微合金钢经奥氏体化后,迅

速冷却至 A_1 以下珠光体转变区域等温停留,会在移动的奥氏体-铁素体相界面上周期地析出细小特殊碳(氮)化物,而且比较规则地一个面接一个面地成排分布,这种转变称为"相间析出"(interphase precipitation),以后在亚共析碳钢中也观察到了相间析出。

将低碳微合金钢的奥氏体冷至低于 A_1,如果温度较高,将不断析出先共析铁素体,未转变的奥氏体的碳浓度将增至共析成分,并转变为片状珠光体。但当转变温度较低时,碳原子在奥氏体中的扩散不充分,将在 γ/α 界面的奥氏体一侧增高至 $C_\gamma^{\gamma\alpha}$(图 3.23(a)),使铁素体的长大受到抑制。当界面奥氏体一侧的碳浓度高于 ESE' 线(图 3.22)时,将在界面碳浓度最高处析出碳化物,使界面奥氏体一侧碳化物和奥氏体交界处的碳浓度降低至 $C_\gamma^{\gamma\text{-P}}$(图 3.23(b)),图中的 P 代表析出的碳化物颗粒。由于碳化物的析出增大了奥氏体析出铁素体的驱动力,使铁素体转变继续进行,相界面向奥氏体中推移,这又提高了界面上奥氏体的浓度(图 3.23(c))。上述过程反复进行,从而使铁素体与细粒状的特殊碳化物交替析出。因为转变温度较低,合金元素扩散的距离可能很小,所以在相界面上从奥氏体中析出一系列平行排列的细小碳化物。

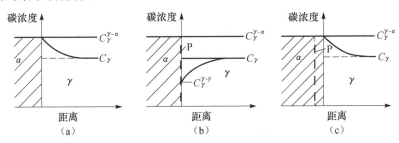

图 3.23　伴随碳化物相间析出的奥氏体向铁素体转变示意图[31]

(a) 析出铁素体后奥氏体中碳浓度分布;(b) 碳化物 P 析出后奥氏体中碳浓度分布;(c) 同(a)

图 3.24 为低碳微合金钢中相间析出的立体模型。从图中的 A 的方向观察,可以看到析出的碳化物呈点列状排列,从 B 方向观察,看到的析出物呈不规则分布。图 3.25 为含 0.02% C、0.032% Nb 的钢经 1175 ~ 900℃ 轧制并于 600℃ 等温 40min 处理后的显微组织。从图 3.25(a) 可以看到平行排列的 NbC 颗粒,从图 3.25(b) 中可以看到不规则排列的 NbC 颗粒。

相间析出的碳化物,总是与原 γ/α 界面平行,并与铁素体有一定的位向关系。例如,

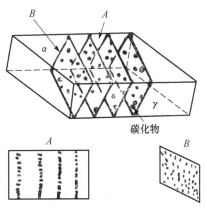

图 3.24　碳化物相间析出的立体模型[31]

钒钢中的 V_4C_3 与 α 的位向关系为[31]

$$(100)_{V_4C_3} /\!/ (100)_\alpha$$

$$[010]_{V_4C_3} /\!/ [011]_\alpha$$

在低碳铌钢中,铁素体与相间析出的 Nb(CN)间存在着和 V_4C_3 相同的晶体学位向关系。

相间析出能否发生,主要取决于 $\gamma \rightarrow \alpha$ 转变进行的温度。含碳低的钢的相间析出温度区间较宽,为 700~540℃;含碳高的钢较窄。在连续冷却条件下,能否发生相间沉淀主要取决于冷却速率。例如,亚共析钢在冷却速率过慢时,在较高温度下通过的时间过长,将得到先共析铁素体和珠光体;冷却速率过快时,碳化物来不及析出,过冷奥氏体将转变为铁素体、珠光体和贝氏体组织。

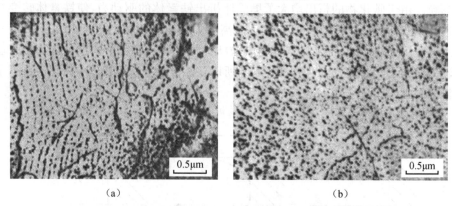

(a)　　　　　　　　　　　　　　　(b)

图 3.25　0.02%C、0.032%Nb 钢相间析出的显微组织形态[32]

(a) 平行分布的碳化物颗粒;(b) 不规则分布的碳化物颗粒

相间析出的碳(氮)化物颗粒极细,仅有几个纳米。例如,在含 V 或 Nb 的钢中,颗粒直径可以小到仅 5nm,在光学显微镜下无法分辨,只有在高分辨电子显微镜下才能显示出来,其强化效果显著。微合金元素 Ti 的析出强化作用较小。析出相颗粒的大小和间距主要取决于奥氏体的化学成分和析出时的温度。随着析出温度的降低,碳(氮)化物的尺寸变细,列间距减小。通常含特殊碳化物生成元素越多,形成的碳化物颗粒越细,列间距越小。在相同转变温度下,随着钢中碳含量的增高,析出碳化物的数量增多,列间距也有所减小。碳(氮)化物的细化和列间距的减小均可使钢的强度增高。碳(氮)化物的相间析出现象已获得较广泛的工业应用。

3.5　合金元素对马氏体转变的影响

3.5.1　马氏体转变的特点

钢经奥氏体化后快速冷却,抑制其扩散性分解,将在较低温度下发生马氏体转变。根据合金热力学,相同成分的奥氏体和马氏体的自由能随温度的变化如图 3.26 所示。低于 T_0,马氏体为亚稳相(稳定相为分解产物铁素体+渗碳体)。但当奥氏体被过冷到略低于 T_0 时,马氏体转变并不能发生,必须过冷到低于 T_0 的某一温度以下时,马氏体转变才能开始进行。用 M_s 表示马氏体转变开始温度,当奥氏体被过冷到 M_s 以下任一温度时,无需经过孕育,转变立即以极快的速率进行,但转变很快停止,不能进行到终了。在一般钢中,马氏体不能等温形成。为使转变继续进行,必须降低温度。当温度降低至某一温度以下时,马氏体转变量虽尚未达到 100%,转变已不再进行。该温度称为马氏体转变终了温度,以 M_f 表示。如果某一钢的 M_s 高于室温,而 M_f 低于室温,则冷至室温后,钢中将保留一定量的奥氏体,称为残余奥氏体。如继续冷至室温以下,称为冷处理,未转变的奥氏体将继续转变为马氏体直至 M_f 点。马氏体的这一特性称为非恒温性。

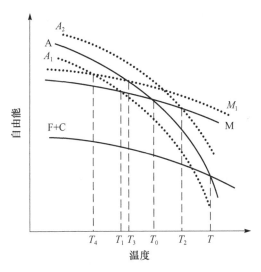

图 3.26 奥氏体(A)、马氏体(M)和分解产物(F+C)的自由能随温度的变化示意图

马氏体转变时能在预先磨光的表面上出现倾动,形成表面浮突(图 3.27),如在原先抛光表面($EFGH$)上画直线 STS',则马氏体(α')形成时,和它相交的试样表面发生倾动,一边凹陷,一边凸起,并牵动着奥氏体表面(图 3.27(a))。相变前抛光面上的直线划痕 STS' 在表面倾动之后被折成 $S''T'TS'$(图 3.27(b))。这表明马氏体的形成是以切变方式实现的,界面上的原子为马氏体和奥氏体共有,称之为"切变共格"界面,新相长大时,原子只做有规则的迁动而不改变界面的共格情况。因此,奥氏体转变为马氏体时,是以共格切变的方式进行的。

碳钢中马氏体转变前后碳的浓度没有变化,奥氏体与马氏体的成分一致,仅发生晶体点阵的改变,即由面心立方结构的奥氏体(γ)转变为体心正方结构的马氏体

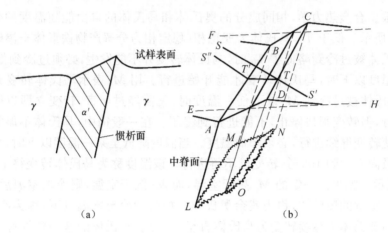

图 3.27   马氏体片形成时引起的表面倾动("N"形浮突)[21]

(α')。母相点阵上的原子以协作方式通过界面转变成新相,每一个原子的移动距离不超过原子间距,移动后仍保持原有的近邻关系,这一特征称为马氏体转变的无扩散性。图 3.27(b)显示,马氏体相变时,直线划痕在界面不折断,在新形成的马氏体片内的线段 TT' 仍保持直线,只是长度有改变。这表明,原奥氏体中的任一平面在转变成马氏体后仍为一平面。因此,转变时所发生的应变只能是均匀应变。这种在不变平面上产生的均匀应变被称为不变平面应变。马氏体的界面平面是一个不变平面,被称为马氏体的惯析面,常常和母相点阵的某一晶面接近平行。钢中马氏体的惯析面随碳含量及形成温度而异。

在碳钢中形成的马氏体是碳在 α-Fe 中的过饱和固溶体,奥氏体中固溶的碳全部保留在马氏体点阵之中。α-Fe 是体心立方点阵,在马氏体中,碳原子处于铁原子组成的扁八面体间隙之中,在间隙的短轴方向上的半径仅 0.019nm,而碳原子的有效半径为 0.077nm,这势必使点阵发生畸变。在体心立方的 3 个晶轴方向,碳原子优先占据沿 c 轴方向的间隙位置,这必将使体心立方晶胞沿 c 轴方向伸长,沿 a 轴和 b 轴方向缩短,体心立方点阵变成体心正方点阵,点阵常数 $a=b$,c/a 称为马氏体的正方度。马氏体中碳含量越高,c 越大,a 与 b 越小,正方度 c/a 也就越大。马氏体的正方度 c/a 与碳含量 w_C(%)的关系可用下式表示:

$$c/a = 1.000 + 0.045w_C \tag{3.50}$$

在钢的各种组织中,马氏体的比容最大,奥氏体的比容最小。20℃时,马氏体的比容(cm³/g)为 0.1271+0.00265w_C,奥氏体的比容为 0.1212+0.0033w_C,两者比容之差为 0.0059-0.00065w_C。两者比容之差可能导致淬火工件的变形与开裂,但也可以利用比容之差在淬火工件的表面造成残余压应力以提高疲劳强度。

通过均匀切变所得到的马氏体与原奥氏体之间存在严格的晶体学位向关系。对于碳含量低于 1.4% 的碳钢马氏体转变,新、旧相之间存在 K-S 关系:

$$\{110\}_{\alpha'}/\!/\{111\}_{\gamma}\quad \langle 111\rangle_{\alpha'}/\!/\langle 110\rangle_{\gamma}$$

碳含量高于 1.4% 的钢或含高镍的钢则有西山(Nishiyama)关系：

$$\{110\}_{\alpha'}/\!/\{111\}_{\gamma}\quad \langle 110\rangle_{\alpha'}/\!/\langle 211\rangle_{\gamma}$$

奥氏体冷却至 T_0 与 M_s 之间不会转变为马氏体,但如对奥氏体进行塑性变形,则奥氏体在发生塑性变形的同时将转变为马氏体,这一现象被称为形变诱导马氏体。马氏体的转变量与形变温度有关,温度越高,形变能诱导的马氏体量越少。高于某一温度时,形变不再能诱导马氏体,该温度 M_d 被称为形变马氏体温度。

3.5.2　马氏体的组织形态

马氏体的性能与马氏体的组织形态密切相关,而钢中的碳及合金元素的含量,以及马氏体的形成温度等都对马氏体的组织形态有很大的影响。现已观察到钢中马氏体的形态有五种,其中板条状马氏体和片状马氏体最为常见、最为重要。

1) 板条状马氏体

低中碳钢及不锈钢等中形成一种马氏体,其显微组织是由许多成群的板条组成的,称为板条状马氏体或板条马氏体。马氏体板条的立体形态可以是扁条状,也可以是薄板状。碳钢中板条马氏体与母相奥氏体的晶体学位向关系是 K-S 关系,惯析面为 $\{111\}_{\gamma}$。

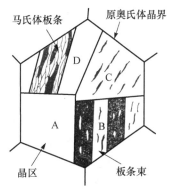

图 3.28 为板条马氏体显微组织示意图。一个原始奥氏体晶粒可以形成几个位向不同的晶区(bundle),一个晶区有时又可被几个马氏体板条束(lath packet)所分割,每个马氏体板条束由排列成束状的细长的板条组成。晶区可以由两种板条束组成(如 B 区),也可由一种板条束组成(如 C 区),实际上后者的晶区大小等于板条束大小。

每一种板条束是由惯析面相同且相互平行的马氏体板条群集在一起所组成。一个晶区内的两种板条束之间由大角度晶界分开,而一个板条束内包括很多近于平行排列的细长的马氏体板条晶

图 3.28　板条马氏体显微组织示意图[22,33]

之间,以小角度晶界分开。每一板条晶为一单晶体,宽度为 $0.025\sim 2.25\mu m$,多数板条宽度为 $0.1\sim 0.2\mu m$。密集的板条之间通常由残余奥氏体薄膜(约 20nm)分隔开。残余奥氏体的碳含量较高,也很稳定。板条内有大量的位错,其密度高达 $(0.3\sim 0.9)\times 10^{12}cm^{-2}$。这些位错分布不均匀,形成胞状亚结构,称为位错胞。因此,板条马氏体又称位错马氏体。图 3.29 为板条马氏体的金相组织图。

图 3.29　板条马氏体[25]　500×
15 钢,940℃加热,淬盐水

2) 片状马氏体

片状马氏体常见于淬火中高碳钢及高镍的 Fe-Ni 合金中。这种马氏体的空间形状呈双凸透镜片状,所以也称为透镜片状马氏体;与试样磨面相截时,在显微镜下呈现为针状或竹叶状,故又称为针状马氏体。片状马氏体的显微组织特征是马氏体片相互不平行,在一个奥氏体晶粒内,先形成的马氏体往往贯穿整个奥氏体晶粒,使以后形成的马氏体长度受到限制,所以片状马氏体大小不一,越是后形成的马氏体片,其尺寸越小。片的大小几乎完全取决于奥氏体晶粒的大小。如果晶界两侧的晶粒取向很接近时,马氏体片也可能穿过奥氏体晶界贯穿两个奥氏体晶粒。马氏体周围往往存在残余奥氏体,图 3.30 为片状马氏体的金相组织图。片状马氏体的亚结构主要为孪晶,因此又称其为孪晶马氏体,孪晶的厚度约为 5nm。在片状马氏体中常能见到有明显的中脊,从空间看中脊是一个平面。孪晶一般不扩展到马氏体的边界上,在片的边际存在着高密度的位错。孪晶区所占比例与马氏体形成温度有关,形成温度越低,孪晶区所占比例越大。

片状马氏体的惯析面是 $(225)_\gamma$ 或 $(259)_\gamma$,与母相的位向关系是 K-S 关系或西山关系。

3) 其他类型的马氏体

在 Fe-Ni 合金或 Fe-Ni-C 合金中,当马氏体在某一温度形成时,会生成一种立体形状为细长杆状、断面呈蝴蝶状的马氏体,称为蝶状马氏体。蝶状马氏体的内部亚结构为高密度位错,与母相的位向关系大体上符合 K-S 关系。

图 3.30　片状马氏体[25]　800×
1.8%C 钢,1100℃加热,淬盐水

在 M_s 低于 -100℃ 的 Fe-Ni-C 合金中观察到一种厚约 $3\sim10\mu m$ 的薄板状马氏体。这种马氏体的立体形态呈薄板状,是全孪晶型马氏体,无中脊,与奥氏体的位向关系为 K-S 关系。

在层错能较低的高锰 Fe-Mn-C 合金中,会形成具有密排六方点阵的薄片状马氏体,称为 ε' 马氏体。这种马氏体片极薄,仅 $100\sim300nm$,惯析面为 $\{111\}_\gamma$。ε' 马氏体沿 $\{111\}_\gamma$ 呈魏氏组织分布,其内部的亚结构为大量的层错。

3.5.3　影响马氏体组织形态的因素及奥氏体稳定化

母相奥氏体中的化学成分对马氏体形态及其亚结构有显著的影响,其中碳含量的影响最为重要。碳钢中,碳含量在 0.3% 以下为板条状,碳含量在 1% 以上为片状,碳含量在 0.3%~1.0%C 时两者共存。淬火速率对马氏体的形态也有一定的影响,淬火速率增加,形成孪晶马氏体的最小碳浓度降低。

在 Fe 系二元合金中,缩小 γ 相区的合金元素,均形成板条马氏体,如 Fe-Cr、Fe-Mo 合金。扩大 γ 相区的合金元素,随碳含量的增加,一般 M_s 点显著降低,马氏体形态由板条状变为片状,如 Fe-C、Fe-N、Fe-Ni 合金。Mn 显著降低奥氏体的层错能,因此在 Fe-Mn 合金中随 Mn 含量的增加,马氏体的形态从板条状转变为薄板状。Cu 和 Co 是扩大 γ 相区元素的两个例外情况,Cu 虽是扩大 γ 相区元素,但由于在 Fe 中的溶解度低,M_s 降低不多,表现出与缩小 γ 相区元素相同的倾向。在 Fe-Co 合金中,随 Co 含量增加,M_s 反而上升,因此亦表现出与缩小 γ 相区元素相同的倾向。在 Fe-C 或 Fe-Ni 合金中加入第三元素,当加入量很少时,可以认为马氏体形态与二元合金时基本相同。

在 Fe-Ni-C 合金中可以形成四种形态的马氏体,这四种形态马氏体的形成温度与碳含量和 M_s 的关系示于图 3.31。碳含量相同时,随镍含量的增加,M_s 下降。随形成温度的降低,马氏体的形态可以形成板条状、片状、蝶状和薄片状。片状和薄片状马氏体的形成温度均随碳含量的增加而升高。

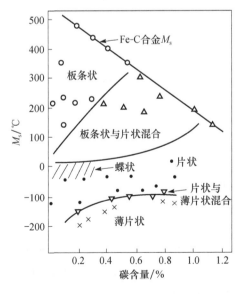

图 3.31　Fe-Ni-C 合金的马氏体形态、碳含量和 M_s 的关系[33]

　　M_s 的高低决定了钢中奥氏体从高温冷却时发生马氏体转变的温度范围及冷到室温时所得到的组织状态。

　　奥氏体的化学成分是影响 M_s 的最主要因素。在奥氏体的化学成分中,碳对 M_s 的影响最为显著。图 3.32 是综合了许多研究工作者的实验结果绘制出的,这些研究结果表明,随碳含量的增加,M_s 及 M_f 均下降。碳含量大于 0.6% 时,M_f 已低于室温,奥氏体冷却至室温时,将保留较多的残余奥氏体。氮也能强烈降低奥氏体的 M_f。

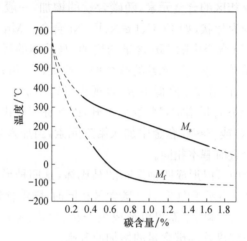

图3.32　碳对马氏体转变温度位置的影响[34]

　　钢中的合金元素,除 Al 和 Co 外,均使 M_s 及 M_f 下降(图 3.33)。如将各元素对奥氏体的 M_s 的影响近似地看成直线关系,且假定几个元素同时存在时对 M_s 的影响可以叠加,则可以根据奥氏体的成分近似地计算出 M_s。这样的经验公式有很多,如对于预先完全奥氏体化的低中碳结构钢[21]:

$$M_s = 550 - 361w_C - 39w_{Mn} - 35w_V - 20w_{Cr} - 17w_{Ni}$$
$$- 10w_{Cu} - 5(w_{Mo} + w_W) + 15w_{Co} + 30w_{Al}(℃) \qquad (3.51)$$

式中,w 表示各化学元素符号的质量分数(%)。除用经验公式计算 M_s 外,主要还是用实验方法测定 M_s。

　　M_f 的位置更不容易准确地测定。初步认为,凡降低 M_s 的元素也同样降低 M_f,只是降低的程度不同,大多比降低 M_s 的程度弱些。合金元素中锰、镍、铬使 M_f 下降较多。

　　可以从热力学的概念解释碳及合金元素对 M_s 的影响。图 3.26 表示奥氏体 A、铁素体 F 和碳化物 C(分解产物)和马氏体 M 的自由能随温度的变化。T 表示奥氏体分解时的平衡温度,T_0 表示马氏体和奥氏体的平衡温度,它略高于 M_s。加入合金元素后,引起奥氏体和马氏体自由能的相对变化,改变了 T_0 的位置,如

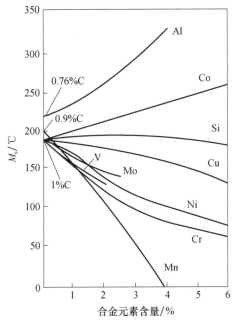

图 3.33　合金元素对钢的 M_s 的影响(碳含量 1％)[34]

T_1、T_2、T_3、T_4。可以看出,当元素降低奥氏体的自由能(A_1)时,T_0 移至 T_1,马氏体转变温度下降,锰、铬属于这一类元素。如果元素能增加马氏体的自由能(M_1),同时降低奥氏体的自由能(A_1),T_0 移至 T_4,马氏体转变温度下降很多,碳可能属于这种情况。当合金元素可以相对地提高奥氏体的自由能(A_2)时,T_0 移至 T_2,马氏体转变温度升高,如钴、铝。

　　淬火后钢中残余奥氏体量 A_R 和马氏体转变温度有直接的关系。根据实验,无论碳钢还是合金钢,其马氏体随温度的转变动力学曲线很相似。因此,如果 M_f 位于室温下,则 M_s 的位置越低,钢中残余奥氏体量越多。表 3.5 为碳及合金元素对 A_R 影响的对应关系。所以我们可以直接从合金元素对 M_s 位置的影响程度近似地看出它们对残余奥氏体量的影响程度。在增加残余奥氏体量的元素中,碳的影响最大,其次是锰、铬、镍等;而提高 M_s 的元素,如钴、铝,可以减少残余奥氏体量,硅则几乎没有影响。

表 3.5　碳及合金元素每加 1％对 A_R 的影响[21]

元素	A_R	元素	A_R
C	+50	W	+8
Mn	+20	Si	+6
Cr	+11	Co	−3
Ni	+10	Al	−4
Mo	+9		

碳及合金元素对钢中马氏体转变温度范围的影响在选择合金元素时要加以考虑。马氏体转变温度位置影响着淬火后钢中残余奥氏体量,在确定一些工艺过程,如采用分级、等温或双液淬火时,要知道 M_s 的位置。M_s 位置高时,由于马氏体生成时的温度较高,淬火时不易开裂,变形可能小些。有时在选择合金元素以增加钢的淬透性时,由于它使 M_s 下降甚多,而不得不选用另外能增加淬透性,但不怎么影响 M_s 的元素。

在奥氏体向马氏体转变过程中,由于外界因素的作用下,其内部结构发生的某种变化会使转变呈现迟滞现象,称为奥氏体稳定化。奥氏体稳定化分为热稳定化和力学(机械)稳定化。

图 3.34 为奥氏体热稳定化现象示意图。在 M_s 以下的 T_A 温度停留 τ 时间后再继续冷却,则需要冷至 M_s',即滞后 θ 温度才重新形成马氏体。与正常情况比,冷至同样温度 T_R,转变量减少了 $\delta(\delta = M_1 - M_2)$。在相同温度下,停留的时间越长,冷却后马氏体的转变量越少。热稳定化有一个温度上限,以 M_c 表示,只有在 M_c 以下停留才会引起热稳定化。对于不同的钢,M_c 可以低于 M_s,也可以高于 M_s。在 M_c 以下的缓慢冷却也能引起奥氏体的热稳定化,因为缓冷相当于一连串温度下的短暂停留。

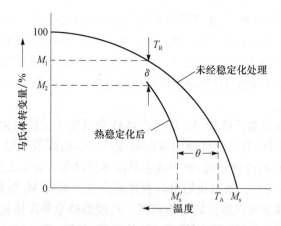

图 3.34　奥氏体热稳定化现象(在 M_s 以下等温停留)示意图[21]

奥氏体的热稳定化与 M_s 以下的停留温度与时间有关。在停留时间相同时,停留的温度越低,奥氏体的稳定化程度越大,冷却后得到的马氏体总量也越少。实验证明,已转变的马氏体量越多,等温停留所产生的热稳定化程度越大。

钢中 C、N 间隙原子的存在是奥氏体热稳定化的必要条件,而含 C、N 的铁基合金都会出现奥氏体的热稳定化现象。碳化物形成元素 Cr、Mo、V 等能促进热稳定化,而非碳化物形成元素 Ni、Si 等的影响不大[8]。

淬火后钢中的残余奥氏体经加热至一定温度回火并保持一定时间,在随后的冷却过程中将转变为马氏体。一定温度下的加热具有促使残余奥氏体转变的作用称为催化作用。催化作用的效果，以冷却过程中转变为马氏体的开始温度 M'_s 表示，M'_s 提高得越多，催化作用的效果越大。

残余奥氏体的催化作用机制尚未获定论。这些理论主要有：

（1）碳化物析出。这种理论认为高温回火时从残留奥氏体中析出了碳化物，因而提高了 M'_s，促进残余奥氏体在冷却时转变为马氏体。实际上只有回火温度较高（600℃以上）或保温时间较长时，奥氏体内析出碳化物才是主要的。

（2）位错气团理论。碳、氮原子在等温停留过程中进入位错形成柯垂尔气团，强化了奥氏体，使马氏体相变的切变阻力增大，引起了奥氏体的稳定化。要使奥氏体继续转变，要求提供附加的化学驱动力以克服溶质原子的钉扎力，为获得附加的化学驱动力所需的过冷度，即为 θ 值。若将稳定化的奥氏体加热至一定温度以上时，由于原子的热运动增强，溶质原子又会扩散离去，使稳定化作用下降甚至逐渐消失。如重新冷却，随温度下降，原子热运动减弱，热稳定化现象会再次出现。实验证明，高速钢和高铬工具钢中的热稳定化现象是可逆的。

（3）相硬化消除。淬火时马氏体形成过程中引起的残余奥氏体的加工硬化现象，即相硬化，它提高了残余奥氏体的稳定性。高温回火可以消除相硬化现象，恢复残余奥氏体转变为马氏体的能力。

上述理论都有一定的实验依据，很可能是不同钢种在不同的处理条件下有不同的催化机制。

在 M_d 以上的温度对奥氏体进行塑性变形，当变形量足够大时，可以使随后的马氏体转变难以进行，M_s 降低，残余奥氏体量增多，这种现象称为力学稳定化。低于 M_d 的塑性变形可以诱导马氏体相变，但也使未转变的奥氏体变得稳定，使未转变的奥氏体产生力学稳定化。还应指出，马氏体相变时，因体积膨胀引起周围未转变奥氏体的加工硬化也能引起奥氏体的力学稳定化。实际上，只要等温停留是在 M_s 以下进行，奥氏体的热稳定化必然和由相变引起的力学稳定化同时存在。

力学稳定化的原因可能是塑性变形引入奥氏体的各种缺陷阻止马氏体的形成。塑性变形后的高温回火可以消除力学稳定化。

3.5.4　马氏体的力学性能

不同形貌的马氏体的力学性能不同。具有高位错密度的板条状马氏体具有良好的塑性和韧性。低碳的马氏体钢、微碳的高镍马氏体时效钢之所以具有较好的强度和韧性配合，与这种板条状马氏体的组织密切相关。碳含量高的马氏体具有高的硬度和强度，但脆性较大，片状马氏体中孪晶交界处往往有利于裂纹的发生。

实验证明，马氏体的硬度取决于马氏体的碳含量，而与马氏体的合金元素含量关系不大。图 3.35 是用不同成分的钢料得到的淬火钢的硬度与碳含量的关系。图中的曲线 1 为完全淬火时的硬度曲线,碳含量低时,淬火后的硬度随碳含量的增加而增加;但碳含量高时,由于淬火后残余奥氏体的增多,硬度随碳含量的增加而有所下降。图中的曲线 2 对于过共析钢采用的是不完全淬火,淬火后马氏体的碳含量均相同,故硬度不随碳含量而变。为获得真正的马氏体硬度与碳含量的关系,必须采用完全淬火并立即进行冷处理,使奥氏体完全转变为马氏体。由图中曲线 3 可见,马氏体的硬度在碳含量小于 0.6％时,随碳含量的增加而显著增加,但当碳含量大于 0.6％以后,硬度增长趋势明显下降。

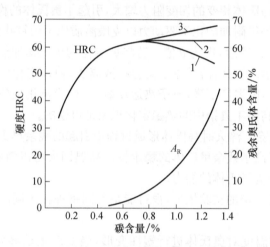

图 3.35　不同碳含量钢经淬火后的硬度[35]

1—高于 Ac_3 淬火;2—高于 Ac_1 淬火;3—马氏体硬度

　　马氏体何以能具有高的强度? 科技工作者对此进行了大量的研究。引起马氏体高强度的主要原因是多方面的,主要是碳原子的固溶强化、时效强化和相变强化。

　　固溶于马氏体中的碳原子处于扁八面体的中心,使短轴伸长,两个长轴略有缩短,这将使点阵发生不对称畸变,在点阵内造成强烈的应力场,阻止位错运动,从而使马氏体的硬度与强度显著提高。当碳含量超过 0.4％后,由于碳原子靠得太近,使相邻碳原子造成的应力场抵消而降低了强化效应,强度不再增加。在碳含量小于 0.4％时,马氏体的屈服强度与碳含量的关系可以近似地表示为[36]

$$\sigma_s = 284 + 1784 \times w_C^{1/3} (MPa) \tag{3.52}$$

　　合金元素一般与铁形成置换固溶体,因此溶于马氏体中引起的强化作用是很小的。实验表明,在高碳马氏体中,加入合金元素铬和锰以后并不改变由碳含量决定的 c/a 值;如果马氏体中碳原子引起的静畸变是决定其强化的主要因素,合金元素的作用肯定要小得多。虽然如此,合金元素含量增加时又进一步促进铁素体淬火时的强化,多少可以影响到淬火钢中马氏体的硬度(图 3.36)。

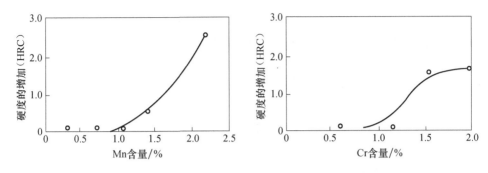

图 3.36　锰和铬对 0.35%C 钢的最大硬度的影响[37]

时效强化对马氏体强度的贡献也是不可忽视的。由于碳原子在室温仍有一定的扩散能力,淬火后固溶于钢中的碳原子还可以通过扩散产生偏聚而引起时效强化。实际上,生产中得到的马氏体的强度包括了碳的时效强化效应。

相变强化是指马氏体相变的切变特性造成在晶内产生大量的微观缺陷,如位错、孪晶、层错等,从而使得马氏体得到强化。实验证明,相变强化对强度提高的贡献为 147~186MPa[21]。

除上述因素外,原始奥氏体晶粒的大小和板条状马氏体板条束的大小也有一些影响。奥氏体晶粒及马氏体板条束越细小,马氏体的强度越高。

马氏体的韧性受到碳含量和亚结构的影响。低碳的位错马氏体(<0.4%C)具有较好的韧性,随钢中碳含量的增加,韧性显著下降。碳含量为 0.6% 的马氏体主要具有孪晶亚结构,即使经过低温回火,冲击韧性仍然很低。因此,马氏体的韧性主要取决于其亚结构。图 3.37 显示在相同的屈服强度条件下,位错马氏体的断

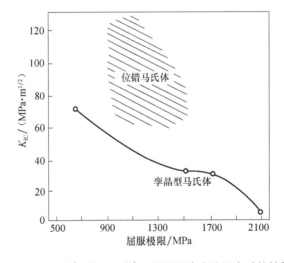

图 3.37　含 0.17%C 及 0.35%Cr 的钢经淬火及回火后的性能[38]

裂韧性比孪晶马氏体高得多。位错马氏体不仅具有良好的韧性,而且还具有低的韧脆转变温度、低的缺口敏感性等。孪晶马氏体的韧性低原因如下:片状马氏体瞬时生成时产生的片间撞击常造成显微裂纹,孪晶马氏体滑移系统少,位错不易运动,容易造成应力集中,使韧性下降。

3.6　合金元素对贝氏体转变的影响

3.6.1　贝氏体转变特点和转变机制

在珠光体转变和马氏体转变温度范围之间,过冷奥氏体将按另一种转变机制转变,称为贝氏体转变或中温转变。贝氏体转变兼有珠光体转变和马氏体转变的某些特征。

贝氏体转变有一定的温度范围。贝氏体转变有一个上限温度 B_s,奥氏体必须过冷到 B_s 以下才能进行贝氏体转变。在靠近上限温度,转变不进行到底,表现出转变不完全性;在碳钢和低合金钢中,当其转变速率变慢后,可能奥氏体又按珠光体方式进行转变,称为二次珠光体反应。此时,无法观察到转变不完全现象。贝氏体转变也有一个下限温度 B_f,在该温度附近等温,所有奥氏体均分解形成贝氏体。

贝氏体转变产物一般是由 α 相与碳化物组成的两相混合物,但与珠光体不同,贝氏体不是层片状组织。贝氏体的组织形态与成分和转变温度密切相关。在较高温度范围内转变产物中只有 α 相,没有碳化物,但从转变机制考虑,仍被称为贝氏体。

贝氏体转变有一定的孕育期,在此期间有碳原子的重新分配,出现低碳区和高碳区。贝氏体转变是通过形核与长大进行的,贝氏体等温转变动力学曲线也呈 C 形。

贝氏体转变时,α 相是领先相,首先在低碳区形成。开始生成的碳化物是渗碳体,其合金元素的含量相当于钢的平均成分,在转变开始以后,可能进行合金元素的重新分配,但不生成特殊碳化物。这是由于温度较低时,合金元素在奥氏体中很难扩散,只是在转变以后生成的铁素体中,扩散尚可以进行。

贝氏体中的铁素体在形成时,能在抛光面上产生浮突,但与马氏体转变不同,马氏体的浮突呈 N 形(图 3.27),而贝氏体的浮突呈 ∧ 形(帐篷形)或 ∨ 形(倒帐篷形)[39],转变速率比马氏体要慢得多。

贝氏体的转变机制应当能够完善地解释上述转变特征,但迄今为止贝氏体转变机制仍是一个有争议问题。转变机制理论大体可归纳为两种,即切变机制与台阶机制。

柯俊等最先(1952 年)发现贝氏体转变时产生表面浮突和新相与母相间的晶体学关系与马氏体转变相似,认为贝氏体转变是通过过冷奥氏体点阵的切变和碳原子的扩散而实现的,其长大受碳原子扩散的控制[40]。持切变机制理论的国内外学者[3,41~44]进一步发展了该理论,认为在贝氏体转变前,经过碳原子的重新分配,形成贫碳区和富碳区,在贫碳区由于 M_s 的升高,可按低碳马氏体切变方式形成铁素体晶核。贝氏体铁素体是由亚基元组成的,其生长速率取决于亚基元的形成速率。在铁素体生长时,碳原子要进行再分配,对于上贝氏体,随着铁素体的生长,碳原子向奥氏体中扩散,使条间奥氏体中的碳不断增高,碳化物最终析出于板条之间。在低温转变时,碳原子扩散较困难,碳化物析出于过饱和铁素体内。

Aaronson[45](20 世纪 60 年代末)认为,在贝氏体转变温度下,相变驱动力不能满足切变所需能量水平。他们认为贝氏体是扩散相变的产物,是非层片共析体,是以扩散控制的台阶机制生长的。支持扩散机制的国内外学者[39,46]继续在这方面开展了研究。台阶机制研究者认为,片状 α 相从过冷奥氏体析出后,其宽面上存在可长大的台阶,称为生长台阶(生长台阶有宽面(台面)和端面(阶面));台面与母相间维持共格或部分共格,这样的界面很难移动;台阶的侧面为阶面,具有非共格属性;这样的界面活动能力高,其移动的速率受碳原子的扩散所控制;非共格界面通过热激活进行侧向的扩散迁移,实现台阶增厚;在原有的台阶消失后,需有新的台阶形成,长大才能继续进行。已观察到有多种生长台阶的来源[39]。

上述切变机制和台阶机制两种争议在理论上和实验上都不断取得进展,但仍未能作出定论。

3.6.2 贝氏体的组织形态

由于贝氏体形成温度范围宽,钢的化学成分对组织形态的影响复杂,使得贝氏体的组织形态多样化。贝氏体主要的组织形态有上贝氏体、下贝氏体、无碳化物贝氏体、粒状贝氏体、贝氏体铁素体、针状铁素体等。目前对贝氏体组织形态的划分尚无统一的标准。

1) 上贝氏体

在贝氏体转变的较高温度区域内形成的贝氏体被称为上贝氏体(upper bainite, UB)。对于中高碳钢,上贝氏体大约在 350~550℃温度之间形成,随碳含量的降低,形成上贝氏体的温度上升。上贝氏体的典型组织为成束的、大致平行的铁素体板条在原奥氏体晶界形核,然后自奥氏体的一侧或两侧向奥氏体晶粒内部长大,渗碳体在铁素体板条之间析出,整体呈现为羽毛状,故又称为羽毛状贝氏体(图 3.38)。上贝氏体中铁素体板条束与马氏体板条束很相近,束内相邻板条之间的位向差很小,束与束之间则有较大的位向差。板条宽度比同一温度下形成的珠光体铁素体片的厚度要大。随奥氏体中碳含量的增加,铁素体板条变薄,随转变温度下降,铁素体变细小。上贝氏体铁素体的碳含量接近平衡浓度,小于 0.03%,铁素体的亚结构是位错。上贝氏体铁素体与奥氏体的位向关系接近于 K-S 关系,惯析面为{111}$_\gamma$。

图 3.38　上贝氏体组织＋马氏体(基体)[25]　800×

40Cr 钢,1000℃加热 10min,420℃等温 30s,水淬

　　上贝氏体中的碳化物分布在铁素体板条之间,为渗碳碳化物。碳含量低时,碳化物沿板条间呈不连续的粒状分布;碳含量高时呈杆状,呈连续状分布。碳化物与奥氏体之间存在有 Pitsch 位向关系,一般认为上贝氏体中的碳化物是从奥氏体中析出的。

　　用电子显微镜可以观察到上贝氏体组织的精细结构。在一些钢中,贝氏体铁素体片可以分为亚片条,在亚片条之间存在残余奥氏体膜,而在亚片条内部也存在奥氏体膜,将亚片条分为亚单元(subunit)[47]。利用扫描隧道显微镜(STM)还可以观察到贝氏体的超精细结构,发现亚单元内部存在尺寸更小的超亚单元[39]。

　　2) 下贝氏体

　　在贝氏体转变区域的低温范围内形成的贝氏体被称为下贝氏体(lower bainite,LB)。下贝氏体大约在 350℃以下形成,碳含量低时,其形成温度高于 350℃。下贝氏体铁素体的形态与马氏体相似,碳含量低时呈板条状,碳含量高时呈透镜片状(图 3.39(a))。与马氏体不同的是,下贝氏体铁素体的亚结构为位错,位错密度比上贝氏体铁素体中更高,但不存在孪晶。下贝氏体铁素体与奥氏体之间的位向关系为 K-S 关系,其惯析面较复杂,与转变温度有关。下贝氏体铁素体的碳含量远高于平衡碳含量,铁素体形成后,通过析出碳化物而使碳含量下降。下贝氏体中的碳化物比较均匀地分布于铁素体内。碳化物极细,在电子显微镜下,可以观察到碳化物呈短杆状,沿铁素体长轴成 $55°\sim60°$ 的方向整齐地排列着(图 3.39(b))。下贝氏体铁素体与 θ 碳化物的位向关系为 Багаряцкий 关系或 Исайчев 关系:$(010)_\theta$ // $(\overline{1}11)_\alpha$,$[10\overline{3}]_\theta$ // $[01\overline{1}]_\alpha$。

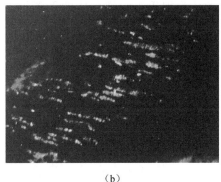

15μm

（a）　　　　　　　　　　　　　　　（b）

图 3.39　下贝氏体组织＋马氏体(基体)[39]

Fe-0.4C-2.5Mn 钢 300℃ 等温。(a) 光学显微镜;(b) TEM 暗场

　　下贝氏体中的碳化物也是渗碳型的,但温度低时,初形成的是 ε 碳化物,随时间的延长,也将转变为 θ 碳化物。在含 Si 的钢中,由于 Si 能阻止 θ 碳化物的析出,贝氏体转变时只析出 ε 碳化物。由于碳化物与下贝氏体铁素体之间存在一定的位向关系,一般认为碳化物是从过饱和铁素体析出的。

　　下贝氏体铁素体片条一般也是由亚片条组成,亚片条由亚单元组成[44],但利用 STM 技术发现,在一些钢的下贝氏体亚单元中也存在超亚单元[39]。

　　3) 无碳化物贝氏体

　　无碳化物贝氏体(carbide-free bainite)一般出现于含有一定量 Si 或 Al 的钢中,其形成温度在贝氏体形成温度范围的上限。这种贝氏体组织由铁素体和富碳残余奥氏体组成。无碳化物贝氏体由大致平行的板条铁素体组成,板条较宽,板条之间的距离也较大,与奥氏体之间的位向关系与上贝氏体相同。板条之间为富碳的奥氏体转变而来的马氏体。在某些情况下,板条之间亦可为奥氏体的其他转变产物,甚至于全部残留下来(图 3.40)。

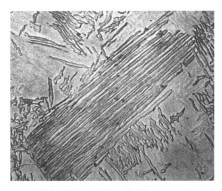

图 3.40　无碳贝氏体,60Si2MnA

钢[25]　800×

880℃加热 15min,450℃等温 45s,水冷

含 Si 或 Al 的钢(特别是含 Si 的钢)中,由于 Al 和 Si 是非碳化物形成元素,在形成碳化物时,需要 Si 和 Al 扩散开,故可以抑制渗碳体的形成。在形成板条铁素体时,虽然板条间的奥氏体富碳,但难以析出碳化物。

由于魏氏体铁素体的形成特征与无碳化物贝氏体铁素体极为相似,一些学者认为魏氏组织铁素体即无碳化物贝氏体。

4) 粒状贝氏体

粒状贝氏体(granular bainite,GB)主要是在低碳和中碳合金钢中,以一定的速率连续冷却后获得,如在正火后、热轧空冷后或在焊缝热影响区中,都可以发现这种组织,在等温冷却时也可以形成。这种贝氏体的形成温度稍高于上贝氏体的形成温度。

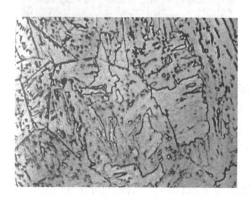

图 3.41　粒状贝氏体[25]　450×
18Cr2Ni4W 钢,1100℃加热,350℃等温

粒状贝氏体由铁素体基体以及分布在基体上的岛状组成物组成,小岛呈颗粒形态且不连续分布,平行排列在铁素体基体中(图 3.41)。用透射电子显微镜观察,基体铁素体呈针片状,在抛光表面可以引起针状浮突。小岛分布在针片界面。铁素体的碳含量很低,接近于平衡浓度,而小岛的碳含量比较高,铁素体与小岛的合金元素含量则与平均浓度相同,这表明粒状贝氏体形成过程中有碳的扩散而无合金元素的扩散。

富碳的奥氏体小岛在随后的冷却过程中有可能分解为铁素体与碳化物,也可能转变为马氏体,还可能以奥氏体的状态保留到室温。最可能的情况是部分奥氏体转变为马氏体,部分奥氏体保留到室温,得到两相混合物,称为 M-A 组织。

在低碳合金钢中还出现一种粒状组织(granular structure),它由边界不规则的块状铁素体且无规则分布于其中的岛状富碳奥氏体组成,块状铁素体不具有表面浮突效应。这种粒状组织的形成温度较高,形成机制不同于上述的粒状贝氏体,不属于贝氏体转变。这种粒状组织往往比较粗大,对强度和韧性有不利影响,而粒状贝氏体有较好的性能。粒状贝氏体和这种粒状组织可以同时出现。

5) 贝氏体铁素体

贝氏体铁素体(bainitic ferrite,BF)通常是在低碳(碳含量小于 0.15%)低合金钢冷却过程中,并在稍高于上贝氏体转变开始温度的范围内形成的低碳贝氏体组织,由带有高位错密度的板条铁素体组成,若干铁素体板条平行排列构成板条束,板条间为小角度晶界,一个奥氏体晶粒可形成很多板条束,板条形成后在束界面为大角度晶界。图 3.42 为贝氏体铁素体的显微组织图,由相可见,板条之间可能有条状分布的 M-A 岛。由于形成温度较高,有些板条界在形成后会发生回复,以致常能观察到板条界不连续的现象。贝氏体铁素体又称为板条铁素体。

6) 针状铁素体

针状铁素体(acicular ferrite,AF)的概念是 20 世纪 70 年代初 Smith 等开发低碳 Mn-Mo-Nb 针状铁素体钢时提出的。这种钢因具有针状铁素体组织而具有高的强度和韧性,焊接性能优良,适于做天然气管线。针状铁素体被定义为"连续冷却时通过扩散和切变混合机制在稍高于上贝氏体转变温度形成的、亚结构高度发展的非等轴铁素体"[48]。应当指出,虽然文献[48]中所研究的低碳 Mn-Mo-Nb 钢在经过控轧控冷后获得了主要由针状铁素体组成的组织,但文献作者对针状铁素体的形成机制和控制原理并不十分清晰,因此,对针状铁素体的定义和理解有很大差异。总结许多学者的实验研究,一般认为,针状铁素体组织是高于贝氏体铁素体相变温度形成的具有贝氏体转变特征的针片状组织。

针状铁素体可以两类形核方式出现。其中一类是可以独立形核的针状铁素体。在一些经过控制轧制的管线钢中,针状铁素体容易在形变产生的晶内缺陷处形核,相对独立生长,而不是成束生成。对一种成分为 Fe-0.05%C-024%Si-1.79%Mn-0.05%(Nb+Ti)-0.25%Ni-Mo-Ca 的钢,经 1200℃加热,迅速冷却至850℃,然后以 30℃/s 的速率冷却,获得的组织为贝氏体铁素体(图 3.42),转变开始温度为 608℃。如果将该钢冷却至 850℃时,施以 55%的热变形,然后以 10～30℃/s 的速率冷却,所获得的组织中,90%为针状铁素体(图 3.43),转变开始温度为 665～640℃。经过在奥氏体非再结晶区热变形之后,针状铁素体首先在奥氏体晶内已存在的位错、层错等缺陷处以切变方式形核,没有碳的扩散,生成速率很快,然后在已生成的针状铁素体的界面上继续形核长大。由于形核位置多,生成的针状铁素体尺寸远小于奥氏体晶粒。电子显微镜观察针状铁素体的精细结构,发现针状铁素体亦由许多尺寸小于 1μm 的亚单元组成(图 3.44),亚单元的位向差为

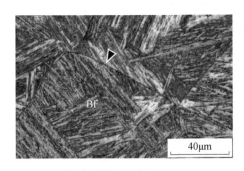

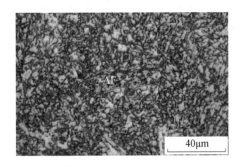

图 3.42 贝氏体铁素体(BF)显微组织[49]　　　图 3.43 针状铁素体(AF)显微组织[49]

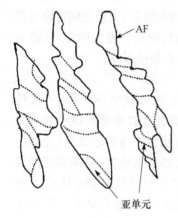

图 3.44　针状铁素体内的
亚单元[49]

1°～2°。一组相邻的针状铁素体间的位向差小于
15°[49]。由于针状铁素体的形成温度较高,在其形
成之后,其中的过饱和碳原子将扩散至邻近的奥氏
体中。

研究工作表明,低碳微合金化的 Mn-Mo-Nb
钢,经非再结晶区(850℃)热变形后,显著提高了针
状铁素体的生成温度,连续冷却时,可以在很宽的
冷却速率范围内生成针状铁素体组织[50]。

另一类是在夹杂物上形核的针状铁素体。此
类铁素体经常出现在低碳低合金钢焊接接头的焊
缝中。焊缝常有很多点状夹杂物,夹杂物界面为针
状铁素体提供了有力的形核位置。由于是在尺寸
小的夹杂物上形核,在某个方向上只能长出一个核心,构成独立生长的特征。由于
焊缝中有很多点状夹杂物,使得到的针状铁素体尺寸明显小于奥氏体晶粒。在已
形成的初生针状铁素体的界面上可以生
成二次针状铁素体。图 3.45 显示在夹杂
物形核的初生针状铁素体和在初生针状
铁素体边界上生成的二次针状铁素体[3]。

将低碳微合金钢(含 0.09% C、
1.48%Mn、0.01%S、0.05%V)高温奥氏
体化后迅速冷至 650～500℃等温转变,发
现针状铁素体的长短轴之比随其形成温
度的降低而显著增加[51]。

图 3.45　晶内夹杂物形核的针状铁素体的
TEM 组织[3]

这种利用钢中细小非金属夹杂物诱
导晶内铁素体形核细化晶粒的技术称为氧化物冶金(oxides metallurgy)。许多学
者研究了夹杂物诱导晶内针状铁素体形核的机理,认为[3,52～54]:①存在一种惰性界
面能机制,使得夹杂物作为惰性界面能降低形核能垒,促进针状铁素体的形核;
②夹杂物与铁素体有良好的点阵配合,可以减少界面上的畸变能和形核的激活能;
③夹杂物能贫化相邻奥氏体区域的某些元素,如 Mn、C 或 Si,从而增加夹杂物表
面奥氏体向铁素体转变的驱动力;④夹杂物与奥氏体热膨胀系数的差异导致在界
面处出现应力-应变场,减少了铁素体形核的激活能。

Ti_2O_3 是非常有效的形核剂,可能是由于能吸收相邻基体中的 Mn,使其形成
贫 Mn 区,并使临界点升高,促进针状铁素体在奥氏体此处形核。TiO_2、MnO_2 也
是很有效的针状铁素体形核剂,可能是由于它们能提供氧使相邻基体脱碳。TiO
与铁素体之间有良好的点阵配合[3]。MnS、CuS 也是有效形核剂。

不论是独立形核的针状铁素体,还是在夹杂物上形核的针状铁素体,它们的尺寸显著小于奥氏体晶粒,并且交织分布,使断裂途径十分曲折。由于针状铁素体分割了原奥氏体晶粒,也使以后转变的组织,如贝氏体铁素体等更为细小,因此,显著改善了焊接金属的强度和韧性。

20 世纪 70 年代以后,冶金工业采用控轧控冷技术取代常规的热轧及正火,发展了低碳、超低碳(碳含量小于 0.03%)微合金钢,显著提高了钢的综合性能。对于这类含碳很低的钢种,其贝氏体的类型及形态与碳含量大于 0.15% 的常用钢种有很大的差异。

大森在 20 世纪 70 年代初研究了含 0.22%C 低碳低合金钢中的贝氏体形貌,提出按沉淀渗碳体形态,可将贝氏体分为 B_I、B_{II}、B_{III} 三种基本类型:B_I 是在 $600 \sim 500℃$ 时形成的无碳化物沉淀贝氏体;B_{II} 是在 $500 \sim 450℃$ 时或以中等速率连续冷却时继 B_I 之后形成的,主要由板条状铁素体与板条间渗碳体片组成,呈典型上贝氏体形貌;B_{III} 是在温度继续降低至 M_s 并以接近临界冷却速率冷却时形成的,其渗碳体形貌与高碳下贝氏体相似。上述三种贝氏体铁素体均呈板条状,因此,建议把低碳低合金钢的贝氏体 B_I、B_{II}、B_{III} 均视为上贝氏体[55]。

1994 年国际上召开过"现代低碳高强度钢显微组织新特点"专题研讨会,但有关低碳贝氏体的分类及各种术语仍未能统一。

日本钢铁协会(Iron and Steel Institute of Japan, ISIJ)贝氏体钢研究组研究了含碳很低的钢在不同冷却速率下的显微组织,认为现有的贝氏体术语不能反映它们的特征,于 1995 年提出了另一套组织术语来描述低碳贝氏体组织。Krauss 等在高强度低合金钢的显微组织研究中,采用的术语与 ISIJ 接近。表 3.6 为 ISIJ 及 Krauss 采用的低碳奥氏体转变产物的术语及符号。在 3.6 表中,不同形态的显微组织均命名为 F,有些 F 本质已属贝氏体,少量第二相都是残留的富碳奥氏体在冷却时的转变产物。从上述术语的使用中可以看出,他们均将可能出现的贝氏体组织分为两类:粒状贝氏体和贝氏体铁素体(针状 F 或板条 F)。在细晶粒的控轧微合金钢中,较少观察到魏氏组织铁素体。

表 3.6　ISIJ 及 Krauss 等采用的低碳奥氏体转变产物术语及符号[52]

ISIJ 术语	符　号	Krauss 术语	符　号
Ⅰ 主要基体相			
多边 F	α_P	多边 F	PF
准多边 F	α_Q	准多边 F 或块状 F	QF, MF
魏氏组织	α_W	魏氏组织 F	WF
粒状贝氏体 F	α_B	粒状贝氏体	GF 或 GBF
贝氏体 F	α_B°	针状 F 或板条 F	AF 或 LF、LBF
位错立方马氏体	α_m'		

续表

ISIJ 术语	符　号	Krauss 术语	符　号
Ⅱ少量第二相			
残余奥氏体	γ_r		
马氏体-奥氏体	M-A		
上、下贝氏体	B_U、B_L		
退化珠光体及珠光体	P'、P		
渗碳体	θ		

对组织判定的不同见解源于组织本身的复杂性。控轧控冷得到的铁素体晶粒十分细小,区分其类别有一定的难度。针状铁素体组织的含义尚不统一,AF 与 LF 是两种组织还是一种组织? 只是由于转变温度的差别或形变的影响造成形态上的不同? 这些问题还有待讨论。因此,一些学者为便于工程研究和检验,支持表 3.6 提出的简化组织区分的建议[52]。

3.6.3　合金元素对贝氏体转变动力学的影响

在贝氏体转变温度范围内,随过冷度的增加,相变自由能也增加,使转变加速,但过冷度很大时,碳的扩散将很难进行,所以贝氏体转变与珠光体转变相似。随过冷度的增加也会出现一个最不稳定的温度,贝氏体等温转变动力学曲线也呈 C 形。进一步的研究表明,贝氏体转变的 C 曲线是由两个独立的 C 曲线合并而成,即由上贝氏体转变 C 曲线及下贝氏体转变 C 曲线合并而成。一些研究工作还表明,在某些低碳微合金钢过冷奥氏体等温转变时,不同的组织 PF、MF、BF、AF 都可能显示各自的 C 曲线[50,51]。

影响贝氏体转变动力学的因素主要有以下几方面。

1) 碳的扩散

已经知道在进行贝氏体转变之前,碳的重新分布是必要的,但是没有合金元素的重新分配。曾经测定贝氏体转变的激活能,结果得出上、下贝氏体转变的激活能分别为 126kJ/mol 和 75kJ/mol[56],与碳在奥氏体及铁素体中的扩散激活能很接近,说明上、下贝氏体转变分别受碳在奥氏体及铁素体中的扩散所控制。

由于合金元素影响碳原子的扩散,必将影响贝氏体的转变速率。

2) $\gamma \rightarrow \alpha$ 相变自由能的变化 ΔG

在贝氏体转变温度范围内,铁原子的自扩散很难进行,相变时铁原子点阵以共格切变方式进行改组,所需要的激活能大约 4.18kJ/mol。比较起来,这个数值很小,不成为影响转变速率的因素。此时 $\gamma \rightarrow \alpha$ 转变的速率取决于 ΔG 的大小,而合金元素对 ΔG 的影响必须考虑。在进行共格式转变时,介质的弹性能也是需要考虑的。

上面两个因素哪个可能是主要因素,要看钢的成分和转变条件。例如,加入镍、锰和增加碳含量时,可能是由于使 ΔG 减少,而使贝氏体转变缓慢;而加入生成碳化物的元素,如铬,会减慢碳的扩散速率而使转变不易进行;钨、钼可能由于对两方面的影响相反,其影响比较弱;钴、铝不生成碳化物,能加速碳的扩散,同时降低奥氏体的稳定性(增加 ΔG),故使得转变加速;硅能强烈地阻止贝氏体转变时碳化物的形成,促使残余奥氏体富集碳,因而使贝氏体转变进行缓慢。

3) 奥氏体晶粒大小和奥氏体化温度的影响

提高奥氏体化温度,将促进奥氏体晶粒的长大,并使贝氏体转变孕育期加长,转变速率减慢。

钢中加入两种或更多的合金元素时,由于合金元素的相互作用,它们对奥氏体转变速率的影响将不是简单的相加,而是要复杂得多。

合金元素的加入对贝氏体转变的温度范围也有影响。贝氏体转变开始和终了的温度分别用 B_s 和 B_f 表示。目前,对于合金元素对 B_s 的影响了解得还不多,一些数据还很不一致。下面是一种计算 B_s、B_f,以及对应于 50% 转变量 B_{50} 的经验公式[57]:

$$B_s = 830 - 270w_C - 90w_{Mn} - 37w_{Ni} - 70w_{Cr} - 83w_{Mo}(\text{℃}) \qquad (3.53)$$

$$B_f = B_s - 120(\text{℃}), B_{50} = B_s - 60(\text{℃}) \qquad (3.54)$$

式中,w 代表各元素的质量分数($\%$)。式(3.53)和式(3.54)适用于以下成分范围的钢:$0.1\% \sim 0.55\%$C、$0.1\% \sim 0.35\%$Si、$0.2\% \sim 1.7\%$Mn、$0.0\% \sim 5.0\%$Ni、$0.0\% \sim 3.5\%$Cr、$0.0\% \sim 1.0\%$Mo。将式(3.53)与 M_s 的经验方程(3.51)比较,可以看出碳对 M_s 的降低程度大于 B_s,而合金元素的影响则相反。因此,在低碳合金钢中,由于碳含量低,M_s 降低少,而合金元素对 B_s 的降低比较显著,结果使过冷奥氏体等温转变曲线的贝氏体转变温度范围变得窄而扁平。

合金元素对连续冷却条件下 B_s 的影响更有实际意义。式(3.55)为在 Fe-Ni-Cr-Mo-C 钢中测得的连续冷却时的 B_s 温度与成分的关系式[58]:

$$B_s = 844 - 597w_C - 63w_{Mn} - w_{Ni} - 78w_{Cr}(\text{℃}) \qquad (3.55)$$

式(3.55)适用于以下成分范围为:$0.15\% \sim 0.29\%$C、$0.01\% \sim 0.23\%$Si、$0.02\% \sim 0.77\%$Mn、$0.21\% \sim 3.61\%$Ni、$1.13\% \sim 2.33\%$Cr、$0.44\% \sim 1.37\%$Mo。式(3.55)只适用于在一定的连续冷却速率下贝氏体开始形成的温度。如果冷却速率较慢,由于在高温区域先共析铁素体的析出,使随后冷却时母相的成分发生变化,所测得的贝氏体开始形成温度并不反映母相真正成分的 B_s。

实际应用中另一个重要的温度点是下贝氏体的形成温度 L_s。通常下贝氏体的强韧性优于上贝氏体,因此需要根据 L_s 确定合理的工艺,以得到所需要的组织和性能。很多实验工作发现,不同成分的钢中,L_s 并不固定,它与钢中的碳含量有关。图 3.46 表示下贝氏体存在的最高温度与钢中碳含量的关系[59]。图中的虚线是 Fe-Fe₃C 系相图中 A_{cm} 线的延长线。当钢中的碳含量约大于 0.6%时,下贝氏体存在的最高温度约为 350℃;随着碳含量的减少,此温度急剧上升,当碳含量约为 0.5%时,此温度达最高值;随碳含量的继续减少,此温度开始降低。形成下贝氏体的最高温度 L_s 应是碳原子可以通过扩散从铁素体迁入铁素体-奥氏体相界面并以碳化物的形式析出于铁素体板条之间的最低温度。当钢中的碳含量等于 0.1%时,此温度约为 450℃。碳含量增加时,由于奥氏体中的碳浓度梯度变小,扩散速率随之降低,这意味着此温度应有所提高。当碳含量超过 0.5%时,曲线已超过 A_{cm} 的延长线,先共析渗碳体可以从奥氏体中直接析出,先共析渗碳体周围的贫碳奥氏体可以转变为铁素体,这样可以在较低的温度下形成上贝氏体。

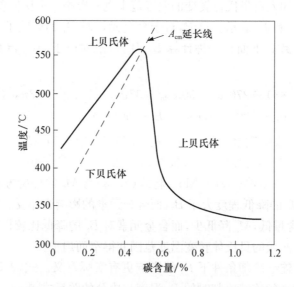

图 3.46　下贝氏体存在的最高温度与碳含量的关系[59]

合金元素的加入一般会降低 L_s。在有些钢中,如 Fe-1.1%C-7.9%Cr 钢,B_s 为 300℃,钢中不出现上贝氏体,而仅出现下贝氏体,此时 $L_s=B_s$。

关于 B_f,有的研究工作认为碳和合金元素对 B_f 和对 B_s 的影响相同,B_f 始终比 B_s 低 120℃。有的资料则认为碳和合金元素对 B_f 无显著影响,高合金钢因 B_s 降低较多,而 B_f 降低较少,使贝氏体不完全转变区温度范围变窄。

3.6.4　贝氏体的力学性能

贝氏体的力学性能取决于其成分和组织形态。一般说来,下贝氏体的强度较高,韧性也较好,上贝氏体的强度低,韧性也差。图 3.47 为 30CrMnSi 钢等温淬火后等温转变温度与力学性能的关系,随着贝氏体形成温度的降低,强度与硬度逐步提高,塑性与韧性也得到提高。

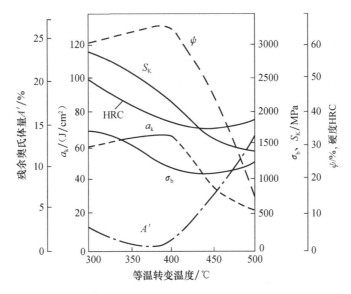

图 3.47　30CrMnSi 钢等温转变温度与力学性能的关系[60]

影响贝氏体强度的因素主要有:

1) 贝氏体中铁素体晶粒的大小

贝氏体的晶粒越细小,强度越高,而贝氏体中铁素体晶粒的大小与钢的化学成分、奥氏体化温度和贝氏体形成温度有关,尤其是后者。贝氏体铁素体晶粒尺寸随形成温度的降低而减小。在上贝氏体中应把板条束的平均尺寸作为其"有效晶粒尺寸"。

2) 碳化物质点

根据弥散强化的机理,碳化物颗粒的直径越小,数量越多,对强度的贡献越大。下贝氏体中碳化物颗粒较细小,对下贝氏体的强度贡献也较大,而上贝氏体中的碳化物颗粒较粗,分布在铁素体之间,且分布不均匀,所以对上贝氏体强度的贡献比下贝氏体低得多。碳化物的大小、数量主要取决于贝氏体的形成温度和奥氏体的碳含量。奥氏体碳含量越高,碳化物的数量越多;贝氏体形成温度越低,碳化物颗粒越细小。

3) 固溶强化

随着贝氏体形成温度的降低,贝氏体铁素体中碳的过饱和度增加,碳的固溶强化的作用越来越显著。但与同一种钢的马氏体相比，贝氏体铁素体中的碳含量要低得多，其对强度的贡献也小得多。

溶于贝氏体铁素体中的合金元素，如硅、锰，尚有置换固溶强化的作用，但一般都不大。

4）位错密度

与一般铁素体相比，无碳化物贝氏体、上贝氏体和下贝氏体中铁素体的位错密度都比较高，尤以下贝氏体为甚。位错对贝氏体的强度是有一定贡献的。

在一般情况下，上述各因素中，前两者是主要的。

下贝氏体和上贝氏体相比，不但强度高，而且韧性好。由图 3.47 可以看出，当钢中的组织为下贝氏体时，其冲击韧性显著高于上贝氏体。这是由于上贝氏体组织存在较粗大的碳化物颗粒或断续的条状碳化物，也可能存在由未转变的奥氏体在冷却时形成的高碳马氏体区，塑性变形时容易形成大于临界尺寸的裂纹，在外力的作用下，裂纹的扩展不会受到小角度铁素体板条界面的阻挡，所以裂纹得以迅速长大。在下贝氏体中，细小的碳化物不易形成裂纹，即使出现裂纹，其长度也小于失稳扩展的临界尺寸。而在裂纹扩展时亦会受到大量弥散分布的碳化物和位错的阻止，产生断裂便要求重新激发裂纹。所以，下贝氏体的冲击韧性要比强度低的上贝氏体大得多。在低碳钢中，当钢的组织从上贝氏体过渡到下贝氏体时可以观察到韧脆转变温度的突然下降，如图 3.48 所示[59]，转变温度在 550℃左右。

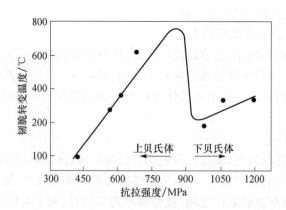

图 3.48　低碳贝氏体钢的抗拉强度与贝氏体形态变化对韧脆转变温度的影响[59]

综上所述，钢的组织为下贝氏体时具有良好的综合力学性能。

在硬度相同时，比较下贝氏体组织和回火马氏体的韧性时，根据一些学者的研究，有如下的结果：在下贝氏体形成温度的上、中区域形成的韧性优于相同强度马氏体的韧性；在有回火脆性的钢中，贝氏体的韧性高于回火马氏体的韧性

(图 3.49)[61];若钢的碳含量或合金元素含量较高,其 M_s 较低,淬火后得到孪晶马氏体,再经低温回火获得回火马氏体,其冲击韧度和断裂韧性低于经等温淬火获得的下贝氏体。实验证明,经等温淬火的钢具有较高的韧性和塑性,这与等温淬火组织中含有较多的残余奥氏体有一定的联系。

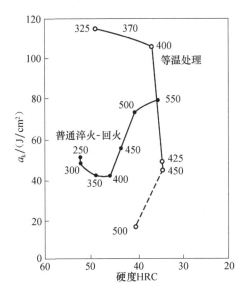

图 3.49 30CrMnSi 钢经等温处理和普通淬火-回火处理后,
硬度相同时的冲击韧度比较[61]
图中数字为等温处理或回火温度(℃);本图原作者 Певзнер Л М,发表于 1955 年

上述贝氏体的力学性能主要是指传统的结构钢中的上贝氏体和下贝氏体的力学性能。20 世纪 50 年代 Pickering[59]发现,在低碳钢中加入适量的 Mo 和 B 可以推迟铁素体和珠光体的开始析出线,而对贝氏体的析出线影响不大,因而可以在很宽的冷却速率范围内获得贝氏体组织,促进了不同类型新型贝氏体钢的开发。以后,控轧控冷和微合金化技术的发展则促进了低碳和超低碳高性能贝氏体的研究与应用。

3.7 合金元素对过冷奥氏体转变曲线的影响

钢的成分及奥氏体化条件是决定其过冷奥氏体转变曲线类型和形状的最主要因素,因为这两者能够确定转变前奥氏体的化学成分、组织状态及未溶相存在的数量和分布。

过冷奥氏体等温转变动力学曲线(TTT 曲线)的制作比较简便,可以帮助了解过冷奥氏体转变的实质,能够定性地、近似地反映连续冷却奥氏体的转变趋势,而且在等温退火、分级和等温淬火以及预冷淬火等热处理工艺方面有着重要的指导意义,所以得到广泛的应用。

连续冷却转变动力学曲线(CCT 曲线)能定性和定量地显示出不同冷却速率下所获得的显微组织,这对于制订工件的淬火冷却工艺是很有用的,它更能符合实际情况,尤其对于制定大截面工件的热处理工艺,有着重要的作用。在钢的 CCT 曲线中,代表不同冷却速率的连续冷却曲线与各种转变终止线相交处的数字代表以该速率冷却后该组织在室温组织中的体积分数,冷却曲线下端的数字代表转变产物的硬度值。在相同的原始组织状态和加热条件下,CCT 曲线位于 TTT 曲线的右下方。

已经测定了大量的过冷奥氏体等温转变动力学图和连续转变动力学图,可参考有关著作[62]～[67]。

珠光体转变和贝氏体转变是两种不同的转变,珠光体、上贝氏体和下贝氏体各有独立的 C 曲线。不同合金元素对几种转变的速率和进行的温度范围有不同的影响,珠光体转变的下限温度可能高于也可能低于贝氏体转变的上限温度。因此,钢的过冷奥氏体转变曲线具有也有不同的形状。

下面分别分析碳及一些合金元素对钢的过冷奥氏体转变曲线形状的影响。

(1) 碳钢的 TTT 曲线具有简单的形状。图 3.50(a)、(b)、(c)分别为亚共析、接近共析和过共析碳钢的 TTT 曲线。在珠光体转变区域,碳含量增加至共析成分时,转变变慢,超过共析成分后,转变加速;贝氏体转变速率将随碳含量的增加而减少。在 550℃时过冷奥氏体转变最快,在共析成分时,孕育期约 1s。

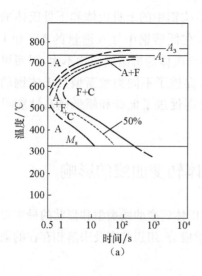

(a)

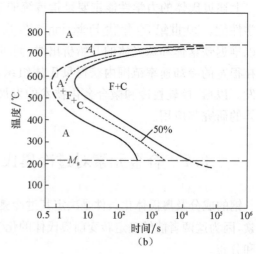

(b)

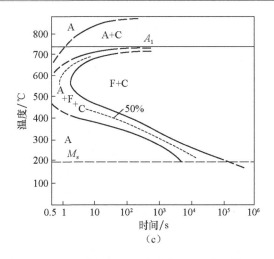

图 3.50　碳钢的过冷奥氏体 TTT 曲线[62]

(a) 0.54%C、0.46%Mn，奥氏体化温度 900℃，晶粒度 7～8 级；(b) 0.89%C、0.29%Mn，奥氏体化温度 850℃，晶粒度 4～5 级；(c)1.13%C、0.30%Mn，奥氏体化温度 900℃，晶粒度 7～8 级

　　碳钢中加入钴，不改变 TTT 曲线的形状，并且在各温度范围内都加速奥氏体的分解。

　　铜也不改变 TTT 曲线的形状，能提高过冷奥氏体的稳定性，并使转变区域的温度下降。

　　（2）锰、镍、硅、铝等在钢中都是不形成特殊碳化物的元素。当这些元素含量较少时都不改变 TTT 曲线的形状，但含量超过一定量时，在过冷奥氏体分解的后阶段可以看出珠光体和贝氏体区的分离。

　　钢中含锰大约 2.0% 时已明显地看出珠光体和贝氏体区的分离，见图 3.51。

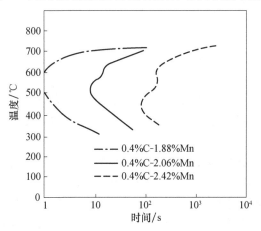

图 3.51　Mn 对 0.4%C 钢转变动力学影响[39]

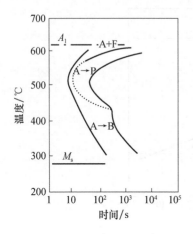

图 3.52　含 0.51％C、5.26％Ni 钢的
TTT 曲线[63]
奥氏体化温度 1000℃

锰有力地推迟了珠光体和贝氏体转变的速率,并使转变区域,尤其是贝氏体转变区域温度下降。随锰含量的增加,转变曲线向右移动,当锰含量达到一定量时,曲线上开始出现"河湾"形状,即由原来的一个 C 曲线分离为两个 C 曲线,出现中温转变 C 曲线[39]。锰含量进一步增加,可使珠光体和贝氏体区完全分离[28]。

镍略增加过冷奥氏体的稳定性,使转变温度范围下降。钢中加入少量的镍,不改变过冷奥氏体 TTT 曲线的形状。镍的加入量达到 4％～4.5％时才显示出贝氏体转变区域(图 3.52)。当含 7.5％～10％Ni 时,珠光体转变将不进行(Ac_1 降至约 640℃),只有贝氏体转变,如图 3.53 所示。

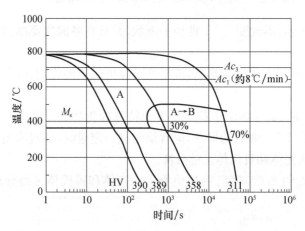

图 3.53　镍钢 CCT 曲线[64]
成分:0.09％C、8.9％Ni、0.21％Si、0.61％Mn;奥氏体化温度 790℃

硅延缓珠光体转变的作用较弱,而对贝氏本转变的影响较大。硅能提高珠光体转变的温度范围。硅含量在 1.7％～2％时可以观察到分离的贝氏体区与珠光体区,见图 3.54。

铝对钢的过冷奥氏体转变曲线形状没有显著的影响。铝含量为 3％时,也会出现贝氏体转变区,在含 0.76％C 的钢中,当含铝自 0.55％增至 2.3％时略增加过冷奥氏的稳定性,含铝增至 4.9％时则加速过冷奥氏体的分解。

(3) 铬是碳化物生成的元素。钢中加入少量铬,如 0.5％Cr 时,已可以明显将珠光体和贝氏体转变区域分离。铬能较显著地提高珠光体转变区域温度,但降低

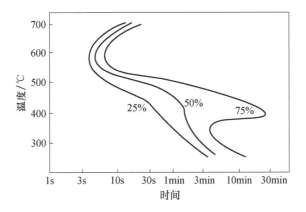

图 3.54　含 0.6％C 和 2％Si 的钢的 TTT 曲线[28]
奥氏体化温度 950℃

贝氏体转变区域温度,在 TTT 曲线上出现明显的河湾区,并在贝氏体转变区域的上部显示出转变的不完整性。图 3.55 为不同铬含量(1.2％和 3.5％)对含 0.4％C 中碳钢 TTT 曲线的影响,可以看出,铬明显地增加过冷奥氏体在珠光体和贝氏体转变区的稳定性。

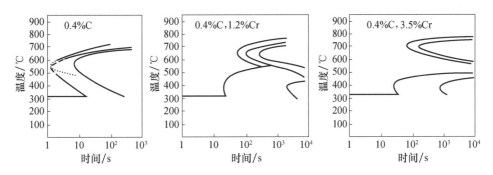

图 3.55　不同铬含量对 0.4％C 钢 TTT 曲线的影响[68]

图 3.56 为碳含量分别约为 0.1％和 2.0％的高铬钢(12％Cr)的 TTT 曲线。从图 3.56(a)可以看出,Cr 显著提高珠光体转变最快处的温度;由于贝氏体转变温度下移和高的 M_s,贝氏体转变实际上已不能进行。高碳高铬钢属于莱氏体钢,在奥氏体化温度下,钢中存在大量的未溶共晶和过共析碳化物,等温转变之前,难以观察到过共析碳化物的析出,但由于 M_s 的降低,可以观察到中温转变区。

钼能有效地推迟珠光体的转变,但在亚共析钢中对铁素体析出速率影响较小,如含 0.4％C 的钢,在 600℃时析出 5％铁素体的时间,当含钼自 0.14％增至 0.35％和 0.6％时,其比例为 1∶2∶4,而开始珠光体转变的时间比例为 1∶6∶360[28]。钼对贝氏体转变影响较小,参见图 3.57 和图 3.58。钼含量的增加还使贝氏体转

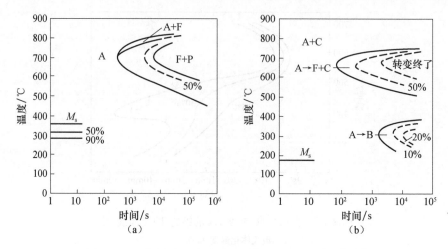

图 3.56　不同碳含量高铬钢(12％Cr)的 TTT 曲线[62,68]
(a) 0.11％C-0.44％Mn-0.37％Si-12.18％Cr,奥氏体化温度 982℃;
(b) 2.02％C-0.39％Mn-12.39％Cr,奥氏体化温度 970℃

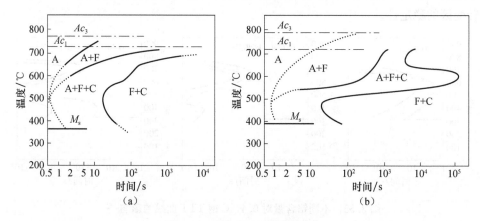

图 3.57　钼钢的 TTT 曲线[62]
(a) 0.42％C-0.20％Mn-0.21％Mo,奥氏体化温度 870℃,晶粒度 5～6;
(b) 0.36％C-0.17％Mn-0.82％Mo,奥氏体化温度 870℃,晶粒度 6～7

变速率最快时的温度移向更低的温度,如钢中碳含量为 0.5％时,贝氏体转变最快时的温度分别为 500～450℃(0.66％Mo)、400～350℃(1％Mo)和 350～300℃(2.12％Mo)[28]。随着钼含量增加,将出现河湾区并逐渐变深。

钨的影响与钼相似。

含 Cr、Mo、Mn 等元素的一些合金钢中的过冷奥氏体 TTT 曲线中存在有明显的河湾形态,在河湾区以下贝氏体转变区 B_s 以下出现转变不完全区。对此现

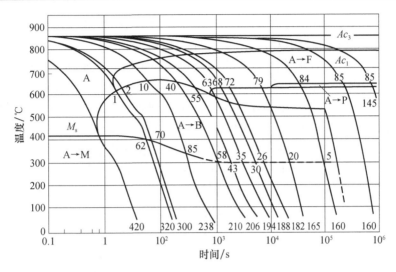

图 3.58　16Mo 钢的 CCT 曲线[67]

化学成分：0.17％C、0.27％Si、0.79％Mn、0.41％Mo、0.02％V；奥氏体化温度 910℃

象,有不同的理论解释。一些学者(如 Aaronson 等)认为,上述现象是溶质类拖曳效应(solute drag-like effects,SDLE)[39]。溶质拖曳效应(solute drag effects,SDE)是指在晶界的扩散迁移过程中,部分合金元素在晶界上偏聚,导致界面能下降,晶界迁移驱动力降低的现象。SDLE 与 SDE 不同,当转变温度较低或原子的扩散速率较低时,一些置换型合金元素,如 Cr、Mo,难以实现向 γ/α 相变前沿界面迁移,引起 SDE 所必需的溶质原子在前沿界面的偏聚几乎不可能;但是 Cr、Mo 等元素显著降低碳在 γ 相中的活度(图 3.3)。在转变温度较低的中温(500～600℃)下,在扩散式推进的 γ/α 前沿界面上,可以富集高于平衡成分的少量 Cr、Mo,强烈降低了碳在 γ 相中的活度,从而减慢了铁素体界面的迁移,此即溶质类拖曳效应。当相变前沿界面附近的碳活度降至一定水平时,铁素体长大发生"停滞",因而在 Fe-C-Cr 和 Fe-C-Mo 合金中,出现转变不完全现象。在 Fe-C-Mn 合金中,当 Mn 含量足够高时,也会出现这种现象。与此相反,Cu、Ni、Si 等合金元素增加碳在奥氏体中的活度(图 3.3),因此,在 Fe-C-Cu、Fe-C-Ni 和 Fe-C-Si 合金中未出现 SDLE 现象。在更复杂的合金系中,则必须考虑置换型合金元素之间及其与碳原子间的交互作用[39]。

(4) 钒、钛、锆、铌等元素在钢中生成稳定的碳化物,在一般加热温度下很难溶解于奥氏体中。含 0.3％～0.4％C 和 1％～2％V 的钢,要在加热至 1200～1250℃时,碳化物才能完全溶解。因此,这些元素对奥氏体的稳定性有两方面的作用:当它们溶于奥氏体中时,和其他碳化物生成元素一样,能增加过冷奥氏体的稳定性,并且对于珠光体的转变的影响要大一些;当它们生成的碳化物没有溶解时,能起结晶核心的作用,反而降低过冷奥氏体的稳定性。在一般加热温度时,后面的因素是主要的。这一点有时被用以降低某些钢的淬透性。如果钢中加入生成碳化物能力较弱的合金元素,则有可能降低这些碳化物的稳定性。例如,钢中加入 1.5%～2.5%Mn 时,则在一般加热条件下,也可能使相当一部分碳化物溶于奥氏体中,从而可以利用这些元素提高钢的淬透性。图 3.59 所示为钢中只含有钒或锰及同时含有钒、锰时的过冷奥氏体 TTT 曲线的影响,奥氏体化温度为 950℃。只含 1.6%V 的钢的过冷奥氏体稳定性很低,含 2.5%Mn 的钢的过冷奥氏体稳定性较高,但当两种元素同时存在于钢中时,过冷奥氏体的稳定性,尤其是在珠光体区域的稳定性,大为增加,显然这是大部分钒能溶于奥氏体中的结果,相分析证实了这一点[28]。钢中含有钛、铌、锆时也同样如此。

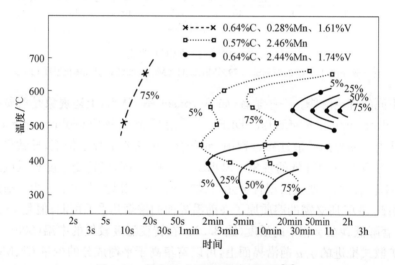

图 3.59　钒和锰对 TTT 曲线的影响[28]

(5) 钢中含有极少量硼(0.0005%～0.005%)能有效地提高奥氏体的稳定性。这是由于硼可以偏聚于奥氏体晶界,降低晶界的表面能,阻碍 α 相和碳化物在奥氏体晶界的形核。硼使亚共析钢中先共析铁素体析出时的形核率下降,孕育期显著增长,但对其长大速率没有什么影响。硼显著推迟铁素体开始析出和珠光体开始转变的时间,而对于转变终了时间的影响较小(图 3.60)。在低碳和中碳钢中,硼的这种作用很明显,这一特点已被广泛应用。硼产生这种作用的机理将在讨论含硼钢时进一步分析。

(6) 用多种合金元素进行综合合金化时,能够大大提高过冷奥氏体的稳定性。合金元素的综合作用不是单个元素作用的简单相加,而是各元素之间的相互加强。下面举几个例子。

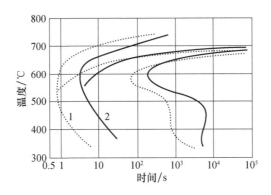

图 3.60　含硼和不含硼的钢(0.43％C-1.6％Mn)的 TTT 曲线[69]
1—不含硼；2—含 0.0038％B

　　焊接用钢的碳含量应控制在 0.10％～0.15％,但简单的低碳钢在加热后连续空冷的过程中,由于等轴状铁素体的迅速形成,无法得到大量强度较高的贝氏体组织。加入 0.5％Mo 后便可以使这种钢在正火后获得等轴状铁素体与贝氏体的混合组织,因为 Mo 明显推迟珠光体转变,而对铁素体析出和贝氏体转变的影响不大。Mo 下移贝氏体形成温度区域位置,亦使珠光体转变区域温度上移。在上述钢中加入微量的 B(0.002％～0.005％)便可以显著抑制铁素体的析出,而对贝氏体转变的作用甚小。图 3.61 为硼对低碳 1/2Mo-B 钢 TTT 曲线位置作用的示意图。可以看出,加入硼后,虽然钢的马氏体的淬透性仍比较低,但大大提高了钢的贝氏体淬透性,可以在很大的冷却速率范围内获得全贝氏体组织。在此基础上开发了 1/2Mo-B 型的低碳贝氏体钢[59]。

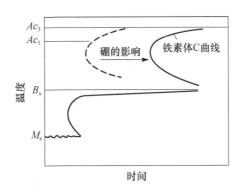

图 3.61　硼对低碳 1/2Mo-B 钢 TTT 曲线影响示意图

　　例如,采用 Cr＋Ni 合金化时,由于 Ni 使 γ-Fe 稳定,减少 $\gamma \rightarrow \alpha$ 相变自由能的变化 ΔG,而铬提高碳和铁原子的扩散激活能,故综合效果比单纯加入一种元素有效。钼单独加入时,对先共析铁素体的析出影响较小,但若与铬、镍同时加入,则钼的作用就非常显著,这说明钼能进一步增加含有铬和镍的 γ 固溶体的原子间结合力,提高原子扩散的激活能,因而使转变显著减慢。图 3.62 比较了 35Cr2(0.36% C、1.54%Cr、0.21%Ni)、35CrMo(0.35%C、1.15%Cr、0.25%Mo)和 35Cr2NiMo (0.38%C、1.56%Cr、1.45%Ni、0.24%Mo)三种钢的过冷奥氏体 TTT 曲线。可以看出,单独加入或两种元素一起加入对推迟珠光体和先共析铁素体转变的作用远不及三种元素共同的作用来得大。35Cr2 钢在铁素体-珠光体转变温度范围内的最短孕育期为 20s,而 35CrMo 为 35s,35Cr2NiMo 约为 500s。

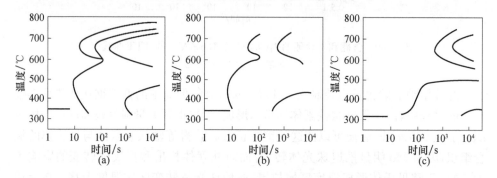

图 3.62　35Cr2、35CrMo、35Cr2NiMo 钢的过冷奥氏体 TTT 曲线[63]
(a) 35Cr2;(b) 35CrMo;(c) 35Cr2NiMo

当含有大量合金元素的钢,如一些含镍和铬很高的耐热钢,M_s 降至室温以下时具有奥氏体组织,在其 TTT 曲线和 CCT 曲线上,将不会出现珠光体和贝氏体转变;如果钢中的碳含量较高时,过冷可能有过剩碳化物析出,其析出动力学曲线亦呈 C 形。

3.8　合金元素对淬火钢回火转变的影响

3.8.1　碳钢的回火过程

碳钢淬火后的组织基本上是由马氏体 α' 和残余奥氏体组成的,在含碳低于 0.4%时,残余奥氏体量甚微。碳钢在回火时进行以下的过程。

1) 马氏体的分解

150℃以下为马氏体分解的第一阶段。在此阶段,由于温度低,碳原子尚不能做长距离扩散,此时碳首先向大量存在于马氏体中的位错及孪晶界面偏聚。一般认为,钢中间隙碳原子开始扩散的温度为−40℃,因此在室温下,马氏体中的碳原子已有可能发生偏聚。

对于板条马氏体,其亚结构为大量位错,碳原子倾向于在位错线附近偏聚,偏聚的碳含量达到 0.2%时,已接近饱和状态。因此,碳含量小于 0.2%时,马氏体不呈现正方度。碳含量高于 0.2% 时,再增加的碳原子只能处于扁八面体的间隙位置,即处于非偏聚状态,此时才可能测出马氏体正方度。

对于片状马氏体,其亚结构主要是孪晶,碳原子在片状马氏体的孪晶界面上偏聚,形成厚度和直径均小于 1nm 的小片状富碳区,随着马氏体中的碳含量增加,富碳区的数量也增多。但是碳原子在界面上偏聚的稳定性比在位错线附近偏聚的稳定性要小。

高碳马氏体在 150℃ 以下回火时,在马氏体的富碳区析出高度分散的 ε 相 (Fe_xC),其成分相当于 $Fe_{2.4}C$,为具有密集六方点阵的间隙相。马氏体中围绕析出碳化物部分的碳浓度迅速降低,而远离碳化物处马氏体的碳浓度不变,这种分解方式称为双相分解。双相分解过程是以不断生成新的碳化物并伴有新的贫碳区的方式进行的,在分解过程中同时存在着两种正方度 c/a 的马氏体。随着回火时间的延长,高碳区越来越少。当高碳区完全消失时,双相分解即结束。在回火第一阶段结束时,马氏体分解为 ε 相和含 0.25%~030%C 的马氏体。

150~300℃ 为马氏体分解的第二阶段。在此阶段,马氏体将以单相分解,即连续分解方式进行。此时碳原子可做远距离扩散,由于析出的碳化物有可能从较远地区获得碳原子而长大,马氏体内部碳浓度梯度可通过碳原子的扩散而消除,碳化物开始缓慢地聚集,马氏体的碳浓度迅速下降,当回火温度达 300℃ 左右,马氏体中的碳从过饱和下降到接近于饱和成分,正方度 c/a 接近 1,马氏体分解也就基本结束。

含碳小于 0.25% 的低碳钢淬火后,在 150℃ 以下回火时,钢中未发现有 ε 相的析出,但在位错周围有碳的聚集。当回火温度高于 200℃ 时,才通过单相分解析出碳化物,使马氏体的碳含量下降。低碳钢的 M_s 比较高,在淬成马氏体的过程中,除可能发生碳原子向位错的偏聚外,在最先形成的马氏体中还有可能发生自回火而析出碳化物。钢的 M_s 越高,淬火时的冷却速率越慢,自回火析出的碳化物越多。

中碳钢在正常淬火时得到的是板条位错马氏体与片状孪晶马氏体的混合组织,故回火时也兼具低碳马氏体与高碳马氏体的分解特征。

综上所述,不同碳含量的马氏体随回火温度的升高,将不断析出细小的碳化物,其碳含量不断下降。原始碳含量不同的马氏体(碳含量大于 0.5%),随着碳化物的不断析出,在高于 150℃ 后,其碳含量趋于一致(图 3.63)[34,70]。马氏体经过分解后获得的是仍有一定碳过饱和度的 α 固溶体与 ε 碳化物的混合组织,称为回火马氏体。

2) 残余奥氏体的分解

中高碳钢在缓慢的加热条件下,在 200~300℃ 可以观察到钢中残余奥氏体的

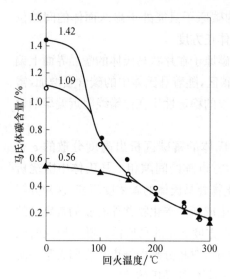

图 3.63　不同碳含量马氏体回火时,
马氏体中碳浓度的变化[70]
回火时间 1h

转变。含 0.40%C 的中碳钢淬火后的残余奥氏体含量约为 4%,回火时在 200℃附近开始转变,在 300℃时已转变完全。在 M_s 以下,残余奥氏体分解为回火马氏体,在 M_s 以上分解为下贝氏体。在精确测定的情况下,发现残余奥氏体在 100℃甚至更低的温度下,就已经开始分解。因此,残余奥氏体的转变可以在一个很宽的温度范围内进行。碳钢中的残余奥氏体在回火加热过程中极易分解,故难以加热至比较高的温度观察其等温转变。

3) 碳化物的转变

高碳马氏体在回火的第一阶段中最先析出的是亚稳的 ε 碳化物(Fe_xC),具有密排六方点阵,惯析面为 $\{100\}_{\alpha'}$,与基体保持 Jack 位向关系[71]:

$$(10\bar{1}1)_\varepsilon /\!/ (110)_{\alpha'} , (0001)_\varepsilon /\!/ (011)_{\alpha'} , [1\bar{2}10]_\varepsilon /\!/ [\bar{1}11]_{\alpha'}$$

上述结构是在 1.3%C 钢中测出的,析出的碳化物很细小,不能用光学显微镜分辨;用电子显微镜观察可以看到,ε 碳化物呈杆状或片状,外形平直,平行于 $\{100\}_{\alpha'}$。

回火温度高于 250℃时,ε 碳化物将转变为较为稳定的 χ碳化物。χ碳化物具有复杂斜方点阵,其组成为 Fe_5C_2。χ碳化物呈薄片状,惯析面为 $\{112\}_{\alpha'}$,即片状马氏体中的孪晶界面。片状χ碳化物的间距与马氏体中孪晶界面片间距相当,可以认为χ碳化物是在孪晶界面析出的。随着回火温度的升高,χ碳化物质点大小可以从 5nm 增大到 90nm。χ碳化物与 α' 之间保持一定的位向关系:

$$(100)_\chi /\!/ (1\bar{2}\bar{1})_{\alpha'} , (010)_\chi /\!/ (101)_{\alpha'} , [001]_\chi /\!/ [\bar{1}11]_{\alpha'}$$

回火温度进一步升高时,ε 与 χ 碳化物将转变为稳定的 θ 碳化物,即渗碳体 Fe_3C。θ 碳化物具有正交点阵(表 2.4),惯析面为 $\{112\}_{\alpha'}$ 或 $\{110\}_{\alpha'}$,与 α' 之间保持 Богаряцкий 位向关系(3.4.1 节)。

图 3.64 为含 1.34%C 高碳马氏体回火时三种碳化物的析出范围。

碳化物转变时的形核与长大可以通过两种方式进行:一种是在原碳化物的基础上通过成分改变及点阵改组逐渐转变为新的碳化物,称为原位(in situ)转变;另一种是新的碳化物在其他部分重新形核和长大,与此同时,原碳化物逐渐重新溶

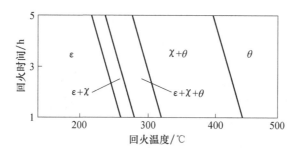

图 3.64　含 1.34％C 高碳马氏体回火时三种碳化物的析出范围[72]

入,称为独立(separate)转变。按第一种方式转变时,新旧碳化物具有相同的析出位置与惯析面。{112}$_\alpha'$孪晶面上的 θ 碳化物就是通过这一方式由 χ 碳化物转变来的。由亚稳的 ε 碳化物转变为 χ 碳化物及 θ 碳化物则是通过第二种方式进行的。对于 χ 碳化物和 θ 碳化物,它们的惯析面和位向关系可能相同,也可能不同,所以 χ 碳化物转变为 θ 碳化物时可能是原位转变,也可能是独立形核长大转变。

在更高的温度回火时,形成的碳化物将全部转变为 θ 碳化物。初期形成的 θ 碳化物常呈条片状。

马氏体中的碳含量低于 0.2％时,在 200℃ 以下,碳原子仅偏聚于位错而不析出碳化物。前面已经提到,由于马氏体的 M_s 比较高,在淬成马氏体的过程中,温度降至 200℃ 以前已形成的马氏体可能因发生自回火而析出 θ 碳化物。自回火析出的碳化物均在马氏体板条内缠结位错区形核长成,一般呈长 50～200nm、直径 3.5～12nm 细针状。除针状碳化物外,自回火时还将析出一些直径 3～8nm 的细颗粒状 θ 碳化物。

在 200℃ 以上回火时,未发生自回火的低碳马氏体将在碳偏聚区通过单相分解直接析出细针状的 θ 碳化物。此外,还将沿板条马氏体条界析出薄片状 θ 碳化物。进一步提高回火温度,板条界的 θ 碳化物薄片在长大的同时将发生破碎而成为长 200～300nm、宽约 100nm 的短粗针状碳化物。随条界碳化物的长大,细针状及细颗粒状碳化物将重新溶入 α 相。回火到 500～550℃,条内碳化物已消失,只剩下分布在晶界上的且较粗大的直径为 200～300nm 的碳化物。

马氏体碳含量介于 0.2％～0.6％时,有可能在 200℃ 以下回火时先析出亚稳定的 ε 碳化物。钢中超过 0.2％的碳将分布在扁八面体中心,能量较高,很不稳定,故将以 ε 碳化物形式析出,随回火温度的升高,将转变为稳定的 θ 碳化物,但不出现 χ 碳化物。由板条马氏体析出的碳化物大部分呈薄片状分布于板条界上。中碳钢淬火后所得板条马氏体边界上存在高碳残余奥氏体,条界上的碳化物大部分由残余奥氏体分解所得。中碳钢淬火后可能得到部分孪晶马氏体,由孪晶马氏体析出碳化物的过程与高碳马氏体相同。

总之,这一阶段转变完成后,钢的组织由饱和的 α 相加片状(或细小粒状)的渗碳体组成,这种组织称为回火屈氏体。回火屈氏体仍保持原马氏体的形态,但已模糊不清。

随着回火温度的升高,碳化物与 α 相的共格将逐渐破坏,碳化物将聚集长大,形状由片状逐渐变为颗粒状。碳含量越高,聚集过程进行越快,因为碳化物数量多了,聚集时的扩散路程就缩短了。

4) 铁素体状态的变化和内应力的消除

低中碳钢淬火后得到的板条马氏体中存在大量的位错,密度可达 $0.3 \times 10^{12} \sim 0.9 \times 10^{12} \, cm^{-2}$,与冷变形后相似,而且马氏体晶粒的形状为非等轴状,故在回火过程中将发生回复与再结晶。回复初期,部分位错,其中包括板条界上的位错将通过滑移和攀移而逐渐消失,使位错密度下降,相邻板条合并成宽的板条,剩下的位错将重新排列成二维位错网络,逐渐形成亚晶粒。回火温度高于 400℃ 后,α 相的回复已十分明显。回复后 α 相的形态仍呈板条状,只是板条宽度由于相邻板条合并而增加。回复温度高于 600℃ 时,由于 Fe 原子明显的自扩散,回复后的 α 相开始发生再结晶。一些位错密度低的亚晶将长大成等轴 α 相晶粒,逐步取代板条状 α 相晶粒。颗粒状渗碳体均匀分布在等轴 α 相晶粒内。经过再结晶,α 相板条特征完全消失,这种组织称为回火索氏体。

高碳钢淬火后得到的片状马氏体的亚结构主要是孪晶。回火温度高于 250℃ 时,孪晶开始消失,但沿孪晶界面析出的碳化物仍显示出孪晶特征。回火温度达到 400℃ 时,孪晶全部消失,逐渐形成亚晶粒,但片状马氏体的特征依然存在。回火温度高于 600℃ 时也将发生再结晶而使片状特征消失。渗碳体能钉扎晶界,阻止再结晶的进行,故高碳马氏体 α 相的再结晶温度高于低中碳钢。

淬火时,由于热应力和组织应力的作用,钢件在冷却到室温后,内部仍残留有较大应力。钢件的内应力按其作用的范围分为三类:第一类为宏观区域性的内应力;第二类为在几个晶粒微观区域性的内应力;第三类为在一个原子集团范围内处于平衡的内应力。

第一类内应力的存在将引起零件变形,这种宏观应力使晶粒中晶面间距发生变化。如果零件在服役过程中,所受外力与第一类内应力叠加,将使零件提早破坏,而在外力与内应力方向相反时,第一类内应力的存在是有利的。通常淬火后必须通过回火降低第一类内应力。在回火开始时,内应力较迅速地下降,以后逐渐缓慢,达到一定值后不再继续下降,下降的程度取决于回火温度,它的变化情况见图 3.65。由图可知,经 550℃ 回火,第一类内应力接近完全消除。

第二类内应力是微观区域性的残余内应力,这种应力将使几个晶粒范围内的点阵中原子排列规律性受到破坏,晶面产生弯曲及歪扭,晶面间距改变,如马氏体

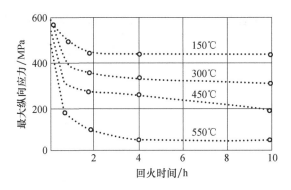

图 3.65　30 钢回火后内应力变化[60]

相变引起的点阵畸变等。这种微观区域的点阵变形在各个晶粒内的程度及方式均不尽相同,因而造成 X 射线衍射线条的宽化。第二类内应力在大约 150℃以上开始减小,并随温度的升高而逐渐减小,350℃以上则迅速减小,在 500℃时已消失。

第三类内应力亦称为点阵静畸变应力,如碳原子过饱和固溶度引起的点阵畸变,这种畸变引起 X 射线的散射,使衍射线条强度降低。对碳钢而言,将随马氏体中碳原子的析出而减小。当碳原子自 α 相中完全析出时,这种畸变引起的内应力也就完全消除。

钢中加入合金元素后,将对其回火时的各个过程产生影响,但不同元素的影响在程度和性质上常常有很大的差异,因此,对回火后性能的变化也有不同影响。下面分别介绍合金元素对回火时各个过程的影响。

3.8.2　合金元素对马氏体分解的影响

在碳钢中加入少量合金元素对回火时碳化物的析出及转变的性质没有影响,但可以改变碳化物转变的温度范围。

马氏体分解的第一阶段形成 ε 碳化物时,并不需要碳原子做长距离的扩散,也不发生合金元素原子本身的扩散。因此,所有合金元素对马氏体分解的第一阶段几乎没有影响。

合金元素对马氏体分解的第二阶段有比较明显的影响。当钢中加入不生成碳化物的合金元素时,马氏体回火的第二阶段没有变化,对低温时碳化物的析出也没有影响。弱碳化物生成元素 Mn 的作用也相同,只有 Si 是例外,它能阻碍碳化物的析出,这种影响在低温时尤为显著。由表 3.7 可以看出,合金钢中加入 Mn、Ni 对马氏体的分解的影响和碳钢几乎相同,而 Si 的影响则很显著,而且含 Si 越多这种作用越大。

表 3.7　含 0.4%C 的合金钢在 200℃回火时,延续时间对马氏体中碳含量的影响[73]

回火延续时间/(h-min)	含以下元素时,钢中马氏体中的碳含量/%								
	0.4%C	3.0%Ni	2.43%Mn	1.75%Si	2.75%Si	2.1%Cr	3.6%Cr	0.52%V	1.37%V
00-01	0.28	0.275	—	—	—	—	—	—	—
00-05	—	0.275	—	—	—	0.30	0.33	0.32	0.33
00-30	0.26	0.255	0.23	0.30	0.35	0.27	0.29	0.27	0.31
01-00	0.25	0.235	0.22	0.30	0.35	0.25	0.29	0.26	0.30
02-00	0.23	0.235	—	—	—	—	—	—	—
06-00	0.21	0.205	0.21	0.28	0.35	0.24	0.26	0.25	0.30
25-00	0.18	0.19	0.18	0.28	0.35	0.24	0.25	0.22	0.25

当钢中含有碳化物生成元素时,这些元素能阻碍马氏体分解第二阶段中碳自马氏体中的析出,如 Cr、V 等元素(表 3.7),其他如 Mo、W、Ti 等也有相似的作用。碳原子在固溶体中并不是均匀分布的,由于这些元素和碳有较大的亲和力,碳较多地分布在这些合金元素的周围,增大了碳原子在马氏体中扩散的激活能,较不容易从马氏体中析出,所以减慢了马氏体分解的速率。非碳化物形成元素 Si 和 Co 能溶于 ε 相,使之稳定,减缓了碳化物聚集,推迟了马氏体的分解。这种阻碍马氏体分解的作用在低温时还不很强,而在较高温度回火时就更显著了,因此当钢中含有某些强碳化物生成元素时,马氏体的正方度可以维持到 450～500℃,而在碳钢中,正方度在 300℃以上时便测量不出了。钢中加入这些元素还使 θ 碳化物的粗化温度提高。

硅虽是一个非碳化物形成元素,却能有效地阻止马氏体回火第二阶段的分解,这可能是由于在含硅的钢中,渗碳体的形成较困难,它不仅取决于碳的扩散,而且主要取决于硅的扩散。因为在渗碳体中硅难于溶解,必须扩散出去,渗碳体才能形核和长大。硅要比碳在更高的温度才能开始扩散,故硅成为马氏体分解的控制因素。硅在低温回火阶段能有效地增加钢的回火抗力(400℃以上则效果微弱),因此在生产上得到广泛的利用,如要求在较高温度下回火而又能保持足够高的强度和硬度时(一些高强度钢和工模具钢等),便可以在钢中加入一定量的硅,以增加其在400℃以下的回火稳定性。钢中的铝对马氏体分解的作用与硅相似。

3.8.3　合金元素对残余奥氏体转变的影响

钢中残余奥氏体的转变引起零件尺寸的变化和某些性能的改变。这些改变虽然很微小,但在一些精密仪器中却是不能容许的,如一些精密量具、轴承及精密仪器的零件。钢中的残余奥氏体在室温下如果保持很长的时间也可能转变,如成分为 1%C、1.5%Cr、0.2%V 的钢淬火后的残余奥氏体量为 4%,1000h 以后,约有 0.9%的残余奥氏体转变为马氏体。

碳钢回火至 200～300℃时,残余奥氏体将迅速完全分解。在合金钢中,残余奥氏体往往要在更高的回火温度下进行分解,但其影响的规律不易确定,因为当加入的合金元素能增加残余奥氏体量时,它们也增加回火时的稳定性,但残余奥氏体量增加,又加快其分解速率。这里存在着两个相反的影响因素,不过前者往往是主要的,所以大致上还是可以这样排列,即锰对回火时残余奥氏体的稳定性影响最大,其次是铬、镍等。硅有些例外,在含硅的钢中,尤其含硅超过一定量后,残余奥氏体在回火时极稳定,如在 35CrMnSi 中,要回火至 500℃左右,残余奥氏体才完全分解。

合金钢在 M_s 以下回火时,残余奥氏体将转变为马氏体。若 M_s 大于 100℃,则随后还将发生马氏体的分解,形成回火马氏体。在 M_s 以上回火时,残余奥氏体可以发生三种转变:①在贝氏体形成区内转变为贝氏体;②在珠光体形成区内转变为珠光体;③如果钢中加入很多使残余奥氏体稳定的合金元素时,它可能在回火温度下完全不分解,只是在回火后冷却时由于马氏体温度的升高而转变为马氏体,此时称之为"二次淬火"。

回火时二次淬火的马氏体温度 M_s' 高于原来的 M_s,促使生成更多马氏体的去稳定化现象称为催化作用(3.5.3 节)。在高速钢和高铬工具钢的热处理过程中都可以看到二次淬火的实例。

当过冷奥氏体有两个不稳定的温度区域时,残余奥氏体也会有两个转变最快的温度范围,实验证实了这一点,如图 3.66 所示。回火时用快速加热的方法加热至一定温度进行等温回火,残余奥氏体的分解动力学曲线上将出现两个最大值,但其温度低于过冷奥氏体分解最快时的相应温度,这可能是由于残余奥氏体处于不同的应力状态,同时迅速加热时,马氏体中可能已析出的碳化物有核心作用。在一般回火条件下,残余奥氏体随温度的升高而逐渐分解。

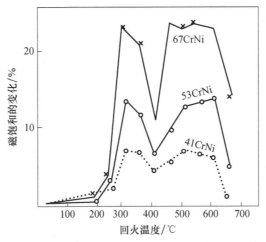

图 3.66　含碳不同的铬镍钢(约 1.4%Cr 和 3.5%Ni)等温回火时,磁饱和的变化[37]

3.8.4　合金元素对铁素体组织的影响

淬火钢回火时铁素体基体的回复和再结晶的进行将消除淬火时马氏体转变引起的强化,而且也使马氏体针状形态逐渐被多边形的晶粒所代替。这一过程类似于冷变形钢加热时所发生的变化。

合金元素对这一过程的影响可以通过下面的例子作间接的判断。将各种铁合金施以 90% 的冷加工变形,观察合金元素对其再结晶温度的影响,每加入 1%(原子分数)的元素时,其再结晶温度的提高如表 3.8 所示。虽然马氏体转变引起的相的加工硬化程度(即再结晶温度提高)比表 3.8 所示的要低,但也可以作近似的估计。

表 3.8　合金元素对铁合金压缩 90% 之后再结晶温度提高的影响[37]

| | 合金元素 1%(原子分数) | | | | | | |
	Al	Ni	Si	Cr	V	Mo	W
再结晶温度提高/℃	20	20	40	45	50	115	240

注:电解纯铁压缩 90% 之后的再结晶温度为 520℃。本表原作者 Tammann。

可以看出,合金元素都可以提高 α 相的再结晶温度,因为一般合金元素都能提高铁原子的扩散激活能,但非碳化物形成元素影响的程度低于碳化物形成元素。钨、钼等元素对 α 相中第二类应力的消失和亚晶的长大起着显著的阻碍作用,使 α-Fe 的马氏体形态保持到更高的温度。几种合金元素综合作用的结果,提高 α-Fe 再结晶温度更显著。

钢在回火析出的碳化物颗粒将钉扎住晶界,也将阻碍 α 相的再结晶。所以钢中碳含量增高,α 相的再结晶趋于困难。碳化物形成元素如果溶入渗碳体而形成合金渗碳体时,将提高渗碳体的稳定性,如果能形成特殊碳化物,由于特殊碳化物生成时颗粒细小,又与 α 相保持共格,使 α 相保持较高的碳过饱和度,这将显著延迟 α 相的回复与再结晶,使 α 相处于较大的畸变状态。在这种状态下,钢的硬度、强度经过高温回火后仍可以保持较高的数值,即具有高的回火稳定性或回火抗力。

3.8.5　合金元素对碳化物转变的影响

非碳化物形成元素与碳不形成特殊碳化物,它们只是提高 ε 碳化物向 θ 碳化物转变的温度范围。而强碳化物生成元素(V、Mo、W、Ti 等)不但强烈推迟 ε 碳化物向 θ 碳化物的转变,而且还发生渗碳体向特殊碳化物的转变。

钢中加入合金元素后,随着回火温度的升高或回火时间的延长,将发生合金元素在渗碳体和 α 相之间的重新分配。碳在 α-Fe 中的扩散激活能远小于合金元素,扩散系数远大于合金元素。因此,在较低的温度下,合金元素原子尚不能扩散,只能形成仅需碳原子扩散的 ε 及 θ 碳化物。随温度的升高,合金元素原子活动能力的增加,碳化物形成元素不断向渗碳体中富集形成合金渗碳体(FeM)$_3$C,而非碳化物形成元素逐渐向 α 相中扩散。高于 500℃时,合金元素已具有足够的活动能力,故可以形成合金碳化物,从而可能发生渗碳体向特殊碳化物的转变。

　　特殊碳化物是怎样由渗碳体转变的? 借助电子显微镜的观察,这种转变既可以是原位转变,即在铁素体和渗碳体边界生成特殊碳化物相,并且依靠渗碳体的消耗而长大,也可以独立形核长大,即特殊碳化物直接由基体中析出,同时渗碳体不断溶入基体中。独立形核的位置可以在晶内位错处,也可以在晶界和亚晶界处。独立形核长大转变的直接影响便是引起弥散强化,使硬度增高,如果这种效果超过了回火时马氏体分解引起的硬度的降低,则钢的硬度反而会上升,这种现象称为"二次硬化"。

　　钢中能否形成特殊碳化物,取决于所含合金元素的性质和含量、碳或氮的含量及回火温度和时间等条件。许多情况下,在回火过程中,都是渗碳体先生成亚稳碳化物,再转变为稳定的特殊碳化物。

　　含铬小于 4% 的低铬钢淬火后回火过程中的碳化物转变属于原位转变。图 3.67 是一种含有 0.45%C 和 3.34%Cr 的钢在 700℃等温条件下,渗碳体原位转变为 Cr$_7$C$_3$ 的情况。等温转变时首先得到铁素体和渗碳体组成的珠光体,继而发生有同一取向,呈短柱状的 Cr$_7$C$_3$ 直接在一片渗碳体中生成,新生成的 Cr$_7$C$_3$ 短柱的直径为 40nm,长度为 120nm。

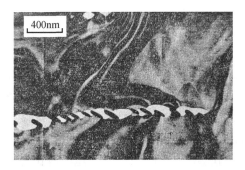

图 3.67　一排有相同取向的 Cr$_7$C$_3$ 短柱在一片渗碳体中生成[74]

1050℃加热,油冷至 700℃,30min

　　图 3.68 为含 0.51%C、3.13Cr% 钢的马氏体在 560℃回火过程中,碳化物成分和结构的变化。可以看出,回火过程中首先形成合金渗碳体,随着回火时间的延长,Cr 逐渐向合金渗碳体中富集,并趋于缓慢,达到饱和值(18%),以后含量很快

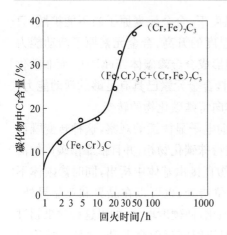

图 3.68　0.51%C、3.13%Cr 钢在 560℃
回火时,与碳化物转变同时发生
的成分转变[75]

增加,这是渗碳体直接转变成 Cr_7C_3 的结果。有实验证明,铬在新生成的 Cr_7C_3 中的含量可以少到 28%,之后,Cr_7C_3 中的铬含量增加到 40%[75]。在含铬的钢中,这种碳化物转变在 500℃ 以上便开始,生成之后很容易长大,因此不能产生二次硬化,只是延缓硬度的下降,在 600℃ 时碳化物的直径约为 20nm,长度约为 50nm。在铬含量不超过 9% 时,在回火曲线上不出现二次硬度峰值。

在含铬较高的钢中,如含 0.14%C 和 12%Cr 的钢,曾观察到在回火时 Cr_7C_3 由渗碳体原位转变生成的同时也可能自基体中独立析出。这种单独生成的 Cr_7C_3 由于在成长初始阶段与基体保持部分共格关系,使钢在 600℃ 长时间回火时呈现微弱的二次硬化倾向[76]。延长在 500℃ 的回火时间,由于 Cr_7C_3 的粗化和含铬的 $M_{23}C_6$ 在原奥氏体晶界或铁素体晶界的生成,钢迅速软化。在更高温度回火时,Cr_7C_3 重新溶入,钢中最后只剩下稳定的 $M_{23}C_6$ 型碳化物。含铬钢经高温回火后剩下的稳定碳化物类型,取决于钢中 Cr 与 C 的原子比值(图 2.27)。而成分为 0.21%C 和 9.09%Cr 的钢,经高温淬火后在 400~550℃ 回火时,观察到同时存在 Cr_7C_3 的独立形核和渗碳体向 Cr_7C_3 原位转变。与此同时,渗碳体不断回溶。在 250~500℃ 范围回火 1h,硬度没有变化,但不出现二次硬化;回火温度超过 500℃ 后,钢迅速软化[77]。经高温淬火的 0.35%C-12%Cr 钢,在 500℃ 左右回火出现明显的二次硬化现象,可能主要是由于残余奥氏体的转变[78]。

钒是强碳化物生成元素,钢中含 0.1%V 即可生成 VC(实际成分接近 V_4C_3)。VC 在基体晶内的位错处形核,形成温度为 550~650℃。初形成的 VC 为薄片状,直径小于 5nm,厚度不超过 1nm,并产生显著的二次硬化峰。VC 与铁素体基体保持 Baker-Nutting 位向关系:

$$\{100\}_{VC}/\!/\{100\}_{\alpha}, \quad \langle 100\rangle_{VC}/\!/\langle 110\rangle_{\alpha}$$

VC 与基体共格,$[011]_{VC}$ 和 $[010]_{\alpha}$ 的错配度仅为 3%,因而有比较高的稳定性。达到 700℃ 后,薄片状的 VC 迅速粗化并开始转变为球形。图 3.69 为含 0.3%C、2.1%V 的钢经 1250℃ 淬火后,在回火过程中,碳化物的成分和结构变化的情况。回火温度低于 500℃ 时析出的是合金渗碳体,钒含量很低。固溶的钒强烈阻止 α 相的继续分解,约有 60% 的碳仍保留在 α 相中。在回火温度高于 500℃ 时,VC 才从 α 相中直接析出。回火温度进一步升高,VC 大量析出,渗碳体大量溶解。回火温度升高至 700℃时,渗碳体全部溶解,碳化物全部转变为 VC。在含钒钢中,高温回火后的碳化物是否全是 VC,应视钢中碳与钒的含量而定(图 2.29)。

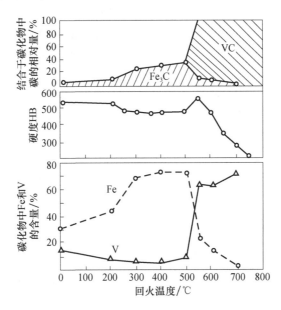

图 3.69　含 0.3%C、2.1%V 的钢回火温度对碳化物成分和结构的影响[68]

1250℃水淬,回火 2h

Mo、W 碳化物的稳定性介于 Cr、V 碳化物之间。钢中 Mo、W 含量不高(0.5%～2%)时,在淬火后回火的过程中,将发生如下的碳化物转变:

$$(Fe、M)_3C \rightarrow M_2C \rightarrow M_{23}C_6 \rightarrow M_aC_b \rightarrow M_6C$$

M_2C 在 550℃最先在基体中位错处形核,析出时沿$\langle 100 \rangle_\alpha$呈细杆状,长 10～20nm,直径 1～2nm,与基体保持如下共格关系:

$$(0001)_{M_2C}//(011)_\alpha, \quad [1\overline{1}20]_{M_2C}//[100]_\alpha$$

这种碳化物的析出产生显著的二次硬化,M_2C 比较稳定,不容易长大,直到 600℃以上,才开始较快地长大。M_2C 还可以在原奥氏体晶界和板条界形核。在 700℃长时间回火时,将在晶界析出具有面心立方点阵的 M_6C,M_6C 形成后很快长成大颗粒,M_2C 重新溶入基体。在 M_2C 向 M_6C 转变过程中还会出现两种亚稳的过渡析出物 $M_{23}C_6$ 和 M_aC_b(可能为 Fe_2MC)[3]。

Mo、W 含量为 4%～6%时,在淬火后回火过程中将由 M_2C 直接转变为 M_6C,不再出现 $M_{23}C_6$ 和 M_aC_b。

图 3.70 比较了回火时含铬、钼、钒的钢的硬度的变化。由于这些钢的碳含量低,淬火后在液体空气中处理,便免除了残余奥氏体分解的影响。由图可以看出,钼、钒都可以在 500～600℃产生明显的二次硬化现象,只是在更高的温度下,硬度

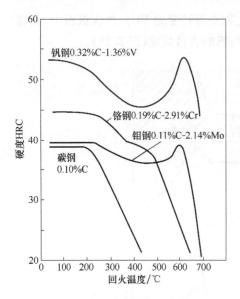

图 3.70　钒钢、钼钢、铬钢在回火时
硬度的改变[75]
回火时间 1h

才明显下降,而铬未能引起二次硬化,只是在 300～500℃,延缓硬度的下降,500℃以上,硬度急剧下降。这种不同的影响显然和本节前面所述碳化物转变的方式和析出的碳化物的本质有关。

其他如钽、铌、钛的碳化物也是由基体中直接析出的,但是在更高的温度下,尺寸更小。如果在含 Mo、W、V 的钢中加入少量的更强的碳化物生成元素 Ta 或 Nb,则进一步加强二次硬化效应,使硬度增加更多,而最大的硬度出现在更高的温度,下降的趋势更缓慢[77]。例如,含 1％V 的钢中加入约 0.05％Ta,则最高硬度出现的温度提高至 650℃。研究工作表明,微量的 Ta 溶入 VC 中,提高了 VC 的稳定性,加强了二次硬化效应。Ta 的加入量增加至 0.25％,在高温回火时发现有痕迹极细的 TaC 析出[77]。图 3.71 为含 0.2％C、4％Mo、0.1％Nb 的钢经 700℃回火 6h 的薄膜透射电镜组织,粗的杆状碳化物为 Mo_2C,在位错上析出的细小颗粒为 NbC[3]。

二次硬化效应目前已在高速钢、冷变形模具钢、某些铁素体-珠光体耐热钢以及超高强度钢的合金化方面得到了广泛的应用。

如果钢中生成几种特殊碳化物,则回火时生成哪种碳化物取决于钢中的合金元素和碳的原子比(M/C),比值高则析出碳化物中的 M/C 也高。表 3.9 为含有不同 W/C 原子比的钢在回火过程中碳化物的析出和转变过程。含钨的钢中 M/C 增高时,析出的碳化物将依次为 $Fe_{21}W_2C_6$、WC、Fe_4W_2C、W_2C。在析出了第一种特殊碳化

图 3.71　Fe-0.2％C-4％Mo-0.1％Nb 钢
700℃回火 6h 后获得的电镜组织[3]
本图原作者 Irani

物以后,基体中的 M/C 降低,如果析出第二种特殊碳化物时,则此碳化物中的 M/C 要低些。例如,$Fe_{21}W_2C_6$ 出现在 Fe_4W_2C 之后,Fe_4W_2C 出现在 W_2C 之后,在长期回火之后将转变为在该温度下稳定的碳化物(由状态图决定),同时还进行碳化物的聚集。在钨钢和钼钢中能产生二次硬化的碳化物是 M_2C 型的,其他

类型的碳化物不能引起二次硬化。还要注意回火时所生成的特殊碳化物往往与奥氏体等温转变时所生成的碳化物不同。例如,含有 0.54%C 及 0.82%Mo 的钢,700℃回火时生在的碳化物是 Fe_3C 和 Mo_2C,而 700℃等温分解时生成 $Fe_{21}Mo_2C_6$。这是因为 700℃奥氏体等温分解时,铁、钼原子有相当大的扩散速率能够聚集在一起生成 $M_{23}C_6$,但回火时的经过低温时先析出了 Fe_3C,使基体中碳原子减少,增加了基体中的 Mo/C 原子比,所以 700℃时可以析出含钼高的 Mo_2C。

表 3.9　钨钢中碳化物的析出和转变过程(1300℃淬火,700℃回火)[79]

序号	C含量/%	W含量/%	W/C原子比	不同回火时间析出碳化物的 X 射线分析						
				3min	10min	1h	5h	25h	500h	2000h
1	0.98	0.49	0.033	Fe_3C	—	—	Fe_3C	Fe_3C+ $M_{23}C_6$	—	Fe_3C+WC
2	1.16	1.16	0.065	Fe_3C	—	Fe_3C	Fe_3C+WC	Fe_3C+WC	—	Fe_3C+WC
3	0.65	1.50	0.15	Fe_3C	—	Fe_3C	Fe_3C+WC	Fe_3C+WC	—	Fe_3C+WC
4	0.89	2.62	0.19	Fe_3C	—	Fe_3C+ M_6C	Fe_3C+ M_6C+WC	Fe_3C+ WC	—	Fe_3C+WC
5	0.55	1.96	0.23	Fe_3C	—	Fe_3C+M_6C	Fe_3C+ M_6C+WC	Fe_3C+WC	—	Fe_3C+WC
6	0.59	3.62	0.40	Fe_3C	—	Fe_3C+M_6C	M_6C+ Fe_3C+ $M_{23}C_6+$ WC	$M_{23}C_6+$ M_6C+WC	$WC+M_{23}C_6$	$WC+Fe_3C$
7	0.60	6.12	0.67	Fe_3C	—	Fe_3C+M_6C	M_6C+ Fe_3C+ $M_{23}C_6+$ WC	$M_{23}C_6+$ M_6C+WC	$WC+M_{23}C_6$	$WC+Fe_3C$
8	0.27	5.45	1.32	W_2C^*	W_2C+M_6C	M_6C	$M_6C+M_{23}C$	M_6C+WC	$WC+M_6C$	$WC+M_6C$
9	0.34	8.15	1.57	W_2C^*	W_2C+M_6C	M_6C	$M_6C+M_{23}C$	M_6C+WC	$WC+M_6C$	$WC+M_6C$
10	0.32	9.56	1.96	W_2C^*	W_2C+M_6C	M_6C	M_6C	M_6C+WC	M_6C+WC	M_6C+WC

* 低温回火时,Fe_3C 先于 W_2C 生成。

　　上面已经指出,碳钢中碳化物的聚集在 400℃已开始,加入合金元素后对碳化物开始聚集的温度和进行的速率有很大的影响,因为碳化物的聚集速率取决于析出相的稳定性、基体间的原子结合力、碳原子和合金元素的扩散速率。加入铬、钼、钨等都会提高碳化物开始聚集的温度。图 3.72 所示为一些合金元素在高温回火时对碳化物聚集速率的影响。非碳化物形成元素镍和钴都有促进碳化物长大的倾向,而硅与碳化物形成元素则有阻碍碳化物长大的倾向。在碳化物形成元素中,锰的作用最弱。

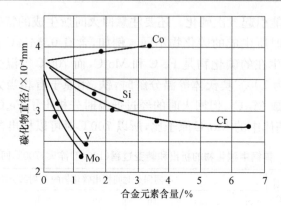

图 3.72　高温回火(700℃,1h)时,合金元素含量对碳化物尺寸的影响[73]

3.8.6　合金元素对回火稳定性的影响

由于不同合金元素对回火过程的影响很不相同,它们对回火稳定性的影响也有很大的差异。

在低温回火时非碳化物形成元素(除硅外)对淬火碳钢的硬度影响比较小。图 3.73 所示为在碳含量相同时,不生成碳化物的元素对淬火钢回火稳定性影响的示意图。图中的曲线 1 表示碳钢,曲线 2 为硅对回火稳定性的影响。在低温回火时,硅因为比其他元素更能阻止碳的析出(表 3.7),所以能增加回火稳定性,温度继续增加时,除了这种影响依然存在外,还要考虑对碳化物弥散度的影响,硅能阻碍碳化物的聚集。高温回火时,马氏体分解已结束,硅几乎完全进入铁素体,所以这时硬度的提高是由于铁素体的强化和碳化物弥散程度的增加。其他不生成碳化物的元素,如镍,对于马氏体的分解几乎没有影响,因此不能增加低温回火稳定性(曲线 3)。

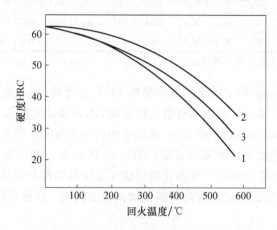

图 3.73　加入不生成碳化物元素时,淬火钢在回火时的硬度变化[37]

在中温和高温时的稳定性取决于它们强化铁素体的程度和对碳化物弥散度的影响。弱碳化物生成元素,如锰,或加入少量的铬时,影响与此相似。

钢中加入生成碳化物的合金元素时,能略增加低温回火稳定性,因为这些元素虽然延缓碳的析出,但同时也减少了析出碳化物的数量。提高回火温度时,回火稳定性的增加不仅是由于延缓了马氏体的分解,而且还要考虑到特殊碳化物的析出和碳化物的聚集速率比较慢的影响。如果析出较多的细小碳化物还可能引起二次硬化,如图 3.74 中曲线 2 所示,图中曲线 1 表示碳钢。加入合金元素的作用如果足够强或者加入几种此类合金元素时,则二次硬化的作用可能很强,使硬度接近或超过淬火后马氏体的硬度,如曲线 3 所示。高温回火时,还要考虑合金元素的固溶强化作用。

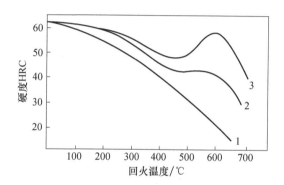

图 3.74　加入碳化物形成元素时,淬火钢在回火时的硬度变化[37]

从以上所述可以看出,当钢中综合加入多种合金元素以后,有可能使钢的回火稳定性大大提高。当钢中残余奥氏体不多时,它在回火时的分解不致影响上述硬度变化。

钢的回火过程既与温度有关,又与回火温度下的保持时间有关。Holloman 和 Jaffe 在 1945 年确立了在回火过程中时间和温度的相关性,认为可以采用主回火曲线(master tempering curves),利用参数 M 显示任何温度时间的结合与获得的硬度之间的关系[80]。M 表示为

$$M = T(c + \log t) \tag{3.56}$$

式中,T 为热力学温度;c 为一常数;t 为时间,以小时计算。对于不同的钢种,c 的数值介于 12 至 25 之间。对于多种钢,c 值可取 20。采用单一常数,便于比较不同钢种的主回火曲线。可以用图 3.75 说明主回火曲线的应用[81],图中对一种高碳高铬钢,在每一奥氏体化温度条件下,用硬度与回火参数 M 分别作为纵横坐标绘出一条主回火曲线。可以看出,在奥氏体化温度比较低(954℃)时,随回火温度的升高只出现硬度的延缓下降,而在奥氏体化温度比较高(1010℃)时,将出现二次硬

化现象。这一方面是由于回火时的催化作用使大量残余奥氏体在回火后冷却时转变为马氏体,另一方面是由于特殊碳化物的析出。

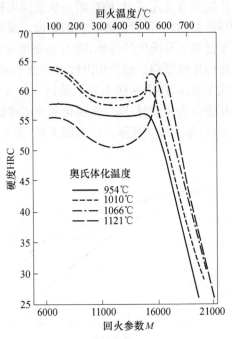

图 3.75　高碳高铬钢不同奥氏体化温度的主回火曲线[81]
钢的成分:1.55C、12.0%Cr、1.0% Mo、1.0%V

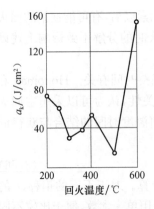

图 3.76　铬锰钢的回火脆性[68]
在 830℃淬火,回火 10h 后在水
中冷却;成分:0.21%C,0.45%Si、
1.50%Mn、1.58%Cr
本图原作者 Schrader 等,发表于 1950 年

3.8.7　回火脆性

　　钢在淬硬后进行回火时,随着回火温度的升高,以及硬度和强度的下降,韧性和塑性将不断提高,但在两个回火温度范围内却出现了脆性(图 3.76)。一个温度范围是 250~400℃,在此范围内出现的脆性叫做第一类回火脆性、不可逆回火脆性或低温回火脆性,亦称为回火马氏体脆性(tempering martensite embrittlement,TME)。另一个温度范围是 400~650℃,在此温度范围内出现的脆性一般称之为第二类回火脆性、可逆回火脆性或高温回火脆性,或简称为回火脆性(tempering embrittlement,TE)。

3.8.7.1　不可逆回火脆性

　　不可逆回火脆性主要表现在回火温度为 250~

400℃时,室温冲击韧度(a_k)下降,断裂韧度降低,塑性也可能略有降低,断口大多为晶间断裂,但也可穿过马氏体板条断裂,或沿板条边界断裂。韧性的降低实际上是由于提高了韧脆转变温度(图 3.77),并且这种冲击韧度的降低与韧脆转变温度的升高与最大晶间断裂的比例同步。回火后的冷却速率对这种回火脆性没有影响。

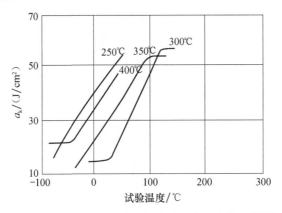

图 3.77　20CrMn 钢的冲击韧度随回火温度的变化[82]
1100℃在油中淬火,图中数值为回火温度

　　这种回火脆性在回火至 400℃以上时将消失,除非经过再次淬火,因此是不可逆的。在 250～400℃温度范围增加保持的时间同样可以看到脆性的发生,图 3.78 表示出不可逆回火脆性发展的动力学,随回火延续时间的增加,冲击韧性达到一个最小值,以后又开始增加。不可逆回火脆性只有在淬火得到了马氏体或下贝氏体时才会发生,不过在下贝氏体组织中脆性过程的发展比在淬火后得到马氏体组织中要慢得多。

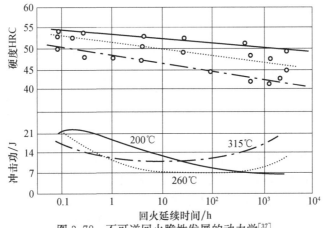

图 3.78　不可逆回火脆性发展的动力学[37]
本图原作者 Klingler 等,发表于 1954 年,图中数值为回火温度
钢的成分:0.41%C、0.91%Mn、0.32%Si、0.48%Cr、3.31%Ni,815℃淬水

奥氏体晶粒越粗大，残余奥氏体量越多，不可逆回火脆性越严重。将高温时的奥氏体进行塑性变形并在来不及再结晶的条件下进行淬火(称之为高温形变热处理)可以减弱不可逆回火脆性、降低韧脆转变温度，经过高温形变热处理后，组织显著细化。

所有钢，包括碳钢都有不可逆回火脆性，但碳钢的这种回火脆性只有用扭转冲击试验才能显示出来(图 3.79)。在合金钢中，碳含量的增加将加强不可逆回火脆性；Cr、Mn、Ni 都增加不可逆回火脆性；Si 也是增加不可逆回火脆性的元素；Mo、W、V、Ti 等由于可使晶粒细化，可以减小冲击韧性降低的程度；加入少量的铝(约 0.1%)也由于同样原因减弱回火脆性；S、P、As、Cu、N 等都是有害的杂质元素，易在晶间偏析，促进不可逆回火脆性的发生。

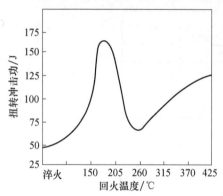

图 3.79　碳钢(1.10%C)的扭转冲击功与回火温度的关系[81]

淬火温度 788℃，盐水，700r/min 冲击试验

本图原作者 Palmer 等，发表于 1948 年

合金元素对不可逆回火脆性的温度范围也有不同的影响。在碳钢中，回火脆性的温度范围为 250~300℃，锰、镍、铜、钒等对温度范围的影响不大(250~400℃)；硅的影响最为显著，加入 1%~1.5%Si 可以使不可逆回火脆性的温度提高，在 300~320℃开始延迟至 400~450℃；铬、钼、钨的影响次之，使回火脆性的温度范围移至 300~400℃；同时加入硅和铬可以使不可逆回火脆性的开始温度提高至 350~375℃。

对于不可逆回火脆性的本质，有许多不同的理论[83]，目前，还没有统一的理论可以说明不同钢种的回火马氏体脆性问题。

最初曾把不可逆回火脆性产生的原因归之为残余奥氏体的分解。因为第一类回火脆性发生的温度范围正好是回火时残余奥氏体转变比较剧烈的温度区间。这一理论可以解释 Cr、Si 等元素将不可逆回火脆性推向高温的现象。但是实验证实，某些碳含量比较低(0.15%C)的合金结构钢淬火后，钢中的残余奥氏体量少，或者淬火后用冷处理的方法消除了残余奥氏体，经 200~350℃回火，仍然出现冲击韧性急剧下降的现象。

很早就有人把不可逆回火脆性和碳化物的沉淀相联系。在不可逆回火脆性的温度范围内，碳化物薄层优先在奥氏体晶界或马氏晶界上沉淀，并发生 ε 碳化物向 θ 碳化物的转变，促使裂纹容易在这些地方形核。

Thomas 等利用高分辨率电子显微镜技术，发现在低中碳马氏体板条间普遍存在着富含碳原子的残余奥氏体薄膜，厚度为 10~20nm，如图 3.80 所示[84]，其分解温度范围一般为 200~400℃，恰与不可逆回火脆性的发生温度区域重合。对一些低中碳合金结构钢进行的试验表明[84~86]，淬火后经 200℃回火 1h，板条间依然保持残余奥氏体薄膜，300~400℃回火 1h，部分残余奥氏体因热失稳而发生分解，在板条界、束界（或片状马氏体的孪晶界）出现连续的呈二维片状并由 θ 碳化物组成的硬化相，以及板条内分布的 ε 和 θ 相的共同作用，导致出现脆化现象。400℃回火 1h 后，残余奥氏体消失，θ 碳化物开始球化和变粗，回火脆性亦随之消失。研究工作发现，在一些中碳高强度钢中，300~350℃回火一定时间后，板条间尚存的残余奥氏体薄膜还会因少量的塑性变形而出现力学失稳，发生形变诱导马氏体转变，构成沿板条间分布的未回火马氏体薄膜，它与已析出的 θ 碳化物均处于板条间的位置，导致钢的脆化[87]。因此，残余奥氏体薄膜的分解与转变是引起不可逆回火脆性的机理之一。残余奥氏体薄膜理论实际上包括了薄层碳化物沉淀理论。

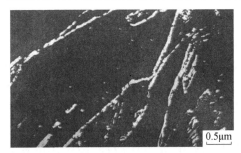

图 3.80　0.3%C-1%Cr-1%Mo 钢 870℃淬火后的 TEM 暗场像[84]
板条间残余奥氏体呈白色

一些研究工作表明，不可逆回火脆性的发生与杂质元素在原奥氏体晶界上的偏聚有关[87]。高纯度的实验用钢不出现回火马氏体脆性，250~400℃回火后断裂时仍以穿晶断裂为主；而同样成分的商业用钢却出现明显的回火脆性，沿晶断裂量随钢中杂质总含量的增加而增加。这只能用杂质在原奥氏体晶界上的偏聚来解释。因此，奥氏体化时杂质元素 P、S 等在晶界、亚晶界的偏聚导致晶界结合强度的降低，是引起不可逆回火脆性的原因。Si 不偏聚于晶界，但促进 P、S 向晶界偏聚。Mn 伴随 P、S 偏聚，促进它们偏聚于晶界。Mo、W、Ti 等元素能阻止杂质元素在晶界的偏聚，可以减弱不可逆回火脆性的发展。

上述不同的理论都有其实验依据。不少学者认为，不同钢种的不可逆回火脆性问题只能具体分析，各自解说，其机制很可能是几种因素综合作用的结果[83,86]。Ritchie 等研究低合金超高强度钢的不可逆回火脆性时，根据出现不可逆回火脆性时的断裂方式，用不同的脆化机制，予以解说，如图 3.81 所示。当残余奥氏体和杂质元素含量均较小时，在回火过程中沿晶界和板条间析出渗碳体，其中板条间碳化物为板条间残余奥氏体热失稳分解产物，主要断裂是渗碳体受拉伸作用而发生的穿晶断裂（图 3.81(a)）。当钢中存在有较多残余奥氏体时，在板条间将出现应变诱导的未回火马氏体层和 θ 碳化物的析出进而导致脆化，出现沿板条间界的断裂（图 3.81(b)）。当钢中含有较多的杂质元素或晶粒粗大,杂质元素,特别是磷易于向晶界偏聚,晶界渗碳体沉淀和杂质元素偏聚的共同作用导致沿晶界的断裂(图 3.81(c))[86]。

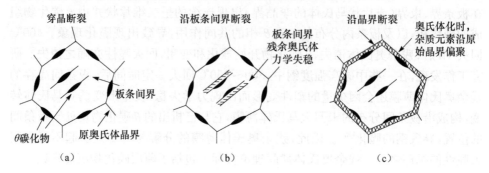

图 3.81　不可逆回火脆性断裂机制示意图[86]

目前还没有有效的方法消除不可逆回火脆性,常常不得不避免在此温度范围内回火。因此,结构钢淬火后或者在低温下回火以得到高的强度特性,或者在高温回火以得到高韧性和塑性的索氏体,因而得不到较好的强度和塑性的配合。

由于钢的力学性能指标对这类回火脆性的敏感程度不同,工件的服役条件千差万别,对于应力集中不大,承受的应力状态对回火脆性不敏感的工件可以在不可逆回火脆性温度区域回火使用,如某些冷冲、冷挤用的模具[88]。中间回火温度(300~400℃)也用于要求高的弹性极限的弹簧钢。

为了减弱不可逆回火脆性的影响,可以采取一些措施:冶炼上采用炉外精炼、真空冶炼、电渣重熔等技术以减少钢中的有害杂质;加入铝(0.1%)或钛等以细化晶粒;提高其发生的温度范围(如铬硅钢);工艺可采用形变热处理、亚温淬火以减小晶粒度,进行完全的等温淬火以得到下贝氏体组织或回火时进行快速加热短、时保温使引起脆性的热扩散过程来不及发展。

3.8.7.2　可逆回火脆性

1885 年,可逆回火脆性(回火脆性)首先在铬镍钢中被发现。在调质过程中,发现高温回火后如果冷却得缓慢,室温冲击韧性比在回火后迅速冷却条件时要低得多。除了冲击韧性降低以外,其他重要的物理和力学性能看不出什么变化。此后一百多年来对回火脆性进行了广泛而大量的研究。回火脆性的一些基本特征如下。

回火脆性发生的温度范围为 400~650℃。对回火脆性敏感的钢在此温度范围内等温停留或者自较高温度缓慢冷却经过此温度范围时都可以引起回火脆性的发展。然而在此温度范围内,除了可能发生回火脆性以外,还会由于回火过程本身而引起性能的变化。为了把回火过程本身与回火脆性过程区别开来,可以先将试样在 650℃以上温度回火后然后迅速冷却(韧性状态),此时回火过程本身已进行得比较充分。然后将处于韧性状态的试样置于 400~600℃中间温度进行不同时间的停留(脆性状态),这种处理方式称之为脆化。此时可以比较清晰地单独研究回火脆性的发展过程,而将回火过程本身的影响分离开。回火脆性发展的程度过去常根据室温下冲击韧度的降低程度来衡量,以回火脆性敏感性系数 α 表示, $\alpha=(a_k)_{快}/(a_k)_{慢}$。后来的许多研究工作指出,应当进行系列冲击试验,根据从韧性状态变为脆性状态时,韧脆转变温度 T_c 的移动程度 ΔT_c 来判断回火脆性的发展程度。由图 3.82 可以看出,根据室温冲击韧度判断回火脆性只是在第一种情况下才是正确的,而在其他两种情况下会给出错误的论断。现在在研究回火脆性时都采用 ΔT_c 作为判断的标准。韧脆转变温度 T_c 通常采用 50%脆性断口对应的断口形貌转变温度 50% FATT(fracture appearance transition temperature)表示。图 3.83 表示某种成分的钢在发生不同程度回火脆性时进行系列冲击试验的结果。当出现回火脆性时,冲

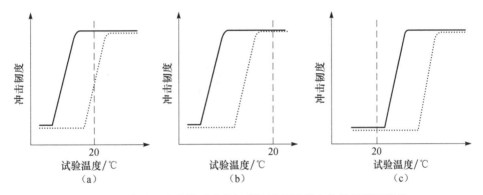

图 3.82　发生回火脆性时冲击韧度随试验温度变化的几种可能性

——韧性状态;……脆性状态

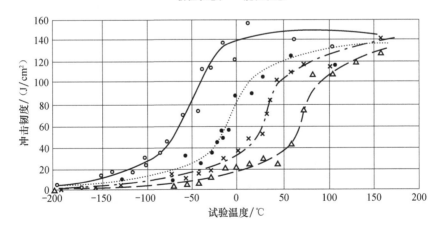

图 3.83　不同冷却速率对冲击韧度的影响[68]

热处理:850℃油冷,625℃回火 1h,不同冷却速率:○水;

●660℃/h;✕100℃/h;△9℃/h

本图原作者 Baeyertz 等,发表于 1949 年

击试样的断口呈晶间脆性断裂,处理成韧性状态时的脆性断口为穿晶的。

在图 3.84 中,根据脆化与未经脆化的样品的韧脆转变温度的移动程度 ΔT_c,亦称为脆化度,表示回火脆性发展的动力学。由图可以看出,脆化过程在 525℃附近进行得最剧烈,发展的速率在最初阶段进行得比较快,但随时间的增长而逐渐减低,575℃时虽然脆化过程进行得很快,但迅速达到最大值,以后又开始减小。这种随保温时间的延长,脆化程度减小的现象称为过时效(overaging)。图 3.85 表示几种对回火脆性比较敏感的钢淬火后在 500℃等温保持不同时间后冲击韧度的变化,可以看出,经若干时间以后冲击韧度值又开始增加。各种钢的回火脆性动力学曲线虽不完全相同,但基本情况是类似的。

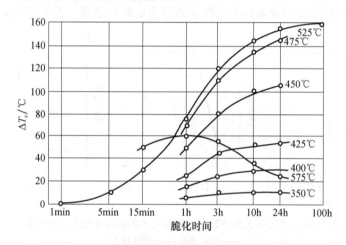

图 3.84　铬钢在不同温度下脆性过程发展的动力学曲线[68]

钢的成分:0.25%C、0.32%Si、0.30%Mn、0.016%S、0.044%P、1.38%Cr

热处理方式:875℃油冷,650℃回火 1h 水冷(韧性状态),此时的韧脆转变温度为-5℃

本图原作者 Vidal,发表于 1945 年

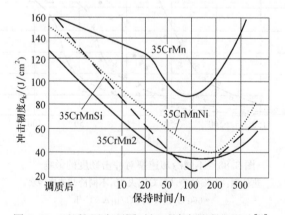

图 3.85　500℃回火不同时间对冲击韧度的影响[89]

这类回火脆性的一个重要特征是它的可逆性,即经过脆化处理的钢在 600℃ 以上进行高温回火并迅速冷却可以恢复其韧性,重新又在 400～600℃ 长时间停留 又引起回火脆性,可以如此重复多次,但脆性的发展程度逐渐减少。

回火脆性不仅在淬火钢中出现,在组织为其他奥氏体转变产物时也可以发生, 而且也是可逆的。表 3.10 比较了 35CrNi3 钢经 850℃ 奥氏体化后不同转变产物对回 火脆性的敏感性。由此可见,回火脆性在非淬火钢中也可以发生,但程度较小。

表 3.10 35CrNi3 钢经 850℃ 奥氏体化后不同转变产物对回火脆性的敏感性[90]

处理条件	硬度 HV	T_c/℃	ΔT_c/℃
860℃ 奥氏体化,移至 620℃ 分解 24h,水冷＋650℃,30min,水冷	214	＋70	—
同上＋500℃,32h	210	＋121	51
850℃ 奥氏体化,移至 350℃ 分解 24h,水冷＋650℃,30min,水冷	257	＋53	—
同上＋500℃,32h	253	＋162	109
850℃ 奥氏体化,油淬＋650℃,1h,油冷	280	－59	—
同上＋500℃,32h	—	＋137	196

注:钢的成分:0.33％C、0.59％Mn、0.037％P、0.031％S、0.27％Si、2.92％Ni、0.87％Cr。

提高淬火温度将增加回火脆性,显然回火脆性的加剧是由于晶粒长大引起的。 高温形变热处理可以减少可逆回火脆性的敏感程度、降低韧脆转变温度和提高室 温下的冲击韧性。

很早已经观察到,发生回火脆性以后,原奥氏体晶界对许多苦味酸溶液(最简 单的是苦味酸的饱和水溶液)显示出较高的腐蚀性(图 3.86)[91]。因此,常常使用 这类腐蚀剂比较脆化及未脆化的钢,以判断回火脆性的倾向大小。以后的研究工 作指出,在有些钢中出现回火脆性时,断裂可以沿着铁素体组织中的大角度晶界进 行,而非沿原始奥氏体晶界[92]。

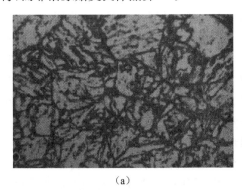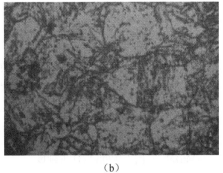

(a)   (b)

图 3.86 20CrMn2 钢发生回火脆性和消除回头脆性后,
经苦味酸的饱和水溶液浸蚀后的显微组织[91] 200×
(a) 淬火后 650℃ 回火后快冷＋500℃,300h;(b) 同(a)＋650℃,1h,水冷

前面已经指出,回火脆性使钢的韧脆转变温度提高,即增加了钢的脆断倾向,而室温下的其他力学性能指标 σ_s、σ_b、ψ 及 δ 并没有什么变化。但是许多研究工作指出,在塑性变形不易进行的条件(缺口、低温和冲击负荷等)下便可以看到回火脆性降低塑性和强度的现象。回火脆性的力学本质是由于削弱了晶界的联系使正断抗力 S_k 降低,因而增加了脆断倾向。对 30CrMnSiA 钢的光滑试样在液氮(−196℃)中进行了静拉伸试验,经过脆化的试样的断裂完全为脆性的,$S_k=\sigma_b=1330\sim1420$MPa,$\psi=0$;而韧性状态试样在同样试验条件下尚显示有较大的塑性 $\psi=35\%\sim40\%$ 和 $S_k=2100\sim2350$MPa[93]。

不同的钢具有不同的回火脆性倾向,这主要取决于钢的化学成分,而且微量的杂质往往会有显著的影响。

很纯的碳钢不显示回火脆性。在合金钢中,微量碳的存在是产生回火脆性的必要条件,碳含量大约在 0.003%(相当于 500℃时碳在 α-Fe 中的溶解度)以上才有可能产生回火脆性。碳的影响和钢中的磷含量有密切关系,但仅含有碳和磷(指很纯的钢)还不足引起回火脆性,如含有 0.12%C 和 0.036%P 的钢不显示回火脆性。一些学者认为一定数量的碳化物形成元素的存在是产生回火脆性的必要条件[91]。在一般方法冶炼的合金钢中提高碳含量时将略增加回火脆性。

单独的铬不会引起回火脆性,如磷含量极微,仅为约 0.002%时,含铬 5%甚至10%都不会引起回火脆性,但含有杂质(尤其是磷)时,含 1%Cr 的钢也可能出现回火脆性。因此有时 40Cr 钢也会有回火脆性。

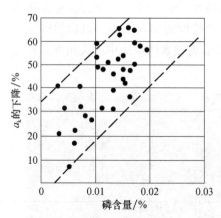

图 3.87　不同磷含量对锰钢(0.45%C,
1.7%Mn)500℃回火 120h 后冲击韧度
下降的影响[91]

预先经过调质(800℃淬火,600℃回火后油冷)

本图为 35 个炉次统计结果,原作者 Bennek,
发表于 1935 年

在很纯的碳钢中,Mn 含量超过 1.5%时便增加回火脆性,但是这种影响仍与钢中的磷含量有关。图 3.87 所示为磷含量对锰钢经过脆化处理的冲击韧度下降的影响。钢中同时含有锰和铬可以加剧回火脆性。

很早已经注意到,钢中磷含量的变动对合金结构钢的回火脆性有显著影响。例如,在含有锰、铬、锰铬、铬镍、铬镍钼等的钢中,磷含量的增加都强烈地增加回火脆性。磷含量增加时,这些钢中合金元素不多时都会出现回火脆性,因为磷及合金元素一起存在时会增强偏析现象。不含磷或含磷极微的铬锰钢(2%Cr、1%Mn)没有回火脆性,因此,一定的磷含量也是产生回火脆性的必要条件,这个界限低于 0.001%。磷的同族元素砷、锑及锡与其有相似的效果。图 3.88 为磷

族杂质元素对 Ni-Cr 钢回火脆性的影响[94]，其中 Sb 的作用最大。杂质元素的作用
还与钢的成分有关,在 Cr-Mn 钢中 P 的作用最大,Sb、Sn 次之。

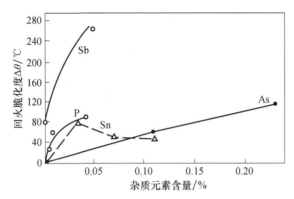

图 3.88　磷族杂质元素对 Ni-Cr 钢回火脆性的影响[94]

经 450℃等温保持 168h 脆化处理

很纯净的镍钢,即使仅含镍 3%～4%,磷含量达 0.1%或更高,也没有回火脆
性[91]。钢中含有单独的元素,如 Si、Al 和 Cu,都不会引起回火脆性[37]。许多合金
元素同时加入钢中常常和它们单独加入钢中时不同,会加剧回火脆性。例如,在
Cr 钢、Mn 钢或 Cr-Mn 钢中加入 Ni,会加剧其回火脆性倾向[87]。另外像 Si、Al 和
Cu 对 Cr 钢、Cr-Ni 钢及 Cr-Mn 钢的影响都是这样。

S、N、O、H 等元素对回火脆性没有明显的影响。

很早已经发现,对回火脆性敏感的合金钢中加入钼或钨可以减弱回火脆性倾
向。为了实际消除回火脆性,加入约 0.5%Mo 或约 1%W。在一般情况下加入约
0.2%～0.3%Mo 或 0.6%～0.8%W 便足以使回火脆性减弱。现在已经清楚地知
道,Mo 或 W 并不能真正消除回火脆性,而是改变了回火脆性过程的动力学,使其发
展大为缓慢。因此在一般实际使用的回火条件下,脆性过程尚来不及发展,但经长时
间回火时便显示出回火脆性,不过脆性发展最剧烈的温度范围略向上移(图 3.89)。

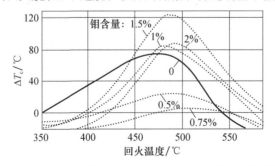

图 3.89　不同钼含量对 25CrMn 钢回火脆性发展的影响[95]

回火时间 1000h

应当指出，Mo 或 W 含量有一个最佳值，超过最佳值以后，影响反而减弱，即出现了过时效现象。这个最佳值视成分而异，对于钼来说约为 0.4%～0.6%，对于钨约为 1.5%。

钒在含量少于 0.3%时对回火脆性敏感度不产生大的影响，在含量大于 0.3%时，急剧增加钢的回火脆性倾向。钛、铌、锆这些强碳化物生成元素对回火脆性的影响还不完全清楚。在铬钢(0.40%C,2%Cr)中加入铌(1%以下)和锆(0.50%以下)，当它们可溶入固溶体中时可以减弱回火脆性，而当以碳化物形式存在时对回火脆性没有显著的影响。在锰钼钢(0.41%C,1.8%Mn,0.3%～0.6%Mo)中加入 Ti、Nb、Zr(0.50%以下)，由于在淬火时可以使部分碳化物溶解，这些元素可以减弱回火脆性。

有许多稀土元素能降低钢的可逆回火脆性的研究报道。加入 0.10%混合稀土可将经脆化处理的锰磷低合金钢在−100℃至室温的冲击值提高一倍以上[96]。添加 0.4%La 可显著降低含 0.045%P 的 35CrMnSi、37CrNi3 钢的韧脆转变温度，抑制钢的回火脆性，这是由于 La 能够减少相同状态下磷在晶界偏聚的浓度[97]。

钢的奥氏体化温度对回火脆性的影响主要是由改变了奥氏体晶粒的大小引起的。提高奥氏体化温度使奥氏体晶粒粗大，回火脆性敏感性也随之增大。

为了解释回火脆性产生的原因，曾经提出过许多种理论，主要有析出理论、平衡偏聚理论和非平衡偏聚理论。不过，迄今还没有哪一种理论能满意地解释所有现象。

1) 析出理论

不少学者认为回火脆性是由于碳化物沿晶界析出引起的。碳在 α-Fe 中的溶解度随温度而变化，在 450～650℃溶解度变化比较大，在此范围内回火后缓慢冷却时渗碳体沿晶界或板条界以片状形式析出，阻碍位错的运动，易在该处产生应力集中而沿晶断裂。迅速冷却可以将碳固定在 α-Fe 中。长时间回火，片状渗碳体逐渐转变为球状，这可以说明回火脆性的动力学曲线。脆化的试样在 650℃以上回火可以使碳化物重新溶入，迅速冷却之后可以恢复韧性。钼的良好作用在于能延缓碳自 α-Fe 中的析出。这种理论也可以解释不同原始组织对回火脆性倾向的影响，但不能解释许多元素(如 P 等)对回火脆性的重要影响和等温脆化现象。

有的学者认为应将可逆回火脆性分为缓冷脆化和等温脆化，缓冷脆化的产生是由冷却过程中碳化物在 α 相内位错线上的析出引起的，由于位错被细小的碳化物钉扎，使钢变脆，而等温脆化则可能是 P 等杂质元素偏聚引起的[98]。

早年曾提出回火脆性是由氧化物、磷化物等脆性相沿晶界析出引起的，但未能发现与脆性相对应的脆性相。

2) 平衡偏析理论

许多实验证明，回火脆性和晶界的某些变化有关，因此有人认为回火脆性与晶界发生的某些合金元素及杂质元素的偏聚有关。由于俄歇电子能谱(AES)等表面分析技术的发展,可以分析距试样(断口)表面 1nm 深处,即几个原子层的成分。再配上溅射离子枪,可对试样进行逐层分析,其深度分辨率达到 5～10nm[99]。

在 2.7.2 节已简要介绍了溶质元素在晶界的平衡偏聚理论。这一理论可以解释杂质元素(如 P)在晶界的偏聚引起的回火脆性,但未考虑杂质与合金元素之间的交互作用。长期以来人们已认识到合金元素的存在是出现回火脆性的必要条件。

Guttmann 考虑了钢中的合金元素 M 与杂质元素 I 同时存在于 α-Fe 中所形成的三元固溶体 Fe-M-I 的平衡偏聚问题,导出了 n 组元溶质系统中溶质元素 i 在晶界处平衡偏聚浓度公式[100]:

$$C_i^g = \frac{C_i^0 \exp\left(\dfrac{\Delta G_i}{RT}\right)}{1 + \sum_{j=1}^{n-1} C_j^g \left[\exp\left(\dfrac{\Delta G_j}{RT}\right) - 1\right]} \tag{3.57}$$

式中,C_i^g、C_i^0 分别为 i 溶质元素在晶界处的平衡偏聚浓度和在基体中的平衡浓度;ΔG_i 和 ΔG_j 为分别为 i、j 溶质元素在基体中的晶界偏聚自由能。式(3.57)考虑到基体中有 n 个溶质原子,可以处理第 i 个杂质元素以外的 $n-1$ 个合金元素对其晶界偏聚程度的影响。在其平衡偏聚计算公式中引入了交互作用系数,从而考虑了合金元素与杂质之间的吸引或排斥作用,具体的计算方法可参考有关文献[100]、[101]。

上述平衡偏聚模型可以解释三元体系中一些复杂的偏聚行为,并已扩展应用于多元合金系。例如,杂质元素 Sn 在没有足够 Ni(或 Mn)的钢中是不偏聚的,不会引起回火脆性。在钢中,Sn 和 Ni(或 Mn)有较强的交互作用。钢中含有一定量的在晶界平衡偏聚的 Ni(或 Mn)时,这些元素促进与 Sn 在晶界的共偏聚,产生了回火脆性。Cr 和 P 有强的吸引力和相互作用产生的共偏聚,而使回火脆性敏感性增强[101]。图 3.90 为一种含 Sb 的 NiCr 钢出现回火脆性时,Ni、Cr、Sb 在原奥氏体晶界上偏聚程度与回火脆性的对应关系。上述平衡偏聚模型可以很好地解释在含锰、铬、锰铬、铬镍、铬镍钼等的钢中磷含量增加时强烈地增加回火脆性的原因。Si 在 α-Fe 中与 P 相互排斥使更多的 P 偏聚于晶界而增加钢的脆性。

Mo 在钢中可以阻止回火脆性,但 Mo 必须固溶于 α-Fe 中才能起抑制回火脆性的作用。对 Mo 的作用机理,还有不同的解释。有人认为钢中加入 0.5%Mo 时使 P 等杂质元素的扩散激活能增加,扩散系数下降,致使脆化速率减缓。有实验表明,加入 Mo 的钢,其脆化倾向与 Mo 含量的关系和杂质元素扩散系数与 Mo 含

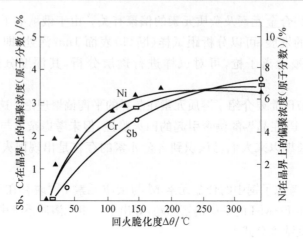

图 3.90　在 0.4%C-1.7%Cr-3.5%Ni-0.02%Sb 钢中，Ni、Cr、Sb
在原奥氏体晶界上偏聚程度与回火脆性的对应关系[94]

量的关系的对应性很好。加入 0.25%～0.50%Mo 时，扩散系数最小，而 Mo 抑制
回火脆性的效果也最佳。有的学者认为，Mo 是晶界偏聚元素，Mo 与 P 有较强的
结合力，可以与 P 产生晶界共偏聚，但可以阻止 P 对晶界的脆化作用。W 的作用
与 Mo 相同，但上述平衡偏聚的理论不能解释 Mo 和 W 在钢的恒温脆化过程的过
时效现象(图 3.89)。

　　Ni-Sb、Ni-Sn 何以在晶界的共偏聚导致晶界的弱化，产生回火脆性，而 Mo-P
在晶界的共偏聚何以阻止 P 对晶界的弱化作用？ 这可能是由于它们之间相互结
合(如 Ni-Sb、Ni-Sn)时，基于电子之间的相互作用，加强了平面内的结合能，但减
弱了穿过平面的结合能，从而降低了晶界强度，促进了回火脆性；而 Mo-P 相互结
合时，电子之间的相互作用不仅加强了平面内的结合，还可以加强穿过平面的结
合，从而提高了晶界强度，阻止了回火脆性的发展[102,103]。钢中加入少量的 Ti，当
其溶于 α-Fe 中时，晶界上 Ti 的偏聚可以减小 Ni、Sb 脆化晶界的作用也是基于同
样道理[104]。

　　稀土元素可以降低或消除回火脆性可能是由于稀土元素能与钢中一部分 P
等杂质元素形成稳定的夹杂物或化合物，降低了它们在晶界的偏聚量。稀土元素
似乎还能减慢等温回火过程中 P 向晶界偏聚的扩散过程[105]。

　　有的学者认为，在高温回火时，沿晶界比在晶内较快地生成渗碳体或者特殊碳
化物，此时碳化物生成元素逐渐向碳化物中富集而引起晶界区域 α-Fe 内碳化物生
成元素的贫化。碳化物生成元素影响着磷及其他元素在 α-Fe 中的热力学活度随
温度的变化系数，在约 600℃ 以下缓慢冷却时或者等温停留时，碳化物贫化的区域
将发生磷等元素的偏聚(温度太低时，这种扩散过程将不能进行)，因此引起晶界联
系的削弱而产生脆性。在约 600℃ 以上时，重新分布的过程将停止，甚至向相反方

向进行,因此加热至 600℃以上后可以消除这些元素在晶界区域的偏聚,随后迅速冷却将避免重新发生偏聚现象,因此恢复了韧性[91]。

3) 非平衡偏析理论

一些研究工作发现,不只是晶界平衡偏聚可以引起回火脆性,非平衡晶界偏聚(2.6.3 节)也是引起回火脆性的重要原因。

平衡偏聚的理论不能解释 Mo 和 W 在钢的恒温脆化过程的过时效现象,但用非平衡晶界偏聚理论却能给予合理的解释。图 3.89 显示 6 种钼含量的钢淬火后在不同温度恒温回火 1000h 时的脆化程度,在 482℃温度下达到脆化极大值。在高于和低于此温度时,脆性都急剧下降。晶界的非平衡偏聚理论认为,上述现象是由于 P 的非平衡偏聚引起的,并用非平衡偏聚公式计算了溶质元素 P 在钢中各个温度下的临界时间[106]。计算结果表明,P 在 477℃的临界时间为 1008h,很接近图 3.89 中所采用的 1000h 的恒温时间。恒温温度降低时,临界时间急剧增加,P 的晶界偏聚量和相应的脆化程度也急剧降低;恒温温度升高时,保持时间仍为 1000h,P 处于非平衡偏聚的反偏聚阶段,其晶界偏聚量和脆化程度将随恒温温度的升高而急剧降低。因此,图 3.89 的试验结果是由于 P 的恒温回火脆化临界时间引起的。研究 Ti 对含 Sb 的低碳 Ni-Cr 钢晶界偏聚和回火脆性时发现,不加 Ti 的钢,Sb 和 Ni 的晶界偏聚量随恒温时间的延长而增加,最后趋近一个稳定的平衡浓度;加 Ti 的钢,Sb、Ni 和 Ti 的晶界偏聚量随恒温时间的延长而增加,三个元素的偏聚量达到一个最大值,然后随恒温时间的延长发生这三个元素的反偏聚,其晶界偏聚量逐渐降低[104]。这一现象也可以用非平衡晶界共偏聚模型解释[107]。

Mo 必须固溶于 α-Fe 中才能起抑制回火脆性的作用。当 Mo 向碳化物转移时,固溶于 α-Fe 中的 Mo 的浓度逐渐降低,Mo 阻止回火脆性的作用逐渐消失。

不同成分的钢经不同工艺处理后出现回火脆性的原因会有所不同,可能同时存在几种不同的回火脆性机制。

为了防止合金钢的回火脆性,应注意在冶炼时,尽可能地减少 P 等有害元素,提高钢的纯度。工件在高温回火时,应在回火后快冷。对大截面的工件,难以做到在回火后快冷,可以采用含有适当的钼或钨的钢。钼的加入量一般为 0.25%～0.4%,钨的加入量一般为 0.8%～1.2%。可以加入能细化奥氏体晶粒的元素 Nb、V、Ti 等,增加晶界面积,降低晶界单位面积杂质元素偏聚量。对某些亚共析钢可采用亚温淬火的方法减轻或抑制不可逆回火脆性。亚温淬火是将亚共析钢加热至 Ac_1 至 Ac_3 温度之间的淬火,故又称为两相区淬火或临界区淬火。亚温淬火可以细化晶粒,使 P 等有害的杂质集中于少量游离分散的铁素体晶粒中,提高钢的韧性,减少回火脆性。一般在亚温淬火前均需一次完全淬火或调质处理[108]。

3.9　固溶处理与时效

固溶处理(solution treatment)是将固溶度随温度升高而增大的合金,加热到单相固溶体相区内的适当温度,保温适当时间,以使原组织内的析出相溶入固溶体。有时把此工序与随后的急冷处理合并在一起,统称为固溶处理,得到的组织是过饱和固溶体。由于这种过饱和固溶体处于非平衡状态,有自发地析出溶质元素的趋势。在一定温度条件下,它将发生分解并析出第二相质点,这一过程称为时效(aging)。如果时效在室温下可以进行,称为自然时效;在高于室温下进行,称为人工时效。图 3.91 为固溶处理与时效的示意图。

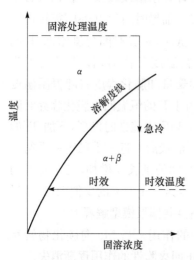

图 3.91　固溶处理与时效示意图

不同类型钢固溶处理的目的有所不同。一些奥氏体不锈钢固溶处理目的是使原组织中沿晶界析出的铬的碳化物溶入固溶体以提高钢的耐蚀性。对高锰耐磨钢,一般在 1050~1100℃ 加热以得到单一的奥氏体组织,然后迅速在水中冷却,称为水韧处理,这也是固溶处理,主要是消除铸态组织中在晶界上存在的碳化物相。对这类钢,固溶处理是其最终热处理,但大部分钢或铁基合金固溶处理的主要目的是为了在随后的时效过程中析出均匀细小的强化相作准备,析出过程又称为沉淀或脱溶。

在钢和铁基合金中过饱和固溶体进行时效的例子是很多的,如淬火钢中马氏体的分解过程,低碳钢的淬火时效和应变时效。

在铁基合金中,无论是以铁素体或奥氏体为基,还是以马氏体为基,常常利用时效引起的沉淀硬化作为强化的重要手段,析出相常常不止一个。

在铁素体为基的合金中,如 Fe-W 和 Fe-Mo 系,时效时析出拉弗斯相 Fe_2W 或 Fe_2Mo 作为强化相。

在奥氏体钢和许多耐热合金中,常以利用第二相引起的沉淀硬化作为提高热强性的最有效的方法,强化相可以是碳化物或一些金属间化合物。

3.9.1　脱溶过程

根据合金析出过程机理的不同,脱溶可以分为两类:成核与长大型、调幅分解(spinodal decomposition)型。后者不是按照成核与长大的机理析出的。成核与长大型脱溶可分为连续脱溶(连续沉淀)和不连续脱溶(不连续沉淀)两类。

1) 连续脱溶

连续脱溶时,新相的成核与长大在母相(基体)中各处同时发生、随机形成。母相的浓度随之连续变化。脱溶相均匀分布于基体时,称为均匀脱溶;如果脱溶相优先析出于局部区域,如晶界、孪晶界、滑移带等处,则称为不均匀脱溶。

脱溶是一个复杂的过程。最初阶段称为孕育期,此时溶质原子按一定方式集中,形成偏聚区。然后在这些地方进行自发分解过程,析出高度弥散的超显微的新相细粒,新相常常是亚稳相,一般与基体保持共格或半共格。

从过饱和固溶体母相脱溶析出新相时,析出相取何种形状? 这取决于形核时的界面能和弹性应变能。当脱溶新相与基体的结构和点阵常数都很相近,即错配度甚小时,新相形核和生长在界面处与基体保持共格关系,新相和基体界面上的原子同属于两相点阵共有,形成连续过渡,此时共格界面的界面能低,但在界面处存在应变能,应变能的大小主要取决于错配度的大小,错配度越大则应变能也越大(图 3.92(a))。若错配度继续增大,界面处的弹性应变能增大到一定程度,此时界面将包括一些位错来调节错配以降低应变能,形成半共格界面(图 3.92(b))。如新相与基体在界面处的原子排列相差甚远,错配度很大时,则形成非共格界面,界面能高,母相与脱溶相两者也会因比体积不同而产生弹性应变(图 3.92(c))。

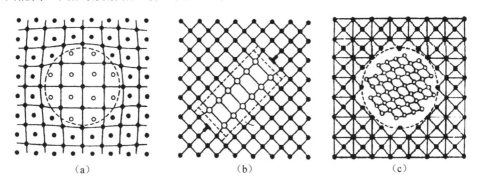

(a)　　　　　　　　　　(b)　　　　　　　　　　(c)

图 3.92　脱溶相与基体界面的关系示意图[109]

(a) 与基体完全共格;(b) 半共格;(c) 非共格

相界面共格或半共格时,母相和脱溶相之间存在确定的取向关系,两相在界面处以彼此匹配较好的晶面相互平行排列,使界面能降低;而相界面非共格时,两相之间不存在取向关系。

Nabarro 曾假设基体与析出相均为各向同性,两者无共格关系,析出相是不可压缩的椭球体,两者之间因比容不同而引起弹性应变能,在析出物体积不变的条件下,计算出应变能与析出物形状函数(c/a)之间的定量关系,图 3.93 为其关系曲线[109]。从图中可以看出,在给定体积的情况下,球状($c/a=1$)的应变能最高,针状($c/a\gg1$)的次之,而薄的盘状或板状($c/a\ll1$)的应变能最低。

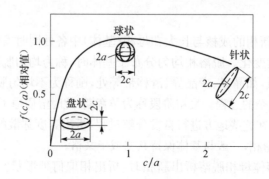

图 3.93　形状函数 c/a 与应变能函数 $f(c/a)$ 的关系曲线[10]

本图原作者 Nabarro,发表于 1940 年

由以上的分析可知,脱溶相为共格或半共格,形状为圆盘状(片状)时的应变能比较小,但表面能较高;形状呈球状时的表面能最小,而应变能最高;脱溶相呈针状时的表面能和应变能均居中。因此,脱溶相表面能小者倾向于盘状,表面能大者倾向于球状。有时脱溶相以立方体形状分布于基体,使错配度最小的晶面相匹配,以进一步减少应变能。

脱溶相析出后,固溶体的浓度下降,但不能达到平衡浓度。由于析出相的尺寸很小,根据热力学的原理,与细小晶体相平衡的固溶体饱和浓度也较高,这一状态称为胶态平衡或准态平衡。根据 Thomson-Freundish 公式(3.48),粒子半径越小,其溶解度越大。在温度不够高时,原子扩散困难,胶态平衡可以保持很长的时间。如果时效的温度足够高,保持的时间比较充分,使扩散能充分进行,在最后阶段,亚稳相转变为稳定相,共格性破坏,稳定相开始聚集长大(粗化),以降低总界面能,固溶体的浓度下降到平衡浓度。

2) 不连续脱溶

发生不连续脱溶时,从过饱和的基体相 α 中以胞状形式同时析出包含有 α' 相与 β 相两相的产物,其中 α' 相是成分有所改变的基体相,β 相是脱溶新相,两者以层片状相间地分布,通常形核于晶界并向某侧晶粒生长,转变区形成的胞状领域与未转变基体有明晰的分解面。这种脱溶亦称为胞状脱溶。胞状脱溶可表示为 $\alpha \rightarrow \alpha' + \beta$,式中 α 为过饱和的基体,α' 与 α 具有相同的晶体结构,但溶质的浓度较低,β 为平衡相。图 3.94 为不连续脱溶的示意图。成分为 $C_{\alpha 0}$ 的 α 相经固溶处理后在 T_1 温度时效,晶界上形成细小的胞状析出物,并向 α 基体内长大,如图 3.94(b)所示。胞状析出物由交替的 α' 相和 β 相的片层组成,β 片的成分是 C_β,而 α' 片的成分是 $C_{\alpha'}$,$C_{\alpha'}$ 一般要比平衡成分 C_α 稍高。

胞状脱溶前沿 α' 相与 α 相的界面上有成分突变,因此这类脱溶称为不连续脱溶。除成分的不连续外,还存在晶体位向的不连续性,在析出相-基体界面上,α' 片与 β 片都与母相 α 形成非共格界面。显然,胞状析出物的晶核和相邻晶粒之一形

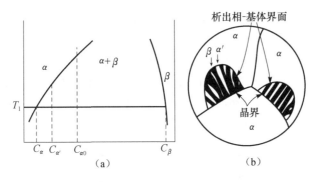

图 3.94　不连续脱溶[110]

(a) α 与 β 固溶线的相图；(b) 两个胞状领域的示意图

成共格界面,因此,胞状析出物只能向另一个晶粒中长大,因为它的长大需要非共格界面。

在发生不连续脱溶时,基体中需要进行扩散的溶质总是置换型溶质。因此,过饱和固溶体(基体)以不连续方式沉淀时,溶质原子的扩散距离只是在析出相-基体界面附近的短距离内,其长大受晶界扩散控制,而不是像在钢中珠光体长大的情况那样,受体扩散控制,这已被许多实验证实。

不连续脱溶已在许多铁基时效型合金钢中发现,这些铁基时效型合金钢包括沉淀硬化型奥氏体钢、沉淀硬化型铁素体钢等。

在同一合金内,可同时有连续脱溶和不连续脱溶存在,但两者的脱溶相往往不相同,通常先发生连续脱溶,沉淀析出的均匀弥散相是亚稳相。进一步发生不连续脱溶时,胞状领域的亚稳相随着稳定的不连续脱溶相的生长而重新溶入基体中,此时基体相因析出新相而贫化,故能重新溶入原先析出的亚稳相。发生不连续脱溶可使体系的自由能下降,但其形成需要克服一定的能垒,因此往往先形成连续脱溶的亚稳相,在一定温度下经过一段时间后再发生不连续脱溶。

连续脱溶和不连续脱溶的过程是一种扩散型相变,其等温脱溶或析出的动力学也可用 C 曲线表示。无论是过渡相,还是平衡相,其析出都要先经过一定的孕育期才能开始。其析出速率是受两个互相矛盾的影响的结果:随着时效温度的升高,原子扩散的速率增大,析出速率加快;但由于固溶体过饱和度的减小需形成的临界晶核尺寸增大(式(3.48)),使析出速率减慢。因此,其析出速率随时效温度增加而变化的曲线上也出现一个最大值。

3) 不成核方式分解——调幅分解

调幅分解与成核与长大型分解不同,不需要越过成核能垒。

过饱和固溶体脱溶时,按经典的析出相成核与长大理论,其成分分布如图 3.95(a)所示,晶核与固溶体基体间的界面上具有明显的结构不连续性,析出相晶核的成分突然升高至 C'_α,溶质朝着析出相向浓度梯度的下方,沿 C_0 到 C_α 的方向传输。在调幅分解(图 3.95(b))中,不需成核,开始时的成分增长要小得多,溶质必须进行上坡扩散才能移向析出相区域,并形成成分呈周期波动的、尺度约为 5～10nm 的微区。上坡扩散之所以能进行是组元的扩散降低了化学位的缘故。调幅分解时,微区之间不存在明显的相界面,只有浓度梯度,随后逐步增加调幅波长,形成亚稳态的调幅结构。在条件充分时,最终可形成平衡成分的脱溶相。

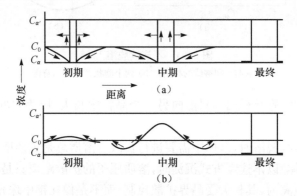

图 3.95　经典成核(a)与调幅分解(b)中的成分变化[110]

　　调幅分解的产物是一种由溶质原子组成的共格贫富区域,在一般情况下,调幅分解后的调幅组织的弥散度是非常大的,分布也很均匀,特别在形成的初期,因而可以提高合金的强度和矫顽力。

　　一些实验结果表明,高碳马氏体和 Fe-Ni-C 马氏体在低温回火(时效)的最初阶段亦发生调幅分解,调幅波长在 0.8～2.5nm 范围内。碳原子的偏聚可能是以调幅分解方式来进行的,碳偏聚区相应地为调幅结构的富碳区。回火温度升至 100℃,调幅结构消失,并演变为 ε 相的析出[83]。此外,在 Fe-Cr、Fe-Mo 等铁基合金和马氏体时效钢中也发现调幅分解。

3.9.2　脱溶相粒子的粗化

　　在时效过程中,析出相的稳定性(取决于结合力的大小)和其聚集的速率对于获得稳定的组织和性能是很重要的,聚集速率取决于析出相的稳定性、基体的原子结合力和组成析出相的原子在基体中的扩散速率。

　　人们发现,在一定温度下通过持续时效,当脱溶相的量接近相图中的平衡数量之后,脱溶相的生长并没有停止,大的颗粒将继续长大,小的颗粒将溶解消失,从而降低了总的界面能,这一过程称为颗粒粗化过程。Ostwald 首先研究了这一问题,因此将该问题称之为 Ostwald 熟化(Ostwald ripening)。

　　根据 Thomson-Freundish 公式: $\ln(C_r/C_\infty) = 2M\gamma/RT\rho r$,又由于 $2M\gamma \ll$

$RT\rho r$,则

$$C_r = C_\infty(1 + 2M\gamma/RT\rho r) \qquad (3.58)$$

式中,C_r 和 C_∞ 分别代表颗粒半径为 r 和无限大时的溶解度;γ 为相界面的表面能;M 代表颗粒物质的摩尔质量;ρ 为密度。

由于摩尔体积 $V_M = M/\rho$,式(3.58)可写为

$$C_r = C_\infty(1 + 2V_M\gamma/RTr) \qquad (3.59)$$

颗粒粗化过程是溶质原子从小颗粒溶解到基体中,并通过基体向大颗粒扩散的过程。通过分析溶质原子在基体中的扩散,可以求出颗粒长大(粗化)速率 dr/dt。假定 dr/dt 为常数,颗粒分布中的平均颗粒半径为 $\bar{r}$,可得到

$$\frac{dr}{dt} = \frac{2D\gamma V_M^2 C_\infty}{RTr}\left(\frac{1}{\bar{r}} - \frac{1}{r}\right) \qquad (3.60)$$

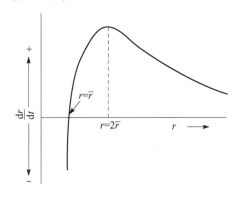

式中,D 为溶质元素在基体中的扩散系数[110,111]。dr/dt 与 r 的关系绘于图 3.96 中,曲线与横坐标的交点为 $\bar{r}$。从式(3.60)可以看出:

(1)当 $r = \bar{r}$ 时,$dr/dt = 0$,颗粒停止长大。

(2)当 $r < \bar{r}$ 时,$dr/dt < 0$,小颗粒溶解,当 $r/\bar{r}$ 趋于零时,溶解速率迅速增加。

(3)当 $r > \bar{r}$ 时,$dr/dt > 0$,大颗粒长大。

(4)当 $r = 2\bar{r}$ 时,dr/dt 为最大值,长大最快。

图 3.96　颗粒长大速率随其半径的变化[110]

(5)在长大过程中,由于小颗粒溶解,大颗粒长大,颗粒总数减少,$\bar{r}$ 会增加。当 $r > 2\bar{r}$ 时,长大速率会逐步下降。实际上 $r > 2\bar{r}$ 的颗粒是很少的。

(6)颗粒的平均半径 $\bar{r}$ 将随时间的延长而增大。$\bar{r}$ 增加时,各种尺寸颗粒的生长速率都相应地降低。

为了降低 dr/dt,应设法降低扩散系数 D、界面能 γ 及沉淀相的平衡溶解度 C_∞,这些措施已应用于耐热钢和高温合金的成分设计。

为了获得颗粒平均直径与时间的关系,Lifshitz-Slyozov 与 Wagner 在考虑颗粒尺寸分布基础上经过严密处理后,得出[110,111]

$$\bar{r}^3 - \bar{r}_0^3 = \frac{8}{9}\frac{D\gamma V_M^2 C_\infty}{RT}t \qquad (3.61)$$

相关理论通常被称为 LSW 理论。

之后,Greenwood 近似地假定 $d\bar{r}/dt$ 等于 dr/dt 的最大值($r = 2\bar{r}$),即

$$d\bar{r}/dt = (dr/dt)_{max} = D\gamma V_M^2 C_\infty/2RT\bar{r}^2 \qquad (3.62)$$

积分后得到

$$r^3 - \bar{r}_0^3 = \frac{3}{2}\frac{D\gamma V_M^2 C_\infty}{RT}t \tag{3.63}$$

式(3.63)与式(3.61)的结果相似,只是系数有些差异[111]。

由式(3.63)可知,脱溶相的平均直径随 $t^{1/3}$ 的增长而增长,并与 γ 及 C_∞ 的立方根成比例。因此,共格脱溶相比非共格脱溶相粗化得慢些,降低溶质在基体中的溶解度也会使粗化颗粒减小。

3.9.3　低碳钢的时效

从图 2.24 可知,低碳钢在 A_1 以下可以发生少量碳、氮原子引起的时效过程。低碳钢的时效有两种:一种叫淬火时效,也叫热时效,即钢由高温(A_1 以上或以下)快速冷却后,其性能随时间而变化;另一种叫应变时效,也叫机械时效,即冷加工变形后的性能随时间而变化。

在含碳 0.3%～0.4% 的低碳钢,如各种建筑用钢、冲压用薄钢板及船舶、桥梁用钢中都有时效现象。在时效过程中,其力学和物理性能随时间而发生变化,这种变化可以在室温或稍高于室温的较低温度下进行。

时效的一个重要影响是增加了钢的脆性倾向,提高了钢的韧脆转变温度。许多用低碳钢制作的容器、锅炉等在制造过程中受到弯曲、卷边、扩径等冷变形,将引起应变时效。焊接广泛用于制造各种结构,焊后的冷却将引起淬火时效。有时两种时效可以同时进行,下面的例子可以说明这种影响。一种锅炉用钢板,在刚刚变形后,其冲击韧度(a_k)为 118J/cm²,而放置 10 天后降至 34J/cm²。用优质焊条焊接的钢板焊缝,在三个月以后,其 a_k 由 89J/cm² 降至 32J/cm²。当这些结构在较低的温度下工作时,这种影响就更严重了,尤其广泛应用焊接结构以后,一些船舶和桥梁因发生时效过程而引起突然断裂的事故是屡见不鲜的。图 3.97 为第二次世界大战期间国外一焊接油船发生脆性断裂的照片。经过广泛的研究,目前对于引起时效的原因已经有了基本的了解。

图 3.97　国外一油船发生脆性断裂[112]

3.9.3.1　淬火时效

淬火时效(quench aging)是由钢中存在的微量的碳和氮原子引起的。很纯的铁没有时效现象。碳和氮在 α-Fe 中的溶解度随温度而变(图 2.24),在共析温度时碳的溶解度约为 0.02%(723℃),氮的溶解度约为 0.10%(585℃),而在室温下分别为 0.00002‰和 0.026‰。因此在钢中有微量的碳和氮时,在加热以后迅速冷却,将得到 α-Fe 的过饱和固溶体。图 3.98 为含 0.06%的碳钢在淬火后在不同温度下进行时效过程时的硬度变化。时效在室温时已可以较快的速率进行。根据碳、氮在 α-Fe 中扩散系数的方程式($D_\alpha^C = 6.2 \times 10^{-3}\,e^{-80/RT}\,cm^2/s$, $D_\alpha^N = 3 \times 10^{-3}\,e^{-76/RT}\,cm^2/s$)可以看出,碳和氮的原子在室温时仍具有相当的扩散速率(250℃以下时,氮的扩散速率大于碳的扩散速率)。若在室温相近的温度范围内放置(自然时效),随着时间的延长,碳、氮原子将在晶界或晶内的缺陷处,主要是位错处,发生偏聚,形成柯垂尔气团,阻碍了位错的运动,使钢的强度、硬度增高,而塑韧性降低。稍提高时效(人工时效)温度时,碳、氮原子将以亚稳定的 ε 碳化物(Fe$_{2.4}$C)和 α'' 氮化物(Fe$_{16}$N$_2$)形式析出,这些析出物与母相成共格关系,因而也使硬度、强度提高,使塑、韧性降低,并且还可能使性能变化出现峰值。图 3.99 显示低碳钢(0.05%C-0.9%Mn)淬火时效时基体上的位错与析出的细小沉淀物。

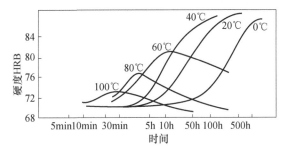

图 3.98　低碳钢(0.06%C)淬火时效时的硬度变化[113]

本图原作者 Davenport 和 Bain,发表于 1935 年

若时效温度进一步提高,则亚稳定的碳化物、氮化物消失而形成稳定的渗碳体(Fe$_3$C)和 γ' 氮化物(Fe$_4$N),此时硬度显著下降。

Fast 等[114]研究了碳、氮、氧对淬火时效的作用和锰的影响,并和很纯的铁(杂质含量小于 0.001%)进行了比较。很纯的铁没有时效现象。碳的影响最大,氮次之。钢的脱氧程度对低碳钢的淬火时效也有较大的影响,脱氧不充分的钢发生淬火时效比较显著,沸腾钢由

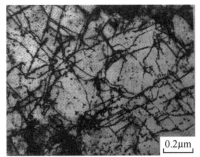

图 3.99　0.05%C-0.9%Mn 钢自 770℃淬火,97℃时效 20min 的 TEM 图[11]

于淬火时效而使硬度增加的现象比镇静钢显著得多，而镇静钢中用硅脱氧比用铝脱氧的又显著些。氧的作用尚不完全清楚，可能是间接的，即降低碳、氮在 α-Fe 中的溶解度，促使碳氮较多较快地析出。加入 0.5%Mn 时可以完全消除氮的影响，但对碳没有作用。因为钢中总是有一些锰，所以氮的作用比较小，因此在低碳钢中，淬火时效主要是碳引起的。加铝、钛、锆时，可以完全消除氮的作用。碳含量在 0.02%～0.04%时，淬火时效倾向最大，碳增加时，淬火时效倾向减少。淬火正火后都有时效现象，但淬火温度为 A_1(723℃)时，效果最大，高温回火可以消除时效倾向[108,109]。

3.9.3.2　应变时效

图 3.100 表示碳钢的应变时效(strain aging)。碳和氮都引起应变时效，但氮的作用更重要些。由图 3.101 可以看出，应变时效时，在只含有氮的情况下，50℃时经过 2h，硬度达到最大值，在 300°以上，硬度才开始下降；只含有碳时，在 50℃经

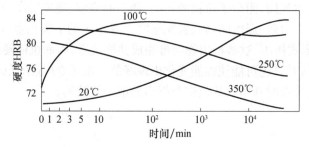

图 3.100　低碳钢(0.04%C)经过 5%变形后在不同温度下时效时的硬度变化

本图原作者 Davenport 和 Bain，发表于 1935 年

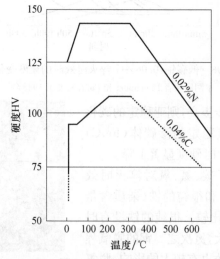

图 3.101　纯铁含有 0.04%C 或 0.02%N 时，在拉伸变形 10%和不同
温度下时效 2h 后的硬度变化[113]

过 2h,硬度增加还很少,只是在 200℃时才达到最大硬度值。含 0.03%O 时,同样不引起应变时效。所以影响应变时效最大的是氮。

应变时效的原因是冷加工形变降低了碳和氮原子在 α-Fe 中的溶解度,室温时氮的溶解度比碳要高得多,因此冷加工形变对氮的影响比较大,同时氮原子的扩散速率也比较快。不同元素对应变时效的影响各异。加入铝能生成 AlN,可以减少时效倾向;加入少量的钒、铬、钛、铌、钼都能减少应变时效倾向,这几种元素加入量比较多时,可以使应变时效完全消失;加入铜、镍则可以增加时效倾向;加入磷促进应变时效。

比较图 3.98 和图 3.100 还可以看出应变时效与淬火时效不同之处,应变时效进行的速率比较快,而且硬度到最大值以后不容易下降。根据位错理论,形变时位错数目大量增加(形变量为 23%时,位错密度自 $10^8/cm^2$ 增至 $10^{12}/cm^2$),所以碳和氮原子能经过较短的距离移至位错附近,形成气团,因而硬度增加的速率很快。同时由于分配在每个位错的碳、氮原子数目少,与之结合较紧,没有碳化物、氮化物的析出。

退火后的低碳钢板,如 08F,在拉伸时会在拉伸曲线上出现明显的屈服极限(大的屈服平台),如图 3.102(a)所示。这一现象可以用柯垂尔气团理论予以解释。退火后位错被偏聚在其周围的溶解的碳、氮原子钉扎住,因此开始时需要相对大的应力,相当于上屈服点,才能使位错从溶解的碳、氮原子的钉扎效应中释放出来。在这种情况下,变形在应力集中处开始,变形开始后,在接近恒定应力下(下屈服应力)应变区域向其他部分扩散。但在离变形区较远的地方仍未发生变形,呈现不均匀屈服。在拉伸试样的这些狭窄的局部应变区域通常可见到应变线痕,称之为吕德斯带(Lüder's band)。这种钢板在冷冲时会出现粗大的滑移带(图 3.103),使表面凹凸不平(像橘皮),拉应力时滑移带形成下凹部分,这对某些表面质量要求高的冷冲零件,如轿车壳体,是不容许的。变形量达到 5%～10%后将不会出现滑移带。为了防止这种缺陷,应在退火后进行少量(0.8%～1.5%)冷轧,可产生轻微的均匀变形,使被固溶于 α-Fe 中的碳、氮原子钉扎住的位错释放出来,并强烈增加点阵中的位错数目,这将使屈服平台消失(图 3.102(b)),在冷冲时将不会出现滑移带。消除退火状态的屈服平台所需的最小平整压下率与晶粒度有关,细晶粒钢需要较大的平整压下率。但如果钢板放置时间过长(一周或更短些),又将在拉伸图上引起屈服平台(图 3.102(c))和冷冲时产生滑移带。因为经过一段时间,溶于 α-Fe 中的碳、氮原子扩散至位错处,又能形成气团以降低系统的自由能,此即应变时效的结果。为使位错由气团移出,需要比较大的应力,而当位错离开气团后继续移动时,所需的应力将减小,故又引起拉伸图上屈服平台的出现。

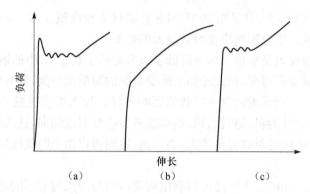

图 3.102　时效和冷变形对 08F 钢的拉伸图的影响(示意)

(a) 退火后;(b) 经过精轧(平整);(c) 应变时效

图 3.103　低碳钢冷冲在表面出现了粗的滑移带

　　用柯垂尔气团理论可以成功地解释明显屈服点现象,但全面解释屈服现象尚显不足。一些实验证明,钢中的位错被强烈钉扎住,脱钉实际是不容易的。退火钢中自由运动的位错密度很低,在应力达到上屈服点之后,要保持拉伸时总的形变速率不变,需要增加大量的自由位错。弱的钉扎作用可以发生脱钉,但还需要某种位错增殖机制,这可以通过晶粒间界处的应力集中来实现。这样在应力-应变曲线上可以得到上、下屈服点[3,115]。

　　在机械制造厂,一般在冷冲以前先将薄钢板进行一次平整加工,给以轻微的均匀变形。平整加工以后不允许放置过久,否则再次平整加工也无法消除滑移带的产生。在深冲时,各种冲压工序也应连续进行,以防止因应变时效引起滑移带的出现。

　　沸腾钢都有时效倾向,在使用时必须注意。为了减少时效倾向,可以加入少量的铝或钛(将氮结合成氮化物),此时将得到镇静钢,尤其用铝脱氧的钢,时效倾向最小。这是由于铝能细化晶粒,使析出的质点分散,同时脱氧去氮的效果较强,使钢中残存的氮、氧大大降低。这种钢经过精轧之后,可以长期放置,不会出现应变时效,不致在冷冲时产生滑移带。如果要得到耐时效的沸腾钢可以加入大约 0.05% 的钒,钒和氧的作用较弱,可以与氮结合。加入微量的硼也是比较有效的。近年来广泛采用了顶吹氧气转炉炼钢法,有效地提高了钢的质量,减少了时效倾向。

　　为了检查钢的时效倾向,规定了评定的方法。对于应变时效,GB/T 4160—

2004《钢的应变时效敏感性试验方法（夏比冲击法）》规定试料一般应先进行 10%（非合金钢）或 5%（合金钢）的预变形（在拉力试验机上进行），然后将其制成冲击试样，在 250℃时效 1h，测其冲击值的下降百分数（与未经时效者比较）。对于淬火时效，目前还没有一定的试验方法。

在中碳和高碳钢中，由于碳化物数量比较多，碳化物的存在可以促进过饱和 α-Fe 的分解，而且铁素体和碳化物相界处的缺陷可以容纳较多的碳与氮的原子，所以时效过程进行得较弱。

与应变时效有关是一种称为"蓝脆"（blue brittle）的现象。金属材料的塑性变形抗力一般随温度的升高而减小，但低碳钢在 160～400℃却出现强度性能指标升高、塑性性能指标下降的情况，如图 3.104 所示，即在钢呈蓝色的回火温度范围内出现脆性，故称为蓝脆。应变速率增加时，蓝脆温度向高温转移，因此，钢的冲击韧度在 500℃左右出现谷值[116]。

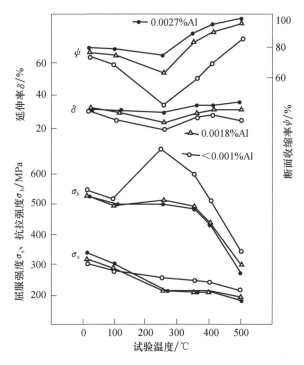

图 3.104　正火的铁素体-珠光体组织的普通碳素钢的高温拉伸曲线和添加铝的影响[11]
钢的成分：0.25%C、0.25%Si、1.0%Mn、0.010%N，900℃正火

上述蓝脆现象是一种动力应变时效，即在该温度范围内进行形变的过程中就同时发生时效。应变后的时效被称为静态应变时效。在蓝脆温度范围进行拉伸试验，可以观察到锯齿状屈服，这是由于位错一会儿被气团或沉淀粒子锁住，一会儿

又被释放所引起的。蓝脆效应的温度对形变速率很敏感,因为时效要与形变过程同时发生,那么原子的扩散速率也要和形变速率相配和并能把位错钉扎住[115]。

蓝脆现象在低碳钢中比较明显,但在一些中高碳钢和合金钢中也可以观察到蓝脆现象。

一般说来,蓝脆是一种不利现象,中厚钢板进行热冲裁,加热温度要避开蓝脆区域;热作模具钢的工作温度也要尽可能避开蓝脆温度。但在某些情况下钢的蓝脆现象可以加以利用。生产中利用钢在蓝脆温度区域脆而硬、易于折断、断口平整的特点进行下料的方法称为蓝脆折断下料工艺。蓝脆落料则是利用蓝脆特性,提高落料时钢材的脆性,进行脆性剪断,以提高落料件分离面的质量。涂过漆的冲压零件在 150~250℃(通常为 170℃)加热约 15~20min 进行烘烤。如果钢中含有 0.001％的固溶碳和氮,烘烤处理时产生的应变时效导致强化,这被称为烘烤硬化(bake hardening)。烘烤中屈服强度的增加,定义为烘烤硬化指数 BH,其值可增至 50MPa 或更高。

参 考 文 献

[1] Блантер М Е. Фазовые превращения при термической обработке стали [M]. Москва: Металлургиздат,1962.

[2] Миркин И Л и, Криштал М А. Диффузия в металлических сплавах [M]. Москва: Металлургиздат,1959.

[3] Bhadeshia H K D H, Honeycombe R W K. Steels-Microstructure and Properties[M]. 3rd Ed. Amsterdam:Elsevier,2006.

[4] 卢光熙,侯增寿. 金属学教程[M]. 上海:上海科学技术出版社,1985.

[5] Гольдштейн М И, Грачев С В, Векслер Ю Г. Специальные стали [M]. Москва: Металлургия,1985.

[6] Roberts G A, Mehl R F. The mechanism and the rate of formation of austenite from ferrite-cementite aggregates[J]. Transactions of ASME,1943,31:613.

[7] Speich G R, Demarest V A, Miller R L. Formation of austenite during intercritical annealing of dual-phase steels[J]. Metallurgical and Materials Transactions A:Physical Metallurgy and Materials Science,1981,12(8):1419.

[8] 戚正风. 金属热处理原理[M]. 北京:机械工业出版社,1987.

[9] Садовский В Д. Структурний наследственность в стали[M]. Москва:Металлургия,1973.

[10] Zener C. Private communication to Smith C S[J]. Transactions of AIME,1949,175:15.

[11] Pickering F B. 钢的组织与性能[M]. 刘嘉禾,等译. 北京:科学出版社,1999.

[12] Gladman T. On the theory of the effect of precipitate particles on grain growth in metals [C]. Proceedings of the Royal Society of London Series A,1966,294:298.

[13] 毛新平,等. 薄板坯连铸连轧微合金化技术[M]. 北京:冶金工业出版社,2008.

[14] Speich G R, Cuddy L J, Gordan G R, et al. Formation of ferrite from control-rolled austen-

ite[C] // Marder A R, et al. Phase Transformation in Ferrous Alloys. Warrendale: TMS-AIME, 1984:341.

[15]　Hansen S S, Vander Sande J B, Cohen M, et al. Niobium carbonitride precipitation and austenite recrystallization in hot-rolled microalloyed steels[J]. Metallurgical Transactions A, 1980, 11(3):87.

[16]　Cuddy L J. The effect of microalloying concentration on the recrystallization of austenite during hot deformation[C] // Deardo A J, et al. Thermomechanical Processing of Austenite. Pittsburgh: TMS-AIME, 1882:129.

[17]　雍歧龙. 钢铁材料中的第二相[M]. 北京:冶金工业出版社, 2006.

[18]　王有铭, 李曼云, 韦光. 钢材的控制轧制和控制冷却[M]. 北京:冶金工业出版社, 1995.

[19]　潘金生, 仝建民, 田民波. 材料科学基础[M]. 北京:清华大学出版社, 1998.

[20]　Marder A R, Bramfitt B L. Effect of continuous cooling on the morphology and kinetics of pearlite[J]. Metallurgical Transactions A, 1975, 6(11):2009.

[21]　刘云旭. 金属热处理原理[M]. 北京:机械工业出版社, 1981.

[22]　俞德刚, 谈育煦. 钢的组织强度学:组织与强韧性[M]. 上海:上海科学技术出版社, 1983.

[23]　Porter D A, Easterling K E. Phase Transformation in Metals[M]. 2nd Ed. New Jersey: Chapman & Hall, 1993.

[24]　徐祖耀, 李麟. 材料热力学[M]. 北京:科学出版社, 2001:147.

[25]　杨桂英, 石德珂, 王秀苓, 等. 金相图谱[M]. 西安:陕西科学技术出版社, 1988.

[26]　李炯辉, 施友方, 高汉文. 钢铁材料金相图谱[M]. 上海:上海科学技术出版社, 1981:366.

[27]　Бочвар А А. Исследование кинетики и механизма кристаллизации сплавов эвтектического типа[M]. ОНТИ, 1935.

[28]　Энтин Р И. Превращения аустннита в стали[M]. Москва:Металлургиздат, 1960.

[29]　Razik N A, Lorimer G W, Ridley N. Investigation of manganese partitioning during the austenite-pearlite transformation using analytical electron microscopy[J]. Acta Metallurgica, 1974, 22(10):1247.

[30]　张沛霖, 梁志德. 铬钢在珠光体转变时的碳化物形成过程[J]. 金属学报, 1955, 2(4):367.

[31]　大森靖也. 钢铁的碳氮化合物相界面沉淀[J]. 日本金属学会会报, 1976, 15(2):93.

[32]　林栋梁. Fe-0.04Nb-0.02C 合金的强化[J]. 上海交通大学学报, 1978, (1):134.

[33]　牧正志, 田村今男. 铁系合金马氏体形态和亚组织[J]. 日本金属学会会报, 1974, 13(5):329.

[34]　Гуляев А П. Термичесая обработка стали[M]. Москва:МАШГИЗ, 1960.

[35]　徐祖耀. 马氏体相变与马氏体[M]. 2 版. 北京:科学出版社, 1999:213.

[36]　Winchell P G, Cohen M. The strength of martensite[J]. Transactions of ASM, 1962, 55:347

[37]　Меськин В С. Основы легирования стали[M]. Москва:Металлургиздат, 1959.

[38]　McMahon J, Thomas G. Microstructure and design of alloys[C] // Third International Conference on the Strength of Metals and Alloys. Cambridge, England, 20-25 August,

1973:180.

[39]　方鸿生,王家军,杨志刚,等. 贝氏体相变[M]. 北京:科学出版社,1999.

[40]　Ko T(柯俊),Cottrell S A. The formation of bainite[J]. Journal of the Iron and Steel Institute,1952,172:307.

[41]　Christian J W. The Decomposition of Austenite by Diffusional Processes[M]. New York:Interscience Publisher,1962:371.

[42]　Hehemann R F,Troiano A R. Transactions of ASME[J]. 1954,200:895,1272.

[43]　康沫狂,杨思品,管敦惠. 钢中贝氏体[M]. 上海:上海科学技术出版社,1990.

[44]　俞德刚,王世道. 贝氏体相变理论[M]. 上海:上海交通大学出版社,1997.

[45]　Aaronson H I. The Decomposition of Austenite by Diffusional Processes[M]. New York:Interscience Publisher,1962:387.

[46]　徐祖耀,刘世楷. 贝氏体相变与贝氏体[M]. 北京:科学出版社,1991.

[47]　Hehemann R F. Transformation and Hardenability in Steel[M]. Michigan:Climax Molybdenum Company,1967.

[48]　Smith Y E,Colden A P,Cryderman R L. Mn-Mo-Nb acicular ferrite steels with high strength and toughness[C]. Toward Improved Ductility and Toughness. Kyoto:Climax Molybdenum Company,1971:119.

[49]　Kim Y M,Lee H,Kim N J. Transformation behavior and microstructural characteristics of acicular ferrite im linepipe steels[J]. Material Science and Engineering A,2008,478:361.

[50]　Xiao F R,Liao B,Ren D L,et al. Acicular ferrite microstructure of a low-carbon Mn-Mo-Nb microalloyed pipeline steel[J]. Material Characterization,2005,54:305.

[51]　Pan T,Yang Z G,Zhang C,et al. Kinetics and mechanisms of intragranular ferrite nucleation on non-metallic inclusions in low carbon steels[J]. Material Science and engineering A,2006,478-440:1128.

[52]　李鹤林,冯耀荣,柴慧芬,等. 低碳、超低碳微合金化管线钢的显微组织[M]// 中国石油天然气集团公司管材研究所. 石油管工程应用基础研究论文集. 北京:石油工业出版社,2001:77.

[53]　Babu S S. The mechanism of acicular ferrite in weld deposits[J]. Current Opinion in Solid States and Material Science,2004,8:268.

[54]　余圣甫,雷毅,谢明立,等. 晶内铁素体的形核机理[J]. 钢铁研究学报,2005,17(1):47.

[55]　大森靖也,大谷泰夫,邦武立郎. 低碳低合金高强度钢中的贝氏体[J]. 钢と铁,1971,57(10):1690.

[56]　Hehemann R F. Phase Transformations[M]. Columbus:American Society for Metals,Metals Park,1970:397.

[57]　Steven W,Haynes A G. The temperature of formation of martensite and bainite in low alloy steels[J]. Journal of the Iron and Steel Institute,1956,183:349.

[58]　Bodler R L,Ohhashi T,Jaffe R I. Effects of Mn, Si, and purity on the design of 3. 5NiCrMoV,1CrMoV,and 2. 25Cr-1Mo bainitic alloy steels[C]. Metallurgical and Mate-

rials Transactions A,1989,20:1445.

[59] Pickering F B. Physical Metallurgy and the Design of Steels[M]. London:Applied Science Publisher Ltd,1978.

[60] 机械工程手册、电机工程手册编辑委员会. 机械工程手册第 44 篇:热处理[M]. 北京:机械工业出版社,1979:24,29.

[61] 刘云旭. 钢的等温热处理[M]. 北京:机械工业出版社,1973:137.

[62] United States Steel Company Research Laboratory. Atlas of isothermal transformation diagrams[R]. Pittsburgh:United States Steel Company,1951.

[63] Попов А А, Попова А А. Изотермические и термокинетические диаграммы распада переохлажденного аустента(Справочник термиста)[M]. Издательство:Металлур-гия, 1965.

[64] 本溪钢铁公司第一炼钢厂,清华大学机械系金属材料教研组. 钢的过冷奥氏体转变曲线:第一图册[R]. 1978.

[65] 中国机械工程学会热处理专业分会《热处理手册》编委会. 热处理手册第 4 卷(3 版):热处理质量与检验[M]. 北京:机械工业出版社,2001:590～661.

[66] 薄鑫涛,郭海祥,袁风松. 实用热处理手册[M]. 上海:上海科学技术出版社,2009:343～363.

[67] 金属热处理技术便览编辑委员会. S 曲线:组织写真集[M]. 东京:日刊工业新闻社,1961.

[68] Houdremont E. Handbuch der Sonderstahlkunde[M]. Berlin:Springer-Verlag,1956.

[69] Бор. кальций,ниобий и цирконий в чугуне и стали[M]. Москва:Металлургиздат,1960(译自英文).

[70] Каминский Э З,Стеллецкая Т И. Кинетика распада мартенсита в углеродистой стали. Проблемы металловения и физики металлов,сб. первый[M]. Москва:Металлургиздат, 1949.

[71] 今井勇之进. 淬火、回火和钢中的相[J]. 日本金属学会会报,1975,14(6):405.

[72] Jack K H. Journal of the Iron and Steel Institute[J]. 1950,166:17;1951,169:248.

[73] Бокштейн С З. Структура и механические свойства легированной стали[M]. Москва:Металлур-гиздат,1954.

[74] Wever F U. Koch W. Versuche zur Klärung des Umwandlungverhaltens eines Sonderkarbidbildenden Chromistahles[J]. Staht und Eisen,1954,74:989.

[75] 郭可信. 合金钢中的碳化物[J]. 金属学报,1957,2(3):303.

[76] Pickering F B. Precipitation processes during the tempering of martensitic alloys steels [R]. Precitation processes in steels,Special report No. 64,The Iron and Steel Institute, London,1959:23.

[77] Honeycombe R W K,Seal A K. The effect of some minor elements on the carbides precipited during tempering[R]. Precitation processes in steels,Special report No. 64,The Iron and Steel Institute,London,1959:44.

[78] Bain E C,Paxton H W. Alloying Elements in Steel[M]. 2nd Ed. Russell:American Society

for Metals,Metals Park,1961:195.

[79] Kuo K(郭可信). Carbides in chromium,molybdenum and tungsten steels[J]. Journal of the Iron Steel Institute,1953,173(4):376;1953,174(3):223.

[80] Holloman J H,Jaffe LD. Time-temperature relation in tempering high carbon steels[J]. Transactions of ASME,1945,162:223.

[81] Roberts G A,Hamaker J C,Johnson A R. Tool Steels[M]. 3rd Ed. Russell:American Society for Metals,Metals Park,1962:511.

[82] Саррак В И,Энтин Р И. МиТОМ[J]. 1960,(10):14.

[83] 俞德刚.铁基马氏体时效——回火转变理论及其强韧性[M].上海:上海交通大学出版社,2008.

[84] Thomas G. Retained austenite and tempered martensite embrittlement[J]. Metallurgical and Materials Transactions A,1978,9:439.

[85] Sarikaya M,Jhingan A K,Thomas G. Retained austenite and tempered martensite embrittlement in medium carbon steels[J]. Metallurgical and Materials Transactions A,1983, 14:1121.

[86] Horn R M,Ritchie R O. Mechanisms of tempered martensite embrittlement in low alloy steels[J]. Metallurgical and Materials Transactions A,1978,9:1039

[87] Bandyopadhyay N,McMahon Jr C J. The micromechanisms of tempered martensite embrittlement in 4340-type steels[J]. Metallurgical and Materials Transactions A,1983,14: 1313.

[88] 周敬恩,涂铭旌. 钢的第一类回火脆性[J]. 兵器材料科学与工程,1988,(3):1.

[89] Просвирин В И,Квашнина Е И. Влияние карбидообразующих элементов на отпускную хрупкость стали[J]. Вестник машиностроения,1955,(2):58.

[90] Woodfine B C. Some aspects of temper brittleness[J]. Journal of the Iron and Steel Institute,1953,173(3):240.

[91] Утевский Л М. Отпускная хрупкость стали[M]. Москва:Металлургиздат,1961.

[92] Ohtani H,McMahon Jr C J. Modes of fracture in temper embrittled steels[J]. Acta Metallurgical,1975,23(3):377.

[93] Штейнберг М М,Попов А А. Выявление отпускной хрупкостыпри статической растяжении [J]. Заводская лаборатория,1952,(11):1377.

[94] Temper embrittlement of alloy steels. ASTM Special Technical Publication[R]. 499,1972.

[95] Powers A E. A study of temper brittleness in Cr-Mn steel containing large amounts of Mo,W and V[J]. Journal of the Iron and Steel Institute,1957,186(6):323.

[96] 戢景文,肖莲芳,高怀荪. 稀土对两种锰磷低合金钢回火脆化的影响[J]. 金属学报,1980, 16(1):115.

[97] 杨亦石,邹惠良. 含磷 Cr-Mn-S 和 Ni-Cr 钢回火脆性的研究:磷在晶界偏聚和添加 La 的作用[J]. 金属学报,1983,19(2):A118.

[98] 雷廷权,等. 结构钢高温回火脆性的内耗法研究[C]. 全国首届低温脆性学术讨论会,

1982.

[99]　郦振声,杨明安. 现代表面工程技术[M]. 北京:机械工业出版社,2007.

[100]　Guttmann M. Equilibrium segregation in a ternary solution:A model for temper embrittment[J]. Surface Science,1975,53(1):213.

[101]　McMahon Jr C J. Solute segregation and intergranular fracture in steels:A status report [J]. Materials Science and Engineering,1980,42:215.

[102]　Kameda J,McMahon Jr C J. Effectof Sb,Sn and P on the strength and grain boundaries in a Ni-Cr steel[J]. Metallurgical and Materials Transactions A,1981,12(1):31.

[103]　Dumoulin P,Guttmann M,Foucault M,et al. Role of molybdenum in phosphorus-induced temper embrittlement[J]. Metal Science,1980,14(6):1.

[104]　Ohtani H,Feng H C,McMahon Jr C J. Temper embrittlement of Ni-Cr steel by antimony:Ⅱ. Effects of addition of Ti[J]. Metallurgical and Materials Transactions A,1976,7 (8):1123.

[105]　邱巨峰. 稀土在晶界存在形式及对晶界状态的影响[M]//《稀土在钢铁中的应用》编委会. 稀土在钢铁中的应用. 北京:冶金工业出版社,1987:251.

[106]　Xu T(徐庭栋). Critical time in temper embrittlement isotherms of phosphorus in steels [J]. Journal of Materials Science,1999,34:3177.

[107]　徐庭栋. 非平衡晶界偏聚和晶间脆性断裂的研究[J]. 自然科学进展,2006,16(2):160.

[108]　王传雅,丁志敏,徐翔. 亚温淬火抑制钢的可逆回火脆性的研究[M]// 王传雅. 钢的亚温处理. 大连:大连铁道学院,1990:141.

[109]　Martin J W. Micromechanisms in particle-hardened alloys[M]. London:Cambridge University Press,1980.

[110]　Verhoven J D. Fundamentals of Physical Metallurgy[M]. New York:John Wiley & Sons,1975;物理冶金学基础. 卢光熙,赵子伟译. 上海:上海科学技术出版社,1980.

[111]　雍歧龙,马鸣图,吴宝榕. 微合金钢:物理和力学冶金[M]. 北京:机械工业出版社,1989.

[112]　Campbell F C. Elements of Metallurgy and Engineering Alloys[M]. Russell:ASM International,2008.

[113]　Погодин-Алексеева К М. Термическое и деформационное старение углеродистых сталей [M]. Москва:Профизлат,1960.

[114]　Fast J D,Dijkstra R J. Stahl und Eisen[J]. 1953,73:1484

[115]　赖祖涵. 金属的晶体缺陷与力学性质[M]. 北京:冶金工业出版社,1988:204.

[116]　Nabarro F R N. Mechanical effects of carbon in iron[R]. Report of a conference on strength of solids. London:The Physical Society,1948.

第 4 章　合金元素对钢的性能的影响

钢材是使用最广泛的金属材料。钢材由于原材料价格比较低廉,可以进行大量生产。钢材一般具有良好的工艺性能,易于成形。特别重要的是,钢材可以通过加入合金元素改善其工艺性能并能大幅度提高其综合力学性能,满足各种工程结构和机械部件的需要,并能确保其在规定使用期限内的可靠性。

钢的力学性能应能保证机件或构件有效地工作,防止过量变形或断裂。过量变形可能是弹性变形,但绝大多数情况是要防止机件或构件在使用中出现过量塑性变形和断裂。断裂的性质可能是韧性的,也可能是脆性的。韧性断裂时,在断裂前有宏观塑性变形,吸收的能量大,断口无光泽,呈灰暗色,表面上是经过变形的一层,称为纤维状断口。脆性断裂时,在断裂前不产生明显的宏观塑性变形,即断裂发生在弹性变形阶段,吸收的能量小,断口齐平,有光泽,称为结晶状断口(穿晶或沿晶)。脆性断裂是突然的,会带来重大的事故和危害。

对钢的力学性能的要求主要是应具有需要的强度和韧性(包括塑性)。钢的强度与其韧性是一对矛盾,提高强度常常意味着要牺牲其韧性和塑性。随着科学技术的发展和对产品高性能的不断追求,人们要求开发出的钢种既具有高的或者超高的强度,而同时又具有良好的韧性,即具有高的强韧性。从事钢铁研究的科技工作者不断地探索强化机理和韧化途径,并在理论上和工程应用上取得了长足的进展。

钢的工艺性能是指在各种冷热加工工艺过程中表现出来的性能,这些性能涉及铸造性能、热加工性能、冷变形成形性、焊接性能、热处理工艺性、切削加工性等。

钢的铸造性能主要由铸造时钢液的流动性、收缩特点、偏析倾向等来综合评定。它们与钢的固相线和液相线温度的高低及结晶温度区间的大小有关。固、液相线的温度越低及结晶温度区间越窄,铸造性能越好。因此,合金元素的作用主要取决于其对状态图的影响。另外,一些元素在钢中形成高熔点碳化物或氧化物质点,增大了钢液的黏度,降低其流动性,也会使铸造性能恶化。

钢的热加工性能在第 1 章中已述及。传统的热加工工艺,加工温度都在再结晶温度以上,主要任务是改善铸态组织,并得到形状、尺寸合格的钢材,而钢材的力学性能则主要靠热加工后的热处理来得到。20 世纪 60 年代以后迅速发展的控制轧制与控制冷却工艺,通过加热、轧制和冷却的合理控制,使塑性变形和固态相变过程相结合,可以获得细小的晶粒和良好的组织,使钢材具有优异的综合性能。

钢的冷变形成形性系指薄板钢材经冷变形而制成各类不同服役条件的构件的成形性能。冷变形的塑性变形方式有多种,对薄板钢材的强塑性配合有着不同的要求。

热处理工艺性能是指钢的淬硬性、淬透性、淬火变形及开裂趋势、表面氧化及脱碳趋势过热敏感趋势等。

钢材的焊接性是指钢对焊接加工的适应性,即在一定的焊接工艺条件下,获得优质焊接接头的难易程度。焊接结构用钢在钢的总产量中占有比较大的比重,而自动焊和半自动焊的比例日益增加,因此,对焊接结构用钢的焊接性能提出了高的要求。

钢的切削性是指钢材切削加工的难易程度。

工艺性能的优劣有时可以决定一种使用性能优越的钢材能否实际应用,因此,有必要探讨各种影响工艺性能的因素,如何控制钢的成分和组织,使之获得良好的工艺性能。

4.1　钢 的 强 度

强度是指材料在达到允许的变形程度或断裂前所能承受的最大应力。按材料所受外应力的种类,强度又分为拉伸强度、抗压强度、抗弯强度、剪切强度、疲劳强度等。

4.1.1　静拉伸试验

1) 光滑试样轴向拉伸试验

常温下,光滑试样轴向拉伸时的强度指标和塑性指标具有重要的工程实用意义。典型的静拉伸试样采用光滑圆柱试棒(标长为 l_0,截面积为 A_0)进行轴向拉伸试验。测出载荷 F 与变形 Δl 的关系,从而得出应力 σ($\sigma = F/A_0$)和应变 e 或伸长率 δ($\delta = \Delta l/l_0$)的关系曲线。应力 σ 和应变 e 亦称为工程应力和工程应变,这种应力-应变曲线通常称为工程应力-应变曲线,它与载荷-变形曲线相似,只是坐标不同。

钢材的应力-应变曲线可以有几种不同的类型。

低碳钢或低碳低合金钢的应力-应变曲线一般如图 4.1 所示。图中的 a 点对应的应力为比例极限 σ_p,是保证弹性变形按线性变化的最大抗力指标;b 点对应的应力为弹性极限 σ_e,是最大弹性变形(不产生残留的永久变形)的抗力指标。在图 4.1 所示的应力-应变曲线上呈现出物理屈服(降落)现象,出现上下屈服点和屈服平台。在拉伸过程中载荷不增加或下降而试样继续变形的最小载荷所对应的应力称为屈服点 σ_s 或下屈服点 σ_{sL}(d 点)。由于上屈服点 σ_{sU}(c 点)易受试验条件的影响,而 σ_s 的再现性较好,故不采用上屈服点 σ_{sU}。

由于完全准确地检测出偏离直线和偏离弹性的点是比较困难的,工程上都采用规定一定量的塑性变形的办法。从这个意义上来讲,比例极限 σ_p、弹性极限 σ_e 和屈服极限 σ_s 没有本质上的差别,只是规定的允许产生的微量塑性变形量的大小

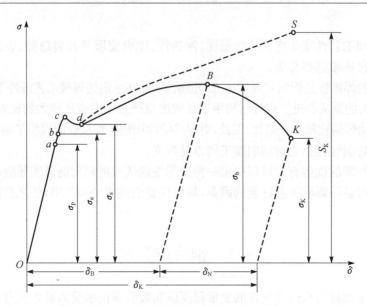

图 4.1　退火低碳钢应力-应变曲线[1]

不同。一般规定,材料的残余变形小于 $1\times10^{-8}\sim2\times10^{-8}$ 所对应的应力值就是材料的比例极限 σ_p,也叫绝对弹性极限。在静拉伸载荷条件下材料允许的残余变形量为 0.005%、0.01% 或 0.05% 时的应力值称为工程条件弹性极限,并分别用 $\sigma_{0.005}$、$\sigma_{0.01}$ 及 $\sigma_{0.05}$ 表示。通常以 0.2% 残余变形的应力 $\sigma_{0.2}$ 作为条件屈服强度。

　　图 4.1 中应对 B 点的应力为最大应力 σ_b,称为抗拉强度,又称强度极限。在 B 点之前,试样发生均匀变形,B 点之后,试样出现颈缩,发生局部集中收缩变形。颈缩均匀变形阶段的最大相对伸长率为 δ_B(或 δ_u),局部集中变形阶段的相对伸长率为 δ_N,总伸长率为 δ_K(或 δ_T),$\delta_K=\delta_B+\delta_N$。断面收缩率 ψ 表示试样横截面在试验前后的相对减缩量。同样,断面收缩率也可以看成由两部分组成,即 $\psi_K=\psi_B+\psi_N$。σ_K 为断裂抗力。对于塑性材料,试样产生颈缩后,颈缩部分的截面积在拉伸过程中逐渐变小,σ_K 并不能代表断裂时真实瞬间应力的大小。如果以瞬时截面积除以相对应的负荷,可以得到瞬时真实应力 S,如图 4.1 中 dS 线所示。S_K 为真实的断裂强度,相当于 B 点的真实应力为 S_B(或 S_b)。

　　屈服强度 $\sigma_{0.2}$、抗拉强度 σ_b 是静载强度设计的主要依据。对塑性材料,强度设计以屈服强度为标准,规定许用应力 $[\sigma]=\sigma_s/n$,n 为安全系数,一般取 2 或更大,伸长率 δ 和断面收缩率 ψ 表示材料塑性变形的能力,是表征材料塑性的重要性能指标,是选材时的重要依据。

　　伸长率一般用 δ 表示,但伸长率不仅与试样标距长度 l_0 有关,还与试样的截面积 A_0 有关。国际规定,$l_0/A_0^{0.5}$ 的比例为一常数时,测得的伸长率才可以相互比较。我国规定 $l_0/A_0^{0.5}$ 等于 5.65 或 11.3,它们分别表示使用的是 $l_0=5d_0$ 和 $l_0=$

$10d_0$ 两种圆形试样(d_0 为试样直径),求出的伸长率分别由 δ_5 和 δ_{10} 表示。试样局部集中变形的程度远大于均匀变形,因此总伸长率随着标距长度缩短,局部集中变形引起相对伸长率 δ_N 所占比例增大,一般 δ_5 大于 δ_{10}。

　　由于在拉伸试验过程中,试样的截面积逐渐变小,图 4.1 所表示的应力-应变曲线并不反映真实的瞬间的应力和应变,特别是断裂抗力 σ_K 与实际的断裂强度 S_K 相差甚远。图 4.2 表示真实应力-应变曲线。真实应力 S 为瞬时截面积除以相对应的负荷,真实应变或真实伸长率 ε 的定义为:长度为 l_0 的试样受力 F 作用后伸长到 l,当 F 有一增量 dF 时,试样长度相应的增量为 dl,$d\varepsilon = dl/l$,因此

$$\varepsilon = \int_{l_0}^{l} \frac{dl}{l} = \ln \frac{l}{l_0} \qquad (4.1)$$

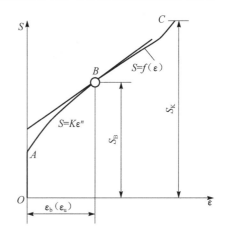

图 4.2 中,OA 段是弹性变形部分,由于金属材料的弹性变形极小,OA 几乎与纵轴重合,

图 4.2　真实应力-应变曲线(S-ε 曲线)

AB 段是产生颈缩前的均匀变形部分,可由 Hollomon 关系式表达:

$$S = K\varepsilon^n \qquad (4.2)$$

式中,n 为形变强化指数(或应变硬化指数);K 为 $\varepsilon = 1$ 时的真实应力,称为强度系数。B 点以后开始产生颈缩,C 点为拉断点。

　　形变强化指数 n 表征在均匀变形阶段材料的形变强化能力,是一个常用的材料性能指标。n 值大,通过形变提高材料的强度的效果好;n 值小,通过形变提高材料强度的效果就很有限。在极端情况下,当 $n = 1$ 时,材料为完全的弹性体;当 $n = 0$ 时,材料为理想的塑性体,完全没有形变强化能力。大多数金属材料的 n 值为 $0.1 \sim 0.5$。奥氏体不锈钢和高锰钢的 n 值在 0.45 左右,退火纯铁为 0.237,退火低碳钢为 0.22 左右,而淬火回火态的高碳钢仅为 0.1。一般地说,随着材料强度的增加,n 值减少。

　　钢材的应力-应变曲线,除图 4.1 所示的类型外,还有其他的类型。一些强化程度较高的钢,如低中温回火的结构钢、高温回火或退火的高碳钢,在其应力-应变曲线上不出现屈服现象,即在试样出现颈缩之前,随应力的增加,应变亦随之增加。对于典型的脆性材料,如淬火高碳钢,在其试样的拉伸过程中不产生明显的塑性变形,弹性变形后立即断裂。因此,对于这类钢一般不采用拉伸试验的方法测定其强度。对于形变强化能力很强的钢,如高锰耐磨钢,其试样在拉伸过程中在断裂前不形成颈缩,此时,$S_B = S_K$。

　　有关钢材室温拉伸性能的测定方法,见 GB/T 228—2002《金属材料　室温拉

伸试验方法》,等效采用国际标准 ISO 6892:1998[2]。此标准代替了 GB 228—87《金属拉伸试验法》。新旧标准中的性能名称和符号有很大差异,表 4.1 为新旧标准性能名称和符号对照表。由于金属材料的力学及工艺性能试验方法方面的标准都是推荐性的,原用标准仍可使用。GB/T 228—2002 现已为 GB/T 228.1—2010 代替。GB/T 228.1—2010 是对 GB/T 228—2002 的修订,该版标准修改采用国际标准 ISO 6892-1:2009《金属材料　拉伸试验　第 1 部分:室温试验方法》,较 2002 版,增加了试验速率的控制方法:方法 A 应变速率控制方法;修改了试验结果的数值修约方法等。

表 4.1　新旧标准性能名称和符号对照[2]

新标准		旧标准	
性能名称	符号	性能名称	符号
断面收缩率	Z	断面收缩率	ψ
断后伸长率	A、$A_{11.3}$	断后伸长率	δ_5、δ_{10}
屈服点延伸率	A_e	屈服点伸长率	δ_e
屈服强度	—	屈服点	σ_s
上屈服强度	R_{eH}	上屈服点	σ_{sU}
下屈服强度	R_{eL}	下屈服点	σ_{sL}
规定塑性延伸强度	R_p,如 $R_{p0.2}$	规定非比例伸长应力	σ_p,如 $\sigma_{p0.2}$
规定总延伸强度	R_t,如 $R_{t0.5}$	规定总伸长应力	σ_t,如 $\sigma_{t0.5}$
规定残余延伸强度	R_r,如 $R_{r0.2}$	规定残余伸长应力	σ_r,如 $\sigma_{r0.2}$
抗拉强度	R_m	抗拉强度	σ_b

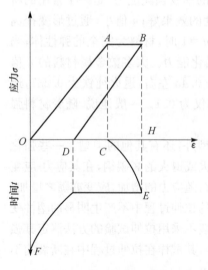

图 4.3　弹性后效示意图

静拉伸试验除采用光滑圆柱试样外,根据被试验钢材产品的形状和尺寸,还可以使用板材试样、管材试样、线材试样等,其具体规定和要求见 GB/T 228.1—2010。

2)弹性的不完整性和包辛格效应

完整的弹性应该是加载后立即变形,卸载后立即恢复原状,在应力-应变曲线上,加载线与卸载线应该重合。但是实际上,弹性变形时加载线与卸载线并不重合,应变落后于应力,存在着弹性后效、弹性滞后、包辛格(Bauschinger)效应等,这些现象均称为弹性的不完整性[3;4]。

图 4.3 为弹性后效示意图。将超过绝对弹性极限的应力快速施加到多晶体的试样

上,试样立即产生的弹性应变仅是该应力应该引起的总应变 OH 的一部分 OC,其余部分的应变 CH 是在该应力大小不变的条件下产生的,此现象称为正弹性后效。外力迅速去除后,弹性应变也不是全部立即消失,而是先消失一部分(DH),其余部分(OD)逐渐消失,此现象称为反弹性后效,并在应力-应变曲线上出现一个封闭的滞后回线 $OABDO$,称为弹性滞后环。这种在应力作用下应变不断随时间而发展的行为,以及应力去除后应变逐渐恢复的现象,工程上统称为弹性后效。当外加应力高于某一应力时,将引起永久塑性变形而过渡到宏观屈服,此应力称为滞弹性极限,此时应力卸载后弹性滞后环不再封闭。

弹性后效现象在仪表、精密机械制造业极为重要,在材料的使用和确定处理工艺时必须予以考虑。应力状态强烈影响弹性后效,应力状态越软(见 4.1.2 节),亦即切应力越大,弹性后效越显著。

在弹性变形范围内,因应变落后于应力而出现的弹性滞后环说明加载时消耗在变形上的功大于卸载时金属恢复变形所做的功。这个环的面积大小相当于被金属吸收的那部分变形功的大小,如果施加载荷是交变的循环载荷且加载卸载速率比较快,则可以得到如图 4.4 所示的弹性滞后环,环的面积相当于在交变载荷下不可逆能量的消耗,即内耗,也称循环韧性。循环韧性的大小代表金属在循环应力作用下,能以不可逆方式吸收能量而不破坏的能力,也可以代表金属靠自身来消耗机械振动能力的大小,即消振性的好坏,这在生产上有很重要的意义。

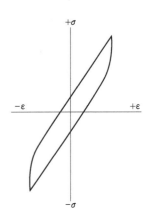

图 4.4　弹性滞后环

引起弹性后效和弹性滞后环的原因是多方面的,如位错的运动、溶质原子在应力作用下的有序分布、宏观或微观范围内变形的不均匀性等[5]。

金属经过预先加载产生少量塑性变形,然后再同向加载,其规定残余伸长应力增加,反向加载,其规定残余伸长应力减小的现象称之为包辛格效应。图 4.5 为高碳钢 T10 经淬火和 350℃回火后的试样经不同加载顺序后,其比例极限 σ_p 和屈服强度 $\sigma_{0.2}$ 的变化[6]。曲线 1 为该试样的拉伸曲线,其 $\sigma_{0.2}$ 约为 1130MPa。曲线 2 为另一根同样的试样但事先经过微预压缩变形后再拉伸的情况,此时 $\sigma_{0.2}$ 明显降低,只有约 880MPa。值得注意的是,反向加载时,σ_p 几乎下降到零的变化,说明反向变形时原来的正比弹性性质改变了,立即出现塑性变形。实验表明,不论是单晶或多晶都存在这种现象,即此效应是晶内现象。此现象通常在 1%～4% 预塑性变形后即可发现。图 4.6 为某低合金高强度钢经不同程度的预拉伸应变后在压缩加载时的包辛格效应的表现。图 4.6(a)表明反向加载时的载荷形变曲线均无弹性直线段,图 4.6(b)表明 $\sigma_{0.2}$ 随预应变量增加而下降,在 1% 预应变时下降剧烈,2% 以上预应变时已下降至原 $\sigma_{0.2}$ 值的一半。

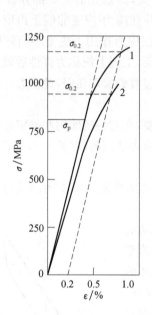

图 4.5　T10 钢(淬火、350℃回火)
的包辛格效应[6]

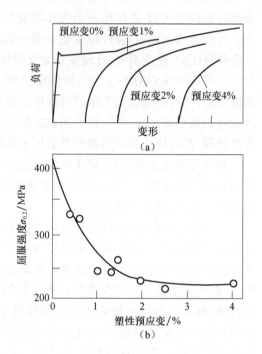

图 4.6　某低合金高强度钢的
包辛格效应的表现[4]

包辛格效应在工程上有重要的实际意义,经过轻微冷作变形的材料,当使其用于与原来加工过程加载方向相反的载荷下工作时,就应考虑弹性极限和屈服强度将会降低的问题。例如,油气管道用钢在制管过程中经受弯曲成形过程,其外层由拉应力进入塑性区,而其内层由压应力进入塑性区。对于承受内压的钢管,使用状态为拉应力。经测试,钢管在加工前的抗拉屈服极限为 500MPa,制成管后其抗拉屈服极限为 460MPa,制成管前后屈服值的差异为 40MPa,此值称为包辛格效应值 VBE。因此对于这类管线用钢,在订货和供货时应考虑其包辛格效应值[7]。生产上也可以利用这一特征,在板材加工轧制过程中,设法使其在通过各道轧辊时交替地承受反向弯曲应力,从而降低屈服强度,增加其延展性。

通过予以较大残余塑性变形或是引起金属回复或再结晶的温度下退火的办法可以消除包辛格效应。

关于包辛格效应的起因可能是塑性变形的不均匀性产生的内应力引起的。这种内应力有方向性,在正向流变时出现硬化,而在反向流变时产生包辛格效应。另一种可能的原因是预应变造成的位错结构分布特点,如位错塞积,使得这些位错在反向受力时容易运动,并且在反向变形时位错可能发生湮灭,导致出现包辛格效应。关于包辛格效应的详细讨论可参考有关文献[8]。

　　3) 缺口效应

　　拉伸试验时一般采用表面光滑、截面均匀的试样,但实际使用的绝大多数机件或构件都不是截面均匀的,存在着截面变化,如键槽、油孔、台阶、螺纹等,这种截面变化可以简称为缺口。缺口的存在使试样在拉伸时引起应力集中,使缺口顶端的最大应力大于该截面上的平均应力;缺口的存在还引起多轴应力状态,使在拉伸时,不仅存在轴向应力 σ_l,还存在切向应力 σ_t 和径向应力 σ_r,其中最大的是缺口处的轴向应力 σ_l(图 4.7)。为了描述应力集中情况,采用了缺口截面上的最大轴向应力 σ_{lmax} 与该截面积的平均应力 σ_m 之比,即 σ_{lmax}/σ_m,称为应力集中系数 K_1。

　　为了测定钢材在静拉力下对缺口的敏感程度,需要进行缺口拉伸试验。常用的缺口拉伸试样是带缺口的圆柱试样,如图 4.8 所示,缺口直径 d_N 为 7~20mm,缺口张角 ω 为 45°~60°,根部半径 $\rho \leqslant 0.2$mm,缺口处截面面积为试样横截面积的一半,所用光滑试样的直径应等于缺口试样的直径 d_0[3]。通常用缺口强度比 NSR (notch strength ratio)衡量静拉伸下的缺口敏感度,NSR$=\sigma_{bN}/\sigma_b$,式中 σ_{bN} 表示缺口拉伸试样的抗拉强度。

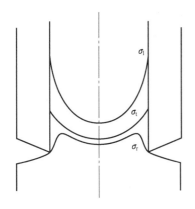
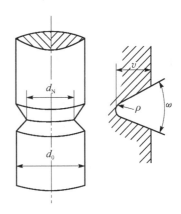

图 4.7　缺口试样拉伸时最小　　　　　图 4.8　缺口的形状[1]
　　　截面上的应力分布[1]

　　对于脆性材料,如低温回火的高碳钢,NSR<1,即 $\sigma_{bN}<\sigma_b$,说明材料对缺口敏感。对于塑性较高的结构钢,一般均表现为 NSR>1,这是由于只要缺口处发生少量的塑性变形,就会在缺口处产生三向应力状态,阻碍塑性变形的发展,只有在更高的拉伸载荷下才发生断裂。因此这类材料的缺口抗拉强度比强度极限高,说明材料对给定的缺口不敏感,可以在具有相同应力集中的状态下使用[4]。

　　对于某些零件,如一些重要的承载螺钉,在制造安装和使用过程中,不可避免地存在因偏斜影响带来的附加弯曲。因此,对用于制造这类零件的钢材,还需进行缺口偏斜拉伸试验。进行偏斜拉伸试验时,是在带有缺口的试样的螺纹夹头下面加上一个具有一定倾斜角的垫圈。常用的倾斜角为 4°或 8°,相应的缺口拉伸强度以 σ_{bN}^4、σ_{bN}^8 标识[3]。

4.1.2 决定断裂类型的因素和力学状态图

在压缩、扭转、弯曲及其他静载荷条件下,和静拉伸一样,也都存在弹性变形、塑性变形和断裂三个阶段和标志着各种失效抗力的性能指标。由于加载方式不同,即应力状态不同,这些性能指标存在着各自的特点。

为了使机件或构件在使用中不出现极为危险的脆性断裂,总是要求它们能处于韧性状态下工作。实际上,任何金属材料,包括钢材,既可能韧性断裂,也可能脆性断裂。实验和研究表明,决定材料断裂类型的因素主要是:材料本质、应力状态、温度和加载速率。

任何应力状态都可用切应力和正应力表示。垂直于最大正应力 S_{max} 方向发生的断裂称为正断,沿着最大切应力 t_{max} 方向发生的断裂称为切断。只有切应力才可以引起塑性变形,因为切应力是位错运动的推动力。在受力部件的某处能否发生塑性变形,取决于在该处外加载荷的数值和切应力的分量,即应力状态软性系数 $\alpha(=t_{max}/S_{max})$ 的大小。侧压应力状态(如做布氏硬度试验)的软性系数大 $(\alpha>2)$,可以在灰铸铁这样典型的脆性材料上面压出压痕窝,表现出比较好的塑性,但在作单向拉伸 $(\alpha=1/2)$ 时,却表现出正断式脆性断裂。

为了能确定一种材料在某个应力状态下能承受多大载荷而不至于失效(过量变形或断裂),曾提出过一些强度理论。后来由 Фридман 提出,经 Давиденков 进一步发展,在过去的强度理论基础上,建立了联合强度理论。

该理论假定每种材料都同时具有塑性变形、切断和正断三种不同的抗力,分别以 t_s、t_k 和 S_k 表示,同时假定材料塑性变形和切断破坏是符合最大切应力理论的,而材料的正断破坏是可以用最大正应变理论检验的。图 4.9 为材料在不同加载方式下的力学状态图[3,6,9]。在图 4.9 中,A、B、C 代表三种性能不同的材料,其 t_s、t_k 和 S_k 各不相同。当加载时,材料出现什么样的破坏形式取决于在加载过程中下列三个条件哪一个最先得到满足:

塑性变形 $\qquad\qquad\qquad t_s=t_{max}$ $\qquad\qquad\qquad\qquad$ (4.3)

切断 $\qquad\qquad\qquad\qquad t_k=t_{max}$ $\qquad\qquad\qquad\qquad$ (4.4)

正断 $\qquad\qquad\qquad\qquad S_k=S_{max}$ $\qquad\qquad\qquad\qquad$ (4.5)

式中,t_{max} 为最大切应力;S_{max} 为按照最大正应变条件计算出的最大正应力。随着载荷的增加,某点的应力状态首先满足式(4.3),之后满足式(4.4),则材料先经过塑料变形后被切断,如果首先满足的是式(4.5),就会出现正断式脆性断裂。

图 4.9 的纵坐标表示切应力,横坐标表示正应力。假定各种材料的三种抗力 t_s、t_k 和 S_k 在变形过程中保持为定值,它们在力学状态图中分别表现为平行和垂

直的直线(S_k 上端是倾斜的,这是由于产生塑性变形后,应变强化能略微提高正断抗力)。对于每一种简单的加载过程,其应力状态中各主应力的比值是恒定的,因而其最大切应力与最大正应力之比 t_{max}/S_{max} 也是恒定的。因此,载荷增加时,一种应力状态的变化可以用通过原点的一条射线来表示,其斜率即是应力状态软性系数 α。利用状态图我们可以确定任何一种材料在任何一种加载过程中所表现的行为和可能产生的破坏形式。图 4.9 说明大多数材料在应力状态变化时,脆性和韧性状态是可以相互转化的。

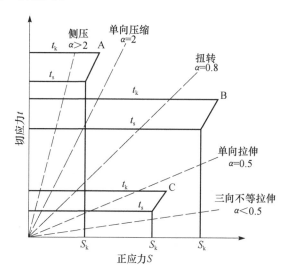

图 4.9　三种材料的力学状态示意图[3,6,9]

扭转时,$\alpha=0.8$ 是取材料的泊松比为 0.25 时所得

联合强度理论在设计上直接应用尚有困难,因为一些材料的三种抗力(t_s、t_k 和 S_k)不容易测定,金属的 t_s、t_k 值实际上不是常数,会随应力状态的改变而有些变化,但联合强度理论对我们定性地分析和讨论一些材料强度问题还是很有用处的。

为了分析材料由韧性状态向脆性状态转变的条件,一些学者还提出了其他形式的力学状态图[6]。

温度和加载速率也是影响材料断裂类型的重要因素。随温度的降低和加载速率的增加,屈服强度 σ_s 明显升高,但温度和加载速率对断裂抗力 S_k 的影响却比较小。从后面将要讨论的理论断裂强度公式中可以看到,弹性模量和表面能是决定断裂抗力的主要因素,而温度对弹性模量和表面能的影响都比较小。图 4.10 为温度变化对韧脆转变影响的示意图[5]。图中示意地表示了 σ_s 随温度的降低而升高,而 S_k 对温度较不敏感,因此,随温度的下降,两条曲线将相交,交点的温度 T_c 即韧脆转变温度。温度高于 T_c 时,试样要经历一定量的塑性变形才断裂,表现为韧性断裂,而在温度低于 T_c 时,在塑性变形之前就断裂,表现为脆性断裂。根据上述论述,也可以解释加载速率或者形变速率的影响。屈服应力对形变速率比较敏感,而断裂强度则不敏感。因此,加载速率的增加将提高韧脆转变温度。

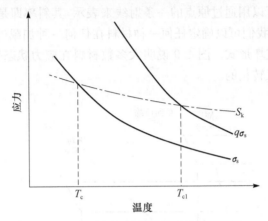

图 4.10　温度对韧脆转变影响的示意图[5]

　　有缺口的试样在拉伸时,在缺口的截面上产生三轴应力状态。这种应力状态阻碍了塑性变形的进行,使试样整体的屈服应力提高了 q 倍,$q\sigma_s$ 的曲线将和 S_k 相交于更高的温度(图 4.10)。这表明缺口增加在拉伸应力条件下钢的脆断倾向。

4.1.3　在其他静加载下的力学性能

4.1.3.1　压缩试验

　　钢材的压缩试验一般采用单向静压缩试验,其应力状态软性系数 $\alpha=2$。原则上讲,压缩和拉伸仅仅是受力方向不同,因此,拉伸试验所确定的力学性能指标的定义和公式基本上在压缩试验中都能适用,所不同的是压缩试样的变形不是伸长而是缩短,截面积不是缩小而是横向增大。

　　压缩试验时的应力-应变曲线有两种情况,如图 4.11 所示[3],图中的 σ_{pc}、σ_{ec}、σ_{sc}、σ_{bc} 分别为压缩比例极限、压缩弹性极限、压缩屈服极限和压缩强度。曲线 1 表示压缩载荷时,塑性材料试样的应力-应变曲线,试样可以压缩得很扁而不破坏,最后部分一直上升,所测得的比例极限、屈服极限、弹性模量和拉伸试验中测得的相同,但不能测得压缩强度 σ_{bc},因此对塑性材料很少做压缩试验。压缩试验主要用于脆性材料和低塑性材料。在静拉伸、弯曲、扭转试验中尚不能显示其塑性时,采用压缩试验有可能使其转为韧性状态,较好地显示其塑性,如曲线 2 所示。高碳工具钢、铸铁等的试样受到压缩时,稍有缩短,略呈桶形,表示有很小的塑性变形存在。当载荷加大时,试样即破坏,并在其表面上出现一些约成 45℃ 角的裂缝,这是由于切应力所致,此时变形仍很小。由于破坏是突然发生的,载荷达到最大值后就急剧下降。

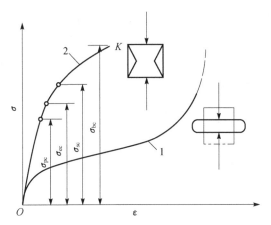

图 4.11　压缩载荷时的应力-应变曲线

图中，F 表示载荷；S_0 表示试样原始截面积；h_0 表示试样原始高度；

h 表示试样高度压缩应力 $\sigma=F/S_0$，相对缩知 $\varepsilon=(h_0-h)/h_0$

1—塑性材料；2—脆性材料

　　压缩试验时，试样通常为圆柱形，按高度与长度之比，可分为短、中、长三种。短试样采用 $h_0/d_0=1\sim2$，可用于测定压缩变形和断裂过程中的全部性能参数，但端面摩擦力影响较大，测定的性能参数精度稍差。因此压缩试验结果只有在试样的形状大小和 h_0/d_0 相同的情况下才具有可比性。金属压缩试验方法在 GB/T 7314—2005 中有详细规定[2]，该标准已为 GB/T 7314—2017《金属材料　室温压缩试验方法》代替。

4.1.3.2　弯曲试验

　　弯曲试验可以稳定地测量低塑性和脆性材料的抗弯强度和挠度。挠度 f 为试样弯曲时，其中性线偏离原始位置的最大距离可以表示塑性。因此，这种试验方法很适用于评定低塑性和脆性材料，如铸铁、工具钢、渗碳钢、硬质合金等的力学性能。

　　弯曲试验用的试样有圆形、方形和矩形。弯曲试验依其加载方式可分为集中加载(三点弯曲)和等弯矩弯曲(四点弯曲)两种。三点弯曲时，由于是在支座中部施加集中载荷 F，故中央处的弯矩最大，总是在施载处发生破断。四点弯曲时，因为弯矩均匀分布在全部工作长度 L 上，能较好地反映全局的品质，一般可以得到比较准确的结果。

　　弯曲试样的截面为圆形(直径 d_0)或矩形(高 h，宽 b)，其截面系数 W 分别为 $\pi d_0^3/32(\text{mm}^3)$ 和 $bh^2/6(\text{mm}^3)$。M_B 为断裂时的弯矩。根据断裂时对应的载荷计算出的应力称为抗弯强度 σ_{bb}，$\sigma_{bb}=M_B/W$，f_{bb} 表示断裂时的挠度。

　　对经过退火、正火、调质处理的碳结构钢或合金结构钢进行弯曲试验时，通常达不到破坏程度,其载荷 F 与挠度 f 的关系曲线如图 4.12 所示。对这类塑性较好的钢通常不进行弯曲试验,而采用拉伸试验。对于低塑性的材料,静弯曲试验不存在静拉伸时试样偏斜对试验性能结果的影响,因此目前在铸铁和部分工具钢的性能鉴定上常采用这种试验方法。图 4.13 是这类材料的 F-f 曲线。

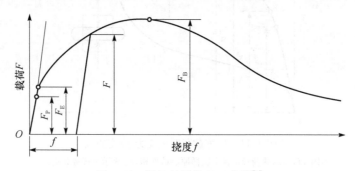

图 4.12　塑性材料的 F-f 曲线[1]

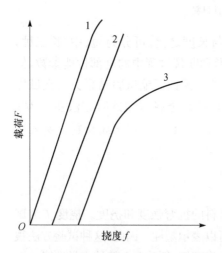

图 4.13　某些低塑性材料的 F-f 曲线[1]
1—工具钢;2—轴承钢;3—铸钢

弯曲试验时因表面应力最大,故对表面缺陷比较敏感,也常用于比较和鉴定渗碳等表面化学热处理、高频淬火等表面热处理等零件的材料质量和表层强度等性能的差异。金属弯曲力学性能试验方法在 GB/T 14452—93 中有详细规定[2],后为 YB/T 5349—2006 代替,现修订为 YB/T 5349—2014。

4.1.3.3　扭转试验

扭转时应力状态较软,软性系数 $\alpha=0.8$,可以测定那些在拉伸时表现为脆性的金属材料的塑性,如淬火低温回火的工具钢和某些结构钢,使它们有可能处于韧性状态,便于进行各种力学性能指标的测定和比较。扭转试样一般采用圆柱试样,推荐采用直径为 10mm,标距长度为 50mm 或 100mm 的试样。用圆柱试样进行扭转试验时,从试验开始直到试样破坏为止,试样整个长度上的塑性变形在宏观上始终是均匀的,其截面及试样工作长度上基本上保持原有大小不变。这样便有可能很好地测定高塑性材料直至断裂前的形变抗力和变形能力。图 4.14 为低碳钢的扭矩 T 和扭角 φ 的关系曲线。图中 T_p、T_s、T_b 分别代表规定非比例扭矩、屈服扭矩、最大扭矩。

扭转时的力学性能指标可以根据圆柱试样(直径 d_0、标距长度 l_0)上测得的 T-φ 曲线求出。扭转载荷下的切应力 τ 和切应变 γ 分别为

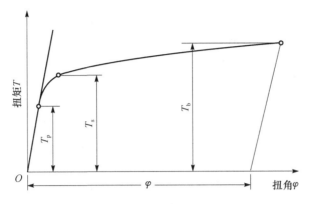

图 4.14　扭转载荷变形曲线[1]

$$\tau = T/W, \quad \gamma = \varphi d_0/2l_0 \tag{4.6}$$

式中,T 为扭矩;W 为截面系数。对于实心圆柱,$W = \pi d_0^3/16$。

扭转比例极限(规定非比例扭转力):

$$\tau_p = T_p/W \tag{4.7}$$

扭转屈服强度:

$$\tau_s = T_s/W \tag{4.8}$$

抗扭强度:

$$\tau = T_b/W \tag{4.9}$$

扭转试验采用实心圆柱试样时,其断面上的应力分布是不均匀的,影响真实切应力的测定。为此可采用薄壁空心圆筒试样,以减少内外壁之间的应力变化差别。

对于低塑性材料,扭转试验可以比较敏感地反映其表面缺陷,也可用于检验渗碳淬火低温回火后的表面渗碳质量、淬火低温回火工具钢的表面微裂纹等。

金属室温扭转试验方法在 GB/T 10128—2007《金属材料　室温扭转　试验方法》中有详细规定。

4.1.3.4　硬度试验

硬度是金属材料常用的力学性能指标之一,表征金属在表面局部体积内抵抗变形或破裂的能力。压力法硬度试验表征金属抵抗变形的能力,刻画法硬度试验表征金属抵抗破裂的能力。

压入法硬度试验的应力状态最软,属于侧压加载方式下的应力状态,不论是塑性材料还是脆性材料均可应用。压入法主要有布氏硬度、洛氏硬度、维氏硬度、显微硬度及努氏硬度。

1) 布氏硬度试验

布氏硬度试验法在 GB/T 231—2002(现为 GB/T 231.1—2018《金属材料

布氏硬度试验　第1部分:试验方法》)中有详细规定。新的标准取消了过去标准(GB 231—84)规定使用的钢球压头,而采用硬质合金压头。将硬质合金压头(直径为 D)加载(F)后压入试样表面,根据单位表面积上所受载荷大小确定布氏硬度值,以符号 HBW(旧标准为 HBS)表示:

$$\text{HBW} = F/A_凹 = F/\pi Dh = 2F/\pi D[D - (D^2 - d^2)^{1/2}] \tag{4.10}$$

式中, $A_凹$ 为表面压痕的凹陷面积; h 为压痕凹陷深度; d 为压痕凹痕直径;HBW 的单位为 kgf/mm^2 。试验时只要量出 d ,即可算出 HB 值或查表即得 HB 值,若单位采用 MPa 时,则式(4.10)的右边应乘以 0.102。

　　布氏硬度试验的基本条件是载荷 F 和压头直径 D 必须事先确定。由于金属的软硬程度有很大的差异,所试工件厚薄亦有很大的不同,因此,规定球的直径 D 可以是 10mm、5mm、2.5mm、1mm,载荷 F 可以是 3000kgf、1500kgf、750kgf、…、1kgf。在生产上根据被测试工件的实际情况,采用不同 F 和 D 的搭配。这里存在一个问题:对同一材料,如何保证选定的 F 和 D 能得到同样的 HBW 值? 为了解决这一问题,可以利用几何相似原理,即只要保证压痕几何相似,就认为 HBW 值相等。因此可以推导出,必须使 F/D^2 为一常数,才能保证对同一材料得到相同的 HBW 值。生产上常用的 F/D^2 值规定有 $30kgf/mm^2$ 、 $10kgf/mm^2$ 、 $5kgf/mm^2$ 、 $2.5kgf/mm^2$ 、 $1kgf/mm^2$ 五种。对钢材一般取 F/D^2 值为 $30kgf/mm^2$ 。测试硬度时,由于压头压入后引起的塑性变形需要一段时间,故对载荷保持的时间亦作出规定:从加力开始至施加完全部试验力的时间应在 2~8s,保持时间为 10~15s。布氏硬度的表示方法是在符号 HBW 前面为硬度值,后面依次为球直径、试验力数字,如果试验力保持时间与规定不同时,还在后面注明保持时间(s)。例如,600HBW1/30/20表示用直径 1mm 硬质合金球在 30kgf 试验力下保持 20s 测定的布氏硬度值为600。

　　国家标准 GB/T 231.1—2018 规定,只有满足 $d = (0.24 \sim 0.6)D$ 时,试验结果才有效,此比值不能太大或太小,否则所得的 HBW 值会失真。布氏硬度试验用于高硬度材料时,由于压头本身的变形会使测量结果不准确,因此采用硬质合金压头时,最高的测试硬度应不大于 650HBW,采用钢球压头时,应不大于 450HBS。

　　经验表明,与压入硬度对应比较好的力学性能指标是金属的强度极限 σ_b 。对于很多拉伸时能形成颈缩的材料,存在着 $\sigma_b = KHB$ 的关系。比例系数 K 视不同材料通过实验确定,对于低碳钢, $K = 0.36$,对于高强度钢, $K = 0.33$,对于奥氏体钢, $K = 0.45$ [6],计算时,应采用相同的单位。

　　2)洛氏硬度试验

　　洛氏硬度试验是目前应用最广的硬度试验方法。洛氏硬度的试验方法在GB/T 230.1—2018《金属材料　洛氏硬度试验　第1部分:试验方法》中有详细规定。

　　洛氏硬度计的压头为金刚石圆锥、钢球或硬质合金球。金刚石圆锥压头的锥角为 120°,钢球或硬质合金压头的直径为 1.5875mm(1/16in)或 3.175mm(1/8in)。洛氏硬度的标尺有多种,常用的标尺有 A、B、C、15N、30N、45N,其适用范围见表 4.2。

表 4.2　洛氏硬度标尺(GB/T 230.1—2018)

标尺	硬度符号	压头类型	初试验力 /kgf	总试验力 /kgf	适用范围	应用范围
A	HRA	金刚石圆锥	10	60	20~88	碳化物、硬质合金、淬火工具钢、浅层硬化钢
B	HRB	1/16in 球	10	100	20~100	退火钢、软钢
C	HRC	金刚石圆锥	10	150	20~70	淬火钢、调质钢、深层表面硬化钢
15N	HRC15N	金刚石圆锥	3	15	70~94	渗氮层、渗碳层、金属镀层及各种薄片材料
30N	HRC30N	金刚石圆锥	3	30	42~86	
45N	HRC45N	金刚石圆锥	3	45	20~77	

注:① 总试验力=初试验力(10kgf)+主试验力。② A,C 标尺洛氏硬度用硬度值,符号 HR 和使用的标尺字母表示。例如,59HRC 表示用 C 标尺测得的洛氏硬度值为 59。③ 压头为钢球时以 S 表示,为硬质合金球时,以 W 表示。例如,60HRBW 表示硬质合金压头在 B 标尺上测得的洛氏硬度值为 60。

洛氏硬度试验的原理是将压头分两个步骤压入试样表面,先加初试验力,使压头紧密接触试件表面,然后加主试验力,经规定保持时间后,卸除主试验力,测量在初试验力下的残余压痕深度 h,以压痕的深度值 t 的大小作为表示材料的硬度指标,金属越硬则 t 越小,反之则 t 越大。但是如果直接以 t 的大小作为硬度指标,将与人们对硬度大小的概念相矛盾。为此,选定一个常数减去所得 t 值,以其差值来标志洛氏硬度值。此常数值规定为 0.2mm(用于 HRA、HRC)和 0.26mm(用于 HRB)。在读数上规定 0.002mm 为一度,这样前一常数为 100 度,在试验机刻度盘上为 100 格,正好是刻度盘上的一圈;后一常数为 130 度,在表盘上为一圈再加 30 格,为 130 格。由此获得的硬度值 HR 只表示硬度高低而没有单位。因此

$$\text{HRC 和 HRA} = 100 - h/0.002 \tag{4.11}$$
$$\text{HRB} = 130 - h/0.002 \tag{4.12}$$

表 4.2 中的 HRC15N、HRC30N、HRC45N 称为洛氏表面硬度,是用于测定表面渗层用的,读数上规定以 0.001mm 为一度。因此

$$\text{HRN} = 100 - h/0.001 \tag{4.13}$$

洛氏硬度试验法的优点是压痕小,操作迅速,可以立即得出数据,适于大量生产中的成品检验。其缺点是压痕较小,对组织比较粗大且不均匀的材料,测得的硬度不够准确。

3) 维氏硬度试验

维氏硬度的测试原理(GB/T 4340.1—2009《金属材料　维氏硬度试验　第 1 部分:试验方法》)基本上和布氏硬度试验相同,也是根据单位压痕陷凹面积上所受

的载荷,即应力值作为硬度值的计量指标。所不同的是维氏硬度采用相对面夹角

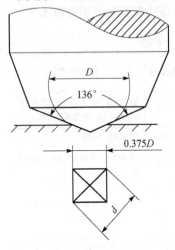

图 4.15　维氏硬度压头锥面
夹角的测定[1]

为 136°的金刚石正四棱锥体压头,使压入角恒定不变,从而使得载荷改变时,压痕的几何形状相似。相对面夹角之所以选取 136°,是为了使所测数据与 HB 值能得到最好的配合。因为一般布氏硬度试验时压痕直径 d 多半在 $(0.25 \sim 0.5)D$,取平均值为 $0.375D$ 时,通过压痕直径作钢球的切线,切线的夹角正好等于 136°。所以在中低硬度范围内,维氏硬度与布氏硬度值很接近(图 4.15)。

维氏硬度试验是将金刚石压头用试验力 F 压入被测金属的表面,保持规定时间后,卸除试验力,测量压痕的两对角线长度的平均值 d,进而计算出压痕的表面积 S,最后求出压痕上的平均压力(F/S),以此作为被测金属的硬度值,称为维氏硬度,用符号 HV 表示,即

$$HV = F/S = 1.8544F/d^2 \qquad (4.14)$$

HV 的单位为 kgf/mm²。如果试验力的单位取 N,则式(4.14)的右边应乘以 0.102,为 $HV = F/S = 0.1891F/d^2$。在硬度符号 HV 之前的数字为硬度值,HV 之后的数值依次表示试验力和试验力保持时间(保持时间为 $10 \sim 15$ s 时不标注),例如,640HV30/20 表示在试验为 30kgf(294.2N)下保持 20s 测定的维氏硬度值为 640。维氏硬度试验常用的试验力有 5kgf、10kgf、20kgf、30kgf、50kgf、100kgf、120kgf 等几种。试验时试验力 F 应根据试样的预期硬度与厚度来选择。一般在试样厚度允许的情况下,尽可能选用较大的试验力,以获得较大压痕,提高测量精度。试验薄件时,所加试验力应使工件厚度大于 $1.5d$。

维氏硬度试验法的优点是所加载荷小,压入深度浅,适于测试零件表面淬硬层及化学热处理渗层的硬度。维氏硬度是一个连续一致的标尺,试验时试验力可以任意选择,不影响其硬度值的大小,因此可以测定从极软到极硬的各种金属材料的硬度。维氏硬度试验法的缺点是硬度值的测定较麻烦,需通过测量压痕的对角线后才能通过查表或计算得出,工作效率不如测洛氏硬度试验法高。

维氏硬度试验时试验力可以任意选择而不影响所测定的硬度值,因此,若将维氏硬度试验的试验力的单位由 kgf(或 N)改为 gf(或 mN),便可将硬度的测定控制在一个极小的范围内,如个别夹杂物或其他组织组成物,这种试验可称为显微硬度试验,测得的硬度值为显微硬度值。

显微硬度的测定原理和维氏硬度一样,故

$$HV = 1854F/d^2 \qquad (4.15)$$

与式(4.14)不同,这里 F 的单位不是 kgf,而是 gf,d 的单位是 μm,HV 的单位仍不变。由于显微硬度的试验力与压痕很小,故对测量的精度要求很高。

显微硬度试验方法在 GB/T 4342—91《金属显微维氏硬度试验方法》中有详细规定。现在,显微硬度试验方法已统一在国家标准(GB/T 4340.1—2009)中,在新的标准中按三个试验力范围规定了金属维氏硬度的试验方法(表 4.3)。

表 4.3　测定金属维氏硬度的三个试验力范围

试验力范围	硬度符号	试验名称
$F\geqslant49.03N(5kgf)$	$\geqslant HV5$	维氏硬度试验
$1.961N(0.2kgf)\leqslant F<49.04N(5kgf)$	$HV0.2\sim<HV5$	小负荷维氏硬度试验
$0.09807N(0.01gf)\leqslant F<1.961N(0.2gf)$	$HV0.01\sim<HV0.2$	显微维氏硬度试验

4) 努氏硬度试验

努氏硬度试验与维氏硬度试验一样,但采用的压头为顶部两相对面具有172.5°和130°的四角金刚石锥,在被测试样表面得到长对角线长度是短对角线长度的 7.11 倍的菱形压痕(图 4.16),压痕深度约为其长对角线长度的 1/30。努氏硬度测定时,只需测量长对角线的长度 l,便可按下式计算努氏硬度值:

$$HK = 14.22F/l^2 \tag{4.16}$$

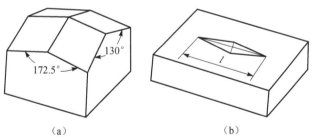

图 4.16　努氏硬度压头及压痕示意图[1]

(a) 压头;(b) 压痕

HK 的单位为 kgf/mm^2。努氏硬度使用较轻的负荷就能压印出一个能清晰测量的菱形压痕,因此,不管是硬质材料还是易碎材料的硬度试验,均可采用努氏压头。试验力 F 在 $0.01\sim1kgf$ 选取。若 F 的单位为 N,则努氏硬度的计算公式为

$$HK = 14.22F/9.8l^2 \approx 1.451F/l^2 \tag{4.17}$$

努氏硬度由于压痕细长,只需测量长对角线 l,因而精度高。努氏硬度值与维氏硬度值大致相等,但试验力小于 1000mN 时,两者会出现较大的差距。

努氏硬度试验一般用于薄层(表层淬火或化学渗镀层)和合金中组成相的性能。努氏硬度试验的详细规定见 GB/T 18449.1—2009《金属材料　努氏硬度试验　第 1 部分:试验方法》。

4.1.4　强化机理

材料的强度对结构非常敏感,材料的成分、微观结构等微小变化都显著地影响材料的强度。

4.1.4.1　纯铁的理论强度

强度是材料抵抗变形的能力。晶体材料塑性变形的方式有滑移和孪生,以滑移为主。滑移是通过晶体内的位错运动实现的,如果能尽可能地减少晶体中的位错和其他缺陷,使其接近于完整晶体,则材料的变形不能借助于位错的运动,滑移面上所有原子将同时滑移。近似的计算表明,使完整晶体滑移面上所有原子同时滑移的临界切应力,即理论剪切强度 τ_c 为

$$\tau_c \approx \mu/2\pi \tag{4.18}$$

式中,μ 为切变模量[10]。可见,完整晶体的切变抗力即理论剪切强度,与晶体的切变模量 μ 至多相差一个数量级。α-Fe 的 $\mu = 80.65\text{GPa}$,其理论剪切强度可达 11GPa[11]。

假定断裂产生在与拉应力垂直的平面上,并且此平面原子键合同时断裂,可以得出理论断裂强度 σ_c 为

$$\sigma_c \approx (E\gamma_s/a_0)^{1/2} \tag{4.19}$$

式中,E 为弹性模量;γ_s 为断裂后产生的两个新的表面的表面能;a_0 为与外加作用力相垂直晶面原子间距[10]。α-Fe 的 $E = 208.2\text{GPa}$,其理论断裂强度 σ_c 可达 21GPa[11]。

尺寸很小的 α-Fe 晶需接近无缺陷的完整晶体,其强度可以达到很高的水平,接近其理论计算值。随着晶须尺寸的增大,其抗拉强度急剧下降,如图 4.17 所示。这是由于晶须尺寸的增大,不可避免地在其内部出现晶体缺陷,如位错、空位等,从

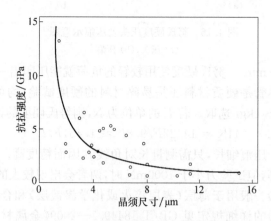

图 4.17　α-Fe 晶须尺寸与抗拉强度的关系[12]

而导致强度显著降低。因此在工程上常采用在晶体中引入大量缺陷及阻止位错运动的方法来提高强度,这些手段有固溶强化、加工硬化、晶界强化、第二相沉淀、弥散强化及相变强化等。

4.1.4.2　固溶强化

固溶强化是利用点缺陷对金属基体进行强化,固溶强化包括间隙固溶强化和置换固溶强化。

固溶强化的主要微观作用机制是弹性交互作用。溶质原子进入基本晶体点阵中,使晶体点阵发生畸变,产生一弹性应力场。对称畸变产生的应力场仅包括正应力分量,而非对称畸变产生的应力场既有正应力分量,也有切应力分量。该弹性应力场与位错周围的弹性应力场将发生交互作用。由于刃型位错的弹性应力场既有正应力分量也有切应力分量,而螺型位错的弹性应力场只有切应力分量,使得产生对称畸变的溶质原子仅与刃型位错有较大的交互作用,而与螺型位错的交互作用甚小;而产生非对称畸变的溶质原子与刃型位错和螺型位错均有较大的交互作用。在弹性交互作用下,为了减少系统的相互作用能,溶质原子将移向位错线附近。小于基体原子的置换溶质原子倾向于移向刃型位错线附近的受压位置,而间隙溶质原子和大于基体原子的置换溶质原子倾向于移向刃型位错线附近的受张位置,由此形成柯垂尔气团。柯垂尔气团是间隙固溶原子或置换固溶原子在刃型位错线附近的偏聚。

非对称畸变的间隙溶质原子与螺型位错的切应力场的交互作用使其移动到应变能较低的间隙位置产生局部的有序化分布,形成斯诺克气团,气团的溶质原子浓度即是固溶体的平均浓度。

溶质原子在位错周围形成稳定的气团后,在一定的温度范围内,间隙原子可具有足够的扩散速率,滑移的位错可以拖着气团运动。若间隙原子的扩散速率落后于刃型位错的移动速率,该位错要运动就必须首先挣脱气团的钉扎,引起系统弹性畸变能的升高,表现出强化效应,产生非均匀强化。

位错在固溶原子均匀分布的晶体点阵中运动时还要克服溶质原子的摩擦阻力,因而引起强化效应,产生均匀强化。

碳原子的间隙固溶强化是钢铁材料中最经济、最有效的强化方式。一些结构钢通过淬火低温回火的热处理可以获得高的强度和硬度,主要是基于碳原子的间隙固溶强化。碳、氮等溶质原子嵌入 α-Fe 点阵的不对称的八面体间隙中,使点阵产生不对称正方性畸变(图 2.23),引起强化效应。引起基体点阵非对称性畸变的溶质元素被称为强固溶强化元素,而将仅引起点阵对称性畸变的溶质元素称为弱固溶强化元素。强固溶强化元素的固溶强化效果比弱固溶强化元素大两个数量级左右。在 α-Fe 中的固溶 C、N 原子属于强固溶强化元素,而绝大多数置换固溶元素属于弱固溶强化元素,个别特殊的元素,如 B、P、Si,固溶后会产生一定程度的非对称畸变而处于其间。

　　α-Fe 屈服强度的增量 $\Delta\sigma_s$ 和强固溶强化元素碳、氮原子含量的平方根成直线关系,但在一定的化学成分范围内(低碳范围内)可以近似地视为线性关系。弱固溶强化元素固溶强化引起的屈服强度增量 $\Delta\sigma_s$ 大致正比于固溶元素原子质量的一次方。因此,固溶强化引起的屈服强度的增量 $\Delta\sigma_s$ 可以统一由下式计算[13]:

$$\Delta\sigma_s = k[X] \tag{4.20}$$

式中,X 为溶质元素的质量分数(%);k 比例系数。k 表示每 1% 质量分数的固溶元素在 α-Fe 中产生的屈服强度增量。表 4.4 为每 1% 质量分数的固溶元素在 α-Fe 中产生的屈服强度增量,图 4.18 为 α-Fe 中固溶元素质量与其屈服强度增量的关系曲线。

表 4.4　每 1%质量分数的固溶元素在 α-Fe 中产生的屈服强度增量[13]　　(单位:MPa)

C	N	P	Si	Ti	Cu	Mn	Mo	V	Cr	Sn
4570	4570	470	83	80	38	37	11	3	−30	113

　　注:C 和 N 的固溶量均小于 0.2%,不同研究者得出的屈服强度增量有一定差异,本表为文献[13]的推荐值。

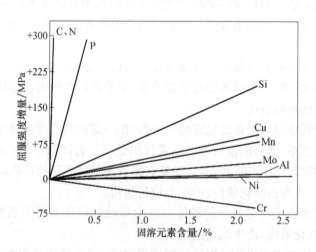

图 4.18　α-Fe 中固溶元素含量与其屈服强度增量的关系[14]

　　前面已经指出,间隙固溶原子的强化效果仅在一定化学成分范围内可以近似地视为线性关系,对于中高碳钢仍需采用二分之一次方的关系。例如,根据表 4.4 可以计算出碳含量为 0.2% 的钢中若碳全部处于间隙固溶状态可使其屈服强度提高约 917MPa;但在碳含量为 0.8% 的钢中,即使碳全部处于间隙状态也只能使其屈服强度提高约 1828MPa。

置换固溶属于弱强化,置换固溶强化效应增值与溶质原子和溶剂原子半径差值及化学性质等因素有关。当两者之间的原子半径差值小,化学性质又相近时,强化效应不大。例如,Co 和 α-Fe 的原子半径相近,其化学性质相似,因此 Co 在 α-Fe 中虽有高的溶解度,但并不产生明显的强化。

P 和 Si 固溶于 α-Fe 中引起点阵常数的缩小,虽然其点阵常数缩小的绝对值也不算很大,但这两个元素引起的强化作用却远高于其他置换固溶元素。这表明使点阵缩小的固溶元素具有更为有效的强化作用。Mn、Ni 与 Cr 对 α-Fe 点阵常数变化的影响相近,但它们的置换固溶强化作用有明显的差别,Mn、Ni 的作用远大于 Cr。由此可见,现有的固溶强化理论尚不足以解释一些异常的强化效应。

在 α-Fe 中还存在着间隙原子间的交互作用。在 α-Fe 中间隙原子的固溶造成非对称性点阵畸变,这种非对称畸变可称为畸变偶极子(dipole),即四方对称的弹性偶极子。每个间隙原子都诱发一个弹性偶极子,弹性偶极子之间有交互作用,引起间隙原子的短程有序化,增大位错滑移所需能量,增大强化效应。在 α-Fe 中还存在着置换固溶原子与间隙固溶原子之间的交互作用。实验证实,置换固溶于 α-Fe 中的 Mn、Cr、Mo、Si 等合金元素可以把 C 或 N 吸引到其周围而构成原子对,形成置换固溶偶极子。这种置换固溶偶极子可以与位错产生强烈的交互作用;与单个间隙原子的强化作用相比较,这种交互作用可以保持到很宽的温度范围内。这种强化作用被称为"交互固溶强化"[15]。

碳、氮原子在 γ-Fe 的间隙固溶引起点阵的球面对称畸变,具有正应力分量,可与刃型位错产生交互作用,造成柯垂尔气团,但不与螺型位错产生交互作用,没有阻碍螺型位错滑移的作用,所以其强化作用属于弱强化。

置换固溶合金元素原子在奥氏体中的固溶强化作用比碳原子更小,但可以影响奥氏体的层错能。奥氏体层错能低,位错容易扩展。层错和溶质的交互作用使某些溶质原子偏聚在层错附近,形成铃木气团,同样可以钉扎位错,使奥氏体得到强化。各类元素对 18Cr-8N 奥氏体不锈钢屈服强度的影响,如图 4.19 所示。图中,间隙原子强化效应最大,铁素体形成元素次之,奥氏体形成元素最弱。Ni 的加入使这种钢的屈服强度降低,是一种固溶软化现象。

4.1.4.3　位错强化

金属晶体缺陷理论指出,增加晶体中的位错密度,可以有效地提高金属强度。通过热处理和冷塑性变形以提高位错密度是提高钢材强度的重要手段。纯铁多晶体在退火状态下位错密度 ρ 约为 $1 \times 10^7 \mathrm{cm}^{-2}$,塑性变形为 10% 时,$\rho$ 可以达到 $5 \times 10^{10} \mathrm{cm}^{-2}$。目前,工业生产的冷拉钢丝中的位错密度最高可以达到 $5 \times 10^{10} \mathrm{mm}^{-2}$,由位错提供的强度增量为 4500MPa,钢丝的强度超过 5000MPa。

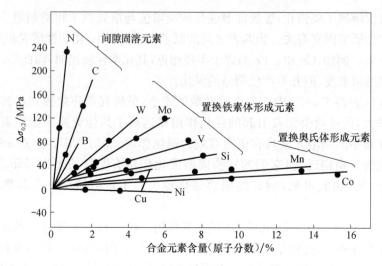

图 4.19　18Cr-8Ni 奥氏体不锈钢中的固溶强化效应[16]

当晶体中位错分布比较均匀时,流变应力 τ(多晶体开始塑性变形的应力)和位错密度 ρ 之间存在下面的 Bailey-Hirsch 关系式:

$$\tau = \tau_0 + a\mu b\rho^{1/2} \tag{4.21}$$

式中,τ_0 表示位错交互作用以外的因素对位错运动造成的阻力;μ 为切变模量;b 为伯格斯矢量;a 为系数,多晶体铁素体的 $a=0.4$。式(4.21)对体心立方和面心立方点阵金属都是适用的,只是 τ_0 值有差异。在面心立方点阵金属中,位错在完整的晶体中运动的阻力很小,τ_0 值近于零,而在体心立方点阵金属中的 τ_0 值不可忽略。式(4.21)可以写成

$$\Delta\tau = \tau - \tau_0 = a\mu b\rho^{1/2} \tag{4.22}$$

式中,$\Delta\tau$ 表示位错密度引起的流变应力的增量。式(4.22)表明,当 ρ 升高,$\Delta\tau$ 升高。纯铁的位错密度与形变应力之间的关系与 Bailey-Hirsch 关系式符合得很好。塑性形变时,α-Fe 的平均位错密度随塑性形变量的增大而提高,在应变硬化早期阶段,平均位错密度的提高与应变量成正比的变化关系,而且细晶粒具有更高的位错增殖效应;在应变量相等时,细晶粒将获得更高的位错密度。

在室温下,当形变量小于 1%时,α-Fe 的位错线还是平直的;形变量大于 1%时,位错线变得不很规则,在个别晶粒中位错开始集聚,以致相互连接起来开始构成胞状结构;形变量为 3.5%时,可以见到胞状结构;大约达到 9%形变量时,大部晶粒均由胞状结构组成,胞壁为缠结的位错,晶胞间的位向差约为 3.5°。在形变早期,晶胞的平均尺寸随应变量的增大而有所减小,约减小到 1.5μm 便保持稳定而不改变。

已经提出的一些理论解释了位错强化的机制,如林位错理论、位错塞积理论、

位错交截理论、割阶理论等,这些理论均可以得到如式(4.22)所示的表达式。

塑性形变过程中位错密度的准确测量比较困难,而塑性变形量的测定较为容易。可以通过建立应变量与位错密度之间的关系,对位错密度进行粗略的估算。根据 Hollomon 关系式 $S=K\varepsilon^n$ 和式(4.21),可以得到位错密度与应变量之间的关系式:

$$\rho = \frac{K^2\varepsilon^{2n}}{\alpha^2 G^2 \boldsymbol{b}^2} \tag{4.23}$$

在很多情况下可以由式(4.23)估算钢材经过均匀塑性变形后的位错密度。

4.1.4.4　细晶强化

晶界阻碍位错运动。通过细化晶粒使晶界增加,阻碍位错滑移,从而产生强化的方式称为细晶强化。细晶强化是各种强化机制中唯一在材料强化的同时使之韧化的方式,因而受到人们的广泛重视。

霍尔(Hall)和佩奇(Petch)最早独立根据对低碳钢的试验结果确立了材料强度与晶粒尺寸之间的关系式,即霍尔-佩奇(Hall-Petch)关系式:

$$\sigma_y = \sigma_0 + k_y d^{-1/2} \tag{4.24}$$

式中,σ_y 为下屈服点;σ_0 和 k_y 为常数;d 为晶粒直径。σ_0 表示位错在单晶体内运动时的摩擦力(即点阵结构对位错的阻力),不受晶粒大小影响。k_y 称为佩奇斜率,k_y 值的大小与位错被溶质原子 C、N 钉扎程度有关,钉扎作用强,k_y 值大。另一个影响 k_y 值的因素为塑性变形时可以参加滑移的滑移系数目,数目少,则 k_y 值大。精确计算 σ_0 比较困难,具体材料的 σ_0 值可以通过试验求得。测出屈服应力 σ_y 随 $d^{-1/2}$ 的变化曲线,曲线图中的纵轴截距即为 σ_0,曲线的斜率即为 k_y。图 4.20 为低碳钢的下屈服点与晶粒大小的关系曲线,可以看出,k_y 对温度不敏感[11]。

晶粒直径 d 为有效晶粒尺寸,即对位错滑移起阻碍作用使之产生塞积的界面所构成的最小晶粒尺寸。亚晶界附近一般不会产生位错的塞积,因而不能成为有效晶粒尺寸。对低碳马氏体钢,有效晶粒尺寸为板条马氏体束的尺寸;对铁素体-珠光体钢,有效晶粒尺寸为铁素体晶粒尺寸;对珠光体是其片层间距;对高碳钢为奥氏体晶粒尺寸。

霍尔-佩奇关系式不仅适用于下屈服点,也适用于流变应力、断裂应力。霍尔-佩奇关系式也可用于许多有色金属与合金。

根据位错塞积模型可以推导出霍尔-佩奇关系式[5]。多晶体中相邻晶界一般为大角度晶界,滑移至晶界前的位错为晶界所阻挡,无法直接传播到相邻晶粒中去。位错源在外力作用下继续增殖,增殖的位错塞积在晶界上,引起应力集中,应力场的强度为塞积位错数目和外加应力值的乘积,而塞积位错的数目正比于晶粒尺寸。当应力场作用于相邻晶粒位错源的作用力等于位错开动的临界应力时,相

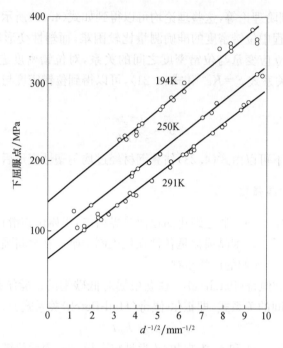

图 4.20　晶粒大小对低碳钢下屈服点的影响[11]

邻晶内的位错源才能开动起来,产生位错的滑移与增殖,进行塑性形变。当材料的晶粒变细时,必须增大外加作用力才能激活相邻晶粒内的位错源。因此,细晶粒金属产生塑性变形要求更高的外加作用力,此即细晶强化的机制。除上述位错塞积理论外,霍尔-佩奇关系式还可以通过其他方式导出。

　　由于细晶强化有显著的强化效果,近 40 年来,在钢铁材料领域,人们不断通过微合金化和采取各种工艺措施,如控制热加工时的温度、压下量、冷却速率等,以细化最终获得的铁素体晶粒。目前,在工业规模生产上已可以达到的晶粒尺寸为 3~5μm[17],在实验室的条件下,已可以获得 0.5~1μm 的有效晶粒尺寸[13]。

　　霍尔-佩奇关系式适用的晶粒尺寸是有界限的,上限不超过 400μm,比 400μm 更大的晶粒,再增多塞积位错数目,对应力集中应力场强度的影响也不大。晶粒尺寸小于 0.3μm 时,晶粒内不能提供足够数目的位错用以构成足够强度的应力集中。晶粒细化到一定程度时,钢在发生屈服后,将出现塑性失稳现象,如图 4.21 所示[18]。这是由于晶粒尺寸达到纳米级时,晶界区域所占晶体的体积分数迅速增加,晶界在空间上相互已非常接近,在形变时,通常的位错增殖和塞积已不可能进行,因而不会发生形变硬化,塑性变形的机理将有所改变,晶界滑动可能会起重要的作用。另外,晶粒细化对材料的高温强度是不利的。

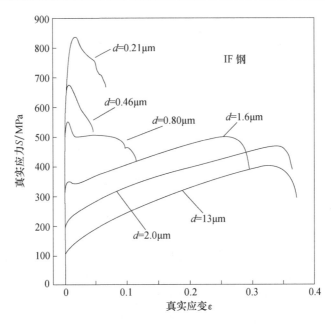

图 4.21　晶粒急剧减小时,强度和韧性的关系[18]

试验用钢为 IF 钢

4.1.4.5　第二相强化

材料通过基体中分布有细小弥散的第二相颗粒而产生强化的方法称为第二相强化。根据第二相形成的机理可以把相应的强化工艺分为沉淀强化(即通过脱溶沉淀产生第二相)和弥散强化,弥散强化即利用外加的惰性的弥散颗粒和粉末冶金工艺产生第二相。钢铁材料生产中广泛采用各种沉淀析出的第二相进行强化。

根据第二相颗粒与滑移位错的交互作用机制,可以得到两种不同的强化机制:位错切过机制与位错绕过机制。

当沉淀相的尺寸较小(<15nm)且与母相共格时,滑移位错可以切过颗粒(图 4.22),这种第二相颗粒被称为可变形颗粒。当位错切过颗粒时,在颗粒与基体间产生新的表面积 A,增加界面能,所导致的强化作用被称为化学强化。颗粒具有不同于基体的点阵结构和点阵常数,位错切过颗粒时,在滑移面上造成错配的原子排列,增大位错运动的阻力。如果第二相颗粒是有序相,当位错切过颗粒时,在滑移面上将形成反相畴界。反相畴界能远高于颗粒与基体间的界面能,因此需额外支付这份界面能差值。沉淀颗粒的共格应变场与位错的应变场之间产生弹性交互作用,亦产生一定的强化效应。上述各种强化因素所引起的强度增量 $\Delta\sigma_c$ 与第二相的体积分数 f 和颗粒尺寸之间存在下述关系:

$$\Delta\sigma_c = af^{1/2}d^{1/2} \tag{4.25}$$

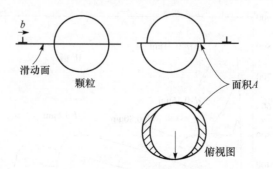

图 4.22　位错滑动时对位错的切割[10]

式中,a 为系数;d 为颗粒的直径。在钢铁材料中主要的强化效应来自表面能强化和共格应变强化。

　　当颗粒增大到一定尺寸后,位错难以借切过机制通过,位错将以绕过第二相颗粒并留下环绕颗粒的位错环的方式进行,如图 4.23 所示。此时的第二相颗粒被称为不可变形颗粒。不可变形颗粒具有较高硬度,并与母相部分共格或非共格。这种位错绕过机制被称为奥罗万机制,1948 年由奥罗万首先提出,后经 Ashby 改进。位错在切应力的作用下,向第二相移动时,受到第二相的应力场作用而弯曲,随着切应力的增大,位错线的弯曲程度增大。当位错线的弯曲程度进一步增大时,将相遇于 A、B 等位置,由于相遇处的位错符号相反,正负位错抵消,形成了包围质点的位错环。每当位错绕过第二相颗粒时,总是留下这种位错环。位错环对后边的同号位错发生交互作用,阻碍后边位错的运动,提高了位错滑移所需的切应力,引起强化。

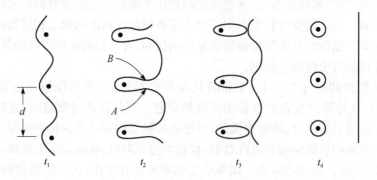

图 4.23　位错与一排析出相颗粒的交互作用[10]

　　强化效果的大小与第二相体积分数 f、颗粒大小 d 及其分布情况有关。强度增量 $\Delta\sigma_0$ 可用下式表示:

$$\Delta\sigma_0 = \beta f^{1/2} d^{-1}\ln d \tag{4.26}$$

式中，β 为系数，与基体的切变模量及滑动位错的伯格斯矢量有关。由式(4.26)可知，第二相颗粒小，强化效应显著；第二相颗粒粗大，强化效果不显著。图 4.24 为 C-Mn 微合金钢中第二相颗粒尺寸不同时，第二相体积分数与屈服强度增量的关系，与式(4.26)相符。工业生产条件下，在一般微合金元素添加范围内，通过适当控制微合金碳氮化物的沉淀析出过程，可以获得 200～400MPa 的屈服强度增量。可见沉淀强化是一种非常有效的强化方式。

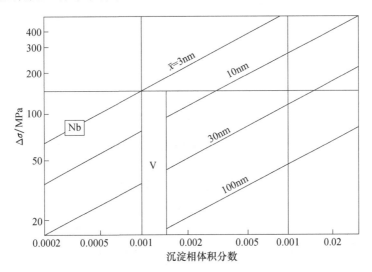

图 4.24　C-Mn 钢中 NbC 和 V_4C_3 的沉淀强化效果[14]

第二相颗粒被分为可变形和不可变形，并非指某一特定的第二相。实际上同一种第二相在尺寸很小而与基体保持较好的共格关系时属于可变形颗粒，而当其尺寸增大，与基体的共格关系受到部分破坏甚至完全破坏时，就变成了不可变形颗粒。

上述两种机制的强化能力可以用图 4.25 定性地表示出来。根据式(4.25)和式(4.26)，第二相体积含量一定，材料的强化按切过机制产生时，沉淀强化效果随第二相颗粒尺寸的变化如曲线 A 所示，而按绕过机制产生时，沉淀强化效果随第二相颗粒尺寸的变化如曲线 B 所示。当第二相颗粒尺寸从零开始增大时，强度变化先按 A 线上升至两曲线相交后再沿 B 线下降，这里存在一个临界转换尺寸 d_c。可见只有位错不能按切过机制进行时，绕过机制才能发生。在 d_c 尺寸附近可以得到最大的第二相强化效果。

理论分析和计算表明[13]，在钢铁材料中临界转换尺寸 d_c 大致反比于第二相与基体的界面能，界面能越高，d_c 越小，界面能越低，d_c 越大。当第二相与铁基体的界面能在 0.5～1.1J/m² 的范围时，d_c 大致为 1.5～6nm。Nb(C,N)与铁素体的

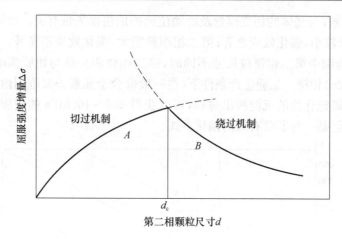

图 4.25　沉淀强化效果随第二相颗粒尺寸的变化示意图

界面能较高,d_c 约为 1.6nm,VN 与铁素体的界面能较低,d_c 较大,约为 5.4nm。目前在微合金钢中通过最佳沉淀工艺已可获得 2~5nm 的微合金碳氮化物颗粒尺寸,这已接近或达到临界转换尺寸 d_c。但大多数钢铁材料中的第二相的尺寸均大于或远大于临界转换尺寸,其强化机制均为绕过机制。

上面两种位错运动的方式已经在电子显微镜中通过薄膜观察得到证实。

产生弥散强化的第二相一般是高熔点的氧化物,它们都是稳定的化合物。弥散相和基体没有共格关系,两相相互溶解的能力也很差,分散细小的第二相颗粒大大阻碍了基体的再结晶和晶粒长大过程,有利于使合金获得高的高温强度。惰性弥散颗粒的强化作用一般用位错绕过机制来说明。

4.1.4.6　各种强化方式强化效果的叠加[13,15]

大多数钢铁材料在实际生产中都同时采用多种强化方式,因为单一强化方式的效果有限,或者达到一定程度后将具有饱和性,或者在生产成本上受到限制。同时采用多种的强化方式,便存在各种强化方式强化作用的叠加问题。

大量的实验研究结果表明,钢铁材料中大多数固溶原子对位错运动的阻碍作用基本上是相互独立的,而晶界或第二相对位错的阻碍运动也是基本独立的,因而这些不同强化方式的强化效果可以直接线性叠加。特别是在强化方式较少且各种强化方式的强化效果较差时,采用强化效果直接线性叠加,计算的结果比较准确,因为在这种情况下不同强化方式之间的相互作用较小。当某一强化方式的强化效果远大于其他强化方式时,也可以直接线性叠加,此时带来的误差较小。

当涉及的强化方式较多或各种强化方式的强化效果均比较大时,直接叠加将可能高估总的强化效果,在这种情况下,可以采用均方根叠加方法。例如,含多种合金碳化物形成元素的二次硬化钢,各碳化物形成元素独自的强化效果均较大,若单独计算其强化效果,则各自引起的屈服强度增量为 $\Delta\sigma_{spi}=k_y f_i^{1/2} d_i^{-1} \ln d_i$ $(i=1,$ $2,\cdots,$代表不同的第二相),式中 k_y 为基本相同的常数,f_i 和 d_i 分别代表各种碳化物的体积分数和颗粒尺寸。由此可以得到总的强化效果:

$$\Delta\sigma_{sp} \approx \sqrt{(\Delta\sigma_{sp1})^2 + (\Delta\sigma_{sp2})^2 + \cdots} \tag{4.27}$$

即均方根叠加关系。

处理不同强化方式所产生的强化效果的叠加问题比较复杂,每一种强化方式均涉及多种微观机制,有些强化作用之间具有线性叠加作用,而有些强化作用之间不具有线性叠加性,已有的计算公式主要还是经验关系。

在用做结构材料的钢材中,其组织常常是铁素体(α)、珠光体(P)、贝氏体(B)、和马氏体(M)等组织的复合。根据以上各种强化方式的分析及各种强化之间的相互影响,可以进一步研究钢的组织-强度关系式。在这方面,一些研究工作者通过理论分析或试验研究,得到了许多定量的半经验或经验关系式[13,19],较为成熟的是铁素体-珠光体钢和微合金钢的组织-性能关系的研究工作。

对铁素体-珠光体钢(α+P)的混合组织,Pickering 提出,其屈服强度可用下式表示[20]:

$$\sigma_s = f_\alpha^{1/3}\sigma_s^\alpha + (1-f_\alpha^{1/3})\sigma_s^P \tag{4.28}$$

式中,f_α 为铁素体体积分数;σ_s^α 和 σ_s^P 分别为 α 和 P 的屈服强度。式中的 σ_s^α 和 σ_s^P 不是恒定的,σ_s^α 与铁素体晶粒尺寸服从霍尔-佩奇关系,σ_s^P 与珠光体片间距 S (mm)具有霍尔-佩奇关系:

$$\sigma_s^P = \sigma_i + kS^{-1/2} \text{(MPa)} \tag{4.29}$$

式中,σ_i 为摩擦阻力;k 为常数。

图 4.26 为珠光体体积分数对正火碳锰钢(钢中含 0.9%Mn、0.3%Si、0.007%N)屈服强度 σ_s 的影响,并显示各种强化机制的贡献。此图可用下式定量表示:

$$\sigma_s = f_\alpha^{1/3}(35 + 58w_{Mn} + 17.4d^{-1/2}) + (1-f_\alpha^{1/3}) \cdot (178 + 3.8S^{-1/2})$$
$$+ 63w_{Si} + 425w_N^{1/2} \text{(MPa)} \tag{4.30}$$

式中,w_{Mn}、w_{Si}、w_N 为各元素的质量分数;f_α 为铁素体体积分数;d 为铁素体晶粒平均直径;S 为珠光体片平均间距(在本式中为常数)。由式(4.30)可知,N 和 Si 既强化铁素体,又强化珠光体,而 Mn 一方面强化铁素体,另一方面还通过增加珠光体量而增加钢的屈服强度。随珠光体量的增加,对屈服强度的影响增大。在这方面还有其他一些关系式。

对于微合金钢,一般是在上述关系式的基础上直接加上沉淀强化项 σ_p,对于位错密度较高的钢,再加上位错强化项 σ_d[21]。例如,对于含碳 0.05%~0.25%的锰钢,未经变形而直接从奥氏体区冷却,其屈服强度可用下式表示:

$$\sigma_s = \sigma_o + 37w_{Mn} + 83w_{Si} + 2900w_N + 15.1d_L^{-1/2} + \sigma_p + \sigma_d \tag{4.31}$$

式中,w_{Mn}、w_{Si}、w_N 为各元素的质量分数;d_L 是 α 相的晶粒尺寸,或贝氏体片的板条尺寸;σ_p 为沉淀颗粒的绕过机制强化项;σ_d 是位错强化项;常数 σ_o 因冷却方式不同而不同,空冷时取 88,炉冷时取 62。

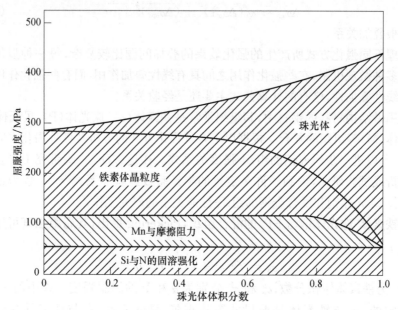

图 4.26　珠光体体积分数对正火碳锰钢屈服强度的影响及各种强化机制的贡献[20]

4.2　钢 的 韧 性

4.2.1　冲击试验

冲击试验是将具有一定质量的摆锤举至一定的高度,使其获得一定的势能,然后将其释放,在摆锤下落到最低位置处将试样冲断。摆锤冲断试样失去的能量,被称为冲击吸收功(冲击值)A_k,单位为焦耳(J)。标准打击能量为 300J 和 150J,打击瞬间的冲击速率应为 5~5.5m/s,应变速率约为 $10^3 s^{-1}$。工程上常用一次摆锤冲击弯曲试验来测定材料抵抗冲击载荷的能力。

用试样缺口处的截面积 S 去除 A_k,可得到材料的冲击韧度指标,即 $a_k = A_k/S$,其单位为 kJ/m² 或 J/cm²。由于冲击吸收功并不是沿缺口处的截面积均匀地消耗,而是被缺口截面附近的体积吸收,体积的大小及体积内各点所吸收的能量相差悬殊,无规律可循。因此冲击韧度这一指标并没有明确的物理意义,只是因为多年来工程界的应用习惯,而且已积累了大量的数据,所以目前还继续沿用。

一次摆锤冲击弯曲试验有两种加载方式:横梁式和悬臂梁式。图 4.27 为横梁式冲击弯曲试验试样放置示意图。横梁式试样装夹方便,可进行改变试样温度的系列冲击试验,应用较广。悬臂梁式冲击试验,亦称为艾氏(Izod)冲击试验,冲击时试样垂直夹紧,缺口底部和定位块顶面处于同一平面内,试样装夹不方便,只能进行室温性能试验。我国很少使用悬臂梁式冲击试验。

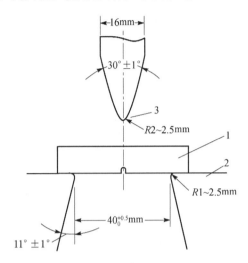

图 4.27　横梁式冲击弯曲试验试样放置示意图
1—试样;2—试样支持面;3—摆锤刀刃

根据 GB/T 229—2007《金属材料　夏比缺口冲击试验方法》(代替 GB/T 229—1994),我国采用的横梁式冲击弯曲试样为夏比(Charpy)U 型缺口和夏比 V 型缺口(图 4.28)。国际上采用夏比 V 型试样居多,简称 CVN(Charpy V notch)。夏比 U 型缺口深度有 2mm 和 5mm 两种。缺口深度同为 2mm 的 V 型和 U 型缺口的冲击试样,其缺口底部半径不同,分别为 0.25mm 和 1mm,因此,V 型缺口应力相对集中,对冲击载荷更为敏感。过去我国主要采用缺口深度为 2mm 的 U 型试样,或称梅氏试样。GB/T 229—1994 规定使用上述三种试样得到的冲击吸收功分别以 A_{kV}、A_{kU2} 和 A_{kU5} 表示,下角标 2 和 5 表示缺口深度为 2mm、5mm。GB/T 229—2007 用 K 表示吸收能量,V 和 U 表示缺口几何形状,缺口深度一般为 2mm,下标数字表示摆锤刀刃半径,例如,KV_2,冲击韧度指标 a_k(a_{kV}、a_{kU})未再采用。KV_2 有时标为 K_{V2}。

各国家标准中,对试样和缺口部分的尺寸以及试验机摆锤刀刃的参数都有明确规定;尺寸和参数不同,所得试验结果会有差异,不能相互比较。

通过冲击试验时测出的载荷-位移关系曲线可以更好地理解冲击吸收功的物理意义。冲断试样时,试样经历弹性变形、塑性变形和断裂三个阶段。这三个阶段消耗的能量分别称为弹性变形功、塑性变形功和断裂扩展功,见图 4.29。对于不同的材料,其冲击吸收功可以相同,但弹性变形功、塑性变形功和断裂扩展功却可

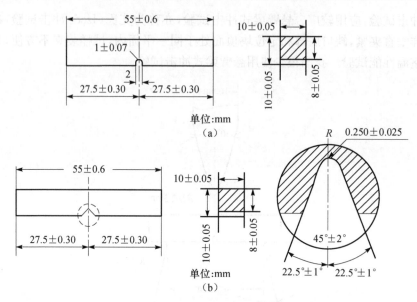

图 4.28　冲击试验试样(GB/T 229—2007)

(a) 夏比 U 型缺口试样;(b) 夏比 V 型缺口试样

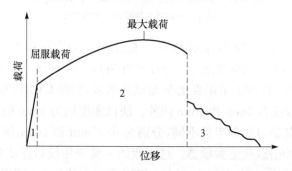

图 4.29　缺口试样冲击弯曲时的载荷-位移曲线示意图

1—弹性变形功;2—塑性变形功;3—断裂扩展功

能相差很大。如果弹性变形功占的比例很大,而其余两者占的比例很小,表明材料断裂前塑性变形小,裂纹一旦形成将迅速扩展直至断裂,显示比较大的脆性。只有塑性功,特别是撕裂功的大小才真正显示材料韧性的性质。因此,由冲击试验得到的韧性指标有很大的条件性,不能用于定量计算,具有明显的经验性质。

　　由于冲击试验在检验材料的品质、内部缺陷、工艺质量等方面很敏感,使它在生产和材料研究工作中都得到广泛的应用。冶炼和各种热加工工艺的质量,如疏松、夹杂、白点、发纹、过热、过烧以及变形时效、回火脆性等,都可以从冲击试验获得的冲击韧度的大小明显地反映出来,可以此判断钢材和部件是否判废,并分析原因,提出改进冶炼和加工工艺的措施。

　　冲击试验还可以在高温和低温(−192℃)下进行,允许使用各种方法加热和冷却试样。图 4.28 显示的是标准冲击试样的尺寸,如不能制备标准试样,可采用小尺寸试样(GB/T 229—2007)。对于工模具钢等脆性较大的钢类,冲击试样一般不开缺口,因为若开缺口则冲击吸收功太低,难以比较不同钢之间抗冲击性能的差异。

　　冲击试验的另一个重要作用是显示钢材中出现的各种脆性。随着温度的变化,钢材在某些温度范围内,其冲击韧度呈现急剧下降,如低温脆性,即冷脆、蓝脆、重结晶脆、红脆等,如图 4.30 所示。在本章 4.1.2 节中解释了韧脆转变现象。蓝脆现象及其形成机制在第 3 章 3.9.3.2 节已作过介绍。在 $Ac_1 \sim Ac_3$ 温度区间,钢的组织为 $\alpha + \gamma$ 两相混合组织,冲击韧度较低,称为重结晶脆。钢材过热时因晶粒粗大引起的冲击韧度下降称为热脆。在更高温度时,若钢中硫含量较高而钢中的 Mn/S 质量比过低时,会在晶界产生 FeS-Fe 的共晶液体,使其冲击韧度下降,称为红脆。

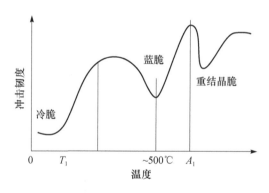

图 4.30　钢的几个脆性温区示意图

4.2.2　低温脆性和韧脆转变温度

　　面心立方点阵以外的金属随温度的下降均会发生由韧性向脆性的转变,这种现象被称为低温脆性或冷脆,最明显的是体心立方点阵的金属,如 α-Fe。因此,以 α-Fe 为基体的钢均出现低温脆性。冷脆现象对许多结构件和部件,如车辆、桥梁、舰船、低温工作的容器、管道、大型汽轮机转子等相当重要。对这类构件和部件用钢,常提出对其低温韧性的要求,有时还规定了韧脆转变温度 FATT 的指标,其使用温度应高于韧脆转变温度,以避免使用过程中的脆性断裂。图 4.31 为韧脆转变曲线及韧脆转变温度示意图。

　　根据系列冲击试验所得韧脆转变曲线确定韧脆转变温度的方法有下面几种。

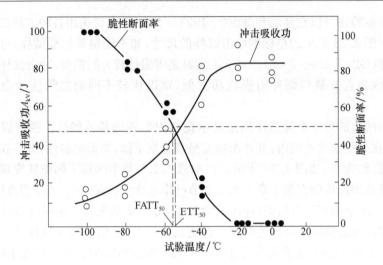

图 4.31　韧脆转变曲线及韧脆转变温度示意图[2]

1) 能量准则

能量准则也有几种不同的表示方法:

(1) 用上平台与下平台能量区间一定的百分数 n 的相当温度,即 ETT_n 表示 (例如,冲击吸收功上下平台区间 50% 所对应的温度极记为 ETT_{50}),如图 4.31 所示。

(2) 用 $0.4A_{kmax}$ 所对应的温度表示,A_{kmax} 为最大冲击吸收力。

(3) 用完全塑性撕裂的韧性开裂最低温度表示。此温度称为塑性断裂转变温度 FTP(fracture transition plastic),低于此温度,开始出现脆性破坏。采用 FTP 进行设计过于保守。还有用完全脆断的最高温度表示,称此温度为无塑性温度 NDT(nil ductility temperature)。

2) 断口特征准则

一些钢制件、大型锻件及焊接件用断口上的脆性断面率 n 所对应的温度表示。常用脆性断面率为 50%(体积分数)时的相应温度作为韧脆转变温度,称为断口形貌转变温度 $FATT_{50}$(fracture appearance transition temperature)。

还有一种断口特征准则,是依据试样冲断后受压一面变宽的情况来确定韧脆转变温度的,其宽度增加量称之为侧膨胀值。依据侧膨胀值与温度曲线的上平台与下平台区间规定侧膨胀值所对应的温度,称之为侧膨胀值转变温度 LETT(lateral expansion transition temperature)。侧膨胀值 3.8% 相当于 10mm 宽的试样在宽度上增加了 0.38mm。

GB/T 229—2007《金属材料　夏比缺口冲击试验方法》附录中规定了冲击吸收功 ETT_n、脆断面率 $FATT_n$ 和侧膨胀值 LETT 三种方式表征韧脆转变温度。在

GB/T 12778—2008《金属夏比冲击断口测定方法》中规定了脆性断面率和侧膨胀值的测定方法。可以将冲击试样断口与冲击试样断口纤维断面率图谱或其示意图进行比较,估算出纤维断面率。图 4.32 为纤维断面率 50％时的冲击试样纤维断面图谱及示意图,也可以用游标卡尺直接测出晶状区的面积。

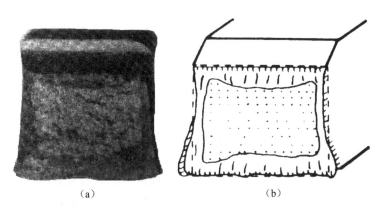

(a) (b)

图 4.32 纤维断面率为 50％的冲击试样纤维断面
(a) 图谱;(b) 示意图

3) 经验准则

对于某些类型的产品,依据大量的使用经验和统计资料得出:当其冲击韧度达到某一数值时,将不会发生某种脆性断裂事故。例如,第二次世界大战期间,多次出现焊接油轮脆性断裂事故。统计表明,如果船板使用温度高于以 20.5J(约 15ft · lb)夏比冲击功 CVN 为准则的韧脆转变温度时,将不致发生脆断事故,因此在当时造船工业中广泛使用 20.5J 准则。随着造船工业的发展,需要使用更高强度级别的钢板,上述准则已不能可靠地保证安全。这时,为了防止脆断,就要求钢板应具有更高的 CVN 值,如 27J 准则。

需要说明的是,用标准夏比 V 型缺口测定的韧脆转变温度与实际结构的转变温度并不相同。有多种因素影响韧脆转变温度的高低,其中几何结构尺寸的影响是很大的。现以板厚的影响为例,标准夏比 V 型缺口试样的横截面积为 10mm×10mm,而厚板结构的尺寸常常远高于这一尺寸。因此,标准夏比 V 型缺口的几何约束小于实际结构的几何约束,因而用它测出的韧脆转变温度较低,在这种情况下,用标准夏比 V 型缺口试样往往过高地估计了材料在实际结构中的韧性[4]。

4.2.3 几种接近实际服役条件的冲击试验

为了使实验室的试验结果更符合实际使用情况,人们发展了不少新的试验方法,其中主要有落锤试验(drop weight test,DWT)、动态撕裂试验(dynamic tear test,DTT)、落锤撕裂试验(drop weight tear test,DWTT)。这些试验均使用较大尺寸的试样,主要用于舰船、管道、桥梁、容器等构件或部件用钢的韧脆转变温度的评定。

1) 落锤试验

落锤试验法在 1953 年成功应用,1963 年列入美国 ASTM 标准。我国国家标准 GB/T 6803—2008《铁素体钢的无塑性转变温度落锤试验方法》对落锤试验的方法有详细的规定。图 4.33(a)为落锤试验进行示意图。标准试样的型号有三种:P-1、P-2 和 P-3,尺寸分别为 25mm×90mm×360mm、20mm×50mm×130mm、16mm×50mm×130mm。如有需要,允许采用不同于上述厚度的试样。支承台的跨距 S 为 305mm(P-1)和 100mm(P-2、P-3),高度为 50mm。在试样宽度的中线,沿试样长度方向堆焊一脆性焊珠,焊道长度为 60～65mm,宽度为 12～16mm,高度为 3.5～5.5mm(图 4.33(b))。在焊道中部的垂直方向开一缺口以诱发裂纹(图 4.33(c))。试样在低温下的保持时间按试样厚度 1.5min/mm 计算,但不少于 30min。

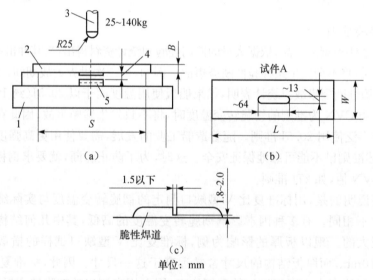

图 4.33　落锤试验(DWT)

(a) 试验进行示意图;(b) 试件图;(c) 焊道

1—砧座;2—试件;3—重锤;4—终止挠度;5—终止台

选择的冲击能量应保证试样的受拉面与所匹配的砧座终止台相接触,试验时应根据试样型号及钢的实际屈服强度选择。试样置于图 4.33(a)所示砧座的支承台上进行落锤冲击,三种试样的终止挠度分别为 7.6mm、1.5mm 和 1.9mm。沿终止台方向的中间开出一个宽度为 22mm、深度不小于 10mm 的槽。在受冲击后,试样变形,其挠度受终止块的限制,但足以使试样上产生一个相当于材料屈服强度的应力。

落锤试验时改变试验温度,可以求得试验完全脆断的最高温度,此时材料的屈服强度高,断裂时的应力尚不能使材料产生屈服,即无塑性转变温度(NDT)。

温度高于 NDT 时,起裂部位先经过塑性变形,然后解理起裂,裂纹可以延伸到未经塑性变形的弹性区,即可以在应力低于屈服点的弹性区中传播,这种破裂形式的最高温度称之为"弹性断裂转变温度"(fracture transition elastic,FTE)。

当温度高于 FTE 时,试验板先发生塑性变形,然后解理起裂,裂纹只在经过塑性变形的区域中传播,不扩展到周围的弹性区域中,即不发生低于屈服应力的脆性开裂。发生这种断裂形式的最高温度称为"塑性断裂转变温度"(FTP)。高于此温度,在出现塑性开裂后,只出现纤维撕裂的裂口,裂口上无解理开裂形貌。

经验表明,对一般厚度在 50mm 以下的钢板,NDT 与 FTE、FTP 有简单的关系:

$$FTE = NDT + 33℃ \tag{4.32}$$

$$FTP = NDT + 67℃ \tag{4.33}$$

因此,用落锤试验测定 NDT 后,即可推知 FTE、FTP。对于厚度大于 75mm 的钢板,采用以下关系式:

$$FTE = NDT + 72℃ \tag{4.34}$$

$$FTP = NDT + 94℃ \tag{4.35}$$

在设计中可根据构件的工作应力、容许的最大缺陷及要求的安全可靠性程度来要求钢材的 NDT 值。

2)动态撕裂试验

动态撕裂试验是在冲击试验机上,将处于简支梁状态下的动态撕裂试样一次冲断,测量其吸收能量和纤维断面率的试验。国家标准 GB/T 5482—2007《金属材料动态撕裂试验方法》规定了动态撕裂试验方法的具体细则。

动态撕裂试样的外形尺寸为 180mm×40mm×t,厚度 t 为 5~16mm(图 4.34(a))。厚度大于 16mm 的样坯,可加工成 16mm 的试样。缺口处的净宽度为 28.5mm,机加工宽度为 1.6mm,根部角度为 60°。缺口根部要用硬度不小于 60HRC 的压刀压制缺口,压刀顶端的角度为 40°,刃部半径不大于 0.025mm。

动态撕裂试验通常采用摆锤式冲击试验机,对大多数钢材进行动态撕裂试验所需能量:16mm 厚试样约为 3000J,5mm 厚试验约为 500J。图 4.34(b)为动态撕裂试验机的支座和冲击刀。

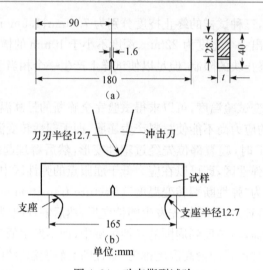

图 4.34　动态撕裂试验

(a)动态撕裂试样;(b)动态撕裂试验机的支座和冲击刀

对动态撕裂试样进行系列温度试验,记录试验温度与冲击能量,并根据动态撕裂试样断口的形貌测算其纤维断面率。根据钢材动态撕裂试验绘出的冲击能量与温度关系曲线,其数据集中,韧脆转变温度明确。

GB/T 5482—2007 中还规定了焊接接头的动态撕裂试验方法和板厚不小于 25mm 的钢板动态撕裂试验方法。

3)落锤撕裂试验

落锤撕裂试验方法是用一定尺寸的、一边有尖锐缺口的板状试样,在摆锤式或落锤式试验机上一次冲断。落锤撕裂试验方法 1968 年被收入美国石油协会 API 标准,现已被广泛用于抗脆性断裂扩展性能的评价。我国的相应标准为 GB/T 8363—2007《铁素体钢落锤撕裂试验方法》,该标准规定缺口几何形状可采用压制缺口或人字形缺口。低韧性管线钢与其他钢材应选用压制缺口,高韧性管线钢优先选用人字形缺口。人字形缺口可降低 DWTT 吸收能量。

图 4.35 为落锤撕裂试验的试样、支座及冲击刀刃。制作压制缺口时应用刃口角度为 45°的特制工具钢压头在试样上压制出图中所示的缺口。人字形缺口采用线切割制作,一般取原板厚作为试样厚度 t。试验是在 $-75\sim+100℃$ 的温度范围内,在落锤式或摆锤式试验机上将试样一次冲断,测量断口上剪切断口(韧性断口)所占面积的百分比 SA%。

评定断口时,应从试样横截面上扣除一个试样厚度和从锤头打击边缘起一个试样厚度的截面,此即断口的净截面,如图 4.36 所示(GB/T 8363—2007)。在断口的净截面内确定韧性断裂区和脆性断裂区,断裂面上呈暗灰色纤维状的区域为韧性断裂区,呈发亮的结晶状的区域为脆性断裂区。将 SA% 与试验温度的关系

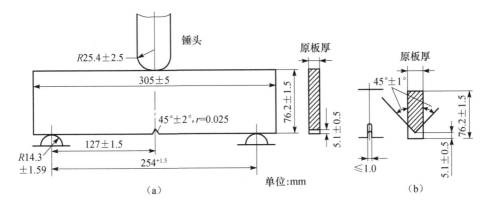

图 4.35　落锤撕裂试验的压制缺口试样、支座及冲击刀刃(a)和
人字形缺口试样(b)（GB/T 8363—2007）

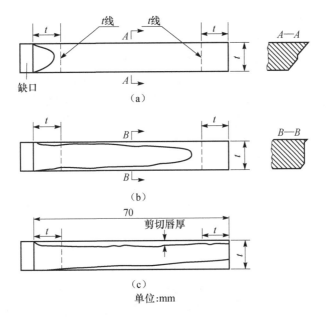

图 4.36　落锤撕裂试样典型断口（GB/T 8363—2007）
(a) SA％＝100％；(b) SA％≈45％；(c)脆性断裂区纵贯全断面

绘成曲线,得出 DWTT 转变温度曲线。图 4.37 表示一种管道用钢不同厚度试样
的 DWTT 转变温度曲线。DWTT 转变温区明确,曲线很陡,且偏于安全。试验表
明,50％剪切面积转变温度约相当于材料的 FTE。

　　DWTT 试样远比夏比试样宽,可以显示结构裂纹长程扩展的韧脆转变行为,
这是其他试验方法所不具备的。

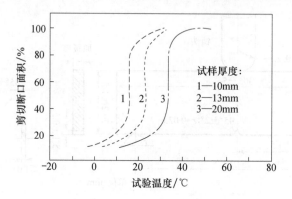

图 4.37　某种管道钢的 DWTT 转变温度曲线[1]

4.2.4　断裂韧度

1) 断裂力学的一般概念

在使用低合金超高强度钢做高压容器、飞机结构、壳体等时,曾发现在应力低于钢材的屈服强度和许用应力的情况下,发生突然的脆性断裂。这些钢材经过传统的韧性检验被认为是合格的。这些低应力脆性破断的事故分析表明,传统的设计理论不适应高强度材料的设计要求。传统的设计理论考虑到应力、材料强度和构件在圆角、凸角和孔附近的应力集中系数,规定了强度储备的安全系数 n,使许用应力 $\sigma = \sigma_b/n$(或 σ_s/n),还要求材料必须具有一定大小的塑性 δ、ψ 和吸收功 A_k,其具体数值只能依据经验估计。

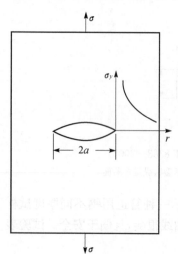

图 4.38　张开型裂纹前端应力场

传统的设计理论没有考虑到一般材料中都存在的微小宏观裂纹,这种宏观裂纹可能是原材料的冶金缺陷,也可能在制造工艺过程(焊缝区的裂纹、未焊透等)中或使用过程(疲劳、应力腐蚀等)中产生,因而在实际构件中总是不可避免地存在着。高强度钢的脆性破坏总是由宏观尺寸的裂纹扩张引起,因此裂纹扩张的临界应力决定了构件的实际强度。上面这种情况促进了断裂力学的发展[1,4,22]。

2) 平面应变断裂韧度

断裂力学与传统的防止脆断的设计方法不同,是建立在比较严密的对裂纹附近的力学分析基础之上的。图 4.38 是中心有一个长为 2a 的贯穿裂纹试样,外加拉应力 σ 和裂纹平面垂直。

拉伸时,裂纹张开,称为张开型裂纹或 I 型裂纹。利用弹性力学的方法,可以求出裂纹前端内应力场的具体表达式。在裂纹延长线 x 轴上距裂纹尖端 r 处,沿 y 方向的正应力 σ_y 为

$$\sigma_y = K_I / (2\pi r)^{1/2} \tag{4.36}$$

$$K_I = Y \cdot \sigma a^{1/2} \tag{4.37}$$

式中,Y 为裂纹形状因子,是一个无量纲的系数。对于具有穿透裂纹受均匀拉应力作用的"无限大"平板,$Y = \pi^{1/2}$。此时裂纹尖端处于平面应变状态。

裂纹尖端任意一点的坐标是已知的,由式(4.36)可知,该点的内应力场 σ_y 的大小完全由 K_I 来决定。K_I 被称为应力场强度因子。由式(4.37)可知,K_I 与外加应力及裂纹长度有关。当外加应力 σ 或裂纹长度增加时,裂纹前端 K_I 增大;当 K_I 达到临界值 K_{IC} 时,裂纹失稳扩展,试样断裂,此时的临界应力场强度因子 K_{IC} 被称为断裂韧度,代表材料抵抗裂纹突然扩张的能力,是材料的一个力学性能指标,即

$$K_{IC} = Y\sigma_c a_c^{1/2} \tag{4.38}$$

式中,σ_c 和 a_c 是临界状态的应力及裂纹尺寸。K_{IC} 的单位是 MPa·m$^{1/2}$(MN/m$^{2/3}$)。根据式(4.38),当知道了钢的断裂韧性和工件中的实际裂纹尺寸之后,便可以计算出工件将在多大的应力下发生因裂纹扩大而引起的脆断,故 K_{IC} 用来作为高强度钢结构的设计依据。在平面应变条件下脆性断裂的判据是 $K_I > K_{IC}$,此时将发生裂纹的失稳扩展;当 $K_I < K_{IC}$ 时,构件或部件是安全的;而在 $K_I = K_{IC}$ 时,构件或部件处于危险的临界状态。要使裂纹尖端处于平面应变状态,试件应有足够的厚度以限制裂纹尖端的塑性变形,促使材料脆化。估计试件的厚度 B 是否达到平面应变状态,可采用如下的经验公式:

$$B \geqslant 2.5 \left(\frac{K_{IC}}{\sigma_s} \right)^2 \tag{4.39}$$

当试样厚度较薄时,裂纹尖端是平面应力状态,裂纹尖端变形比较容易,此时测得的断裂韧性是平面应力断裂韧性,常用 K_c 表示,其值随试样厚度而变化,数值高于 K_{IC},而 K_{IC} 是一个稳定的材料参数。

典型的裂纹变形与扩展有三种类型,即张开型、滑移型和撕开型。应力强度因子相应地有三种,即 K_I——张开型,K_{II}——滑移型,K_{III}——撕开型,材料的断裂韧性指标也相应地有 K_{IC}、K_{IIC} 和 K_{IIIC}。由于张开型危险性最大,通常断裂韧性试验都采用张开型试验方法。

前面从线弹性理论分析了 K_I 的临界值 K_{IC},实际上纯弹性是没有的,即使是高强度钢,也均具有不同程度的塑性,在裂纹尖端难免要发生塑性变形。实验证明,只要在脆性断裂前,裂纹尖端的屈服区域小(小范围屈服)的情况下,对平面应变应力强度因子做适当校正,线弹性理论仍然适用。此时,在式(4.37)中可以用有

效裂纹长度为 $a+\Delta a$ 代替 a、Δa(或 r_y),恰好是裂纹尖端塑性区的一半。可以证明,对于平面应变:

$$\Delta a = \frac{1}{4\sqrt{2\pi}}\left(\frac{K_{\mathrm{I}}}{\sigma_{\mathrm{s}}}\right) \tag{4.40}$$

3) 裂纹尖端张开位移

当裂纹尖端塑性变形区域范围较大时,线弹性处理问题的办法已不适用。现在应用比较广泛的弹塑性力学参量是裂纹尖端张开位移 CTOD(crack tip opening displacement)或简写 COD 和 J 积分。裂纹尖端张开位移方法主要用于压力容器和焊接结构一类产品的安全分析上。

中低强度钢,由于韧性好,测定其 K_{IC} 的试样必须很大才能满足平面应变的条件,这在一般条件下是难以进行试验的,从而发展了 CTOD 法作为这类材料的断裂判据。

图 4.39 表示在外载荷作用下,裂纹尖端产生的张开位形式 δ。CTOD 法就是用裂纹扩展之前测得的最大张开位移(临界张开位移)δ_{c} 作为材料的断裂韧性的指标。材料的韧性越好,δ_{c} 就越大。前面已经提到,在小范围屈服时,可将屈服区加以修正,使有效裂纹尺寸比实际裂纹尺寸有所增长,便可以将小范围屈服变成一个纯线性问题。此时由于原裂纹的尖端已从 O 处移至新的尖端 O' 处,原来的裂纹顶端就要张开,其张开位移 δ 可根据线弹性力学求得,平面应变时

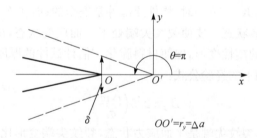

图 4.39　裂纹尖端的张开位移

$$\delta = \frac{4K_{\mathrm{I}}^2}{\pi E\sigma_{\mathrm{s}}}(1-2\nu)(1-\nu^2) \tag{4.41}$$

式中,ν 为泊松比[4]。式(4.41)建立了 δ 与 K_{I} 的关系,表明两个参量是一致的。当裂纹尖端张开位移达到某一临界值时,裂纹开始扩张,断裂判据可写为

$$\delta \geqslant \delta_{\mathrm{c}} \tag{4.42}$$

式中,δ 为实际裂纹张开位移;δ_{c} 为临界裂纹张开位移,是一个材料参数,可由试验确定。

在大范围屈服条件下,塑性区修正的办法已不适用。现在通用的是 Dugdale 依据 Muskhelishvili 所建立的方法提出的 D-M 模型的近似解。该模型假设含长

度为 $2a$ 中心裂纹的无限大平板,在无限远处受单向均匀拉伸应力 σ 的作用,在平面应力条件下,不发生形变硬化时,裂纹尖端张开位移为

$$\delta = \frac{8a\sigma_s}{\pi E} \ln \sec \frac{\pi\sigma}{2\sigma_s} \tag{4.43}$$

一般认为 $\sigma/\sigma_s \leqslant 0.8$ 时,计算结果与试验结果符合较好。

临界张开位移 δ_c 既然可以作为低应力脆断的判据,那么在一定条件下,如断裂应力小于 $0.6\sigma_s$(线弹性阶段)时,式(4.43)经过适当的变换,可以得到下式:

$$\delta = \frac{K_I^2}{E\sigma_s} \tag{4.44}$$

在临界状态下得到

$$\delta_c = \frac{K_{IC}^2}{E\sigma_s} \tag{4.45}$$

这表明应力较小($\sigma < 0.6\sigma_s$)时,用 δ_c 作为断裂判据和利用 K_{IC} 作断裂判据是相同的。

许多试验,尤其 CTOD 在压力容器的应力业已证明,CTOD 判据可以推广到屈服强度比较大的弹塑性断裂问题中去,而且也已证明,对于尺寸大小不同的各种试件,裂纹张开位移的临界值 δ_c 大致相同,可以看做一个材料常数。这是使用小试件作裂纹张开位移的测试,可以间接地测定中低强度钢材料的平面应变断裂韧性 K_{IC} 的依据。

4) J 积分

J 积分的定义:受 I 型载荷的裂纹体,在裂纹尖端沿任意指定的路径从裂纹下表面逆时针方向到裂纹上表面对给定函数所进行的积分。可以证明,J 积分数值与积分回路所取路径无关,J 积分决定了裂纹尖端地区的应力应变场强度,可作为裂纹尖端应力应变场参量,从而可作为断裂判据。有关 J 积分的论证和物理意义可参考有关著作[4]、[9]、[22]。

应力强度因子 K_I 和平面应变断裂韧性 K_{IC} 只适合于线弹性,而 J 积分既适合线弹性,也适合于弹塑性,故可用线弹性测定的 J_{IC} 换算线弹性下的 K_{IC}。因此可以用很小尺寸的试样取得 J_{IC} 值,以换算需要很大尺寸试样才可满足平面应变直接测试的 K_{IC} 值。在平面应变条件下,换算公式为

$$K_{IC} = \sqrt{\frac{E}{1-\nu^2} J_{IC}} \tag{4.46}$$

对钢,$E = 2 \times 10^6$,$\nu = 0.3$,则 $K_{IC} = 470(J_{IC})^{1/2}$,$K_{IC}$ 的单位为 MPa·$m^{1/2}$,J_{IC} 的单位为 MN/m。表 4.5 为 J_{IC} 换算 K_{IC} 与实测结果的比较。

表 4.5　用 J_{IC} 换算 K_{IC} 与实测结果的比较[1]

材　料	状　态	J_{IC}	换算 K_{IC} /(MN/m$^{3/2}$)	实测 K_{IC} /(MN/m$^{3/2}$)
45 钢	余热淬火,600℃回火	0.0425~0.0465	95.6~100	97~104
30CrMnA	—	0.035~0.041	86.8~94	83.7~96.7
14MnMoNbB	920℃淬火,620℃回火	0.11~0.114	154~156.6	156~166

5) 断裂韧度的测试

断裂韧度的测定在 GB/T 4161—2007《金属材料　平面应变断裂韧度 K_{IC} 试验方法》中有具体的规定。目前,主要使用的试样是三点弯曲和紧凑拉伸两种,图 4.40 为试样的尺寸简图。确定试样种类后,依照平面应变的条件(见式(4.39)),并预估试样的 K_{IC},确定试样的厚度 B。

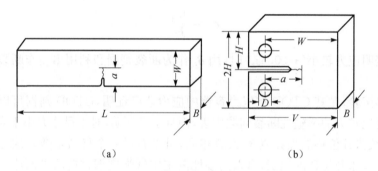

(a)　　　　　　　　　　　(b)

图 4.40　平面应变断裂韧性试样的标准尺寸

(a) 三点弯曲试样:$a=0.5W$、$B=0.5W$、$L=4.2W$、S(跨距)$=4W$;

(b) 紧凑拉伸试样:$a=B$、$V=1.25W$、$D=0.5B$、$H/W=0.6$、$W=2B$

在选取试样时需能模拟最危险的裂纹扩展的倾向。试样需要一个预制裂纹,先用线切割机切出宽为 0.12~0.14mm 的缝隙,再预制疲劳裂纹。然后把试样加载,加载过程中连续记载载荷 P 与相应的裂纹嘴张开位移 V。裂纹尖端应力强度因子 K 的表达式已事先确定,可按规定的步骤求出材料的 K_{IC}。

CTOD 和 J 积分测试主要采用三点弯曲加载的带裂纹试样,加载时测出 P-V(对 CTOD)或载荷 P-载荷作用点垂直位移 Δ(对 J 积分)曲线,然后对曲线进行分析,以求出 CTOD 或 J。具体测试方法见 GB/T 2358—94 和 GB/T 2038—91。上述两个标准现已被 GB/T 21143—2007《金属材料　准静态断裂韧度的统一试验方法》取代,并对其内容作了比较大的修改和补充。

4.2.5　影响断裂韧度的因素

断裂韧度是材料本身固有的力学性能,由材料的成分、组织和结构所决定。通过适宜的成分配置,控制好冶金过程、加工过程和热处理工艺,获得适宜的组织结构,可以显著提高钢的断裂韧度。

　　碳对断裂韧度的影响很大。低碳和中碳合金结构钢处理成相同的强度水平时,前者的 $K_{\rm IC}$ 值显著高于后者(表 4.6),这是由于低碳马氏体具有位错马氏体组织,随着碳含量的增高,组织中的孪晶马氏体将逐渐增加,从而使断裂韧度降低。镍是最有效的韧化元素,可以改善钢的断裂韧度,有效地降低韧脆转变温度。钢中的合金元素对断裂韧度的影响是复杂的,与其对钢的淬透性、晶粒度、组织状态有关。

表 4.6　强度水平相当的低碳和中碳合金结构钢的 $K_{\rm IC}$ 值对比

钢号	处理工艺	$\sigma_{0.2}$/MPa	σ_b/MPa	ψ/%	δ/%	$K_{\rm IC}$ /(MPa·m$^{1/2}$)
20SiMn2MoV	900℃淬火,250℃回火	1215	1480	59	13.4	113
40CrNiMo	850℃淬火,430℃回火	1333	1392	52	12.3	~78

　　钢中的 P、S 对断裂韧度十分有害;钢中的 N、H 等气体元素也使断裂韧度降低,随着钢的强度水平的提高,其危害性更为突出;钢中的 Sn、Sb、As 等杂质元素增加钢的回火脆性,使其断裂韧性显著降低。因此,钢的纯净度对其断裂韧度有很大的影响,对有重要用途的钢,可以采用精炼、真空除气等措施提高钢的纯净度,以提高钢的断裂韧度。

　　钢中的硫化物、氧化物等夹杂物以及一些脆性的第二相,如碳化物等的存在,一般均使钢的断裂韧度下降。随着夹杂物和这类第二相体积分数的增加,钢的断裂韧性下降更明显。这些夹杂物和第二相的形状和大小对断裂韧度也有影响。渗碳体呈球状比呈片状时钢的断裂韧度要高些。硫化锰夹杂在钢中一般呈长条状分布,对钢的韧性,特别是横向的韧性是十分有害的,加入适量的 Ca、RE、Zr 等元素使硫化物变性,呈纺锤形,可以显著提高钢的韧性。

　　细化晶粒既可以提高强度,又可以改善韧性、降低韧脆转变温度。可以通过合金化、冷热加工、热处理等方法细化晶粒,提高钢的断裂韧度。

　　钢的组织结构不同,其断裂韧度也有很大的差异。上面已经述及,位错马氏体的断裂韧度优于孪晶马氏体;上贝氏体由于在铁素体片层间有碳化物析出,其断裂韧度比回火马氏体要低得多;下贝氏体中的碳化物在铁素体内部析出,尺寸细小,下贝氏体的形貌类似回火板条马氏体,其断裂韧度高于上贝氏体,和板条马氏体相近;等温淬火是改善断裂韧度的有效措施之一。一些试验表明,与淬火回火状态的断裂韧度比较,下贝氏体组织的断裂韧度最佳。奥氏体的韧性比马氏体高,因此在马氏体基体上有少量残余奥氏体,相当于存在一些韧性相,从而提高钢的断裂韧度。对于合金结构钢,少量残余奥氏体的存在可以提高其断裂韧度,如在马氏体片之间存在厚度为 10~20nm 的残余奥氏体薄膜,可使钢的断裂韧度提高。若在

400℃回火使残余奥氏体消失,将导致断裂韧度下降。

对有些合金结构钢进行超高温淬火,即把淬火温度提高到 1200～1250℃(比正常淬火温度约高 300℃),然后快速冷却,晶粒度从 7～8 级长大到 0～1 级,钢的断裂韧度能提高约一倍;但是,其冲击韧度却大幅度下降。随淬火后回火温度的提高,超高温淬火和正常淬火时断裂韧度的差异逐渐缩小。提高淬火温度使断裂韧度提高的原因可能是杂质和致脆元素的溶入净化了晶界。超高温淬火很少使用,一般来说,还是要致力于细化晶粒,这对改善钢的强度和韧性都有利。

一些奥氏体钢可以在应力诱导下产生马氏体相变。钢中存在裂纹时,在应力作用下,裂纹尖端附近处于高应力区,促使裂纹尖端处的奥氏体向马氏体转变,这种转变需要消耗大量的能量以及比容的增加,缓解了裂纹的扩展,使断裂韧度增加。这种钢称为相变诱导塑性(transformation-induced plasticity,TRIP)钢,具有很高的断裂韧度。

4.2.6　断裂韧度与其他性能的关系

从一些断裂模型的分析可以看出,无论是韧断模型还是脆断模型,断裂韧度 K_{IC} 都与材料的强度和塑性有关,因此 K_{IC} 是材料强度与塑性的综合表现。由于断裂韧度的测试较为复杂,如果能从传统力学性能数据来确定断裂韧度,将是很有意义的。

图 4.41 是中碳合金结构钢 40CrNiMo 淬火后的各项力学性能指标(包括 K_{IC})随回火温度变化的曲线[23]。由图可见,K_{IC} 随 σ_s、σ_b 等强度指标的降低而升高,随 δ、ψ 等塑性指标的升高而升高。这种变化趋势在中碳合金结构钢中具有代表性,但在低碳合金结构钢中,K_{IC} 与其他力学性能指标随回火温度的变化规律却有所不同。图 4.42 是一种低碳马氏体钢 20SiMn2MoV 淬火后不同温度回火时的断裂韧性和其他力学性能的关系曲线[23]。当回火温度在 400℃ 以下时,K_{IC} 与强度指标变化规律一致,而与塑性指标的变化规律相反。这类钢在具有高强度的同时,具有良好的断裂韧度,这是由于适当降低了钢中碳含量所致。可见,K_{IC} 并非单一地取决于强度或塑性,而应当综合考虑。从图 4.41 和图 4.42 可以看出,K_{IC} 和冲击韧度有较为密切的一致关系,不过目前还没有建立得到公认的 K_{IC} 与其他力学性能指标之间的定量关系式。还应当指出,K_{IC} 与冲击韧度虽然都是韧性指标,但两者也有明显的差异,在其裂纹和缺口前端的应力集中程度是不相同的。K_{IC} 试样能满足平面应变要求,而冲击韧度试样一般是不满足平面应变要求的,后者的应变速率要大得多。冲击韧度反映裂纹形成和扩展全过程所消耗的能量,而 K_{IC} 只反映裂纹失稳扩展过程所消耗的能量。由于上述原因,有时 K_{IC} 与冲击韧度遵循不同的变化规律。

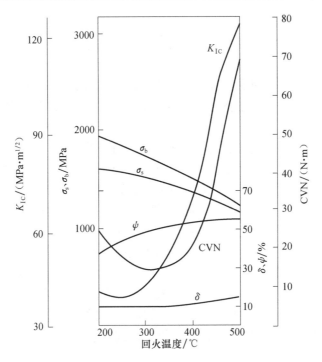

图 4.41　40CrNiMo 钢 K_{IC} 和其他力学性能指标随回火温度的变化(850℃淬油)[23]

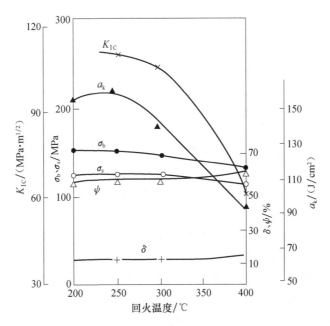

图 4.42　20SiMn2MoV 钢不同温度回火时的断裂韧度及其他力学性能(900℃淬油)[23]

4.3　疲劳性能与磨损

零件在交变应力作用下的损坏称为疲劳破坏。据统计，在机械零件失效中有很大一部分属于疲劳破坏，这种交变应力可以是弯曲应力、扭转应力、拉压应力等，或者是它们的复合。

疲劳破坏的主要特点如下：①疲劳破坏由三个阶段组成，即疲劳裂纹的萌生阶段(裂纹的形核阶段)、疲劳裂纹的稳定扩展阶段和最后断裂阶段。疲劳破坏能清晰地显示出这三个阶段。②疲劳断裂时无明显的宏观塑性变形，而是突然地破坏。从宏观断口上可以看出断口有三个部分，即疲劳源、疲劳裂纹扩展区和静断区。疲劳裂纹缓慢扩展的过程，呈现贝壳状条痕；从微观的电子断口金相中可以看出疲劳裂纹尖端有明显的塑性变形以及裂纹每周扩展的距离。静断区是在裂纹扩展到一定的深度后，剩下的面积在一次或很少几个循环中断开，形成粗糙的静断区，呈纤维状或结晶状。③引起疲劳裂纹的应力较低，常低于静载时的屈服强度。这是因为疲劳破坏对缺陷有很大的敏感性，疲劳破坏始于局部薄弱的区，如沟槽、缺口、缺陷等应力集中处，经过很多次的循环，逐渐扩展到剩余的截面不再能承受该负荷时便突然断裂。

4.3.1　疲劳极限

试样或零件承受循环载荷时，设 σ_{max} 为循环应力最大值，σ_{min} 为循环应力最小值，则应力半幅 $\sigma_a=(\sigma_{max}-\sigma_{min})/2=\Delta\sigma/2$，平均应力 $\sigma_m=(\sigma_{max}+\sigma_{min})/2$。$\sigma_{min}/\sigma_{max}$ 被称为对称系数，以 r 表示，如果是对称循环，$r=-1$，如果是脉动循环，$r=0$。

通常用疲劳曲线表示材料或零件的疲劳抗力性质，所加应力 σ 与断裂前循环周次疲劳寿命 N 之间的关系曲线 σ-lg$N$，称之为疲劳曲线，如图 4.43 所示。从疲劳曲线可以看出，应力水平 σ 高时，疲劳寿命 N 短，σ 低时 N 长。当应力低到某一定值时，虽经历很长的周次，也不出现疲劳断裂，如图 3.43 中曲线 a 所示。这样的应力称为疲劳极限，用 σ_r 表示，脚注 r 为对称系数；如果是对称循环，疲劳极限以 σ_{-1} 表示，经过 10^7 次应力循环不发生疲劳断裂，即认为不再断裂，故 10^7 为一般疲劳试验的基数，相应地不发生断裂的最高应力称为疲劳极限。一般低中强度钢都有疲劳极限。对于高强度钢和不锈钢，或在腐蚀介质中的钢，即使达到 10^7 周次，在 σ-lg/N 曲线上仍不出现水平的转折，即不存在一个可承受无限周次的循环而不断裂的应力，如图 4.43 曲线 b 所示。因此，对于高强度钢和不锈钢，人为地规定 10^8 周次时不出现断裂的应力作为"条件疲劳极限"或"耐久极限应力"。

通常的 σ-lg$N$ 曲线是用旋转弯曲疲劳试验的方法建立的，进行这种试验时，一般采用纯弯曲和完全对称循环，应力幅恒定，频率在 3000～10000 次/min 范围，试

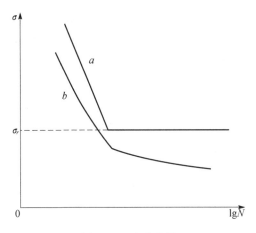

图 4.43　疲劳曲线

样截面为圆形,具体试验方法见 GB/T 4337—2015《金属材料　疲劳试验　旋转弯曲方法》。旋转弯曲疲劳极限 σ_{-1} 的测定方法比较简单,并且和拉-压疲劳极限 $(\sigma_{-1})_p$、扭转疲劳 τ_{-1} 都能建立一定关系。对于钢

$$(\sigma_{-1})_p = 0.85\sigma_{-1}, \quad \tau_{-1} = 0.55\sigma_{-1} \tag{4.47}$$

旋转弯曲疲劳极限 σ_{-1} 和静拉伸时的抗拉强度 σ_b 之间也有较好的相关性。对 $\sigma_b < 1400\text{MPa}$ 的碳钢和合金钢,可使用下面的关系式:

$$\sigma_{-1} = 38 + 0.43\sigma_b \tag{4.48}$$

σ_{-1} 与 σ_b 的关系也可写成如下形式:

$$\sigma_{-1} = c\sigma_b \tag{4.49}$$

式中,c 称为疲劳比,对于钢,$c = 0.35 \sim 0.60$。

当 σ_b 超过 1400MPa 时,σ_{-1} 将不再随 σ_b 的提高而增加,甚至稍有降低。

σ-$\lg N$ 曲线部分称为过载持久值线,它表示对有限寿命的疲劳抗力,是对有限寿命机件的疲劳设计依据。

机器零件大都具有截面变化,如键槽、轴肩、螺纹等,会产生应力集中,使疲劳极限降低。若无缺口光滑试样的疲劳极限为 σ_{-1},有缺口试样的疲劳极限为 σ_{-1n},定义 K_f 为有效应力集中系数:

$$K_f = \sigma_{-1}/\sigma_{-1n} \tag{4.50}$$

K_f 值不仅和缺口的几何形状、应力状态有关,而且和材料的性能有关。为了能反映材料本身性能对应力集中的敏感程度,有的学者引入了疲劳缺口敏感度 q,其定义为

$$q = (K_f - 1)/(K_t - 1) \tag{4.51}$$

式中,K_f 为有效应力集中系数;K_t 为理论应力集中系数,它取决于缺口的几何形状,而和材料无关,在一般机械设计手册中均可查到。q 值一般在 $0 \sim 1$ 变化。若

$\sigma_{-1}=\sigma_{-1n}$,表示材料对缺口不敏感,$q=0$;若 $q=1$,则应有 $K_f=K_t$,表示材料对缺口很敏感。但以后的研究表明,q 值也并非是与缺口形状完全无关的材料常数,只有当缺口根部的曲率半径足够大时,q 值才可以看做材料常数。在材料缺口半径相同时,材料强度越高,q 值越大。

对于缺口试样($K_t=1.6\sim2.1$),σ_{-1}/σ_b 比值在 $0.24\sim0.30$,比光滑试样小。

疲劳裂纹通常都在表面形核,而且承受弯曲或扭转应力的机件的表面工作应力也最大,因此表面状态对机件的疲劳寿命有很大的影响。粗糙的表面相当于有很多微缺口分布在表面,是疲劳裂纹形核所在地。试验表明,表面粗糙程度增加,疲劳极限下降,而且材料强度越高,这种影响越大。

试样尺寸对疲劳极限也有很大的影响,随着试样尺寸的增大,疲劳极限下降,这种现象称为疲劳极限的"尺寸效应"。这是由于尺寸的增大使试样表面出现宏观或微观缺陷的概率增加。在承受弯曲、扭转载荷时,试件尺寸越大,应力梯度越小,增大了表面层中承受应力区域的体积,遇到缺陷的概率也增加,故其疲劳极限降低。

4.3.2　低周疲劳

低周疲劳亦称应变疲劳,其条件是疲劳应力较高,有时会接近或超过材料的屈服极限。疲劳应力的交变频率一般比较低,有时低于 10 次/min,断裂达到的循环周次较低,往往低于 10^5 次。在低周疲劳过程中,塑性应变占主要地位。上节所述的疲劳极限属于应力疲劳或高周疲劳,其条件是疲劳应力较低、频率高,断裂周次高,一般大于 10^5 次,在断裂过程中弹性应变占主要地位。有时可能是两种疲劳的混合状态。

在低周疲劳试验研究中,一般把应变选为控制变量,建立应变范围 $\Delta\varepsilon$ 和循环断裂周次 N_f 之间的曲线,称为应变-疲劳曲线或 ε-N 曲线。考虑到一个循环中包括载荷的两次"反向",故低周疲劳中把总寿命记为 $2N_f$,即反向数。图 4.44 为典型的应变幅 $\Delta\varepsilon/2$-循环断裂反向次数 $2N_f$ 的双对数曲线。在 ε-N 曲线上,可将总应变幅 $\Delta\varepsilon/2$ 分解为弹性与塑性两部分分量,这两种分量都可近似地表示为直线,如图 4.44 中曲线 a、b 所示。

弹性分量 $\Delta\varepsilon_e/2$ 以下式表示:

$$\frac{\Delta\varepsilon_e}{2}=\frac{\sigma_f'}{E}(2N_f)^a \tag{4.52}$$

σ_f'/E 为 $2N_f=1$ 时的截距,直线的斜率为 a。式中的 σ_f' 为疲劳强度指数,可定义为在一次载荷反向($2N_f=1$)时的断裂应力。指数 a 在 $-0.14\sim-0.06$ 的范围内变动,通常取 -0.1,而 σ_f' 与静拉伸时真实断裂应力 σ_f 有关,可以粗略地取 $\sigma_f'=\sigma_f$。

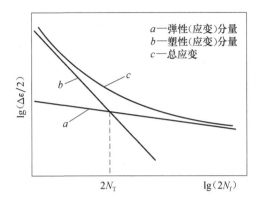

图 4.44　应变振幅与周次的关系曲线

塑性分量 $\Delta\varepsilon_p/2$ 以下式表示：

$$\frac{\Delta\varepsilon_p}{2} = \varepsilon_f'(2N_f)^b \tag{4.53}$$

ε_f' 为 $2N_f=1$ 时的截距，直线的斜度为 b。式中的 ε_f' 为疲劳塑性系数，可定义为在一次载荷反向（$2N_f=1$）时的断裂应变，指数 b 在 $-0.7\sim-0.5$ 的范围，通常取 -0.6，而 ε_f' 与静拉伸时真实断裂应变 ε_f 有关，有时粗略地取 $\varepsilon_f'=\varepsilon_f$。

这样总的应变幅可用下式表达：

$$\frac{\Delta\varepsilon}{2} = \frac{\Delta\varepsilon_e}{2} + \frac{\Delta\varepsilon_p}{2} = \frac{\sigma_f'}{E}(2N_f)^a + \varepsilon_f'(2N_f)^b \tag{4.54}$$

此关系式被称为 Coffin-Manson 方程。上述方程是经验方程，可利用材料的基本力学性能指标来估计疲劳曲线，故有实际意义。

弹性分量和塑性分量两条直线的交点 $2N_T$（图 4.44）被称为转化疲劳寿命。在交点的左方（$N<2N_T$），塑性分量占主导地位，材料的塑性对疲劳性能起决定作用；在交点的右方（$N>2N_T$），弹性分量占主导地位，材料的强度对疲劳性能起决定作用。因此，在大应变时，塑性好的材料，疲劳寿命较高；在小应变时，强度高的材料，疲劳寿命较高。转化疲劳寿命 $2N_T$ 随应变幅的增加及强度的增加，向左移动。这说明材料强度越高，在高应变幅下的疲劳寿命越低。转化疲劳寿命在工程设计和材料选用中有重要意义。基于应变方法处理疲劳问题在许多构件的设计中得到应用。

4.3.3　疲劳裂纹的萌生与扩展

疲劳寿命实际上就是疲劳过程中疲劳裂纹萌生和疲劳裂纹扩展两个阶段所延续的周次。如果以 N_f 表示总的疲劳破坏周次，N_i 表示裂纹萌生期的延续周次，N_p 表示裂纹扩展期直到断裂时所延续的周次，则

$$N_f = N_i + N_p \tag{4.55}$$

N_i 和 N_p 之间的比例和应力振幅大小有关。应力振幅增大时，N_i 所占的比例减小，N_p 所占的比例增加。这表明在高应力的应变疲劳条件下，疲劳裂纹扩展期的长短对总的疲劳寿命的贡献增大，在这种情况下，降低疲劳裂纹扩展速率将具有比较重要的意义。而在低应力的应力疲劳条件下，增大 N_i 将是提高总疲劳寿命的关键。工程上一般规定把 0.05~0.08mm 数量级尺寸当做疲劳裂纹核心的临界尺寸界线，超过此尺寸后作为扩展期的开始。

实验证明，疲劳裂纹起源于应变集中的局部显微区域。当应力幅在疲劳极限以上，屈服点以下时，随循环次数的增加，滑移首先在试样的表面形成，然后逐渐扩展至内部，形成"驻留滑移带"(persistent slip band)，即指虽经表面抛光也不容易去掉的那些滑移带。这些驻留滑移带的继续发展就形成了表面上的"侵入"(intrusion)与"挤出"(extrusion)。挤出和侵入处的厚度 0.2~1μm，长 2~3μm。滑移带的挤出和侵入是常见的疲劳裂纹萌生的主要方式。对于形成挤出与侵入的模型很多，目前尚无定论[5]。

具有临界尺寸的疲劳裂纹核心，在循环应力作用下就能够以一定的速率扩展，开始裂纹的扩展阶段。疲劳裂纹的形核及裂纹扩展都是在自由表面开始的，因此提高表面层的强度对提高疲劳寿命至关重要。

在大型锻件及焊接件中，缺陷不能完全避免，机器零件和结构件在运行过程中也会产生裂纹。有了缺陷和裂纹后，零件和构件的剩余寿命将取决于疲劳裂纹扩展速率 da/dN(mm/次)和极限裂纹长度 a_c。

为了能够对疲劳寿命进行定量估计，需要研究疲劳裂纹的扩展速率。以断裂力学为基础对疲劳裂纹扩展速率进行研究，已取得良好的进展，典型的 ΔK 与 da/dN 关系曲线如图 4.45 所示。

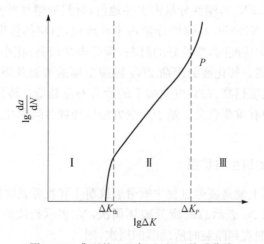

图 4.45　典型的 ΔK 与 da/dN 关系曲线

在图 4.45 中,ΔK-$\mathrm{d}a/\mathrm{d}N$ 曲线分为三个区域。ΔK_{th} 表示应力强度扩展速率因子幅度的"门槛值",是疲劳裂纹不扩展的最低值。工程上把 $\mathrm{d}a/\mathrm{d}N \leqslant 10^{-7}\mathrm{mm}/$次的应力强度因子范围定义为"门槛值"$\Delta K_{\mathrm{th}}$。在 ΔK 小于 ΔK_{th} 的第 Ⅰ 区段,由于疲劳裂纹核心尺寸没有达到临界尺寸,实际上裂纹不扩展。ΔK_{th} 值很小,通常只有材料 K_{IC} 的 5%～15%。对于钢,ΔK_{th} 一般小于 9MPa·$\mathrm{m}^{1/2}$。依据 ΔK_{th} 值,可以计算在所承受的载荷下的非扩展裂纹长度。当 $\Delta K > \Delta K_{\mathrm{th}}$ 后,裂纹扩展较快,很快进入第 Ⅱ 阶段。

进入第 Ⅱ 阶段后,$\mathrm{d}a/\mathrm{d}N$ 的增长趋于平稳。在此阶段的 $\mathrm{d}a/\mathrm{d}N$ 与 ΔK 的关系可用 Paris 经验方程表示:

$$\frac{\mathrm{d}a}{\mathrm{d}N} = c(\Delta K)^n \tag{4.56}$$

式(4.56)表示 $\lg(\mathrm{d}a/\mathrm{d}N)$ 和 $\lg\Delta K$ 的曲线是一条正斜率为 n 的直线。式中,c 和 n 为材料常数,受微观组织、屈服强度和环境的影响,对结构钢,n 值在 2～4;$\Delta K = K_{\mathrm{max}} - K_{\mathrm{min}}$,表示应力强度因子范围,单位为 MPa·$\mathrm{m}^{1/2}$。式(4.56)可转化成

$$N = \int_{a_0}^{a_{\mathrm{c}}} \frac{\mathrm{d}a}{c(\Delta K)^n} \tag{4.57}$$

式中,a_0 为裂纹初始长度;a_{c} 为裂纹极限长度,可依照材料的 K_{IC} 估算出零件的残余寿命。在计算零件的疲劳寿命时,裂纹扩展的第 Ⅱ 阶段占有重要地位。

继续增高 ΔK 值到 ΔK_P,$\mathrm{d}a/\mathrm{d}N$ 将显著增大,P 点是 $\mathrm{d}a/\mathrm{d}N$ 加速的转折点。此时的 K_{max} 已接近材料的临界应力强度因子 K_{IC}(或 K_{C}),疲劳裂纹将失稳而高速扩展,引起最终的断裂。

实验结果表明,ΔK_P 所对应的裂纹顶端张开位移 δ 的幅度 $\Delta\delta_{\mathrm{t}}$ 值,对于各种金属材料,基本上是个常数,$\Delta\delta_{\mathrm{t}} = 3.96 \times 10^{-2}\mathrm{mm}$。根据断裂力学的分析,在平面应变条件下,应力强度因子与裂纹张开位移之间存在以下关系,如式(4.45)所示,可以得到

$$\frac{(\Delta K)^2}{E} = (\Delta\delta)\sigma_{\mathrm{s}} \tag{4.58}$$

将 $\Delta\delta = \Delta\delta_{\mathrm{t}} = 3.96 \times 10^{-2}\mathrm{mm}$ 代入式(4.58),得到的 P 点所对应的 ΔK_P 值与实验结果基本吻合。这表明 P 点对应的 ΔK_P 值的大小取决于材料屈服强度的高低。

在 GB/T 6398—2017《金属材料　疲劳试验　疲劳裂纹扩展方法》中,规定了所用试样、试验程序及结果的处理等。

4.3.4　影响疲劳强度的因素[4,9]

疲劳强度对多种外在因素和内在因素极为敏感。研究这些因素的影响将为零件合理的结构设计和加工,以及正确地选材和合理制定各种冷热加工工艺提供依

据,以保证零件能具有高的疲劳性能。

　　1) 外在因素

　　外在因素主要是零件的尺寸、表面光洁度及使用条件等。各种钢的疲劳强度值都是用精心加工的光滑试样测得的,而实际的机械零件都不可避免地存在着不同形式的缺口,造成应力集中。有关缺口、表面粗糙度和试件尺寸大小对疲劳强度地影响在 4.3.1 节已有过论述。应当指出,由于零件表面存在不同形式的缺口而引起应力集中,常常是导致疲劳失效的首要因素。

　　按疲劳极限设计的零件在使用过程中会偶尔超过疲劳极限,造成"超载",有时应力又低于疲劳极限,如空载运行和低负荷运行,造成"次载"。研究载荷变化对疲劳寿命影响的最简单的经验关系是 Miner 线性损伤积累理论。这种理论认为变幅载荷下的疲劳破坏,是不同频率、不同幅值的载荷所造成的损伤逐渐积累的结果。每一循环所造成的损伤可以认为是在此载荷幅值下循环寿命 N 的倒数 $1/N$,这种损伤是可以积累的,n 次恒幅载荷循环所造成的损伤等于 n/N,则变幅载荷循环所造成的损伤 D 为

$$D = \sum_{i=1}^{l} \frac{n_i}{N_i} \qquad (4.59)$$

式中,l 为变幅载荷下应力水平级数;n_i 为第 i 级载荷的循环次数;N_i 为第 i 级载荷下的疲劳寿命。当 D 达到临界值 D_c 时,发生疲劳破坏,而 $D_c = 1$。

　　实践证明,Miner 线性损伤积累理论在一些情况下是可取的,而在另一些情况下这个理论所估计的疲劳寿命偏于不安全。有的文献建议 D_c 值取 0.7。

　　过载对疲劳损伤的影响如图 4.46 所示。将试样在超过该材料疲劳极限 σ_{-1}

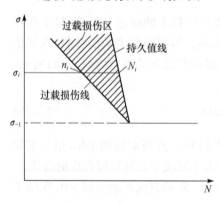

图 4.46　过载对疲劳损伤的影响[4]

的某一应力 σ_i 下运转一定周次后,再将试样放回该材料疲劳极限的应力下继续运转,试样发生断裂,即超载使材料的疲劳极限降低,表明经过上述超载,试样已经受到损伤。如果在该超载应力下减少运转周次,从某一临界周次 n_i 开始,超载循环将不再使材料的疲劳极限降低,即超载不造成损伤。选择多个超载应力,重复上述试验,便可得到一条"过载损伤线"。过载损伤线与持久值线之间的区域称之为过载损伤区。

　　如果试样在低于疲劳极限的应力振幅下循环一定周次,则可以提高疲劳极限。次载的应力水平越接近 σ_{-1},效果越明显;次载锻炼的周次越长,效果越好,达到一定周次后效果不再提高。这种次载强化作用称为次载锻炼。这种效应可能是由于

应力-应变循环产生的硬化及局部应力集中现象松弛的结果。

次载锻炼效应可以运用于某些实际零件,在零件安装以后,可以空载或低载运行一段时间以提高疲劳寿命。

2) 化学成分

一般中碳结构钢和中碳合金结构钢中,化学成分对疲劳的影响主要取决于碳含量。合金元素的主要作用是增加淬透性,保证热处理后的组织状态。在保证相同强度的同时,加入能提高钢的塑性和韧性的合金元素,对疲劳性能是有利的,特别是对高强度钢和超高强度钢有利。

3) 热处理与显微组织的影响

热处理对钢的疲劳强度的影响比材料成分的影响要大得多。热处理对疲劳强度的影响,实质上是显微组织的影响。

钢材经过不同的热处理可以得到相同的静强度,但由于组织不同,其疲劳强度可以有较大的差异。例如,组织为片状珠光体和粒状珠光体的共析钢,在强度水平相同时,由于碳化物形态的差异,具有粒状珠光体的共析钢有较高的疲劳极限。同一种钢通过等温淬火得到的下贝氏体组织的疲劳极限要高于同等强度的淬火回火组织。

中碳合金结构钢经淬火和回火得到相同的硬度时,如果钢在淬火后存在非马氏体分解产物,将降低钢的疲劳极限。钢中存在 20% 的非马氏体组织时,其疲劳极限要降低 10%,非马氏体组织含量进一步增加时,疲劳极限的降低程度将减少。但在疲劳极限降低的同时,钢的塑性、韧性及工艺性能却有可能得到改善。在以铁素体为基的复合组织中,马氏体的存在可在一定程度上提高钢的疲劳极限。残余奥氏体对钢的疲劳性能的影响较为复杂。一些学者根据各自的研究提出了不同的看法。有些学者认为残余奥氏体的存在有不利的影响,这是由于残余奥氏体的存在会使钢的强度和硬度降低,并可在使用过程中发生转变。因此,在钢中应限制残余奥氏体的含量。也有一些学者认为残余奥氏体的存在有利于疲劳性能的改善,认为渗碳钢的渗层中应存在一定量的残余奥氏体,残余奥氏体在钢中由于塑性变形产生加工硬化,可起到缓和外加应力的作用。还有一种看法认为,残余奥氏体在不同使用条件下有着不同的影响。高应力水平时,随残余奥氏体量的增加,可以提高钢的疲劳强度,低应力水平时则相反。

钢的晶粒度也与其疲劳性能有关。在室温下细化晶粒总会使钢的疲劳强度提高。研究表明,钢的疲劳极限 σ_f 与其晶粒平均尺寸 d 也有类似于霍尔-佩奇的关系,即

$$\sigma_f = \sigma_0 + kd^{-1/2} \tag{4.60}$$

式中,σ_0 与 k 为材料常数。晶粒细化对高周疲劳和低周疲劳都显示有利的影响,这主要是由于晶界的作用。晶界可视为裂纹的阻止者,当有裂纹起始,则细小的晶

粒意味着更多的裂纹阻止者和更短的裂纹长度。

4)夹杂物的影响

钢中夹杂物的存在,会导致疲劳强度的降低。这是因为存在于钢中的夹杂物相当于内部的孔洞或缺口,在交变载荷下将产生应力、应变集中,使得在较低的应力下也引起交叉滑移和微裂纹的形成,成为疲劳断裂的裂纹源。夹杂物对疲劳强度的影响程度取决于夹杂物的种类、性质、形貌、数量、分布以及钢的强度水平和外加应力水平等多种因素。

不同类型的夹杂物对钢的疲劳性能有不同的影响。一般而言,易变形的塑性夹杂物,如硫化物等,对钢的疲劳性能影响较小;不易变形的脆性夹杂物,如氧化物、硅酸盐等,则对钢的疲劳性能有较大的危害。膨胀系数大的夹杂物,如 MnS 等,影响小;而膨胀系数小的夹杂物,如 Al_2O_3 等,影响大。因为后者在淬火过程中易使其周围母材产生拉应力,从而降低疲劳强度。

塑性夹杂 MnS 对锻钢的纵向疲劳强度没有影响,但使其横向性能明显下降,使锻钢的疲劳性能出现方向性。夹杂物数量的增加加剧疲劳性能的方向性,这种影响随钢的强度的升高而增加。硅酸盐夹杂物的尺寸增加时,钢的疲劳极限要降低,其影响程度与钢的强度水平有关,钢的强度越高,夹杂物的影响越大。当抗拉强度 σ_b 小于 950MPa 时,夹杂物对疲劳强度的影响尚不明显,而当强度达到 1700MPa 时,钢的纵向和横向的疲劳性能均有比较大的降低[24]。

为了有效地降低钢中的夹杂物,以改善其疲劳性能,可以采用真空冶炼、电渣重熔,以及各种炉外精炼技术,以提高钢的纯净度,从而使钢的疲劳强度和各向异性得到很大的改善。表 4.7 为不同熔炼方法得到的 SAE4340 钢(相当于 40CrNiMo 钢)在相同条件下进行弯曲疲劳试验的结果[25]。研究结果表明,经过真空熔炼,由于夹杂物的含量大大降低,无论是纵向还是横向的疲劳极限都得到相当大的提高,各向异性也得到很大的改善。

表 4.7 通过熔炼工艺降低夹杂物含量对 SAE4340 钢疲劳极限的影响[25]

工艺参数	电炉冶炼(大气)	真空熔炼
纵向疲劳极限 σ_{-1L}/MPa	816	977
横向疲劳极限 σ_{-1T}/MPa	555	844
$\sigma_{-1T}/\sigma_{-1L}$	0.68	0.86
硬度 HRC	27	29

5)表面处理与残余应力

渗碳、氮化、碳氮共渗等表面化学热处理是提高零件疲劳强度的有效手段。经渗碳或氮化后,硬化的表面层及所存在的压应力,一般可使光滑试样的弯曲和扭转疲劳极限提高 15%~100%,缺口试样的疲劳极限提高的幅度更大,氮化试样可达

300%[24]。碳氮共渗处理兼有渗碳和氮化的优点,可以得到比渗碳更高的疲劳强度[26]。大量试验表明,表面化学热处理对试样疲劳强度的影响取决于加载方式、渗层中的碳氮浓度、表面硬度及其梯度、表面硬度与心部硬度之比、渗层与试样直径之比,以及表面处理所造成的残余应力的大小和分布等因素。采用感应加热淬火、表面火焰淬火及低淬透性钢的薄壳淬火,均可获得一定深度的表面硬化层,并在表层造成有利的残余压应力,从而提高零件的疲劳强度。

钢的试件经电镀后都不同程度地降低疲劳强度,特别是镀 Cr、Ni 后,疲劳极限降低甚多,其主要原因是在镀层中产生了很大的残余拉应力。此外,镀层中的裂纹造成的缺口效应及电镀过程中 H 的浸入导致的氢脆也降低了疲劳极限。镀Cr、Ni 的零件可以采用氮化、喷丸和表面滚压来改善疲劳强度。

用滚轮对零件表面进行滚轧的强化方法称为滚压强化。喷丸强化是用金属或玻璃丸粒高速喷击零件表面使之强化的方法。表面滚压和喷丸等处理能在试样表面形成一定深度的形变硬化层,使表层产生残余应力,是提高疲劳强度的有效途径。

一些具有超高强度的合金结构钢,对缺口试样的缺口处进行滚压后,可使其旋转弯曲疲劳极限提高一倍,这是一般热处理方法难以实现的。滚压效果与材料本身的组织状态及强度水平有关。热处理后滚丝的螺栓,其滚压效果优于热处理前滚压,硬度越高,热处理后与热处理前滚压螺栓的疲劳强度的差别也越大。滚压强化适用于形状简单的零件。

喷丸强化在生产中应用较广。喷丸强化的效果与喷丸参数、材料性能和零件的表面状态有关。零件表面有应力集中,表面粗糙或有表面缺陷时,材料的强度越高,喷丸强化的效果越佳。将零件加载使其变形,然后在变形表面进行喷丸,这种工艺方法称为应力喷丸。应力喷丸较普通喷丸有更高的表面残余压应力,因而有更高的疲劳极限。应力喷丸在弹簧生产中得到广泛的应用。

研究表明,滚压和喷丸对疲劳强度的主要贡献在于延长了裂纹的萌生期及早期裂纹扩展期。

4.3.5　冲击疲劳[4]

工程中许多机件和构件是在多次冲击载荷作用下失效的,如风动工具和锻造、冷冲压设备中的运动件(活塞、钎杆、锤杆)等。对这类机件,习惯上用一次冲击得到的冲击韧度来表明其承受冲击载荷的抗力。实际上该类机件工作时承受的载荷是小能量多次冲击,两者断裂过程不同。小能量多次冲击与疲劳相比有诸多相同之处,其破坏过程相同,有着相似的破坏机制,可认为小能量多次冲击属于疲劳范畴,称之为冲击疲劳(多次冲击)。

为了了解材料在多冲载荷下的行为,已设计出多种形式的试验机,进行不同加载方式下的试验研究,但研究最多的是多冲弯曲试验和多冲拉伸试验。多冲弯曲试验一般使用一定直径和长度的圆柱形试样,施以三点或四点冲击弯曲加载。为了使试验接近于实际服役条件或者研究试验用材料受到多次冲击时对缺口的敏感度,也可以制成缺口试样。冲击能量可以调节,每次冲击后试样转动一定的角度。用冲击能量 A 和相应的破断周次 N 绘成 A-N 曲线来表示材料抗多次冲击加载的能力。

图 4.47 是三种典型材料的多次冲击 A-N 曲线。三种材料的强度和韧性各不相同,其 A-N 曲线分别相交于 A、B、C 点。在交点的上方,即在高的冲击能量下,多冲抗力取决于材料的韧性,而在交点的下方,即在较低的冲击能量下,多冲抗力则取决于材料的强度。交点位置的破断周次在 $10^2 \sim 10^3$ 的范围内。在 N 超过 10^3 时,强度最高韧性最低的淬火低温回火 T8 钢便具有最高的多冲抗力[27]。

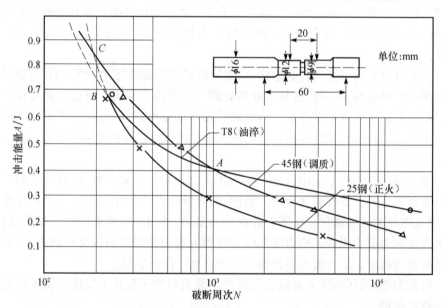

图 4.47　三种典型材料的多次冲击 A-N 曲线[27]

同一钢经过淬火回火后,多冲破断周次 N 随回火温度而变化。对应于一定的冲击能量,其破断周次会在一定回火温度下出现峰值。冲击能量降低时,峰值向低温回火方向转移;冲击能量增加时,峰值向较高回火温度转移。峰值的转移表明,一定的冲击能量要求材料有一定的强度与塑性、韧性的配合。

对一些合金结构钢的研究表明,冲击韧度 a_k 对多次冲击抗力的影响与材料强度水平有关。在低强度水平,如 $\sigma_b < 1000$MPa 时,塑性、韧性已较高,再增加塑性、韧性对多冲抗力影响甚微;当强度水平较高,如 $\sigma_b > 1500$MPa 时,塑性、韧性较低,适当提高塑性、韧性可以显著提高其多冲抗力。

上述研究结果对依据一些钢制零件的服役条件,合理制定其热处理工艺,有一定的指导作用。有些工作时受冲击的零件,由于过高地追求韧性而使用调质和局部淬火工艺,使用寿命低。采用整体淬火和低温回火后,提高了强度,寿命显著提高。又如模锻锤锤杆一般采用淬火和高温回火工艺,以保证其高的冲击韧性,但使用寿命不高,这是由于过高地追求韧性,导致强度不足所致。在不改变原用钢材的条件下,将高温回火改为中温回火,使表面硬度由原 250HB 左右提高到 40～45HRC,使寿命提高数倍到 20 倍以上。

目前的多冲试验方法尚有一些缺点,冲击能量 A 只有一部分以应变能的形式被试样吸收,尚有一部分被冲锤和支座吸收,因此冲击能量 A 不能完全代表试样吸收的冲击功。A-N 曲线无法确定可供设计计算使用的多冲抗力指标,只能提供在固定条件下的相对试验数据。有关这方面的研究可以参考有关著作[4]。

4.3.6　磨损

由于摩擦导致的磨损是机器零部件失效的主要原因之一,工程实际中约有一半左右的失效零件是由磨损引起的。

材料的磨损是物体表面相接触并做相对运动时,材料自该表面逐渐损失以致表面损伤的现象。通常磨损量随摩擦行程分为三个阶段。开始阶段称为跑合期。由于摩擦表面具有一定的粗糙度,真实接触面积较小,磨损速率很大,随着表面逐渐被磨平,真实接触面积增大,磨损速率减慢。随后进入稳定磨损阶段,在此阶段磨损稳定,磨损量低,磨损速率不变,是机件的正常工作时期。最后是剧烈磨损阶段,磨损速率急剧增加,最后导致机件失效。

目前关于磨损的分类还没有统一的看法,可以按照磨损机制分为:氧化磨损、磨料磨损、黏着磨损、接触疲劳、微动磨损和腐蚀磨损。在这些磨损形式中,磨料磨损最普遍,其次是黏着磨损。对于每一个具体工件而言,其磨损类型并非固定不变,而是随着工作条件的变化而变化,至于哪个过程优先发展,取决于确定磨损类型的三个主要因素:外在机械作用条件、周围介质和摩擦副所用材质的性质。

1)氧化磨损

实验证实,存在于大气中的许多金属表面都存在氧的吸附层,表面形成一层氧化膜。机件表面相对运动时,在发生塑性变形的同时,由于不断进行着已形成的氧化膜在摩擦接触点处遭到破坏,紧接着在该处又立即形成新的氧化膜。这样,便不断有氧化膜自金属表面脱离,使机件表面物质逐渐损耗,这样的过程称为氧化磨损。氧化磨损可以认为是腐蚀磨损的一种。

氧化磨损在各种滑动速率和比压条件下都会程度不同地发生,它是生产上最普遍存在的一种磨损形式。氧化磨损和其他类型磨损比较,具有最小的磨损速率,因此机件因氧化磨损而失效被认为是正常失效。氧化磨损过程中压碎的氧化膜来在摩擦表面之间,可能起磨料的作用,露出的新鲜表面可能被黏着,因而氧化磨损可能转化为磨粒磨损或黏着磨损。

为减少机件的磨损,应首先在机件用材料的选择、工艺制定、结构设计和维护使用等方面创造条件,使机件的磨损形式为氧化磨损,或者将原来会出现的其他磨损类型转化为氧化磨损,然后再设法减少氧化磨损的速率。凡是能提高金属表层塑性变形抗力、降低氧扩散速率、形成非脆性氧化膜并能与基体金属牢固结合的材料及相应的工艺措施,都可以提高抗氧化磨损的能力。图 4.48 为一些正常工具钢的氧化磨损量与硬度的关系[28]。

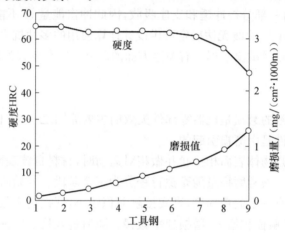

图 4.48　工具钢氧化磨损量与硬度的关系[28]

1—W18Cr4V;2—CrWMn;3—Cr12MoV;4—GCr15;5—T12;6—T10;7—T8A;8—9SiCr;9—5CrNiMo

比压为 1.47MPa;滑动速率为 1.56m/s

2) 磨料磨损

磨料磨损(abrasive wear)是指由于硬质颗粒或硬质突出物沿固体表面强制运动所引起的磨损。矿山机械、农业机械、工程机械、建筑机械等零部件常与泥沙、矿石、渣淬等接触,发生的磨损大都是磨料磨损。这些硬质颗粒或者表面剥落的碎屑引起磨面发生局部塑性变形、磨粒嵌入和被磨粒切割等过程,使磨面逐渐被磨耗。磨粒磨损速率较大,能达到 $0.5\sim5\mu m/h$。

磨粒磨损的速率主要取决于磨粒相对于被磨金属硬度的高低、磨粒的形状和大小。当磨粒硬度远大于被磨材料时,磨损严重。当磨粒硬度小于被磨材料硬度时,磨损迅速减少。当磨粒的棱角比较尖锐且凸出较高时,将切割被磨金属。如果棱角不尖锐,凸出部分高度也小,磨粒将以较大的力沿摩擦表面滑动,造成表面较大的塑性变形。

材料自身特性也是影响磨粒磨损的重要因素。材料的硬度越高,耐磨性越好。钢中碳含量越高,硬度也越高,耐磨性也越好。以固溶状态存在的合金元素对耐磨性影响不大,形成合金碳化物时可以显著提高耐磨性。

钢的显微组织对磨料磨损的影响依铁素体、珠光体、贝氏体和马氏体的顺序递增,而片状珠光体又优于球状珠体。在相同硬度下,等温淬火得到的组织的耐磨性要好于回火马氏体。钢中残余奥氏体也影响磨损抗力,在低应力磨损条件下,残余奥氏体较多时,将降低耐磨性。在高应力冲击加载条件下,残余奥氏体因能显著加工硬化而提高耐磨性。

3) 黏着磨损

由于在相接触的固体表面之间局部黏着而造成的磨损,称为黏着磨损(adhesive wear)。当一对摩擦副两个摩擦表面的显微凸起端部相互接触时,因实际接触的面积很小,故接触应力很大。如果接触应力大到足以使凸起端部的材料发生塑性变形而且接触表面非常干净,那么在摩擦界面很可能形成黏着点。当摩擦面发生相对滑动时,黏着点在剪切应力下被切断,使材料从一个表面迁移到另一个表面,这就是黏着磨损。这些黏附物在反复滑动过程中可能由表面脱落下来,成为磨屑。

黏着磨损时的磨损体积 $V(\mathrm{mm}^3)$ 的表达式为[29]

$$V = K \frac{P}{H} L \tag{4.61}$$

式中,K 为磨损系数;P 为接触压力;H 为硬度;L 为摩擦滑动距离[11]。

K 实质上反映配对材料黏着力的大小,实验测出的 K 值变化范围很大,但对于每对材料有一特定值。根据 Hirst 的实验数据[29]:低碳钢/低碳钢,$K=7.0\times10^{-3}$;工具钢/工具钢,$K=1.3\times10^{-4}$;钨碳化物/低碳钢,$K=4.0\times10^{-6}$;铁素体钢/工具钢,$K=0.17\times10^{-4}$;聚乙烯/工具钢,$K=0.13\times10^{-6}$。但式(4.61)表示的磨损量与接触压力的关系只适合于一定载荷范围内。当摩擦面压强低于布氏硬度值的 1/3(相当于材料的强度极限),K 值保持不变;压强超过布氏硬度值的 1/3时,K 值将急剧增长,出现严重的磨损或“咬死”,式(4.61)所示的关系便不复存在。

影响黏着磨损的因素:①金属间的互溶性。互溶性好,黏着倾向大,磨损大,同种材料互溶性好,所以磨损量大。周期表中位置靠近的元素互溶性好,较远的互溶性差。②摩擦表面的洁净程度。摩擦表面越干净,越可能发生表面的黏着,促使黏着磨损的发展。因此,应尽可能使摩擦面有吸附物质、氧化物层和润滑剂。保护性氧化膜的厚度约为 $1\sim15\mu\mathrm{m}$,这个厚度比金属表面自然形成的氧化膜要厚得多。③组织。单相组织比多相组织磨损倾向大,粗晶粒比细晶粒大,固溶体比化合物大,下贝氏体的耐磨性优于马氏体,碳化物增加钢的耐磨性。

4) 接触疲劳

两接触面做滚动或滚动滑动复合摩擦时,在交变接触压应力长期作用下引起的一种表面疲劳破坏现象称为接触疲劳或表面疲劳磨损。出现接触疲劳时表现在接触表面出现许多针状或痘状的凹坑,称为麻点,也叫点蚀。有的凹坑很深,呈"贝壳"状,有疲劳裂纹发展线的痕迹存在。在出现少数麻点时,机件仍能继续工作。随着工作时间的延续,麻点剥落将不断增多和扩大,此时磨损加剧,发生较大的附加冲击力,噪声增大,直至机件破坏。齿轮副、滚动轴承、钢轨与轮箍及凸轮副等都能产生接触疲劳。

若两接触物体在加载前为线接触,如圆柱与圆柱、圆柱与平面的接触,加载后发生弹性变形,接触处由线接触变为面接触。根据弹性力学推导表明,沿接触面在其法线方向的正应力呈半椭圆状分布,在原接触线处的应力最大,标以 σ_{max};离表面往深处方向发展时,正应力逐渐减小,但接触疲劳裂纹的萌生一般都是由于切应力作用下因塑性变形引起的。在接触压应力作用下可能影响接触疲劳破坏的切应力有两个:一个切应力位于原接触线下面,距表面距离 $0.786b$ 处($2b$ 为接触面的宽度),与接触面运动方向的夹角为 $45°$,以 τ_{45} 表示,此处的最大切应力为 $\tau_{45max}=0.3\sigma_{max}$;另一个为正交切应力,其最大值位于离表面 $0.5b$ 处,以 τ 表示,分布于对称位置的两侧一定距离处,其最大值 $\tau_{max}=0.256\sigma_{max}$,但 τ_{max} 有两个,它们的绝对值相等,符号相反。在点接触的状态下,情况亦相似。

从上面的分析可知,在滚动接触时,切应力 τ_{45} 在距表面 $0.786b$ 处最大,脉动应力在 $0\sim0.3\sigma_{max}$ 变化,而距表面 $0.5b$ 处的对称循环正交切应力 τ 在 $+0.256\sigma_{max}\sim-0.256\sigma_{max}$ 变化。后者的应力幅要比前者大得多,所以疲劳裂纹应首先在该处产生。实验证实,在各种接触应力下疲劳裂纹的深度介于 $0.5b$ 到 $0.7b$ 之间。

裂纹萌生后在上述切应力的反复作用下,裂纹沿与滚动表面平行的方向扩展一段后,可能产生垂直于表面或倾斜于表面的分枝裂纹,当分枝裂纹发展到表面时即发生麻点剥落。这种裂纹源于次表面的麻点剥落,多发生在接近于纯滚动的情况下。

在滚动加滑动摩擦的作用下,滑动摩擦力越大,最大剪切应力的作用点越向摩擦表面推移,这时疲劳裂纹就从表面产生,裂纹沿与表面呈小于 $45°$ 的夹角方向发展,其倾角大小视摩擦力大小而定。润滑油在这种裂纹发展过程中起很大的作用,如图 4.49 所示[3]。当楔入裂纹的润滑油可自裂缝中挤出时,裂纹不发展(图 4.49(a)),但当油楔入裂纹并被封闭时,在裂纹内部将产生很大的内压力,迫使裂纹继续向前扩展(图 4.49(b))。当裂纹发展到一定深度,裂纹上部形成悬臂梁(图 4.49(c)),在随后的加载中折断(图 4.49(d)),出现麻点剥落,这便是裂纹源于表面的麻点剥落。

滚动轴承基本上属纯滚动,在滚动轴承设计中采用麻点起源于次表面的观点。齿轮除节圆啮合处属于纯滚动外,在齿轮其他部位是带有一定滑动的滚动。齿面麻点剥落都出现在离节圆一定距离处,且主要出现在靠近齿根一侧。因此,在齿轮

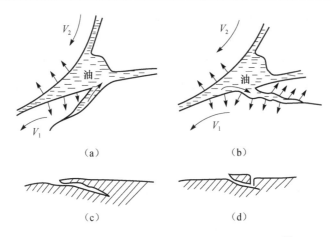

（a）　　　　　　　　　　　（b）

（c）　　　　　　　　　　　（d）

图 4.49　表面裂纹发展和润滑油的作用示意图[3]

设计中大都采用麻点剥落起源于表层的观点。

影响接触疲劳寿命的因素：①加载条件，特别是载荷大小。②非金属夹杂物。塑性夹杂物对寿命的影响最小，球状夹杂物次之，危害最大的是脆性夹杂物。③马氏体碳含量。根据对轴承钢进行的研究表明，在剩余碳化物相同的条件下，马氏体碳含量为 0.4%～0.5%时，接触疲劳寿命最高。④剩余碳化物颗粒大小和数量。细小并分布均匀的碳化物对疲劳寿命有利。实验观察到裂纹大都是在碳化物和马氏体界面上传播，因此，如果不是为了提高抗磨料磨损，最好是不要有碳化物。⑤硬度。一般而言，在低中硬度范围内，零件的表面硬度越高，接触疲劳抗力越大。关于影响接触疲劳寿命的因素，在本书有关齿轮钢和轴承钢部分，还将作进一步的分析。

5）微动磨损

微动磨损（fretting wear）是指两表面间由于振幅很小（1mm 以下）的相对运动所产生的磨损。这种相对运动可以有多种形式：平移微动、径向微动、滚动微动等，以及上述微动形式的复合或者上述微动形式与其他运动（如冲击）的复合，其中平移微动是较为普遍的微动形式[30]。

微动磨损一般发生在紧配合的轴颈、花键、汽轮机和压气机叶片榫槽，受振动影响的螺栓、铆钉等连接件的结合面等处。

微动磨损有时仅指接触表面的相对位移，是由于外界振动引起的微动而导致的磨损。当接触表面的相对运动是由于组元之一受到外界交变应力的作用，引起变形并导致疲劳断裂时，称为微动疲劳（fretting fatigue）。在腐蚀介质中的微动导致的磨损称为微动腐蚀（fretting corrosion）。上述三种微动形式或通称为微动损伤（fretting damage）。

微动磨损的一般过程是：在一定接触压力下，摩擦副表面的微凸体产生塑性变形和黏着。在小振幅振动作用下黏着点受剪切使黏着物脱落,同时剪切表面被氧化。对于钢铁零件,氧化物以 Fe_2O_3 为主,磨屑呈红褐色。由于磨损表面配合紧密,磨屑不易排出,这些磨屑往往起着磨料的作用,加速微动磨损过程,最终导致零件表面破坏。微动磨损引起的破坏形式主要是擦伤、金属黏着、凹坑、局部磨损条纹及表面微裂纹等。

机件的两接触面,由于配合组元之一受到交变应力,引起接触面的微动,并导致微动接触处表面及表层裂纹的萌生和扩展,从而大大降低部件的疲劳寿命,即发生微动疲劳,可使疲劳强度降低 30%～40%,而且使 σ-lg$N$ 曲线上不存在极限值。已有的资料表明,材料成分、组织状态可以相差很大,但对其微动疲劳强度 σ_{-1}^F 的影响不大,并且都很低,远低于其疲劳极限 σ_{-1}[3]。

为了防止微动磨损,提高微动疲劳强度,主要在工艺和设计上采取措施:①表面化学热处理提高表层硬度,形成阻止微裂纹扩展的压应力;②表面涂覆保护层;③采用滚压、喷丸等表面强化工艺;④采用垫衬改变接触面的性质;⑤结构上采取减小应力集中的措施;⑥提高零部件的尺寸精度,减少微动的可能性。

6) 冲蚀磨损和气穴侵蚀

冲蚀磨损(erosion)一般是指固体表面同含有固体粒子的流体做相对运动时,其表面材料所发生的损耗。目前对冲蚀磨损的定义尚未形成一致的看法[31]。在工业和矿山生产中,存在大量冲蚀磨损现象,如物料运输管道中物料对管道的冲蚀、锅炉管道被燃烧的粉末冲蚀、泥浆泵中泥浆对泵体的冲蚀、火箭发动机尾部受燃气冲蚀等。

固体粒子的冲蚀磨损,通常是指粒径小于 1mm,冲击速率不超过 500m/s 的固体粒子冲击材料表面所造成的损伤。冲蚀磨损常以比质量损失,即每单位质量的粒子(磨料)所造成的材料迁移(磨损)质量来度量,常用 ε 表示,即 ε(冲蚀磨损率)＝材料质量损失(g)/磨料质量损失(g)。

钢的表面被固体粒子冲蚀磨损后出现大量的冲蚀凹坑,凹坑处存在有材料沿粒子冲击方向的流动,发生加工硬化,直至材料在高应变下断裂,变成磨屑。在冲蚀磨损过程中,每一个冲击粒子与被冲击表面的接触时间非常短,被冲击材料的应变速率很高,可以达到 10^4/s 的数量级,可以导致变形层在冲击过程中迅速升温,有时达到相当高的程度。

影响冲蚀磨损的主要因素有:被冲蚀材料的成分、组织与性能,磨粒的形状、尺寸与性能,磨粒的冲蚀速率、冲蚀角度,以及环境因素等。有关这方面问题的深入讨论和冲蚀磨损机理的研究,可以参考有关论著[31]。

气穴侵蚀(cavitation erosion)发生在零件与液体接触并有相对运动的条件下。液体与零件接触处的局部压力比其蒸发压低的情况下,将形成气泡,同时溶解在液体中的气体亦可能析出。当气泡流到高压区,压力超过气泡压力时使其溃灭,瞬间产生极大的冲击力。气泡形成和溃灭的反复作用,使零件表面的材料产生疲劳而逐渐脱落,呈麻点状,随后扩展呈泡沫海绵状。严重气穴侵蚀时,其扩展速率很快,深度可达 20mm。气穴侵蚀常简称为气蚀(cavitation)。

　　气蚀是力学因素造成的破坏,化学作用会加速气蚀破坏。气蚀破坏随时间的发展过程可分为三个阶段,即孕育期、最大气蚀率期和稳定气蚀率期,稳定气蚀率期是估计材料抗气穴侵蚀能力的主要依据。气蚀破坏一般出现在水力机械上,如阀门、热交换器管路、水冷却的柴油发动机缸套壁、泵的叶轮、水轮机的叶片、水库的溢洪道等大型设施的器件上。气蚀会给工业生产造成很大的损失,例如,有些水轮机运行 1~2 年即因气蚀而需要停机检修。

　　材料的抗气蚀能力与其组织结构和力学性能有关。一些研究工作表明,金属材料的极限回弹能($\sigma_b^2/2E$, E 为弹性模量)或 $HV^2/2$(HV 为显微硬度)与其气蚀抗力有线性关系,可以作为材料抗气蚀能力的参考判据[31]。改进设计结构也是提高抗气蚀能力的有效措施。

　　磨损试验方法可分为两类:①实物磨损试验,即以实物零件在机器实际工作条件下或模拟机器使用条件下的试验台上进行试验;②试样磨损试验,即将欲试材料制成规定试样,在规定的试验条件下,在专门设计的试验机上进行试验。

　　磨损试验机的种类很多,图 4.50 为一种滚子式磨损试验机示意图。这种试验机可以进行滚动摩擦、滑动摩擦、滚动与滑动复合摩擦、接触疲劳等试验,同时附有测定摩擦力的装置,用途广泛,被称为万能磨损试验机。此外还有切入式磨损试验机、圆盘-销式磨损试验机、往复摩擦磨损试验机等,以及一些专用的磨损试验机。关于各类磨损试验机的试验条件、优缺点等可参考有关文献[32]。

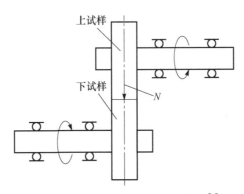

图 4.50　滚子式磨损试验机示意图[1]

4.4　合金元素对钢的力学性能的影响

合金化是提高和改变钢材各种使用性能的一个重要手段。这些使用性能包括力学性能、工艺性能和某些物理、化学性能,其中最重要的是对钢材在常温下的力学性能的要求。

4.4.1 合金元素对铁素体力学性能的影响

合金元素加入钢中后,主要分布在铁素体和碳化物之间。因此合金元素对钢的力学性能的影响与其对铁素体的影响有一定联系。在低碳钢中,碳化物数量很少,则合金元素的影响主要表现在对 α-Fe 的作用方面。

4.4.1.1 合金元素对 α-Fe 在平衡条件下力学性能的影响

溶于铁素体中的合金元素大都能提高铁素体的强度,图 4.51 表示合金元素对缓慢冷却后 α-Fe 硬度的影响,为了尽量减少残存杂质元素(特别是碳和氮)和晶粒度大小对试验结果的影响,试验时采用高纯度的纯铁,各种成分的试样的晶粒度都比较粗大[33]。合金元素置换固溶强化 α-Fe 的机制比较复杂,在本章 4.1.2.2 节已作过分析。合金元素按其在平衡条件下引起 α-Fe 固溶强化的递增顺序排列如下:Cr、Co、W、V、Mo、Ni、Cu、Al、Mn、Ti、Si、P。合金元素对强度极限的提高和对硬度的提高一样。置换固溶于 α-Fe 中的合金元素对其屈服极限和比例极限的提高特别显著,如图 4.52 所示[34],试验在晶粒度相同的条件下进行,钨的影响与硅相近,在图 4.52 中未显示。

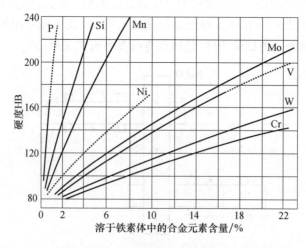

图 4.51　合金元素对 α-Fe 体固溶强化的影响(平衡条件下)[33]

合金元素对 α-Fe 塑性影响较小,只是略微降低塑性指标 δ 和 ψ,硅和锰降低铁素体的塑性较强烈,尤其当含量超过 2% 以后(图 4.53)。

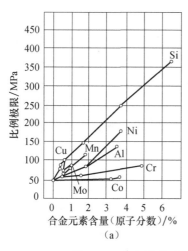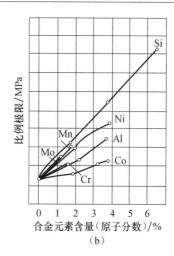

图 4.52　合金元素对 α-Fe 比例极限的影响[34]

(a) 0 号晶粒度；(b) 3 号晶粒度

图 4.54 为合金元素对 α-Fe 冲击韧度的影响,钼、钨、硅(从 1% 开始)和锰(1%~1.5% 开始)降低冲击韧性。这些元素的原子结构或原子半径与铁相差较大(锰除外),溶入 α-Fe 能使点阵产生强烈的畸变,故使韧性下降。镍的含量到 5% 和铬的含量到 1%~1.5% 以前能提高 α-Fe 的冲击韧度。镍与 α-Fe 点阵虽不同,但原子结构和原子半径与铁相近,故不降低韧性。但是由于冲击韧度受到许多因素的影响,并且比较敏感,如晶粒大小的变化、冶炼和脱氧方法的差异及加工过程的条件不同都能影响冲击韧度的数值,因此难以准确地测定,在文献中有关合金铁素体冲击韧度常出现相互矛盾的数据。

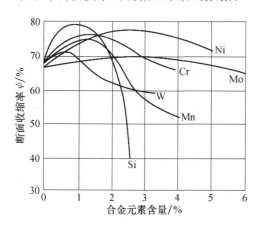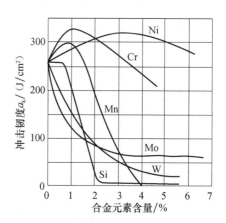

图 4.53　合金元素对 α-Fe 断面　　　　图 4.54　合金元素对 α-Fe 冲击

收缩率的影响[35]　　　　　　　韧度的影响[35]

合金元素对 α-Fe 的韧脆转变温度的影响不易准确确定。一些研究工作指出,合金铁素体的正断抗力主要取决于晶粒大小,合金元素含量多少的影响不大(图4.55)。细化晶粒可以显著提高正断抗力,但对屈服极限的影响要弱一些。韧脆转变温度取决于正断抗力 S_k 和屈服极限 σ_s 的相互关系。温度对于屈服极限和正断抗力的影响见图4.10。温度低于 T_c 时,$\sigma_s > S_k$,受力时,工件内部应力先达到 S_k,发生脆断;温度高于 T_c 时,$S_k > \sigma_s$,应力先达到 σ_s,金属在断裂前先进行塑性变形,为韧性断裂。图4.10只是定性地根据拉伸试验说明韧脆转变温度的意义。实际上人们都采用系列冲击试验决定韧脆转变温度。

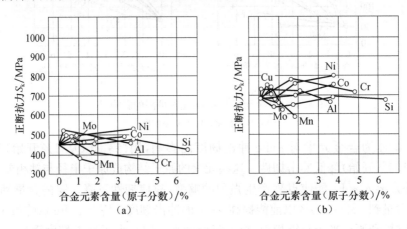

图 4.55　合金元素对 α-Fe 正断抗力 S_k 的影响与晶粒大小的关系[34]

(a) 0~1 号晶粒度;(b) 3~4 号晶粒度

合金元素对韧脆转变温度的影响应当是:当其使晶粒粗大或对其影响不大时将提高转变温度,元素提高屈服极限的程度越大,则韧脆转变温度的提高越甚。能使晶粒细化的元素在开始时应使韧脆转变温度下降,但继续增加时,晶粒的细化已达极限,而屈服极限不断提高,此时元素的作用将相反。此外,非金属夹杂物的数量、分布及钢的冶炼性质对冷脆倾向亦有极重要的影响。但是以上这些因素还不能解释所有合金元素对铁素体脆性倾向的影响。

在平衡状态下,少量间隙固溶于 α-Fe 中的碳和氮原子能形成气团钉扎位错,提高铁素体的屈服强度,碳和氮原子在 α-Fe 中还有强烈的内吸附现象,偏聚于晶界和亚晶界,这些都将降低冲击韧度和提高韧脆转变温度。室温下碳在 α-Fe 中的溶解度为 0.006%,碳含量大于 0.006% 时,还会有少量三次渗碳体沿晶界析出,增加钢的脆性。图4.56为少量碳对 α-Fe 韧脆转变温度的影响[36]。

随着碳含量的增加,钢中的珠光体量增多。由于渗碳体是应力集中和裂纹形核的有利位置,珠光体含量的增加必然导致钢的冲击韧度的降低和韧脆转变温度的升高,如图4.57所示。

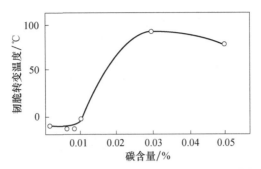

图 4.56　少量碳对 α-Fe 韧脆转变温度的影响[36]

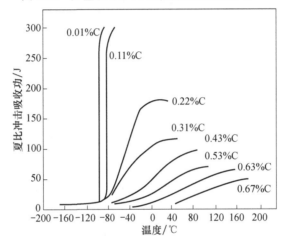

图 4.57　碳含量对正火钢（含 1%Mn、0.3%Si）冲击吸收功的影响[37]

图 4.58 为某些置换合金元素对低碳钢(0.08%～0.11%C)韧脆转变温度的影响，由于碳含量很低，可以看做合金铁素体[38]。

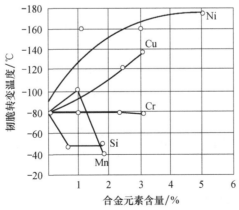

图 4.58　合金元素对低碳钢在平衡条件下韧脆转变温度的影响[38]
晶粒度为 6～8 号

根据已有的材料可以认为,镍能最显著地减弱钢的脆性倾向,是提高钢低温韧性最有效的元素。图 4.59 为镍含量对钢韧脆转变温度的影响,镍含量在 3% 以下时的作用更为明显。含镍低温钢已形成系列并广泛应用。镍改善钢低温韧性的原因可能是镍能增加层错能,促进低温下螺型位错的交叉滑移,减少应力集中。

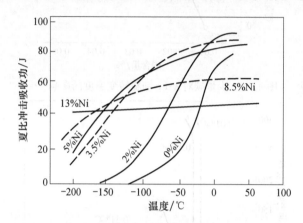

图 4.59　镍含量对 Fe-Ni 合金韧脆转变温度的影响[39]

不含镍钢的碳含量为 0.20%,含 2%Ni 钢的碳含量为 0.15%,其余为 0.10%。各钢均经正火

图 4.58 显示,加入少量的锰(小于 1%)可以减弱钢的脆性倾向,锰含量超过 1% 时会提高韧脆转变温度。根据图 4.60[40],在碳含量低于 0.05% 的钢中,当锰含量低于 2% 时,随锰含量的增加,韧脆转变温度降低,高阶能升高。锰的主要作用是阻止沿晶界形成碳化物薄膜[39]。

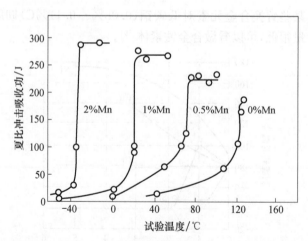

图 4.60　锰含量对正火后 Fe-Mn 合金韧脆转变温度的影响(碳含量 0.05%)[40]

　　硅在大多数结构和构件用钢中是作为脱氧剂加入的。少量的硅加入钢中,开始时是降低韧脆转变温度的,若继续加入较大含量的硅,会使铁素体固溶强化而降低铁素体的塑性变形能力,提高其韧脆转变温度。对一些低碳合金结构钢的研究表明,采用适量的锰与硅进行合金化,不仅可以提高钢的强度,还可以获得良好的韧性。

　　图 4.58 所示的铜的影响与另外许多实验结果不一致,铜的良好作用是以不超过其溶解度为限的,超过溶解度以后将有不利作用。

　　铝是炼钢时的强脱氧元素,同时也起有效细化晶粒的作用。铝与氧有较强的亲和力,冷却时由奥氏体中析出氮化铝,阻碍晶粒的长大。图 4.61 为铝含量对低碳钢韧脆转变温度的影响[41]。钢中铝含量在 0.038% 以下时,随铝含量的增加,韧脆转变温度明显降低,但当铝含量增加至 0.083% 时,钢的韧脆转变温度又将升高。钢中的碳含量对铝在这方面的作用有一定的影响,随碳含量的增加,铝的效果减弱,碳含量达 0.5% 时,铝对钢在低温下的力学性能已无明显影响。

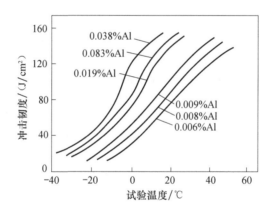

图 4.61　铝含量对低碳钢韧脆转变温度的影响[41]

　　铁素体中铬含量不超过 4% 时不影响韧脆转变温度。钼的影响较弱,实验结果很不一致,在一般含量时,影响不大。钼的良好作用主要是能抑制钢的可逆回火脆性。

　　钢中加入少量钒、铌、钛、锆等有良好的作用,这是由于它们能细化晶粒,但当这些元素固溶于 α-Fe 中时,因为原子半径相差都比较大(表 2.3),会增加脆性。

　　磷能强烈地增加 α-Fe 的冷脆性,随着钢中磷含量的增加,韧脆转变温度升高,同温度下的冲击韧度降低。这主要是由于磷易于在晶界上偏析,降低晶界的表面能,促进沿晶断裂。随着钢中碳含量的增加,磷的有害作用增大,这是因为钢中的碳促进磷的偏析。锑、砷等杂质元素形成严重的偏析,对铁素体的韧脆转变温度带来不利影响。

硫在钢中主要以硫化物形式存在,随着硫含量的提高,钢的冲击韧度降低,韧脆转变温度升高。

图 4.62 为氧对铁素体韧脆转变温度的影响。当氧含量小于 0.003%(约相当于氧在 γ-Fe 中的溶解度)时,对韧脆转变温度没有什么影响,但超过 0.003%时,韧脆转变温度迅速升高,这是由于此时的氧含量已远超过其在 α-Fe 中的溶解度。韧脆转变温度的升高和最高冲击值的降低是由含氧夹杂物引起的,特别是这些夹杂物分布在晶界时,其危害更大。

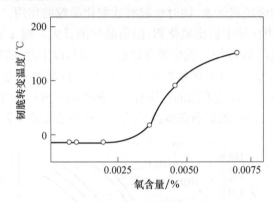

图 4.62　氧对铁素体韧脆转变温度的影响[36,42]

试验表明,合金元素对铁素体冷脆倾向的影响在复杂合金化的钢中仍可以保持其单独的影响,因此,可以加入能减少冷脆倾向的元素来抵消某一合金元素的不良影响。但这种影响并不具有相加性,如镍加入铬镍和铬镍钼铁素体或相应的钢中时,对冷脆倾向的影响比单独加入铁素体钢中时要强烈得多[42]。

4.4.1.2　合金元素对铁素体在淬火和回火状态下力学性能的影响

研究在淬火和回火状态(不平衡状态)下合金元素对铁素体性能的影响更有实际意义,因为合金钢差不多都是在这种状态下使用的。

对二元铁合金的研究[43]表明,这些合金加热至一定温度奥氏体化之后,快速冷却,可以使 γ→α 相变以马氏体方式进行,并获得全部马氏体组织。铁合金马氏体的形态可以是板条状,也可以是片状(针状)。在合金度不很高的情况下,M_s 尚不够低,快速冷却后形成的一般是板条马氏体组织。图 4.63 表明,快速冷却(淬火)时,用锰、镍、铬合金化的铁素体能得到强化,其硬度有显著提高。这是由于这些元素能降低相变温度 A_3 和马氏体温度,在急剧冷却时,能使铁素体过冷至马氏体温度以下,转变为合金马氏体,引起晶粒和亚晶的细化。合金元素使马氏体温度降低得越多,所得到的组织越细,强化作用越大。冷却时提高相变温度的元素或使这一温度降低很少的元素,如钴、硅、钨、钼,都不能使铁素体在淬火时得到强化。

复杂合金化可以使铁素体的强度提高得多。

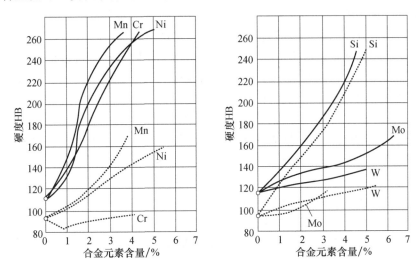

图 4.63　合金元素对淬火(实线)和缓慢冷却(虚线)时铁素体强化影响的比较[44]

　　淬火以后合金铁素体的其他力学性能也有变化,但这方面的数据还很少。一般来说,淬火后的合金铁素体的塑性和韧性较低,冷脆倾向较大。但是这些力学性能的降低可能不太剧烈,因为淬火后经过 $\gamma \rightarrow \alpha$ 相变,细化了组织,提高了正断抗力 S_k,见图 4.64,特别是合金元素的复合加入影响更显著,如铬和镍[45]。

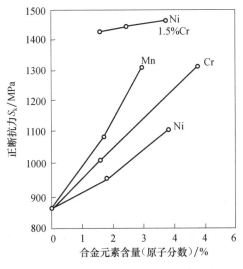

图 4.64　某些合金元素对淬火铁素体马氏体正断抗力的影响[45]

自 1200℃淬火

　　淬火后的合金马氏体在回火时,只有温度超过 500℃以后,硬度和屈服极限才开始降低。这是因为合金元素可以提高其回复和再结晶温度。合金元素(如钼、钨、钒等)在这方面的作用越显著,则其回火稳定性越高。因此,为了提高铁素体淬火后的强度和保证其抗回火的稳定性,应加入能急剧降低相变温度的元素和阻止回火时强度降低过程的元素,使其在回火过程中,随回火温度的增加,还保持着高的强度,但塑性和韧性由于应力的去除而迅速提高。由图 4.65 可以看出,回火到 500℃时,强度极限降低很少,而塑性和韧性显著升高。回火温度要在 650℃或以上的温度时,淬火后的合金铁素体才接近平衡条件。由上述可以看出,铁素体中加入合金元素对其性能有明显的影响,这种影响在退火和正火状态上已显示出来。经过淬火和回火以后,合金铁素体强化后所达到的绝对值还是不够高的,只有加入碳并形成一定数量的碳化物相才能得到有力的强化作用。碳化物相的结构、数量、形状和分布对其力学性能的变化起着主要的作用。但是在这种情况下,合金元素对钢的脆断倾向的影响还是基本上和其对铁素体的影响是一致的。

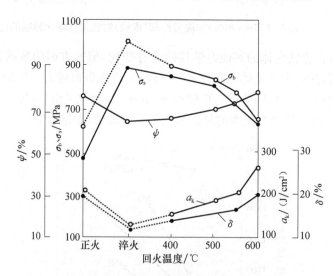

图 4.65　淬火和回火对铁素体力学性能的影响[42]
铁素体中含有 0.86%Cr、3.15%Ni 和 0.29%Mo

4.4.2　合金元素对退火和正火结构钢力学性能的影响

　　处于退火(平衡)状态下的钢,合金元素(不包括强碳化物形成元素,下同)通过以下几个方面影响其力学性能:
　　(1)溶于铁素体中,改变铁素体的性能。
　　(2)改变共析成分中的碳含量,大多数合金元素在碳含量不变的情况下增加珠光体的分量,这种作用相当于增加了钢中的碳含量。

（3）影响晶粒的大小，这对于冲击韧度和冷脆倾向有重要影响。

（4）合金元素一般都增加过冷奥氏体的稳定性，在冷却时将在较低的温度下分解，增加碳化物的分散度，得到细的组织。

大量的实验数据证明，虽然合金元素可以使退火状态下钢的力学性能有所提高，但这种提高不是十分显著，即使加入多量的元素和采用复杂的合金化也不能得到很高的力学性能，远低于调质状态下所达到的性能。从图 4.66 可以看出，单独加入 Cr 对退火钢的强度没有多大的影响，钢的组织结构没有什么变化。因此，合金结构钢差不多都是在淬火回火状态下使用的，仅在特殊情况下，如某些低碳低合金工程用钢和某些大截面用钢，才采用正火作为最后的热处理方式。

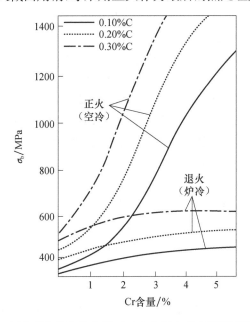

图 4.66　钢中碳含量和铬含量对正火和退火状态下强度的影响[46]

棒材直径 17.2mm

在低中碳结构钢正火时，合金元素同样通过上面提到的几方面的因素影响其力学性能，但其中影响比较大的是对过冷奥氏体稳定性的影响。合金元素增加钢的过冷奥氏体稳定性的结果，使钢在正火后有可能获得亚稳定组织，如细珠光体、贝氏体或马氏体，这样就使得正火后的合金钢的力学性能与退火状态相比，有显著的差别，并且这种差别随钢中碳含量的增加和工件尺寸的减小而更加明显。图4.66 中上部的曲线表示铬能显著提高正火钢的强度，显示增加铬含量能通过正火改变钢的组织。

可以近似地指出，当碳含量为 0.25%，而合金元素总量约为 1.5%～1.8% 时，正火后并不能显著强化，这时钢的组织接近于平衡状态的铁素体加珠光体组织。

当碳含量为 0.25％～0.4％,合金元素总量为 2％～5％时,直径或有效厚度小于 50mm 的钢,正火后其强度比碳钢显著提高,这时组织上可能出现索氏体、屈氏体或贝氏体。如果碳含量为 0.25％～0.40％,但合金元素总量超过 5％时,正火后的强度接近于淬火钢,正火后的组织是马氏体。

对于合金结构钢,尽管正火后比退火状态已较能发挥合金元素的作用,力学性能有了一定的提高,但正火状态的性能水平仍比调质状态的性能低得多。因此,一般合金结构钢都不采用正火作为最终热处理的方法。

4.4.3 合金元素对淬火和回火结构钢力学性能的影响

淬火后的碳钢,当其硬度较高时,马氏体的转变在钢中产生很大的第一类内应力和第二类内应力。因此,淬火钢具有低的 σ_b 和 σ_s,以及很低的冲击韧度和塑性。碳钢的马氏体正断抗力 S_k 较低而切断抗力 t_k 却很大。碳含量 0.3％以上的淬火碳钢甚至在扭转试验时也以正断的方式破裂。随马氏体中碳含量的增加,硬度和切断抗力 t_k 不断增高,正断抗力不断下降,因此将增加脆性破坏的倾向。不难理解,碳在马氏体中使点阵产生了大的弹性畸变,好像为脆性断裂做了准备,故使正断抗力降低,但引起点阵大的畸变却阻碍着切变的产生和发展,增加了切断抗力。

合金元素基本上不影响马氏体的硬度,对于 σ_s 和 σ_b 影响也不大。合金元素对于马氏体的主要作用是剧烈地提高了马氏体的塑性。一些研究工作[47,48]证实了在碳钢马氏体中碳的分布是不均匀的,这会引起应力的不均匀分布,应力集中的地方可能在变形开始时形成显微裂纹,并转为宏观裂纹,使试样过早破裂,因此塑性很低。加入合金元素以后可以使马氏体中的碳的分布更为均匀,因此塑性大为改善,增加了钢的断裂强度 S_k。但是大多数合金元素(Cr、Mn、Si、Co)增加马氏体的塑性只是在含量不超过一定极限(1％～2％)时,超过这一极限后将降低马氏体中碳分布的均匀性,因此塑性和正断抗力将开始降低。对提高马氏体塑性有特别良好的影响的有镍、钴、铬、锰(不超过 1％)、钼、钒。合金马氏体通常具有较高的正断抗力 S_k,因此冷脆倾向较小。

在低温回火(<200℃)的情况下,马氏体分解并形成高度弥散的渗碳体型碳化物,而且弥散度很少随回火温度变化。有些合金元素可能延缓马氏体中碳的析出,但同时析出的碳化物数量也减少了,因此回火马氏体的硬度和强度(σ_s、σ_b)主要取决于碳含量。在碳含量相同的情况下,合金元素含量的影响较小(图 4.67),合金元素对低温回火时的主要作用是提高塑性。没有合金化的回火马氏体的真实延伸值很小($\varepsilon=10％～20％$),加入 5.35％Ni 可以将真实延伸值提高到 60％,加入 1.65％Si 可以提高到 17％(稍有增加)。根据真实应力-应变曲线(图 4.2)可以近似地得出以下关系:$S_k=\sigma_s+D\varepsilon$,式中 D 为形变强化模数,ε 为真应变。试验证明,D 取决于碳含量,与合金元素含量无关。合金元素的加入提高了钢的塑性,也就增

加了钢的正断抗力 $S_k^{[48]}$。由图 4.67 可以看出,镍和钼增加时,塑性不断提高,其他元素在增加到一定值以前也提高塑性,超过此限度后将使塑性下降,但仍然高于碳钢,只有硅能使塑性降低比较多。实验证明,采用复杂合金化比用单一元素合金化能有更良好的效果,由表 4.8 可以看出。

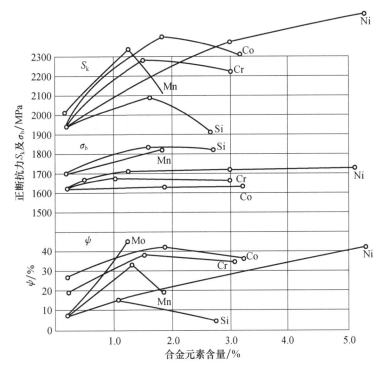

图 4.67　合金元素对低温回火(200℃)钢力学性能的影响[48]

碳含量 0.3%~0.4%

表 4.8　淬火和低温回火(200℃)时的力学性能[48]

钢　类	化学成分/%						合金元素总含量/%	力学性能			
	C	Mn	Si	Cr	Ni	V		S_k/MPa	σ_b/MPa	σ_s/MPa	ψ/%
镍钢	0.33	0.49	0.13	—	3.0	—	3.62	2350	1710	1320	29
镍钢	0.32	0.40	0.13	—	5.35	—	5.88	2580	1690	1440	42
复杂合金化的钢	0.38	0.53	0.92	1.28	1.09	0.22	4.12	3180	1950	1520	48

　　某些合金元素(Ni、Cr、Mo)在一定浓度下能降低静载荷下的缺口敏感度,如光滑拉伸试样测定的相同强度极限 σ_b 的碳钢和合金钢,在具有缺口和缺口偏斜拉伸时,由于所含合金元素的不同,表现不同的缺口敏感度(表 4.9)。

表 4.9 合金元素对中碳钢(0.35%~0.4%)经淬火和 200℃ 回火后缺口敏感度的影响[48]

钢 类	σ_b/MPa		
	光滑	缺口	缺口偏斜 8°
碳钢	1650	1250	290
Ni 钢	1750	1750	360
Ni-Cr 钢	1700	2200	530
Ni-Cr-Mo 钢	1680	2100	550
Ni-Cr-Mo-V 钢	1780	2340	680

合金元素一般都提高低温回火的正断抗力,并且降低脆性倾向。其影响原因如同对马氏体的影响原因一样,可能是马氏体晶粒和亚晶的进一步细化和原子键力的提高(溶于马氏体中时)。合金元素对回火马氏体冷脆倾向的影响基本上与对铁素体的影响一致。Ni 能强烈降低淬火回火钢的脆性断裂倾向。

与淬火钢比较,低温(200℃)回火后,硬度、强度极限变化不大,屈服极限、韧性、塑性提高了,还显著地改善了冷脆倾向。这是由于低温回火后,马氏体的正方度降低,析出的碳化物使组织细化、内应力减少,使钢的正断抗力 S_k 大大提高(图 4.68)。

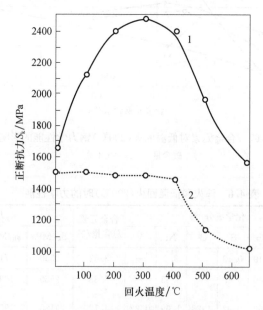

图 4.68 回火对钢和铁素体 S_k 的影响[47]

1—0.4%C-2.6%Si-2%Cr-0.6%Mn;
2—0.04%C-2.5%Si-2.1%Cr-3.8%Mn

高温(>500℃)回火时,钢的组织和低温回火时完全不同,碳几乎全部从 α-Fe

中析出形成碳化物,α-Fe 中逐渐消除了马氏体转变时加工硬化的痕迹,亚晶开始长大,碳化物相不断聚集。如果加入的是碳化物生成元素,这些元素将在渗碳体中富集或形成特殊碳化物,合金元素在铁素体和碳化物之间进行重新分配,不生成碳化物的元素差不多完全留在 α-Fe 中。高温回火后钢的力学性能基本上取决于铁素体的状态和碳化物相的本质、数量及其分散度。图 4.69 表示不同合金元素对调质钢力学性能的影响。与低温回火时不同,合金元素降低高温回火钢的塑性,只有镍的影响很小。合金元素都能提高高温回火钢的硬度和强度。形成碳化物的合金元素,尤其是当它们生成特殊碳化物时,得到高度分散的碳化物质点,并阻碍碳化物的聚集,因此能最有效地提高强度,特别是屈服极限。镍略减少渗碳体的分散度,其强化作用是由于强化铁素体的缘故。铬提高强度的原因是既能增加碳化物的分散度又能强化铁素体。硅溶于铁素体起强化作用,同时能阻碍碳的扩散,使碳化物不易聚集。钴对高温回火钢的强化影响很少。

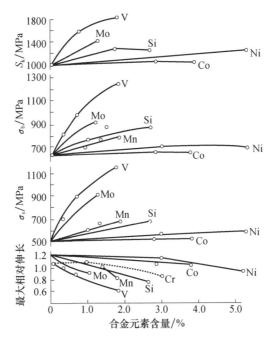

图 4.69　合金元素对调质(650℃,1h)钢力学性能的影响(0.4%C)[47,48]

当所溶解的一种元素的量相同时,则无论是淬火和回火钢中的铁素体还是在纯铁中的铁素体,其本身的性能都相同。因此,当钢中同时加入强化铁素体但很少降低其韧性和塑性的元素和对碳化物起作用的元素时,能得到高强度的调质结构钢,如铬-镍-钼钢等。

合金结构钢在高温回火时,硬度和强度比低温回火时要低,但低的程度比碳钢要少得多,韧性和塑性得到提高。虽然屈服极限降低了,但高温回火后,正断抗力比低温回火时低,所以冷脆倾向比低温回火时略有增加,此时合金元素对冷脆倾向的影响和对铁素体的影响的趋向相同。许多实验数据证明,低温回火的高强度状态比高温回火的低强度状态具有更好的低温冲击韧性。此外,在高温回火时,由于可能有回火脆性的发展、特殊碳化物的析出或者因很长时间高温(600℃以上)回火引起晶粒和碳化物相的粗化,也会增加钢的脆性和降低钢的韧性。

4.5　钢的淬透性

4.5.1　淬透性

淬透性一般是指淬火后在钢的断面上获得马氏体组织的能力。淬硬性是指钢在淬火后所能获得的最大硬度,它主要取决于马氏体中的碳含量。当我们知道了钢的碳含量时,便可以估计钢淬火后可以达到的最高硬度。当钢中不能得到全部马氏体时,则淬火后的硬度将随马氏体含量的减少而降低。图 4.70 为碳含量对不同马氏体含量的淬火组织的硬度的影响[49]。图中曲线是根据许多碳钢及低合金钢的实验数据绘制的,合金钢中在碳含量及马氏体组织含量相同时,其硬度相应要高一些,相当于图 4.70 中曲线带的上限。

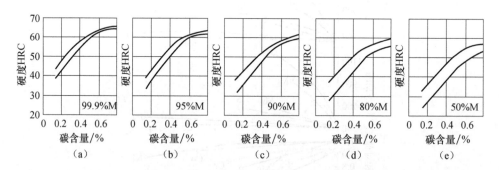

图 4.70　碳含量不同对不同马氏体含量的淬火组织硬度的影响[49]

淬透性取决于钢中过冷奥氏体的稳定性、钢材的断面尺寸及所使用的冷却介质。可以根据钢的 C 曲线比较其淬透性的高低,也可以根据淬火时的临界冷却速率或者以圆棒在某种介质中冷却时心部获得 100% 马氏体组织时的最大直径来评定淬透性的大小。但目前比较方便和使用最广的评定淬透性的方法是以试样心部获得半马氏体组织,即 50% 马氏体+50% 屈氏体作为标准。半马氏体组织的硬度称为临界硬度,它主要取决于钢中的碳含量(图 4.70(e))。棒形试样在一定介质中冷却时心部得到半马氏体组织时的最大直径,称为临界直径 D_c。但是,临界直径的大小与冷却介质的冷却能力有关。为了能定量地比较各种介质在淬火时的冷却能力,Grossman 引入了系数 H,称为冷却强度,$H=\alpha/2\lambda$,其中 α 为试件对冷却介质的传热系数,λ 为试件的热传导系数[50]。当介质的冷却能力假定为无限大 $(H=\infty)$,即试件在该介质中冷却时表面将瞬时达到介质的温度,则此时的临界直径称为理想临界直径,以 D_I 表示。

采用半马氏体组织作为评定淬透性的标准是出于测量的方便。例如,一个试样在淬火后,表面得到完全的马氏体,心部为珠光体,我们不容易确定在离表面多远的地方开始出现少量的珠光体,但是在相当于 50％马氏体＋50％屈氏体的地方硬度急剧地下降,在浸蚀时,无论宏观和显微组织上,此处都可以看出较明显的界限(马氏体不易浸蚀,珠光体则相反)。采用半马氏体评定淬透性的概念只用于低中碳结构钢和合金结构钢,在高碳工具钢中则采用另外的标准。

合金元素对钢的 C 曲线形状有不同的影响,这种影响也反映在对淬透性的测定和计算方面。

在一般情况下,钢的淬透性均指马氏体淬透性。由于合金元素对珠光体和贝氏体转变速率有不同的影响,马氏体淬透性可能取决于珠光体分解的临界冷却速率,也可能取决于贝氏体分解的临界冷却速率。在碳钢或某些低合金钢中,其 C 曲线如图 4.71(a)所示,马氏体淬透性取决于珠光体分解的速率。这种淬透性可以称之为珠光体淬透性,其半马氏体组织为 50％马氏体＋50 屈氏体(或主要是屈氏体)。当钢中加入一些合金元素,特别是碳化物形成元素后,其 C 曲线形状如图 4.71(b)所示,此时马氏体淬透性取决于贝氏体转变速率。这种淬透性可以称之为贝氏体淬透性,其半马氏体组织为 50％马氏体＋50％贝氏体。

还有一种淬透性,叫做无铁素体淬透性。在某些情况下,钢中希望得到的或者允许得到的是贝氏体组织或者贝氏体和马氏体的混合组织,因此钢在冷却时只需要防止铁素体的析出。这种淬透性取决于无铁素体析出的临界冷却速率(图 4.71(c))。一些中温用珠光体耐热钢和一些有

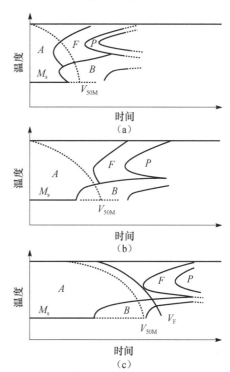

图 4.71　几种典型的 C 曲线[51,52]

V_{50M}—半马氏体临界冷却速率;

V_F—无铁素体析出临界冷却速率

较高强度的低碳低合金工程用钢希望得到贝氏体组织,而对于大截面用钢,一般冷

却时要求获得贝氏体或贝氏体和马氏体的混合组织,避免在冷却时有铁素体析出就可以了,此时要求有高的无铁素体淬透性[51,52]。

4.5.2　淬透性的测定

测定钢的淬透性的方法很多,最常使用的方法是末端淬火法(简称端淬法),或Jominy 法。GB/T 225—2006《钢　淬透性的末端淬火试验方法(Jominy 试验)》(代替 GB 225—88)规定了用端淬法测定淬透性所用试样及试验方法。标准试样的直径为25mm,长为100mm,在规定的奥氏体化温度下加热一定时间后自炉内取出喷水冷却端部,然后测硬度沿长度的变化,得出端淬曲线,如图 4.72 所示[53]。端淬法测出的淬透性,根据 GB/T 225—2006 的规定,用 JHRC-d 表示,J 表示端淬法,d 表示至水冷端的距离,HRC 为距离为 d(mm)处的洛氏硬度值,如 J42-5,现常用 JHRC=d 表示。有些国家采用以下的表示方法:J15=35/45 表示在距淬火端15mm 处的 HRC 为 35~45。

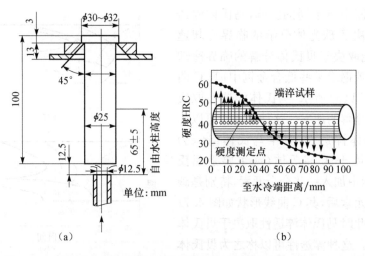

图 4.72　端淬试验试样、实验装置及端淬曲线的测定(GB/T 225—2006)

各钢种的成分均有一定的波动范围,因此每种钢的端淬曲线亦表现为有一定波动范围的淬透性带。端淬法简单易行,对于选用钢材和研究新合金钢种方面有重要的作用。测出端淬曲线以后,可以利用半马氏体区至端部的距离 l_c,以比较各种钢的淬透性,并可以进一步求出一些很有价值的数据。

对不同碳含量与不同合金元素含量的一些钢的端淬曲线进行研究和分析,得到它们的半马氏体区距离和全马氏体区距离的关系曲线,如图 4.73 所示[54]。因此,利用它可以根据任意合金钢的半马氏体区距离求出全马氏体区距离。

利用端淬法测淬透性时,由于所用试样的尺寸及冷却条件是规定的,距端部一定距离处在 700℃以下的冷却速率是一定的,其关系如图 4.74 所示[55],利用它可

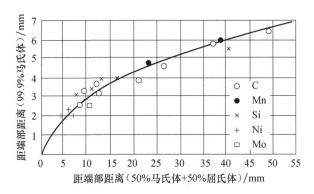

图 4.73　不同合金钢端淬曲线上半马氏体区距离和全马氏体区距离的关系[54]

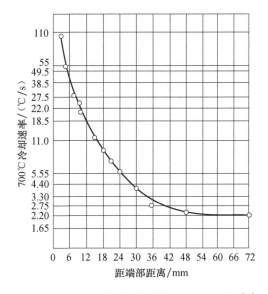

图 4.74　冷却速率与距端部距离之间的关系[55]

以求出半马氏体区处的冷却速率。某种成分的钢,在某一速率冷却时,会得到一定的组织和硬度。因此,根据某种钢的端淬曲线,便可以知道这种钢的冷却速率与其金相组织及硬度之间的关系。也可以根据图 4.73 进一步求出马氏体区处的冷却速率,即临界冷却速率。

　　如果某一种钢的端淬曲线已经知道,由此种钢做的任意形状的工件,在某一冷却条件下冷却时,其断面上任意点的冷却速率便可以知道,只需要测定其硬度值就够了;还可以以此为根据来选择某一种钢以满足该零件在此条件下冷却时所需要的淬透性。从端淬曲线上测出半马氏体区距端部距离 l_c 以后,还可以求出相当的临界直径 D_c 或 D_I,使这样直径的圆棒在冷却时其心部的冷却速率与 l_c 处相同(图 4.75)[56,57]。

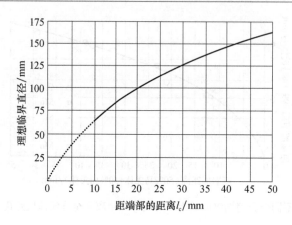

图 4.75　理想临界直径与半马氏体区距端部距离之间的关系[56]

在求得理想临界直径以后,如果要以 100％马氏体或介于 100％和 50％马氏体之间的其他组织作为评定淬透性的标准,则可以利用图 4.76 换算成相应的理想临界直径。得到 100％马氏体有时是困难的,可以以含 95％马氏体组织为准来计算"马氏体的理想临界直径",它大约相当于半马氏体理想临界直径的 75％。半马氏体组织一般是指 50％马氏体和 50％屈氏体。如果 50％马氏体以外是贝氏体组织,则利用上面的图确定其临界直径时会有一定的误差。此时,95％马氏体的理想临界直径大约相当于其半马氏体理想临界直径的 55％。

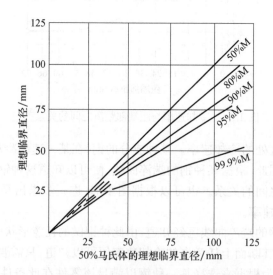

图 4.76　半马氏体的理想临界直径换算成其他马氏体量的理想临界直径[49]

确定了钢的理想临界直径以后,根据各种介质在淬火时的冷却能力(H 值),便可以利用图 4.77[50]求出在相应冷却条件上的实际临界直径。也可以反过来,根据实际的临界直径,求理想临界直径。表 4.10 为常用各种冷却介质在各种循环条件下的 H 值[57]。图 4.77 是根据传热理论的计算并用实验校验而制成的,还有其他类似的各种图表用于解决各种实际问题。这些图表便于使用,但其制作都以一定的假设为前提,要注意其运用范围,得到的结果只是近似的。

表 4.10　各种常用冷却介质的 H 值[57]

循环条件	空 气	油	水	盐 水
没有循环	0.02	0.25~0.30	0.9~1.0	2
弱的循环	—	0.30~0.35	1.0~1.1	2~2.2
适当循环	—	0.35~0.40	1.2~1.3	—
好的循环	—	0.40~0.50	1.4~1.5	—
强的循环	0.05	0.50~0.80	1.6~2.0	—
剧烈的循环	—	0.50~1.10	4	5

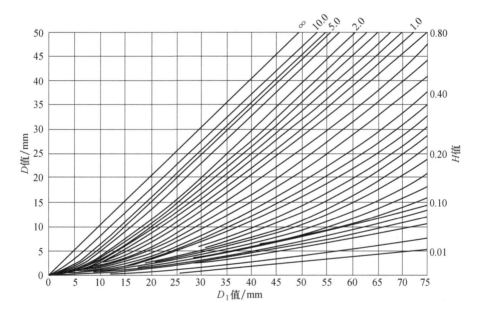

图 4.77　理想临界直径与实际临界直径之间的关系[50]

一般使用的端淬法只适用于一般低中合金钢,而对于淬透性很低或很高的钢都不适用。在淬透性很低时,硬度沿试样长度在最初几毫米内迅速下降,很难准确地测量。在淬透性很高时,沿整个试样硬度下降很少,甚至整个试样都淬透了。现在已经有许多应用于这些特殊情况上的测定淬透性的方法,其中包括 L 型端淬法、圆锥试验法、楔形试验法、$P\text{-}V$ 试验法等。这些方法的具体介绍,可参考有关专著[57]~[59]。

　　图 4.78 是一种测低淬透性钢用试样[60]。图 4.79 则是一种用于测高淬透性钢的试样和钢块[61]。标准端淬试样的一端带螺纹杆,将之旋入一钢块中。试样与钢块同时在炉中加热,然后取出一起在空气中冷却,靠近钢块的一端受到蓄热的影响,冷却很慢,然后测出沿试样长度上的硬度变化。这种方法可用来评定含合金元素较高的结构钢与工具钢的淬透性。

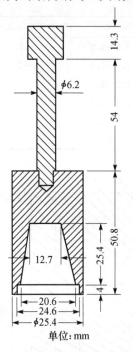

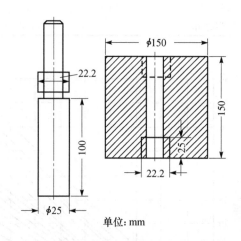

图 4.78　低淬透性钢用试样[60]　　　　　　图 4.79　测高淬透性钢用的试样和钢块[61]

4.5.3　合金元素对淬透性的影响

　　钢的淬透性实质上取决于过冷奥氏体稳定性的大小。因此,影响淬透性的因素有:钢的化学成分、奥氏体晶粒大小及奥氏体化状态。

　　奥氏体晶粒度越大,钢的淬透性越高,这是由于粗大的奥氏体晶粒使奥氏体连续冷却转变曲线右移,降低了钢的临界淬火速率。通过调整奥氏体晶粒尺寸来增大钢的淬透性有一定的限度,过于粗大的晶粒会增加钢的变形开裂倾向并降低韧性。

　　奥氏体化温度与保温时间直接影响奥氏体成分的均匀化。原始组织为铁素体-珠光体的合金钢,当珠光体中的渗碳体溶有碳化物形成元素时,或者存在有稳定性高的碳化物时,加热也很难使它们溶入奥氏体中,因此显著影响奥氏体化学成分的均匀化。适当提高加热温度和延长奥氏体化时间将有利于碳化物的溶解及奥氏体成分的均匀化,从而有利于提高钢的淬透性。

　　在影响淬透性的诸多因素中,化学成分的影响最为重要。

　　Grossman 于 1942 年提出的根据钢的晶粒度和化学成分计算淬透性(D_I)的方法,目前仍广泛使用[57]。为了能根据钢的实际成分计算其淬透性,需要通过实验测定各元素的"淬透性因子"(multiplying factor)。钢中含有某一元素的理想临界直径与完全不含该元素时的理想临界直径之比称为该元素的淬透性因子,它用来表示各元素对淬透性独立的影响。计算时假设合金元素全部在奥氏体中充分扩散,碳化物都固溶于奥氏体中,并且奥氏体是均匀的。

　　淬透性的计算公式如下:
$$D_I = D_{IC} \times f_{Si} \times f_{Mn} \times f_{Cr} \times f_{Ni} \times \cdots \tag{4.62}$$
式中,D_{IC}为由钢的碳含量和晶粒度决定的理想临界直径,称之为基本淬透性,可由图 4.80 查出;f_{Si}、f_{Mn} 等代表各元素的淬透性因子,其值见表 4.11[42,57]。这样求出的 D_I 直径的圆棒在理想的冷却介质中冷却时,其心部组织为 50% 马氏体+50% 屈氏体。各元素的淬透性因子的数据,不同作者得出的结果有相当差异。表 4.11 系综合比较不同研究者的结果得出的[42,57]。上述淬透性的计算均指珠光体淬透性。

表 4.11　一些合金元素对低中碳钢珠光体淬透性的影响[42,57]

合金元素	淬透性因子	合金元素	淬透性因子
Mn(<1.6%)	1+5.0Mn(830℃淬火)	Ni	1+0.42Ni
	1+5.5Mn(870℃淬火)	Cu	1+0.38Cu
Cr	1+2.25Cr	Co	1−0.06Co
Mo	1+2.96Mo	P	1+2.5P
W	1+1.2W	S	1−1.2S
Si	1+0.7Si	Al	1+0.9Al

注:表中元素符号代表质量分数(%)。

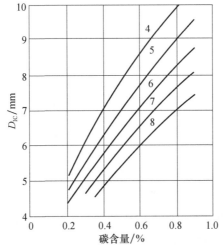

图 4.80　根据钢中碳含量与晶粒度确定 D_{IC} 的图[57]

曲线上的数字为晶粒度级别

由表 4.11 可以看出,锰、钼、铬各元素均能有效提高钢的珠光体淬透性;钨的作用与钼相似,按质量分数计算时,其影响程度约为钼的一半。

镍单独加入钢中时,其提高淬透性的作用较弱。铜也可以提高钢的淬透性。硅是提高淬透性的元素,但硅对淬透性的影响程度与钢中的碳含量有关,随碳含量的增加,硅对淬透性的影响加大,表 4.11 中硅的淬透性因子数值相当于在中碳钢的条件下。钴是降低淬透性的元素。磷可以显著增加钢的淬透性,但在一般情况下,钢中磷的含量很小。硫在钢中与锰结合,减少了锰的有效作用,并以硫化物夹杂存在,故降低钢的淬透性。

铝对钢的淬透性的影响有三个方面。少量的铝为获得细晶粒钢而加入钢中时,将降低钢的淬透性。当因脱氧而生成的 Al_2O_3 等夹杂物未能从钢液中清除而残留在钢中时,可以成为结晶核心而促进奥氏体的分解,从而降低钢的淬透性。当钢中加入较多的铝时,固溶于钢中的铝将提高钢的淬透性[57]。

强碳化物生成元素钒、钛等的淬透性因子不易确定,抛开它们对晶粒度的影响不谈,这些元素在含量不高时,溶入奥氏体的部分的作用较大,将增加淬透性因子,当含量较高时,未溶入的碳化物量比较多,将降低淬透性因子,但淬火温度增高,使这些碳化物能溶入奥氏体中,它们仍能增加淬透性因子(图 4.81)[57]。这些元素都能细化晶粒,在一般常用的淬火加温度条件下,它们在钢中通常都使淬透性降低。

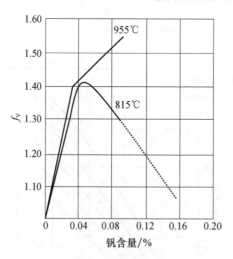

图 4.81　钒含量对淬透性因子的影响[57]
图中数值为淬火温度

现在举一个例子说明如何按上面所叙述的方法来计算钢的淬透性。设一个钢的成分为 0.36%C、0.4%Si、0.3%Mn、0.03%S、0.02%P、0.5%Cr、0.55%Ni 和 0.20%Mo,晶粒度设为 6。根据图 4.80 可以查出相应碳含量时的理想临界直径为 5.6mm,然后根据钢中各元素的含量,从表 4.11 中查出相应的淬透性因子,这样按公式即可计算出钢的理想临界直径：

$$D_I = D_{IC} \times f_{Si} \times f_{Mn} \times f_s \times f_P \times f_{Cr} \times f_{Ni} \times f_{Mo}$$
$$= 5.6 \times 1.28 \times 2.5 \times 0.0964 \times 1.05 \times 2.1$$
$$\times 1.23 \times 1.592 \approx 72 (\text{mm})$$

根据图 4.76 可以求出其他马氏体含量时的理想临界直径。根据图 4.77 可以求出在各种实际的介质中的临界直径。

当钢的 C 曲线具有图 4.71(b)所示的形状时，其半马氏体组织为 50％马氏体＋50％贝氏体，钢的淬透性取决于贝氏体转变的速率，按上面的公式计算钢的理想临界直径便不正确了。此时应计算钢的贝氏体淬透性。计算贝氏体淬透性时[42]，可采用类似式(4.62)的公式，但不考虑晶粒大小的影响，因为一般认为贝氏体转变速率与晶粒大小无关。对于碳钢的半马氏体理想临界直径按 $D_{IC} = 12.6 w_C^{1/2} (\text{mm})$ 计算，式中 w_C 表示碳的质量分数(％)。对于马氏体理想临界直径可按 $D_{IC} = 6.9 w_C^{1/2} (\text{mm})$ 计算(不遵循图 4.76 的关系)。合金元素的淬透性因子如下：铬为 1＋1.16Cr，钨、钼的淬透性因子为 1，而锰、镍、硅、铜、硫、磷的淬透性因子与表 4.11 相同。

至于合金元素对无铁素体淬透性影响的计算办法与上面的又不相同，有一些经验公式，主要用于大截面用钢的淬透性的计算上，这里不再引出。

上面列出的元素淬透性因子的数值，适用于低碳和中碳的范围，合金元素含量约在 4％～5％以下。在碳含量为过共析时，淬透性的计算方法和淬透性因子的数值又有差异，这将在合金工具钢(第 3 分册)中讨论。

利用计算方法只能粗略地估计钢的淬透性，在这种方法中，每一种合金元素的影响均被认为与钢中存在的其他元素无关，而这常常是不正确的。许多研究工作均表明，在钢中加入多种合金元素时，由于元素间的相互作用，可以显著增加钢的淬透性。例如，在碳钢中加入强碳化物形成元素钒后，形成稳定的碳化物，淬火加热时很难溶入奥氏体中，从而降低钢的淬透性。但在钒和锰同时加入到碳钢中时，锰的存在促进含钒碳化物的溶解，因而有效地提高了钢的淬透性。又例如，镍单独加入到钢中时，增大淬透性的作用并不显著，但将镍加入到铬钢或铬钼钢中时，其增强淬透性的作用非常显著。从上面的计算中也可以看出，当一种合金元素的含量逐次增加相同数量时，后来增加的部分的影响程度将减弱。因此，对淬透性要求不高时，一般使用单一合金元素的钢，如 40Mn、40Cr 等，而对淬透性要求高时，均采用"少量多元"的合金化原则。

4.5.4　硼对淬透性的影响

1935 年，研究者发现钢中加入含有 Al、Ti 的混合脱氧剂时，由于其中混有微量的硼，而明显地增加钢的淬透性。此后，硼在钢中的作用引起了很多人的注意并进行了大量研究工作。微量的硼与铁的状态图见图 2.20，可以看出硼属于扩大 γ

相区的元素。在 906℃时硼在 α-Fe 中的溶解度比在 γ-Fe 中大得多,根据一些研究可以认为硼在 α-Fe 形成置换固溶体,而在 γ-Fe 中形成间隙固溶体。由于硼的原子半径(0.097nm)和碳、氮比较起来要大些,α-Fe 的间隙较小,故不能与之形成间隙固溶体。在 γ-Fe 中,由于硼的原子尺寸较大,主要是分布在点阵缺陷处(吸附在晶界)。硼在 γ 和 α 相中扩散系数分别为:$D_B^\gamma = 2.10^{-3}\,e^{-87.9/RT}$ 和 $D_B^\alpha = 10^6\,e^{-259/RT}$。激活能的差异显然和固溶体类型有关。

　　硼对结构钢的影响主要是能提高淬透性,只需微量加入就会有明显的影响。开始加入硼时,淬透性的提高与加入量大致成正比例,当硼含量在 0.0025% 时,增加淬透性的效果最显著(不同作者的结果有差异)。当硼含量超过一定数值后,淬透性下降。图 4.82 显示硼的淬透性因子与硼含量的关系。硼增加淬透性是由于存在于固溶体中,超过一定数值后,硼将以硼化物 $M_{23}(C,B)_6$ 的形式析出,成为促进奥氏体分解的结晶核心。硼含量超过 0.007% 便会生成低熔点共晶,因硼主要集中在晶粒边界,这将引起热脆性,增加热压力加工的困难。

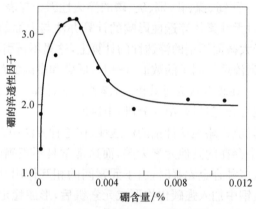

图 4.82　硼的淬透性因子与硼含量的关系[62]

钢的成分:0.2%C、0.6%~0.8%Mn、0.55%Mo

　　硼对淬透性的影响和钢中的碳含量有关,碳增加时,硼的作用逐渐减弱。不同的研究工作都得出相近的结果,在共析碳含量时,硼的淬透性效应为零,而且这一碳含量还受合金元素含量的影响。如果把碳的影响考虑在内,对于含 0.8%Mn 的钢,硼的淬透性因子 f_B 可用下式表示:

$$f_B = 1 + 2.7(0.85 - w_C) \tag{4.63}$$

式中,w_C 表示碳的质量分数(%)[63]。因此,硼只加入到碳含量低于 0.6% 的低碳和中碳钢中。

　　不含硼的钢,当提高奥氏体化温度时,淬透性将增加;含硼的钢,当奥氏体化温度过高时,淬透性将降低,甚至会低于不含硼的钢(图 4.83)[64],但将温度降低并保持足够的时间,或者重新加热,淬透性又可以恢复。

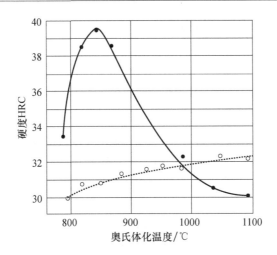

图 4.83　奥氏体化温度对正火后含硼和不含硼的钢的淬透性影响[64]

成分为含碳 0.28％的低合金钢,试样直径 15mm,奥氏体化时间 15min,
实线为含 0.0025％B 的钢,虚线为不含硼的钢

　　硼增加钢的淬透性的原因,有许多不同的解释。可能的原因是当奥氏体分解时,硼由间隙位置进入点阵位置,增加了体积应力,相应地需要较大的相变自由能,因此推迟了相变的时间,但对晶核的长大速率则影响很少。硼在奥氏体中主要占据晶界处缺陷的位置,当碳含量增加时,这些位置将被碳所占据,减少了硼的有效作用。当硼在奥氏体晶界的溶解度达到饱和后,继续增加硼的含量对淬透性没有什么影响。当奥氏体化温度过高时,晶粒长大,晶界处硼含量达到过饱和,此时将析出硼化物而使淬透性降低。

　　在冶炼含硼的钢时,需特别注意其加入的方法。硼的加入量甚微,其化学性质活泼,能与钢液中残留的氧和氮起作用,形成稳定的化合物。此时,硼对钢的淬透性的影响将消失。为了保证硼钢性能的稳定性,必须把钢中的气体尽量降低,加入足够量的与氧、氮结合力比硼更强的铝、钛等,进行脱氧和将氮固定,才能充分发挥硼的有效作用。固溶于钢中的硼和 $M_{23}(C,B)_6$ 能溶于酸,而其他硼化物难溶于酸,因此化学分析时将硼区分为酸溶硼(即有效硼)和酸不溶硼(无效硼)。只有酸溶硼才能影响钢的淬透性。

　　在热加工时,含硼的钢如果在高温(1200℃左右)加热,不用 Ti 或 Zr 脱氧定氮时,硼的作用很快便由于脱硼及硼和侵入钢中的氮和氧结合形成稳定的化合物而消失。加入 Ti 或 Zr 后则只有在很长时间(60~80h)加热后硼的作用才会消失。在淬火加热时,硼能促使晶粒长大,但硼钢在冶炼过程中总要加入少量的 Ti、Al 等,故实际上硼钢的过热倾向不大。

　　由于微量的硼在钢中能有效地增加淬透性,在结构钢中使用硼可以节约其他较贵重的合金元素，目前含硼结构钢在生产上已得到了广泛的应用。

4.6　热变形成形性

4.6.1　控制轧制与控制冷却

以前的热轧，加热温度较高，轧制温度都在再结晶温度以上，只注意得到形状、尺寸合格的钢材，而钢材的力学性能则主要靠轧制后的热处理来得到。控制轧制与控制冷却是 20 世纪 60 年代以后迅速发展的新工艺。

控制轧制(controlled rolling)是在热轧过程中，通过对金属加热制度、轧制制度和温度制度的合理控制，使塑性变形和固态相变相结合，以获得细小的晶粒和良好的组织，使钢材具有优异的综合力学性能的轧制技术。控制冷却(controlled cooling)是指在热轧后对钢材按预定的冷却速率冷却。控制轧制与控制冷却相结合能将两种强化效果相加，进一步提升钢材的综合力学性能。控制轧制与控制冷却技术常被称为控轧控冷技术或热机械控制工艺(thermo-mechanical control process，TMCP)。

控制轧制与控制冷却工艺的发展与 20 世纪 70 年代出现并迅速发展的钢的微合金化技术密切相关。钢的微合金化是在钢中添加微量(含量通常小于 0.1%)的强碳氮化物形成元素(Nb、Ti、V 等)，有时还包括 Al、B 及稀土(RE)元素，进行合金化。

近 30 年来，国内外利用高纯净度的冶炼工艺(脱气、脱硫及夹杂物形态控制)炼钢、微合金化技术和在加工过程中施以控制轧制和控制冷却等工艺，通过控制细化钢的晶粒和碳氮化物沉淀强化等物理冶金过程，不断开发出许多在热轧状态下具有高综合力学性能和良好工艺性能的新钢种。采用控轧控冷技术还可以节省能耗，降低生产成本。控轧控冷技术已广泛用于线材、带材、中厚板、钢管和型材的生产。

控制轧制的基本原理如图 4.84 所示，控制轧制工艺的特点在于分阶段进行轧制。控制轧制分三个阶段进行：奥氏体再结晶区域轧制，奥氏体未再结晶区域轧制和奥氏体-铁素体两相区轧制[65]。

1) 奥氏体再结晶区域轧制

在奥氏体再结晶温度以上的温度范围(≥950℃)内进行轧制，以达到细化奥氏体晶粒的目的。

原始晶粒尺寸对成品的晶粒度影响很大，所以从钢坯加热开始，就要对 γ 晶粒进行有效的控制。控轧前的钢坯加热温度通常控制在 1200℃以下，使 γ 晶粒的原始尺寸保持在 100μm 左右。对于某些微合金钢，还应考虑到微合金元素形成的析

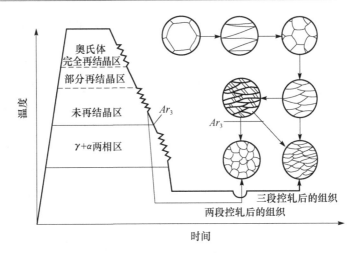

图 4.84　控制轧制原理图[65]
锯齿线表示轧制变形

出相的充分回溶,钢坯的加热温度有时要高于 1200℃。

在控轧中,奥氏体晶粒的细化主要是通过多道次的高温形变再结晶来实现的。适当控制再结晶的形核与长大过程,就可以达到细化晶粒的目的。影响再结晶过程的因素主要有形变温度、形变量、原始晶粒尺寸、钢中的溶质原子及第二相粒子等。

形变温度的综合影响是形变温度越高越有利于再结晶过程的加速运行。在控轧实践中,高温轧制的道次间隔只有数秒钟。为了使再结晶过程能在道次间隔时间完成,有利于奥氏体晶粒的均匀细化,避免因部分再结晶而出现奥氏体混晶组织,在制定控制工艺中常常规定数秒内完成再结晶的最低温度为完全再结晶温度 T_{RX}。高于 T_{RX} 的区域为完全再结晶区,低于 T_{RX} 的区域为部分再结晶区。当轧制温度比较高时,奥氏体再结晶在短时间内完成并迅速长大,未见明显的晶粒细小。随着轧制温度的降低,轧制道次的增多,亦即再结晶次数的增多,晶粒细化效果明显。在制定控制工艺中,还需要掌握在某一较长时间(如 100s)内完全不发生再结晶的最高温度,将其定义为无再结晶温度 T_{NR},而 T_{RX} 与 T_{NR} 温度之间的区域,称为部分再结晶区。在此区间轧制,会使得奥氏体中出现大小不同晶粒组成的混晶组织。

形变量的增大能明显提高再结晶的形核和长大速率,使再结晶过程加速。形变量越大,在规定时间内完成同等再结晶分数时所需的形变温度越低。在轧制过程中,若形变温度足够高和形变量足够大,则会发生动态再结晶,即在形变的同时,发生再结晶。形变前的晶粒越细,形变温度越高,形变速率越低,则越有利于动态再结晶的发生。

　　钢中的置换式溶质原子均对奥氏体再结晶有一定的抑制作用,其作用大小与溶质原子与铁原子尺寸相差程度等因素有关。相差越大,溶质原子越易在位错线上偏聚,从而对位错攀移产生较强的拖曳效应,使再结晶形核得到抑制,即产生溶质拖曳机制。一些研究工作表明,与铁原子尺寸相差较大的 Nb 具有强烈的阻止再结晶效应,其次是 Ti、Mo、V,而与铁原子尺寸相差较小的 Mn、Cr、Ni 对再结晶的阻止效应很弱。

　　图 4.85 显示 Nb 对 C-Mn 钢再结晶开始时间的影响。图中,0.002%C 钢中的 Nb 是固溶的,可以看出,0.097%的固溶 Nb 能显著推迟再结晶,使再结晶开始时间增大 1~2 个数量级,显示出 Nb 对再结晶的溶质拖曳效应。但由于 C-Mn 钢在高温下大应变量形变后再结晶的速率仍然很快,仅依靠溶质原子,即使是像 Nb 这样的具有强烈阻止再结晶能力的溶质原子来阻止再结晶,仍不能满足实际生产中的要求。由图 4.85 可以看出,0.019%C-0.097%Nb 钢在 900℃以下时,由于析出了细小的 Nb(C,N)质点而使再结晶过程被进一步显著地阻止,显示出第二相质点阻止再结晶的作用。

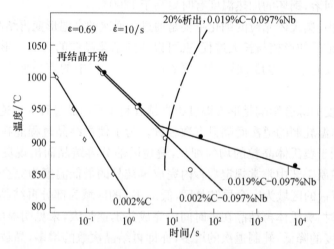

图 4.85　C-Mn 和 C-Mn-Nb 钢的再结晶-析出图[66]

成分含量为质量分数,ε 为变形量,$\dot{\varepsilon}$ 为变形速率

　　第二相粒子对再结晶过程的阻止作用主要表现在粒子对位错的钉扎和阻止亚晶界的迁移。其阻止作用随第二相质点体积分数的增大和第二相质点尺寸的减小而增大。此外,在位错线上析出的第二相质点可通过在位错容纳一部分点阵错配而减小界面能和应变能,当位错试图运动而离开第二相质点时,必须相应地提供这一部分减小了的界面能和应变能,这相当于第二相质点对位错运动有一个阻力,阻止位错的运动。不仅是 Nb(C,N),其他第二相质点只要尺寸足够细小并具有一定的体积分数,也能同样产生明显推迟再结晶的作用。

　　在钢中适当添加 Nb、Ti 等微合金化元素,通过其溶质拖曳机制和析出钉扎机制,在保证每道次间隔时间内均能实现完全再结晶的情况下,可以控制再结晶晶粒尺寸,有效地使奥氏体晶粒细化。控轧第一阶段便是利用高温形变再结晶与微合金元素溶解-析出的相互作用使奥氏体晶粒充分细化,可以使奥氏体晶粒细化到 $20\mu m$ 左右。

　　2) 在奥氏体未再结晶区轧制

　　第二阶段的控轧是在奥氏体冷却至无再结晶温度 T_{NR} 以下直至 $\gamma \to \alpha(Ar_3)$ 相变前的未再结晶区进行轧制。Ar_3 取决于钢的化学成分、冷却速率、变形量等因素。

　　第二阶段的控制,使细化了的 γ 晶粒经多道次变形被充分压扁,并在晶内引入大量位错与形变带。变形奥氏体的晶界、变形带及位错等处是铁素体形核部位。随着变形量的增大,变形带数量增多,分布更均匀。另外奥氏体晶粒被拉长后,将阻碍铁素体晶粒的长大,为 $\gamma \to \alpha$ 相变中 α 晶粒的大量形核和充分细化创造有利条件。

　　在控轧中,为了充分发挥形变对 $\gamma \to \alpha$ 相变的细化晶粒效应,需要在相变前对奥氏体晶粒施加足够大的形变量。这就要求相变前的未再结晶区有较宽的温度范围,以便实现多道次的变形积累。一般的 C-Mn 钢未再结晶区的温度范围比较小,只有 100℃ 左右。为此可在钢中加入具有强烈抑制高温形变再结晶作用的微合金元素,将再结晶温度提高到 950℃ 以上,使未再结晶区加宽到 200℃ 左右,从而保证所需的多道次相变积累。这也可以说明控轧为什么必然要与 Nb、Ti、V 微合金化的应用以及微合金钢的发展相结合的原因。

　　提高在奥氏体未再结晶区轧制后的冷却速率能明显降低 Ar_3,可以抵消奥氏体晶粒细化和相变前形变提高 Ar_3 而给 $\gamma \to \alpha$ 相变晶粒细化作用带来的不利影响。轧后的加速冷却可以增大过冷度,降低铁素体临界形核功和提高形核速率,从而有效地促进铁素体晶粒的细化。

　　对于微合金钢,通过应变诱导析出微合金元素的碳氮化合物优先在奥氏体晶界、变形带、位错处析出,亦可以阻碍铁素体、珠光体晶粒的长大。

　　此外,轧后加速冷却可使珠光体转变温度降低,有助于珠光体组织的细化和钢材韧性的提高;对于低碳贝氏体钢,轧后加速冷却有利于获得良好低温韧性的贝氏体组织。

　　3) 奥氏体-铁素体两相区轧制(Ar_3 以下)

　　通过上述两个阶段控轧和轧后的加速冷却可使微合金钢中厚板铁素体晶粒细化到 $5\sim 7\mu m$,甚至更细。但是,经过 $\gamma \to \alpha$ 相变的铁素体晶粒中的位错密度较低(约 $10^8\sim 10^9/cm^2$),几乎没有亚晶。经过两阶段控轧后在奥氏体中尚有相当数量的微合金元素没有析出。

　　如果在 $\gamma \rightarrow \alpha$ 相变过程中继续进行轧制,则一方面通过热变形在铁素体晶粒中引入大量的位错及其亚结构,并能在尚未转变的 γ 晶粒中继续引入形变带,给 α 晶粒在相变中大量形核和细化创造更有利的条件;另一方面利用应变诱导使微合金元素碳氮化物在铁素体中弥散析出,从而进一步细化了晶粒,提高了钢中位错亚结构及析出相的强化作用;但两相区的轧制会引起织构(择优取向),增加强度的方向性。

　　目前,基于上述原理建立的包括 $\gamma + \alpha$ 两相区控轧的三阶段控制轧制技术已得到广泛的应用。由于 $\gamma + \alpha$ 两相区控制轧制技术的建立,使控制轧制形成了完整的工艺体系,并使钢铁材料的主要强化技术均能有效地发挥出来。表 4.12 为一种 Nb-V 微合金钢板(厚 20mm)经三阶段控轧轧制后的屈服强度实验数据和其诸强化项的理论计算值。实测的 Ar_3 和 Ar_1 分别为 780℃ 和 610℃。若不采用 $\gamma + \alpha$ 两相区控轧,只使用两阶段控制工艺,则位错及其亚结构强化效应较小。

表 4.12　微合金钢的屈服强度(纵向)与其有关强化项的计算值[65]　　(单位:MPa)

终轧温度/℃	摩擦阻力 σ_i	固溶强化 σ_s	细晶强化 $K_y d^{-1/2}$	析出强化 σ_p	位错强化 σ_d	亚晶强化 $c K_y l^{-1/2}$	σ_y 计算	σ_y 实验
780	48	72	254	65	74	19	474	470
730	48	72	254	75	102	30	504	492
680	48	72	259	84	111	47	526	509

　　从上面的分析可以看出,控制轧制技术必须与控制冷却工艺相结合,才能最有效地改善钢材的性能。现代的控制冷却技术是"在线"加速冷却(on-line accelerated cooling,OLAC),控制冷却装置安置的位置取决于冷却钢材的品种和作用。控制冷却是通过控制轧后三个不同冷却阶段的工艺参数(开始冷却温度、冷却速率和终止温度)来得到所要求的相变组织。按控制冷却的温度范围和作用可分为三个阶段。

　　1) 第一阶段:终轧温度到 Ar_3 温度区间的冷却

　　此阶段目的是控制热变形后的奥氏体晶粒状态,阻止奥氏体晶粒长大和碳化物过早析出,增大过冷度,降低相变温度,为 $\gamma \rightarrow \alpha$ 相变作准备,也可以适当固定由形变产生的位错。冷却的起始温度越接近终轧温度,细化奥氏体晶粒和增大有效晶界面积的效果越明显。

　　2) 第二阶段:提高从相变开始温度 Ar_3 到相变结束温度的冷却速率

　　此阶段目的是控制相变过程,抵消奥氏体晶粒细化和相变前形变提高 Ar_3 而给 $\gamma \rightarrow \alpha$ 相变晶粒细化作用带来的不利影响。增大过冷度、降低铁素体临界形核功和提高形核速率,可以有效地促进铁素体晶粒的细化,同时使微合金元素的碳氮化合物优先在奥氏体晶界、变形带、位错处更加弥散地析出,提高析出强化效应,并阻碍铁素体、珠光体晶粒的长大。但冷却速率也不能太快,否则会使析出减弱,影响其强化效应。

对某些低碳微合金钢,当冷却速率达到一定值时,可使钢的相变组织从铁素体和珠光体组织变成更细小的铁素体和贝氏体组织。贝氏体含量随着冷却速率的加快而增加,且生成的贝氏体组织更细,从而使钢的强度进一步提高。

　3) 第三阶段:相变结束后的空冷

加速冷却的终冷温度约为 500~600℃,然后空冷,主要作用是自回火和消除由前面的加速冷却产生的应力,防止马氏体转变,增加析出强化和使相变组织均匀化,保证钢的韧性。

板带钢 TMCP 技术中的控冷技术是在线加速冷却。控冷技术的发展主要有提高冷却速率、提高温度的均匀性、提高组织的均匀性、控制好板形的平直度等几个方面。

水是最常用的冷却介质。高温钢板与冷却水接触后会发生沸腾现象。依据钢板温度的不同,有三种不同的沸腾冷却方式。在钢板温度高于 500℃时,发生膜沸腾,钢板与冷却水之间存在一层蒸汽膜,大大降低钢板与冷却水之间的热交换,冷却效率低。在钢板温度处于低温阶段(100~300℃),发生核沸腾(或称泡沸腾),钢板与水之间不存在蒸汽膜,直接发生热交换,由于生成的气泡的剧烈扰动,冷却速率快。在膜沸腾和核沸腾之间存在一个过渡沸腾阶段(300~500℃),在钢板的不同部位,可以并存两种冷却速率不同的冷却方式,出现钢板不同部位的冷却条件极为不均匀的现象,造成钢板的翘曲或潜在的板形缺陷。因此,在钢板的冷却过程中应避免出现过渡沸腾。当钢板表面温度已降至冷却介质的沸点以下时,钢板的冷却主要方式是传导和对流,冷却速率又减慢。

按照冷却技术的特点,板带的冷却技术经历了以下发展进程。

第一代冷却技术以喷淋技术为代表(日本川崎制钢公司,1979 年)。该技术冷却水流密度小于 300L/(min·m²),喷水压力以 0.20~0.50MPa 为主,倾斜喷射或垂直喷射。

20 世纪 90 年代初,出现了第二代冷却技术——层流喷射(laminar jet)冷却技术,如日本钢铁工程控股公司的在线加速冷却、柱状层流技术等,其冷却水流密度在 380~700L/(min·m²),冷却水压力不高,但可以击破钢板表面残留的蒸汽膜,获得较强的冷却效果。

2000 年以后,以强化冷却技术为特征的第三代冷却技术逐步得到开发与应用,控冷系统通常还将轧后直接淬火(direct quenching,DQ)作为子系统集成于具有高速冷却能力的冷却系统中。

因此,新三代轧后控冷系统兼有加速冷却和直接淬火的双重功能[67~69]。强化冷却技术主要是提高供水压力、流速和水流密度,可以抑制冷却过程中的过渡沸腾和膜沸腾,尽可能实现核沸腾,提高换热效率,水流密度多为 $1800\sim3400L/min\cdot m^2$。

直接淬火是指钢板带热轧后利用在线控冷装备进行直接淬火的方法。直接淬火较之传统的淬火回火工艺可以降低能耗、缩短工艺流程,提高淬透性 $1.4\sim1.5$ 倍,可提高钢的强韧比[70]。对于中厚钢板,直接淬火存在的主要问题是钢板温度和冷却的均匀性和板型的平整度不易控制。因此,尽管直接淬火工艺的优势明显,还是不能完全取代再加热淬火工艺,后者在淬火温度的一致性和奥氏体组织的均匀性方面是直接淬火工艺难于做到的,应根据产品的用途和规格,在两种工艺中进行选择[67]。

国外已开发出适用于高强度中厚钢板的,兼有加速冷却和直接淬火的控冷装置,如西门子奥钢联(Siemens-AVI)公司的多功能间断加速(multi purpose interrupted cooling,MULPIC)装置、德国西马克德马克(SMS Demag)公司的冷却喷射+高密度层流装置、日本钢铁工程控股公司的超级在线快速冷却(super-OLAC)装置等。我国近年兴建的中厚钢板厂已引进了一些具有国际先进水平的此类轧后控冷系统[68,69]。

国内某中厚钢板厂引进的多功能间断加速快速冷却系统全长 24m,在一个装置上可直接完成快速冷却和直接淬火两项功能。钢板的运行速率($0.2\sim2.0m/s$)和水流量(最大流量约 $11750m^3/h$)在冷却过程中可自动调整,以满足不同钢种和厚度的冷却要求。在钢板的上下各有 24 个集管。冷却钢板的最大厚度为 100mm,对厚度 20mm 钢板的最大冷却速率为 $40℃/s$,特殊的集水管设计使最大流速和最小流速之比达到 20:1。在直接淬火时,该装置具有头尾遮挡功能和边部遮挡功能。遮挡功能主要是为了避免钢板沿长度和宽度方向温度的不均匀导致钢板头、尾板型的翘曲及性能的差异,生产的钢板板型良好,平直度可达到小于 $6mm/m$[70]。

冷却过程中,从同一个开冷温度起冷却到同一个终冷温度,如果冷却路径不同,所获得的组织也不同,因而性能也不同,如图 4.86 所示。

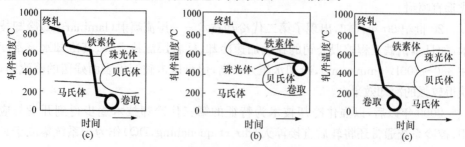

图 4.86　通过过冷路线控制获得不同组织的示意图[71]

(a) 获得双相钢的冷却路径;(b) 获得铁素体-珠光体钢的冷却路径;(c) 获得马氏体钢的冷却路径

由于超快速冷却等新技术可以迅速准确地把轧制件冷却到所希望的特定组织转变区,因而可以实现根据对钢材不同性能与组织的要求作出冷却方式的选择,实现冷却路线控制。

控轧控冷工艺复杂,各类工艺参数控制精度要求严,对所需设备及其控制均有很高的要求。具体工艺的制定,需视生产厂的实际条件、生产的钢种及所要求的性能而定。

近年来,在控轧控冷技术的基础上,提出了一些超细晶的理论和技术,以获得超细晶粒的和强韧性更高的结构钢。晶粒细化是唯一在提高强度的同时,还能提高韧性或保持韧性和塑性基本不下降的强化手段,但是采用通常使用的控轧控冷工艺只能使微合金钢中厚钢板铁素体晶粒细化到 $5\mu m$ 左右。一般认为尺寸小于 $5\mu m$ 的晶粒可称为超细晶粒。根据霍尔-佩奇关系式(4.24)计算,晶粒尺寸达到 $1\sim2\mu m$ 时,屈服强度的增量可达 435MPa。1997 年以来,许多国家启动了开发超级钢或超细晶钢的项目。目前国内外研发超细晶钢(ultra fine grain steel, UFG)的目标是使低碳钢的晶粒细化到小于 $5\mu m$,使其强度由 200MPa 提高到 400MPa,使微(低)合金的晶粒达到 $1\sim2\mu m$,其强度从 400MPa 提高到 800MPa 以上[17]。这些超细晶技术主要有形变诱导(强化)铁素体技术、弛豫析出控制相变技术等。下面简要介绍这两种获得超细晶的技术[17]。

1) 形变诱导(强化)铁素体相变

20 世纪 80 年代以来,一些国外学者提出了形变诱导相变(deformation induced transformation, DIF)的概念[72~74]。通过大应变和轧制温度略高于 Ar_3 点,可在低碳钢中产生超细铁素体。我国的科技工作者进一步提出了形变诱导(强化)铁素体相变,并在理论和技术上开展了系统的研究[17]。

形变诱导(强化)铁素体相变(deformation induced(enhanced) ferrite transformation, DIFT(DEFT))不同于传统的控轧控冷的相变之处,是其相变(低碳钢中 $\gamma\rightarrow P+\alpha$)主要发生在轧制过程中而不是轧后的冷却过程中。在现代高速轧制过程中,钢材的塑性形变必然引起体系中有部分形变能不能被热释放而保留在被变形的钢材中,这部分能量约为形变能的 5%～10%。这部分形变能将引起体系自由能的变化,使奥氏体自由能曲线上升,并转变为相变的驱动力。计算表明,若钢的 α 相与 $\alpha+\gamma$ 相平衡状态时的临界点为 Ae_3,则形变将使之上升为 Ad_3,形变时被储存的变形能越大,Ad_3 提高得越多,如图 4.87 所示[17]。因此,精轧机组在接近 Ae_3 温度时的变形过程中,可使钢材进入双向区($\gamma+\alpha$),新生成的 α 相为形变诱导铁素体。正常产生 DIFT 的温度区域应在 Ae_3 到 Ar_3 之间。

DIFT 是动态形变,是由形变产生储存能提高相变驱动力诱导的相变。DIFT 是形核为主的相变。α 相形核首先产生于具有高畸变能的原有 γ 相晶界,并高速形核。当局部应变增大时,晶核也在晶内高畸变区不断形成。DIFT 具有快速相

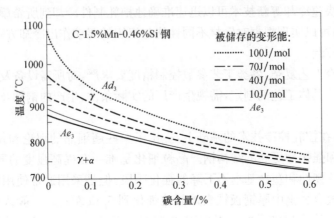

图 4.87　形变对铁-碳相图 γ 与 α+γ 平衡温度的影响[17]

变的特征,是扩散型相变。碳主要沿晶界和位错扩散,可在毫秒级的时间内发生。计算表明,DIFT 相对于传统的相变具有更小的临界形核尺寸,另外由于它是以形核为主的相变,新形成的 α 相具有超细晶特点,尤其是在微合金钢中,由于碳氮化物析出相的存在,α 相易于在析出相上形核且不易长大,因此微合金钢得到的超细晶尺寸比低碳钢更细。DIFT 的发生还伴随着铁素体的动态再结晶,经铁素体的动态再结晶形成超细等轴的铁素体。

　　某些微合金钢在施以 TMCP 技术后,宜再进行一次高温(600℃左右)回火。此时高温回火的作用不仅是使组织均匀化和性能稳定化,更重要的是使 M(C,N)进一步析出,特别是所含的 V(C,N),在 500~600℃可充分析出。

　　由于采用了 DIFT 技术,我国已分别将碳素钢和低碳微合金钢的铁素体晶粒尺寸细化到 3μm 和小于 1μm,屈服强度分别提高到 400MPa 和 800MPa 以上,并成功地进行工业化试制。

　　2) 弛豫-析出-控制相变[75]

　　低碳贝氏体钢可以在高强韧化后还能保持优良的焊接性能。为了充分细化这类贝氏体钢的组织及充分发挥各种合金元素的作用,可以采用 TMCP,使这种钢的贝氏体束尺寸在 10~15μm 范围内,获得良好的综合性能。

　　对于贝氏体这类中温转变组织,要使其组织进一步细化,除了必须在相变前在母相中为其提供尽可能多的形核位置之外,还必须有效地限制新相的长大。但低碳类型钢中的贝氏体的转变属于有扩散的切变型相变,这种相变一旦形核,其长大速率极快。如对其长大不加以约束,则由一个先形核的核心长出的一片贝氏体将会迅速吞没其邻近潜在的形核核心,最后不能得到充分细化的转变组织。

中温转变组织超细化的弛豫-析出-控制相变（relaxation-precipitation-controlling，RPC）技术工艺如图 4.88 所示。微合金钢经过两阶段的控制轧制，使变形奥氏体中产生高畸变积累，大幅度提高基体中的位错密度。一些微合金元素的加入会在变形奥氏体中发生静态和动态的界面偏聚与析出，使热变形后的再结晶过程难以进行，可以在 950℃ 左右进入非再结晶区。通过在非再结晶区的多道次轧制及中间停留，终轧后，变形奥氏体中有大量缠结的变形位错、形变带及微合金元素析出物。

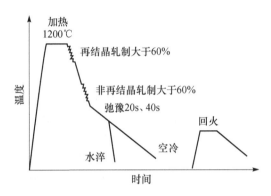

图 4.88　RPC 技术工艺示意图[75]

终轧变形后，钢板以大约 2℃/s 左右冷速空冷，在此阶段，变形奥氏体中发生高密度位错弛豫的过程，大量位错通过攀移、移动和重新分布，逐渐形成位错墙和亚晶，直径为 $3\sim5\mu m$。弛豫后亚晶发展到一定程度，如果有微合金析出物析出，则析出物将优先在亚晶界析出，从而进一步强化这种亚晶界。在以后加速冷却时，在亚晶界上形核的中温转变产物，主要是各类贝氏体，在其长大过程中受到前方亚晶界的阻碍，一般不会穿过晶界。在这种情况下，贝氏体形核多又不能长大，最终的中温转变组织将明显细化。这种细化效果与位错弛豫速率（亚晶形成速率）及微合金元素析出物的析出开始与终了时间有着密切的关系。两者配合适当，即析出已开始时，一定取向差的亚晶已形成而尺寸又没有长大，可获得最佳的细化效果。

在实施 RPC 技术工艺时，要确保在控轧阶段有足够的变形量使变形奥氏体中积累足够的缺陷密度，终轧后钢板连续空冷一段时间，即弛豫时间，空冷结束温度应在 Ar_1 以上，随后将钢板加速冷却。为了使钢的性能均匀，并提高综合性能，有时钢板可以经过回火处理。

表 4.13 列出了一种低碳贝氏体钢经调质处理与采用 TMCP、RPC、RPC＋高温回火后的力学性能对比。

表 4.13　低碳贝氏体钢经四种不同工艺处理后的力学性能[17]

	化学成分	0.05%C-1.6%Mn-0.3%Si-0.04%Nb-0.25%Mo-0.4%Cu-0.2%Ni		
	性能	σ_s/MPa	σ_b/MPa	δ_5/%
工艺	调质	619	655	19
	TMCP	565	800	20
	RPC	690	869	18
	RPC+高温回火	816	851	17

4.6.2　锻造性能

　　钢的锻造性能(或可锻性)是指钢在锻造时的难易程度和能承受塑性变形而不破裂的能力,可用其在工作状态时的塑性和变形抗力两个指标来衡量。

　　热扭转试验是测量钢的锻造性能的一种常用手段。它是在试验材料所可能采用的热成形温度范围内选择若干温度,用棒状试样进行热扭转直至断裂,试样必须在保护气氛中加热和试验,以试验中记录下的扭至断裂的圈数作为塑性指标,把维持恒速扭转的扭矩作为变形抗力指标。扭转圈数最多的温度被认为是该材料的最佳热成形温度。塑性变形抗力也可用高温拉伸试验时测得的条件屈服强度($\sigma_{0.2}$)或抗拉强度(σ_b)作为衡量指标。图 4.89 为热扭转试验所确定的几种合金结构钢和工具钢的塑性图[76]。由图 4.89 可以看出,在 900~1300℃时,12CrNi3A、30CrMnSiA、18CrNiWA 三种低碳合金结构钢与 15 钢的热塑性均随温度的上升而提高,但三种合金结构钢的塑性均低于碳钢。轴承钢 GCr15 和几种高碳合金工具钢的热塑性随温度的升高达到最高值后均下降,这是由于这些钢的碳含量

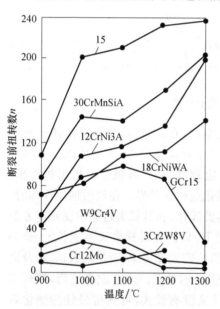

图 4.89　几种钢的试样在断裂前扭转数与温度的关系[76]

较高,其过热和液相点较低的缘故。

　　图 4.90 所示为几种钢在热扭转试验中的扭矩与温度的关系。两种合金结构钢的扭矩稍大于碳钢的扭矩,说明在常规锻造温度下所需锻造压力相差不大。但高合金的不锈钢 0Cr19Ni9 的扭矩显著高于一般合金结构钢,说明高合金的不锈钢有高的变形抗力。在计算锻压设备的吨位时,需要了解在锻造温度下锻件的变形抗力。合金结构钢终锻时的抗拉强度为 30~70MPa,不锈钢终锻温度下的抗拉

强度为 100~200MPa。

不同化学成分的钢的锻造性能可以有
很大的不同。钢的碳含量对钢的可锻性影
响很大,对于碳含量小于 0.15% 的低碳钢,
主要以铁素体为主,其塑性较好。随着碳
含量的增加,钢中的渗碳体含量逐渐增多,
甚至出现网状渗碳体,使钢的塑性变差。
当钢中碳含量比较高并加入较多的能生成
合金碳化物的合金元素时,会在钢的铸造
组织中形成大量的莱氏体,使钢的锻造性
能变差。一些复杂合金化的高温合金在设
计时即要求具有抗高温变形的能力,所以
这类合金锻造变形困难、塑性低、变形抗力
大是很自然的。这些难变形钢的锻造问题
将在其他部分论述。

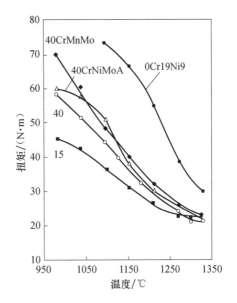

图 4.90　几种钢的变形抗力
与温度的关系[76]

锻造温度范围是指始锻温度与终锻温
度之间的一段温度间隔,在此温度范围内应能保证锻件具有较高的塑性和较小的
变形抗力,并保证得到所要求的组织和性能。锻造温度范围应尽可能宽一些,以减
少锻造火次,提高生产率。钢的始锻温度一般应低于状态图固相线温度 150~
200℃,防止过热或过烧。冶炼方法对钢的过热温度有显著影响。真空自耗重熔及
电渣重熔钢比具有相同成分的普通电弧炉钢的过热起始温度低,这是由于钢中非
金属夹杂物极少存在,而超纯净钢容易出现晶粒长大。特种熔炼钢的过热起始温
度较用空气熔炼的同种钢低 30~40℃。

应力状态对钢的热变形能力有很大的影响。不同的热加工方法在材料内部所
产生的应力大小和性质(压应力和拉应力)是不同的。在三向应力状态下,压应力
的数目越多,其塑性越好;拉应力的数目越多,其塑性越差。其原因是在钢材内部
或多或少存在着微小的气孔或裂纹等缺陷,在拉应力作用下,缺陷处会产生应力集
中,使缺陷扩展甚至达到破坏,从而丧失塑性;而压应力使缺陷不易扩展,提高了塑
性和变形能力。因此,一些难变形的合金钢采用一般的锻造方法难以成形,但采用
热挤压或者使用新型锻压设备,如快锻液压机或精锻机时,则易于成材。

4.7　冷变形成形性

用于冲压成形的冷轧薄钢板有广泛的用途,仅车身钢板冲压件的质量就占到
轿车质量的 50% 左右。冷轧薄钢板的产量在钢材生产总量中占有高的比例。冷

变形成形的主要工艺有拉深、胀形、弯曲、旋压等。冷变形成形性是指这类钢板能通过冷变形制成复杂的构件和能进行各种表面装饰和镀层而不产生缺陷的能力。不同的冷变形成形方式对钢的性能有着不同的要求。

4.7.1　拉深成形性

拉深(deep drawing)是将平面板料变形为中空形状冲压件的工艺,又称拉延,

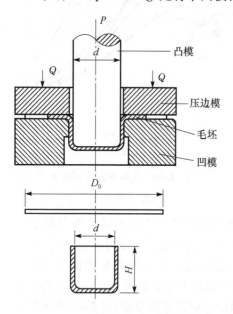

图 4.91　拉深工艺[77]

成形的方式如图 4.91 所示。薄板在一个轴向上受到拉伸作用力,而在另一个轴向受压缩作用力,原始直径为 D_0 的平面板料,经拉深后变成内径为 d、高度为 H 的杯形拉深件。$(D_0-d)/D_0$ 表示拉深变形的大小,称为拉深变形程度。凸模受到外力向下移动时,薄板钢材伴随凸模的下移沿着板面向凹模内伸展,伸展时要求薄钢板沿着板面的各个方向有低的流变抗力,但在其壁厚方向上则相反地要求具有高的流变抗力,使钢板在沿板面伸展的同时,在壁厚方向上难以发生局部变薄。这就要求冷变形薄板钢材流变性能的各向异性。虽然低屈服强度和高延伸率的材料具有良好的冷变形成形性,但这些力学性能参数并非决定冷轧薄钢板冷冲成形性的根本因素。

1950 年 Landford 提出控制板材深冲成形性的主要性能参数 r 值的概念。r 值代表板料试样拉伸时在一定的工程应变值(一般为 15% 或 20%)下,宽度方向和厚度方向真实应变的比值。其表达式为

$$r = \frac{\int_{w_0}^{w} \dfrac{\mathrm{d}w}{w}}{\int_{t_0}^{t} \dfrac{\mathrm{d}t}{t}} = \frac{\ln \dfrac{w}{w_0}}{\ln \dfrac{t}{t_0}} = \frac{\varepsilon_w}{\varepsilon_t} \tag{4.64}$$

式中,w_0、t_0 和 l_0 分别为试样原始宽度、厚度和长度,变形后,它们用 w、t 和 l 表示。在实际试验中,t_0 和 t 不易测量,考虑到 $w_0 t_0 l_0 = wtl$,即假设体积为一常数,式(4.64)常被转改写为 $r = \ln(w/w_0)/\ln(w_0 l_0/wl)$。$r$ 值被称为塑性应变比(plastic strain ratio)。

由于钢板是经过轧制生产的,沿板料不同方向的 r 值也不一样。因此一般都在平行于轧制方向呈 0°、45°、90° 三个方向上取样,测定各自的 r 值,然后按下式求出平均值 $\bar{r}$:

$$\bar{r} = \frac{r_0 + r_{90} + 2r_{45}}{4} \tag{4.65}$$

$\bar{r}$ 值越大,厚度方向上越不容易变形,深冲时也就不易出现拉穿或皱褶等缺陷。

上面已经提到,冷轧钢板沿板平面不同方向上的性能有差别,这种特性被称为板平面的方向性。在圆筒形零件拉伸时,这种板平面的方向性会导致拉伸件口部形成对称耳朵突起的制耳(earing)。

板平面的方向性用 Δr 表示,被称为塑性应变比平面各向异性度,Δr 由板材的塑性应变比在几个方向上的差值来确定,其计算公式为

$$\Delta r = \frac{r_0 + r_{90} - 2r_{45}}{4} \tag{4.66}$$

为了能避免冷轧薄钢板在拉深时产生制耳,需要冷轧各向同性(isotropic steel, IS)钢,即板材的 Δr 值趋向于 0,$\Delta r = r_0 + r_{90} - 2r_{45} \rightarrow 0$,一般控制在 $-0.15 \sim +0.15$,从而使拉深件变形时各个方向的变形趋于一致。

理想的深冲薄钢板应具有高的平均塑性应变比 $\bar{r}$,而板面的平面各向异性度 $\Delta r = 0$。$\bar{r}$ 和 Δr 两个参数是板材平面塑性各向异性的度量,如板材的塑性各向同性,则 $\Delta r = 0$,$\bar{r} = 1$。实践证实,$\bar{r}$ 值大,板材易于深冲成形,其他力学性能参数如屈服极限、伸长率对板材的深冲性能影响很小。所以为获得良好的深冲成形性能,$\bar{r} > 1$ 是必要的,即要求板材是各向异性的。

冷轧薄钢板的显微组织属于织构组织,织构组织是一种具有各向异性的组织。为了能获得高的 $\bar{r}$ 值,冷轧薄钢板的晶粒的 $\{111\}$ 晶面应择优平行于轧制面,这种织构称之为 $\{111\}$ 织构。因此改善薄钢板深冲性能的关键在于获得 $(111)[1\bar{1}0]$ 或 $(111)[1\bar{1}2]$ 类型的有利织构,其次是 $\{110\}$ 类型织构,应尽量减少或消除 $\{100\}$ 织构。织构组织的冷轧钢板都要经过消除内应力的退火工序。在退火的再结晶过程中将形成再结晶织构。冷轧钢板提供的织构组织实际上并非冷轧的织构,而是冷轧后的再结晶织构。如果冷轧的织构是 $\{111\}$ 织构,则问题的关键就在于退火的再结晶能否保持以至发展成 $\{111\}$ 织构。

影响再结晶 $\{111\}$ 织构的控制和 $\bar{r}$ 值的因素如下[14,15,78,79]。

1) 冶金方法与轧制制度

一般沸腾钢的 $\bar{r}$ 值为 $1.0 \sim 1.2$,难以超过 1.3。这是因为退火后的沸腾钢钢板的 $\{100\}$ 织构比较多,而 $\{111\}$ 织构少。Al 脱氧镇静钢的 $\bar{r}$ 值可达 $1.4 \sim 1.8$,Al 含量控制在 $0.02\% \sim 0.05\%$。

一些研究工作表明,钢中析出的 AlN 微粒可以阻止再结晶的 $\{100\}$ 面织构在晶界上形核,从而导致再结晶的 $\{111\}$ 织构的优先发展。经塑性变形的薄板,在不同晶体取向上储存能的分布不同,因而不同取向上再结晶形核难易不同。储存能随下列取向次序而递增:$\{100\}\langle 011\rangle \rightarrow \{112\}\langle 110\rangle \rightarrow \{111\}\langle 112\rangle \rightarrow \{110\}\langle 110\rangle$。

再结晶时,在冷轧薄钢板中{110}和{111}织构组分首先开始成核,但{110}织构很少,较多的是{111}织构,易于成长,在退火过程中逐渐吞并其他取向的晶粒而成为主要的再结晶织构。但 AlN 质点析出的时机和析出的位置对上述作用有很大的影响。铝镇静钢钢板的卷取温度不宜高,因为卷取温度高将导致 AlN 过早析出,在以后的再结晶过程中便不再有微细质点的析出。卷取温度可取 550℃左右,使 AlN 质点的析出控制在退火过程中回复之后与再结晶之前,AlN 质点将析出于亚晶界或在经冷轧后被拉长了的薄饼状晶粒的晶界上。不同成分钢板适宜的卷取温度不同,这是由于其析出物的析出行为有差异的缘故。

冷轧制度主要指冷轧压延率。合适的冷轧压延率因钢种而异,比较多的是在80%附近。

退火工艺因退火方式和钢种而异。采用罩式炉成卷退火时,退火温度稍高于700℃,退火时间需数日。采用连续炉退火时,退火时间很短,只需几分钟,退火温度相应要高一些,一般在 800℃以上。

2) 钢的化学成分

一般认为低的碳含量和不高的 Mn 含量($<0.30\%$)搭配可以优化深冲成形性。在低碳钢中增高 N 含量对 $\bar{r}$ 值不利。

许多学者研究了微合金元素的加入对低碳薄钢板深冲性能的影响。加入 Ti 的影响与 Ti/C(或 Ti/(C+N))有关,此值大于 4~5 时,再结晶{111}织构较强,$\bar{r}$ 值较高。Nb 含量由 0.07%提高至 0.12%,冷轧变形量 80%,经 700℃退火后,薄钢板的 $\bar{r}$ 值由 1.79 提高至 2.03。Nb 的这种作用是它在 α-Fe 中固溶的结果。加入适量的 V 也可以改善深冲性能。

适量的铜和磷可以改善薄钢板 $\bar{r}$ 值,镍对其 $\bar{r}$ 值影响不大,加入铬降低薄钢板的深冲性能。

3) 铁素体晶粒尺寸

一些研究工作表明,钢的 $\bar{r}$ 值与冷轧后的薄饼状晶粒的纵横向尺寸比值并不存在依赖关系,但铁素体晶粒度 N 影响 $\bar{r}$ 值,如图 4.92 所示。$\bar{r}$ 值与铁素体晶粒度有如下关系:

$$\bar{r} = r_0 - kN \tag{4.67}$$

式中,r_0 为常数,与钢的类型有关;k 为常数。粗大晶粒有益于 $\bar{r}$ 值的原因可能是{111}织构的再结晶晶粒通过吞并其他取向晶粒而继续长大。

4.7.2　胀形成形性

胀形(stretch forming)是将板料或空心半成品的局部表面胀大的工艺,如图 4.93 所示。在胀形加工时,薄钢板紧固于冲模的边缘,当凸模向凹模内下移时,薄板与凸模端面相接触的部分首先进行塑性变形。随着凸模的下移,薄板逐步伸

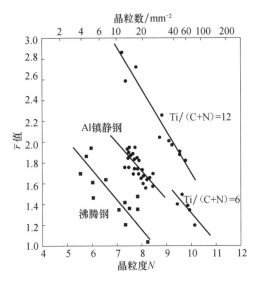

图 4.92　几种冷轧钢板铁素体晶粒尺寸与 $\bar{r}$ 值的关系[80]

长而均匀地变薄,薄板是在两个轴向上受到拉伸作用力。胀形成形过程求薄板具有好的塑性变形性能,避免过早地发生塑性变形失稳和出现颈缩,即高的形变硬化性能。

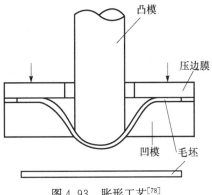

图 4.93　胀形工艺[78]

根据公式(4.2)$S=K\varepsilon^n$,n 表征在均匀变形阶段材料的形变强化能力,是一个材料性能指标。当拉伸负荷达到最大时试样开始产生颈缩,即 $\mathrm{d}(S\cdot A)=S\mathrm{d}A+A\mathrm{d}S=0$,$A$ 为对应于 S 的瞬时截面积。设 l 为试样瞬时长度,则 $A\cdot l$ 为常数,于是得出塑性失稳条件:$\mathrm{d}S/S=-\mathrm{d}A/A=\mathrm{d}l/l=\mathrm{d}\varepsilon$,从而 $\mathrm{d}S/\mathrm{d}\varepsilon=S$。对 $S=K\varepsilon^n$ 求导,得 $\mathrm{d}S/\mathrm{d}\varepsilon=nK\varepsilon^{n-1}=S=K\varepsilon^n$,于是

$$n=\varepsilon=\varepsilon_B \tag{4.68}$$

式中,ε_B(或 ε_u)为颈缩前的最大均匀应变值,即材料的均匀变形能力。因此,n 值的大小能表示材料发生颈缩前依靠硬化使材料均匀形变的能力。在数值上,n 等于 ε_B,因此,控制胀形成形的重要力学性能参量是其在塑性失稳前的均匀变形能力 ε_B 和代表因硬化而使应变均匀分配的能力 n 值。

研究关于组织和成分对 n 值的影响,可以得出以下的关系。已证明,n 值随晶粒尺寸的降低而降低[81]:

$$n=5(10+d^{-1/2})^{-1} \tag{4.69}$$

式中,d 为晶粒的平均交截尺寸。置换式固溶元素一般均略降低 n 值,见表 4.14[80]。固溶于铁素体的间隙原子对 n 值影响不大,但它们引起的应变时效对 n 值起不良影响。

表 4.14　单位质量固溶元素对 n 值的影响[80]

合金元素	n 值的变化	合金元素	n 值的变化
Cu	−0.06	Ni	−0.04
Si	−0.06	Co	−0.04
Mo	−0.05	Cr	−0.02
Mn	−0.04		

虽然 n 值只是与单向受力而不是与双向受力有关,但业已证明,双向受力可增高非均匀形变的承载能力,因为在这种情况下颈缩不仅限于局部而是分散分布的。所以在简单拉伸试验时所测得的 n 值可以作为材料胀形成形的有效判据。高的 $\bar{r}$ 值和减少可以导致出现早期颈缩的非金属夹杂物,对于控制胀形成形性也是重要的。

4.7.3　弯曲成形性

弯曲(bending)是把钢板、钢管和型钢弯曲成一定曲率、形状和尺寸的工件的冲压成形工艺。弯曲的方式有压弯、滚弯等(图 4.94)。压弯是最常用的弯曲方法,弯曲时,横断面中间不变形的部分称为中性层,中性层以外的材料受拉应力的作用,产生伸长变形;中性层以内的材料受压应力作用,产生压缩变形。由于中性层两侧钢材的应力和应变方向相反,当载荷卸去时,两侧钢材的弹性变形回复方向相反,引起不同程度的弹性回复,会影响弯曲件的精度。

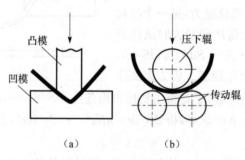

图 4.94　弯曲工艺[77]

(a) 压弯;(b) 滚弯

影响冷轧薄钢板弯曲成形性的力学性能参量为颈缩前的最大均匀应变值 ε_B 及断面收缩率 ψ。弯曲成形还要求具有低的屈强比 σ_s/σ_b,高的 $\bar{r}$ 值和 n 值。在断裂前,板材的厚度减薄性能也是很重的,它与断裂时的总应变值 ε_T 有关。

从以上的论述可知,颈缩前的最大均匀应变值 ε_B 和断裂总应变值 ε_T 对于良好的冷变形成形工艺都是很重要的。已经得到它们与钢的成分与组织之间的定量关系式[14]：

$$\varepsilon_B = 0.28 - 2.2\%w_C - 0.25\%w_{Mn} - 0.044\%w_{Si} - 0.039\%w_{Sn} - 1.2\%w_{N_f}$$

$$(4.70)$$

$$\varepsilon_T = 1.4 - 2.9\%w_C + 0.20\%w_{Mn} + 0.16\%w_{Si} - 2.2\%w_S - 3.9\%w_P$$
$$- 0.25\%w_{Sn} + 0.017\%d^{-1/2}$$

$$(4.71)$$

式中，d 为晶粒尺寸；w_{N_f} 为钢中的自由氮含量（%）。在式(4.71)中，S 的影响实际上是 MnS 的影响。在式(4.70)中未反映晶粒尺寸的影响。作者的解释是由于晶粒的细化可以使加工硬化率 $d\sigma/d\varepsilon$ 与流变应力 σ 等值增高，因此在 $d\sigma/d\varepsilon$-ε 和 σ-ε 的关系曲线上的交点所对应的 ε_B 值很相近，说明晶粒尺寸对 ε_B 值没有起作用[14]。这与式(4.69)所表示的结果不一致。

4.7.4　钢板冲压性能的试验方法

钢板冲压性能的试验研究方法可以分为间接试验和直接试验两类。间接试验是指试验条件、受力和变形特征均与冲压成形无关，但试验结果可以用来反映材料冲压成形的某些性能，拉伸试验是其中最重要的方法。GB/T 228.1—2010《金属材料　拉伸试验　第一部分：室温试验方法》及其附录 A 规定了厚度 0.1~3mm 薄板和薄带使用的标准试样及测定其各项力学性能指标的方法。金属薄板和薄带塑性应变比（r 值）和拉伸应变硬化指数（n 值）试验方法见 GB/T 5027—2016 和 GB/T 5028—2008。由于间接试验的条件与实际的冲压过程存在差别，有时需要通过接近生产实际的直接试验方法获取更为准确的板料冲压性能参数。

针对不同的类型的制品（板材、管材、线材等），有各种不同的直接试验的方法[2]。直接试验板料冲压成形性能的方法亦有多种，其原理相同，我国常用的是金属杯突试验。

金属杯突试验是用端部为球形的冲头，将夹紧的板材试样压入压模内，直至出现穿透裂纹为止，此时测得的杯突深度即为试验结果，以此来检验金属板材、带材的塑性变形性能。GB/T 4156—2007《金属材料　薄板与薄带埃里克森杯突试验》适用于厚度为 0.1~2mm、宽度等于或大于 90mm 的金属板、带。杯突试验在杯突试验机上进行，试验部分见图 4.95，埃里克森杯突值用 IE 表示。

上述直接试验法所获得的结果主要反映的是板料的总体成形极限，而板料的局部成形极限可以用通过特别试验建立的成形极限图（forming limit diagram，FLD）来确定冲压件所允许的最大应变值。成形极限图的形状一般如图 4.96 所示[78]。国家标准 GB/T 15825.8—2008《金属薄板成形性能与试验方法　第 8 部分：成形极限图（FLD）测定指南》（替代 GB/T 15825.8—1995）中制定了成形极限图的测定方法。

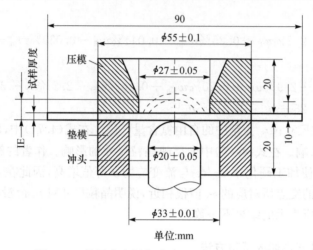

图 4.95　埃里克森杯突试验(GB/T 4156—2007)

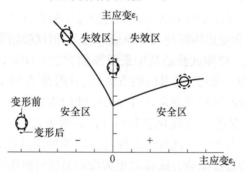

图 4.96　成形极限图[78]

通常采用刚性凸模对试样进行胀形的方法测定成形极限图,适用于厚度为 0.2~3.0mm 的薄板。试验时,首先在薄板试样表面制有直径 d_0 的网格圆图案, d_0 约为 2mm,然后将试样置于凹模与压边模之间并压紧。试样中部在凸模力的作用下胀形变形并形成凸包,其表面上的网格圆发生畸变,当凸包上某个局部产生颈缩或破裂时,停止试验,测量颈缩区或破裂区及其附近网格圆的长轴和短轴尺寸 d_1 和 d_2,按照下列公式计算金属薄板允许的局部表面极限主应变量。e_1 和 e_2 表示工程极限主应变量,ε_1 和 ε_2 表示真实极限主应变量:

$$e_1 = [(d_1 - d_0)/d_0] \times 100\%, \quad e_2 = [(d_2 - d_0)/d_0] \times 100\% \quad (4.72)$$
$$\varepsilon_1 = \ln(d_1/d_0) = \ln(1 + e_1), \quad \varepsilon_2 = \ln(d_2/d_0) = \ln(1 + e_2) \quad (4.73)$$

通过改变试样与凸模接触面间的润滑条件和采用不同宽度的试样可以获得不同的 e_1、e_2 或 ε_1、ε_2 的组合。以表面应变 e_2(或 ε_2)为横坐标、表面应变 e_1(或 ε_1)为纵坐标,将试验测得的数据标绘在表面应变坐标系中,将它们连成适当的曲线或构成条带形区域,即为成形极限图 FLD。FLD_0 是 FLD 与纵坐标轴 e_1 的交点的纵坐标值,是 FLD 上的重要特征点。

材料的性质和测试条件是影响 FLD 极限应变的主要因素。对各种低碳钢，FLD 极限应变值随材料 n 值的增加而增加。粗大的夹杂物降低 FLD 极限应变水平，加入变质剂改善夹杂物的形态可使 FLD 极限应变明显提高。板材厚度的增加将使 FLD 极限应变水平下降。

在 FLD 的右半部，两个主应变均为正值，这相当于各种胀形工艺的应变状态，而在其左半部，有一个主应变为负，这相当于各种拉深工艺的应变状态。根据 FLD 便可以确定冲压件允许的最大应变值，可用于优化成形方案。当冲压件的应变值处于 FLD 以下时，冲压工艺是可行的，可以给出满意的效果。

FLD 的测试方法在不断改进，在 FLD 的理论计算方面也开展了许多研究，这方面的论述可以参考有关文献[82]。

4.8 焊接性

焊接技术广泛应用于现代工业生产中，几乎涉及所有的工业部门。焊接结构的用钢量已占钢产量的 40% 以上[83~85]。

焊接性(weldability)是指金属材料在一定焊接工艺条件下，焊接成符合设计要求、满足使用要求的构件的难易程度。焊接性能包括两方面的内容：一是结合性能，即金属材料在一定的焊接工艺条件下，形成焊接缺陷的敏感性；二是使用性能，即金属材料在一定焊接工艺条件下，其焊接接头对使用要求的适应性。

4.8.1 焊接方法与焊接缺陷

焊接方法已发展到数十种之多，主要分为熔焊、压焊和钎焊三大类。

熔焊是采用局部加热的方法，将工件待焊处局部加热到熔化，形成熔池，随着热源向前移去，熔池液态金属冷却结晶而形成焊缝。熔焊过程包含焊接热过程、焊接冶金过程和焊缝结晶过程。因此，熔焊过程会产生一系列影响焊接质量的问题，如焊缝化学成分的变化、焊接接头组织和性能的变化、焊接应力、焊接变形和焊接缺陷的产生。

熔焊有气焊、电弧焊、电子束焊、激光焊等，其中电弧焊应用最广。电弧焊又分为焊条电弧焊、埋弧焊、氩弧焊、CO_2 气体保护焊等。图 4.97 为焊条电弧焊示意图。焊条由焊芯和药皮组成。焊芯为焊接专用金属丝，焊芯作为电极起导电作用，产生电弧，并作为填充金属，与熔化的母材共同组成焊缝金属。焊条药

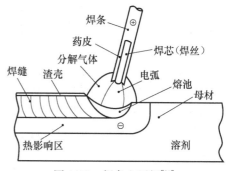

图 4.97 焊条电弧焊[83]

皮由矿石、铁合金、化工产品、有机物等粉剂和黏结剂组成。焊接过程中,药皮熔化形成熔渣,并产生一定的气体,保护熔池。加入的铁合金可以净化焊缝金属、渗入合金元素,使其具有合适的化学成分和性能。

压焊是在加压条件下(加热或不加热)使两工件在固态下实现原子间结合,又称固态焊接。常用的压焊工艺是电阻对焊。

钎焊是采用熔点比母材低的金属材料,使之熔化后润湿母材,填充接头间隙并与固态的母材相互扩散,从而实现连接,如锡焊、铜焊、银焊等。

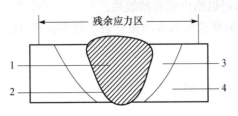

图 4.98　焊接接头的构成[84]

1—焊缝;2—熔合线;3—热影响区;4—母材

熔焊是最重要的焊接工艺方法。图 4.98 为熔焊后焊接接头的构成,它由焊缝、熔合线、热影响区和邻近的母材组成。焊缝是由填充金属和母材混合熔化共同形成的铸态组织。焊缝外侧是母材受热循环作用的热影响区(heat affect zone,HAZ),这部分金属被加热到不同的峰值温度,使其组织和性能发生了不同于原始母材的变化。在焊缝与热影响区之间的过渡区被称为熔合区或熔合线。

在焊接不良的情况下,会出现一些焊接缺陷。焊接缺陷可分为外部缺陷和内部缺陷。外部缺陷有:溢流、焊瘤、电弧烧伤、余高尺寸不合要求等,还会由于焊接残余应力的存在而引起焊接结构的变形。内部缺陷有:焊接裂纹、脆化、熔合不良、夹渣、气孔、偏析等,这些缺陷的存在将影响焊接结构的使用性能。

焊接缺陷中危害最大的是裂纹。焊接裂纹大致可分为两大类:由于焊接过程的作用引起的和在服役时产生的。后者与服役时的外部因素,如环境因素、振动、热疲劳等有关。前者又可分为热裂纹(又称为结晶裂纹)、冷裂纹和再热裂纹。还有一种称之为层状撕裂的缺陷,它的生成与焊接过程有关,也与服役条件有关。

热裂纹产生于焊缝形成后的冷却结晶过程中,主要发生在晶界上。热裂纹的成因与焊接时产生的偏析、冷热不均、焊条或母材中的硫含量过高等有关。

冷裂纹是在焊接完成后冷却到低温或室温时出现的裂纹,也可能是在焊接完成后经过一段时间才出现的裂纹,这种裂纹被称为延迟裂纹。冷裂纹多出现在熔合线附近的热影响区中,可以是穿晶裂纹,也可以是沿晶裂纹。冷裂纹是由于热影响区的低塑性组织承受不了冷却时的体积变化及组织转变产生的应力而开裂所致,这与母材中碳当量(见后)过高或磷含量过高等因素有关,这种裂纹基本上没有延迟现象。当焊缝中的氢原子含量高时,它们结合成分子进入细微空隙中将造成很大的压力,连同焊接应力的共同作用,也可能导致冷裂纹的出现,称为延迟裂纹或氢致裂纹。

再热裂纹是指焊接完成后,为了消除焊接应力需对焊件再次加热时(500～

650℃)产生的裂纹,多发生在焊接过热区,属于沿晶裂纹。再热裂纹的发生与粗大晶粒的晶界偏析降低晶界的结合力有关,晶粒尺寸越大,偏析越严重;第二相粒子在再加热时沿晶界的析出也可能导致再热裂纹敏感性的增加。

　　层状撕裂是由于钢板内部沿轧制方向存在有分层的夹杂物导致厚度方向(Z 向)塑性低下的结果,裂纹出现在 HAZ 附近。钢板轧制后沿轧制方向有比较多的条状或片状塑性夹杂物。在焊接残余应力的作用下,尤其是高拘束的几何形状时,一些地方的夹杂物-母相界面破裂,断裂的最后阶段是平面间的垂直撕裂,使裂缝外表具有台阶状的特征(图 4.99)。层状撕裂还可能是延迟性的。裂缝或破坏可能在工作了几个星期甚至几年后发生,这可能与氢脆有关。层状撕裂易发生在厚壁结构的 T 形接头、十字接头和角接头处。图 4.100 为焊接部件出现层状撕裂的示意图。

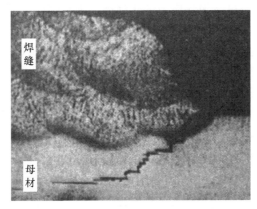

图 4.99　焊缝附近的层状撕裂[11]

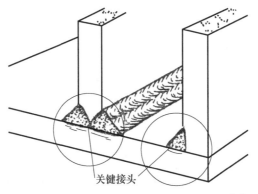

图 4.100　焊接部件出现层状撕裂的示意图[83]

4.8.2　影响钢材焊接性的因素[83~85]

　　影响钢材焊接性的因素有材料本身的性质、焊接方法、结构因素和使用条件。

所有这些因素,对钢材的焊接性来说,都是决定性的,只要有一个不合适,就可能产生裂纹等缺陷。

1) 材料因素

熔焊时,对焊接热影响区的性能和缺陷产生影响的因素来自母材,对焊缝性能和缺陷产生影响的因素则来自母材和焊接材料,焊接材料包括焊条、焊丝和焊剂,还可能来自焊接时的环境。

碳增加焊缝的热裂敏感性,同时也增加硫的有害作用(图 4.101)。碳还是对钢的焊接冷裂纹敏感性影响最大的元素,其他元素的影响都可与碳比较而折合成碳当量。钢中碳含量在 0.25% 以下时的塑性很好,淬硬倾向小,焊接性很好,焊接时无须采用特殊工艺措施。厚度小于 50mm 的钢板焊后不必进行热处理,而厚度大于 50mm 时,焊后需进行消除应力的热处理。中碳钢(0.25%~0.6%C)的焊接性较差,一般情况下,中碳钢焊接件焊前应预热。高碳钢的焊接性更差。

锰虽是能固溶强化和提高淬透性的元素,但 Mn 与 S、O 的亲和力强,在钢液和焊缝中能起到除硫的作用,减少硫的危害,防止焊缝出现热裂纹,改善钢的焊接性。在普通低合金钢中,锰含量一般控制在 1.5%~2.0% 以下。为了保证锰与硫结合成 MnS,对钢中的 Mn/S 比值有一定要求。碳能降低硫在固溶体中的溶解度,促进硫的偏析,因此碳含量越高,为防止硫的有害作用所需的锰量也越高。为防止焊缝的热裂倾向,C、Mn、S 的含量之间存在着一定的关系,如图 4.101 所示。

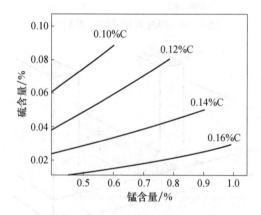

图 4.101　焊缝中碳、锰、硫含量对焊缝热裂纹的影响[86]
每条碳含量线的上面为裂纹区,下面为不裂区

镍提高钢的淬透性,会增加钢的焊接冷裂纹倾向,但镍可以改善铁素体基体的韧性,有利于阻止冷裂纹的出现。因此,钢中镍含量比较高时,应限制钢的碳含量以改善其焊接性。

硅可促进硫的偏析,增加热裂倾向。在碳含量低且有其他元素存在时,硅含量不大于 1.2% 的低合金钢可以顺利地进行焊接。

铬提高钢的淬透性,增加钢的冷裂纹敏感性。碳含量较低,并有 Mn、Si 或 Mn、Ni、Cu 存在时,Cr 对焊接性没有多少影响,但 Cr 对含钼珠光体耐热钢再热裂纹敏感性有影响,当有 Mo 或 Mo-V 存在时,Cr 可增加钢的再热裂纹敏感性。

钒、钛、铌都是强碳化物与氮化物形成元素,其氮化物熔点较高,可提高晶粒粗化温度,但钒与碳和铬共存对 HAZ 的再热裂纹敏感性影响较大。钛含量较低时对 HAZ 的再热裂纹敏感性没有什么影响。TiN 可以控制晶粒尺寸,对于在大能量焊接中改善 HAZ 的韧性有贡献,但不要使钛超过固定氮所需要的量,以免生成 TiC 损害韧性。

铜室温下在铁素体中的溶解度为 0.35%,超过溶解度会引起时效强化。铜能增加 HAZ 的再热裂纹敏感性。我国生产的含铜钢的铜含量都在 0.5% 以下,对焊接性没有不利影响。

磷在钢中被视为有害元素,但磷能有效地提高钢的抗大气及海水腐蚀能力,因此在低合金耐蚀钢中得到应用。磷易在焊缝金属晶界上严重偏析而促使结晶裂纹的形成,并增大近缝区的硬化倾向而增大冷裂纹的敏感性,因此在含磷低合金耐蚀钢中的碳含量需严格限制,一般应小于 0.12%,并希望碳加磷的含量不大于 0.25%。磷还增加钢的再热裂纹敏感性。

硼是强烈提高钢淬透性的元素,增加冷裂纹倾向,但由于硼为提高淬透性而加入钢中的量很小,在得到相同淬透性的情况下,添加硼比添加其他合金元素更有利于钢的焊接性。

稀土元素加入钢中可以改善塑性夹杂物 MnS 的形貌,使其以弥散形式分布,有利于改善钢的抗层状撕裂性能。

钢中的残留杂质元素易在晶界处富集,往往形成低熔点共晶,会增加钢在焊接过程中生成热裂纹的敏感性。在焊接件焊后消除应力的过程中,杂质在晶界的偏聚是促进产生热裂纹的主要原因,焊接接头的氢含量是产生冷裂纹的主要原因。氢主要来自焊接材料和焊接施工环境。

钢中的硫化物等塑性夹杂物是造成焊接件出现层状撕裂的主要原因。随着钢中硫含量的增加,钢的厚向断面收缩率迅速下降。高纯度钢的抗层状撕裂性能好,近年发展的抗层状撕裂性能良好的 Z 向钢,其主要特点就是纯净度高。

2) 焊接工艺

焊接工艺包括所采用的焊接方法和焊接工艺规程,如焊接线能量、预热、后热、焊接顺序、焊后热处理、对熔池和接头附近区域的保护方式等。

焊接线能量是指熔焊时由焊接能源输入给单位长度焊缝上的能量。焊接线能量 E 的计算公式为:$E=IU/v$。式中,I 为焊接电流(A),U 为电弧电压(V),v 为焊接速率(cm/s),E 的单位为 J/cm。焊接线能量综合了焊接电流、电弧电压和焊接速率三项焊接工艺参数对焊接热循环的影响。一般情况下,焊接线能量在 10～50kJ/cm。

线能量增大时,HAZ 的宽度增大,加热到高温的区域增宽,在高温停留的时间增长,焊后冷却速率减慢,这将使 HAZ 过热,晶粒粗大,对接头塑性和韧性不利。但线能量过低会使高温停留时间过短,容易产生未熔合,焊缝冷却速率过快,使焊后焊缝的成分和组织不均匀,增加淬硬倾向。因此,在保证不焊穿和成形良好的条件下,应尽量采用较大的焊接电流,并适当提高焊接速率,以提高焊接生成率。焊接结构的日益大型化,对厚钢板的强度和韧性的要求也越来越高,同时要求提高焊接效率,因此需要开发出大焊接能量用钢。通过采用微合金化、TMCP、降低碳当量、TiN 利用等技术,现已开发出适应焊接线能量不超过 100kJ/cm 的高强度厚钢板。TiN 利用技术是根据钢中的 N 含量,适当添加 Ti 含量,形成细的弥散分布的 TiN 粒子,可以抑制焊接时奥氏体晶粒的粗大,增大针状铁素体的形核率,减轻大线能量焊接热影响区的脆化。

在各种工艺措施中,采用最多的是焊前预热和焊后热处理,这些措施对降低焊接残余应力,减缓冷却速率以防止热影响区淬硬脆化,避免焊缝热裂纹和氢致冷裂纹等都是有效的。

3) 结构因素

焊接接头的结构设计影响到结构的刚度、拘束应力的大小和方向,这些又影响到焊接接头的各种裂纹倾向。减少焊接接头的刚度和各种造成应力集中的因素是改善其焊接性的重要措施。

4) 使用条件

使用条件是指所承受载荷的性质和工作环境。焊接接头承受冲击载荷或在低温下使用时,要考虑到脆性断裂的可能性。接头如需在腐蚀介质中工作或经受交变载荷作用时,要考虑应力腐蚀或疲劳断裂的问题。使用条件越苛刻,对焊接接头的质量要求也越高,焊接性也就越难保证。

4.8.3　熔焊后钢的组织

熔焊时,在焊接接头上形成的一定几何形状和尺寸的熔池,熔池冷却凝固时形成焊缝。碳钢和普通低合金钢的熔池平均温度达到(1770±100)℃,焊接熔池体积小,周围的冷金属包围着它,冷却速率快(4～100℃/s),温差大。通常先在熔池边缘熔合区母材的晶粒上以柱状形状向焊接熔池中心生长,直到在熔池中心相互阻碍时停止,这种柱状的晶体称为柱状晶。图 4.102 显示一种不锈钢焊缝的柱状晶由熔合区母材晶粒外延生长的情况[11]。

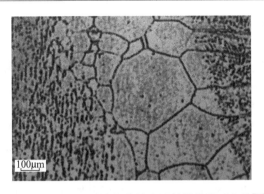

图 4.102 焊缝金属的柱状晶由母材晶粒外延生长[11]

熔池金属开始结晶时,晶粒长大的趋势各不相同,有的继续长大,可以一直长到焊缝中心,有的却只能成长到半途而停止。当晶粒最易长大的方向与散热最快的方向一致时,便优先得到成长,可以一直长大到熔池中心,形成粗大的柱状晶。有的晶粒的取向不利于成长,与散热最快的方向又不一致,这时晶粒的成长会很快停止下来。在熔池进行结晶的过程中,由于冷却速率很快,已凝固的焊缝金属中,化学成分来不及扩散,合金元素的分布是不均匀的,出现晶内和区域偏析。在熔焊过程中的保护措施不是完全有效的情况下,环境中的氧会侵入熔池,并形成氧化物残留在焊缝中。

熔焊时,在半熔化的母材边界,不同晶粒的导热方向彼此不同,其熔化程度可能有很大的不同,所以母材与焊缝的交界处并不是一条线,而是一个区。根据计算,在一般电弧焊的条件下,碳钢、低合金钢的熔合区宽度为 0.13～0.50mm。实践证明,熔合区是焊接接头中的一个薄弱环节,存在着严重的化学成分不均匀性。

低中碳钢焊接熔池由液态凝固后首先得到的组织是柱状的 δ 铁素体,随着温度的下降,γ 相在 δ 相晶界形核并成长为形貌与原始 δ 相晶粒很相似的柱状 γ 相晶粒,其尺寸可达到 $100\mu m$ 宽、$5000\mu m$ 长。粗大的晶粒尺寸增大了焊缝金属的淬透性。随着焊缝温度的继续降低,在 Ac_3 以下将出现 γ 相的转变,其转变产物主要有沿晶形铁素体、魏氏体铁素体和针状铁素体,有时也会有马氏体、残余奥氏体或退化珠光体出现。

粗大的结晶形态对钢的性能是很不利的,在一般情况下,构件焊好后不再进行热处理。因此,应尽可能保证结晶后就能得到良好的焊缝组织。改善焊缝金属结晶组织的一种有效方法是对焊缝进行变质处理,即向焊缝添加一些合金元素或者某些微量元素,可以大幅度地提高焊缝的强度和韧性。具体方法是通过焊条、焊丝或焊剂等向熔池中加入细化晶粒的元素。

有时焊缝需要进行多道次焊接,其焊后组织比较复杂,每一道次输入的热量会对上一道次已生成的组织进行热处理,能使其一部分区域加热转变成奥氏体,并使柱状晶组织遭到破坏,并在热循环的冷却阶段转变成不同的组织。其余部分只是进行一次回火。

熔焊时,焊接接头焊缝处的金属熔化后又快速冷却。这样剧烈的热循环使其邻近的热影响区原有的显微组织及性能发生了改变。根据被焊钢材的情况,HAZ还可以分为几个区域。

图 4.103 为一种低碳钢的 HAZ 组织变化示意图。在焊接过程中,HAZ 各处均经历了一个加热和冷却的循环。HAZ 各处受热的峰值温度 T_p 及加热速率与焊接线能量 E 有关,并随其距熔化区(焊缝)距离的增加迅速减小,但 HAZ 各处的冷却速率的变化仅受焊接线能量 E 的影响,对其距熔化区的距离不甚敏感,冷却速率一般用自 800℃冷至 500℃ 的时间 Δt_{8-5} 来表述,许多焊接用钢的奥氏体分解过程在此温度范围内进行。因此,HAZ 各点的热循环特征可用两个参数 T_p 和 Δt_{8-5} 来表征,它们与焊接线能量 E 的关系为

$$T_p \propto E/r \tag{4.74}$$

$$\Delta t_{8-5} \propto E^n \tag{4.75}$$

式中,r 为该点与熔化区边界的距离;n 为定值(1 或 2),n 值的选定取决于焊缝向 HAZ 的热流动是三维还是二维[11]。

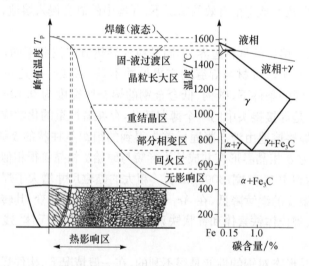

图 4.103　0.15％C 钢 HAZ 示意图[83]

紧邻焊缝的区域均被加热至完全奥氏体化的高温,形成粗晶粒奥氏体区,温度范围处在固相线以下至 1100℃ 左右。热循环过程中在 HAZ 中生成的粗大的奥氏体晶粒对钢的韧性产生不利的影响,冷却后得到粗大的组织。粗大的晶粒能提高钢的淬透性,在冷却过程中可能有一部分转变成马氏体,增加钢的冷裂纹敏感性。通过微合金化加入适量的能生成稳定碳氮化合物的 Ti、Nb、V 等元素,可有效地

抑制奥氏体晶粒的长大,其中 TiN 的效果最显著。为防止生成高硬度的转变产物,需要使钢的成分具有低的碳当量。

随着离焊缝的距离的增加,峰值温度 T_p 降低,奥氏体的晶粒很快变细,此区域为重结晶区。此区域的塑性和韧性都比较好,所处的温度范围为 $1000℃\sim A_3$,然后在空气中冷却时得到相当于热处理时的正火组织。

当离焊缝的距离进一步增加,在热循环时的 T_p 下降至 $\alpha+\gamma$ 两相区,此区域为部分相变区,属于不完全重结晶区。生成的奥氏体晶粒细小,但有较高的碳浓度,在较快的冷却速率下,富碳奥氏体有一部分也可能转变成马氏体和残余奥氏体,另一部分未能溶入奥氏体的铁素体晶粒会长大。因此,此区域的特点是晶粒大小不一,组织不均匀,力学性能也不均匀。

受热温度 T_p 低于 Ac_1 的区域为回火区。

至于焊接淬硬倾向较大的钢种,如低碳调质高强钢、中碳调质高强钢等,焊接热影响区的组织分布还与母材焊前的热处理状态(退火、正火、调质)有关[87]。

4.8.4　钢的焊接性判据

在大量试验工作的基础上建立的许多碳当量公式就是用来间接判断某些钢的焊接性和冷裂纹敏感性的。这些碳当量公式对于解决一些工程实际问题起了良好的作用。碳是各种元素中对钢的淬硬性和冷裂倾向影响最显著的元素,把各种合金元素对淬硬性和冷裂倾向都与碳比较而折合成相当于若干碳量,而各种元素影响的总和称为这种钢的碳当量 C_{eq}。随碳当量的提高,近缝区的最高硬度增高,冷裂倾向增大。下面列举两个引用较多的公式。

国际焊接学会推荐的公式:

$$C_{eq} = w_C + \frac{1}{6}w_{Mn} + \frac{1}{15}(w_{Ni} + w_{Cu}) + \frac{1}{5}(w_{Cr} + w_{Mo} + w_V) \quad (4.76)$$

此式适用于中高强度的低合金非调质钢。$C_{eq} < 0.4\%$ 时,钢的淬硬性不大,焊接性良好;$C_{eq} = 0.4\% \sim 0.6\%$ 时,钢易于淬硬,焊接时需要预热才能防止冷裂纹;$C_{eq} > 0.6$ 时,钢的淬硬倾向大,焊接性差。

日本工业标准和日本焊接学会推荐的公式:

$$C_{eq} = w_C + \frac{1}{6}w_{Mn} + \frac{1}{40}w_{Ni} + \frac{1}{5}w_{Cr} + \frac{1}{24}w_{Si} + \frac{1}{4}w_{Mo} + \frac{1}{14}w_V \quad (4.77)$$

此式适用于低合金调质钢,其化学成分范围:$w_C \leqslant 0.2\%$、$w_{Si} \leqslant 0.55\%$、$w_{Mn} \leqslant 1.5\%$、$w_{Cu} \leqslant 0.5\%$、$w_{Ni} \leqslant 2.5\%$、$w_{Cr} \leqslant 1.25\%$、$w_{Mo} \leqslant 0.7\%$、$w_V \leqslant 0.1\%$、$w_B \leqslant 0.006\%$。

C_{eq} 值作为评定冷裂纹敏感性判据,并未考虑接头拘束度、扩散氢等因素的影响。

20 世纪 60 年代后期,建立了钢的裂纹敏感性指数 P_c,综合了钢的淬硬倾向、拘束度、焊接接头氢含量三要素的影响,使计算结果更准确,是目前应用比较广泛的冷裂纹判据。P_c 公式如下:

$$P_c = P_{cm} + \frac{[H]}{60} + \frac{\delta}{600} (\%) \tag{4.78}$$

$$P_{cm} = w_C + \frac{1}{30}w_{Si} + \frac{1}{20}(w_{Mn} + w_{Cu} + w_{Cr}) + \frac{1}{60}w_{Ni} + \frac{1}{15}w_{Mo} + \frac{1}{10}w_V + 5w_B$$

$$\tag{4.79}$$

式中,P_{cm} 为化学成分的冷裂纹敏感系数(%);δ 为板厚(mm);$[H]$ 为扩散氢含量(mL/100g)。

式(4.78)的使用范围:$w_C = 0.07\% \sim 0.22\%$,$w_{Si} = 0\% \sim 0.60\%$,$w_{Mn} = 0.4\% \sim 1.4\%$,$w_{Cu} = 0\% \sim 0.50\%$,$w_{Ni} = 0\% \sim 1.20\%$,$w_{Cr} = 0\% \sim 1.20\%$,$w_{Mo} = 0\% \sim 0.70\%$,$w_V = 0\% \sim 0.12\%$,$w_{Ti} = 0\% \sim 0.05\%$,$w_{Nb} = 0\% \sim 0.04\%$,$w_B = 0\% \sim 0.005\%$,$[H] = 1.0 \sim 5.0 mL/100g$,$\delta = 19 \sim 50 mm$,线能量 $E = 17 \sim 30 kJ/cm$,试件坡口为 Y 形。

根据实验的结果,利用 P_c 作为冷裂纹判据的条件是:$P_c < P_{cr}$,将不产生裂纹,式中 P_{cr} 为某钢产生冷裂纹的裂纹敏感性指数。在此基础上提出了避免裂纹所需的预热温度 T_0:

$$T_0 = 1440 P_c - 392 ℃ \tag{4.80}$$

影响焊接性的因素甚多,计算公式难以充分考虑。工程上,最终防止裂纹的条件必须通过直接裂纹试验或模拟试验来确定。

4.8.5　焊接裂纹试验方法

采用新的焊接用钢时,首先需进行可焊性试验,包括抗裂性试验和焊接接头使用性能试验,许多国家都制定了相关标准。通过抗裂试验可以确定母材及焊接材料的裂纹倾向,是正确选择母材、焊接材料及焊接工艺的重要方法。现行焊接性试验方法甚多,可参考有关标准和文献[87]。每一种试验方法都是从某一特定的角度来考核或说明焊接性的某一方面,因此,往往需进行一系列的试验才能较全面地说明某一种钢的焊接性。下面介绍两种常用的焊接裂纹敏感性试验方法。

1) 斜 Y 坡口对接裂纹试验(GB 4675.1—84)

这种试验方法亦称"小铁研"试验,广泛用于评价打底焊缝及其热影响区冷裂倾向,所用试样如图 4.104 所示。试样用被焊材料制成,两端各 60mm 用焊缝固定,为拘束焊缝,双面焊接并焊满坡口,中间 80mm 为试验焊缝的位置。通常以标准焊接规范在三个试件上重复试验,焊后经 48h 后才能开始进行裂纹的检测和解剖。

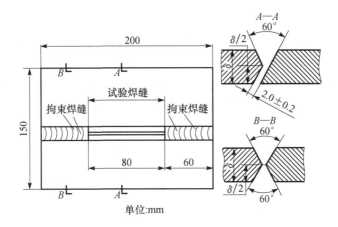

单位:mm

图 4.104　斜 Y 坡口对接裂纹试样(GB 4675.1—84)

　　采用肉眼和适当的方法检查焊接接头的表面和断面是否有裂纹,分别计算出表面裂纹率、根部裂纹率和断面裂纹率。裂纹的长度或高度按图 4.105 所示进行检测,裂纹长度为曲线形状,如图 4.105(a)所示,则按直线长度检测,裂纹重叠时不必分别计算。表面裂纹率 C_f、根部裂纹率 C_r 和断面裂纹率 C_s 的计算公式如下:

$$C_f = \sum l_f \cdot L^{-1} \times 100\% \tag{4.81}$$

$$C_r = \sum l_r \cdot L^{-1} \times 100\% \tag{4.82}$$

$$C_s = (H_c / H) \times 100\% \tag{4.83}$$

式中,$\sum l_f$、$\sum l_r$、H_c 分别为表面裂纹总长、根部裂纹总长、断面裂纹高度;L 为试验焊缝长度;H 为试验焊缝最小厚度(图 4.105)。断面裂纹率是解剖五个断面后求出每一断面的裂纹率后求出的平均值。

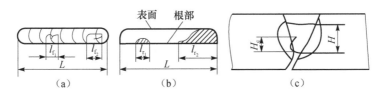

图 4.105　试样裂纹长度的计算(GB 4675.1—84)
(a) 表面裂纹;(b) 根部裂纹;(c) 断面裂纹

　　斜 Y 坡口对接裂纹试验的接头拘束很大,根部尖角又有应力集中,试验条件比较苛刻,用于评定焊根尖角处热影响区的抗裂性,多用于低合金钢焊接热影响区冷裂纹试验。一般认为,在这种试验中若裂纹率不超过 20%,在实际结构焊接时,不会产生裂纹。如果保持焊接规范不变,而采用不同预热温度进行试验,可获得防止冷裂纹的预热温度值,可作为实际生产中预热温度参考值。

2) 层状撕裂试验

层状撕裂的试验方法很多,工程上广泛使用的是 Z 向拉伸试验法。造船、海上采油平台、压力容器等重要焊接构件均要求在钢板的厚度方向(Z 向)有良好的抗层状撕裂性能,采用厚度方向拉伸试验的断面收缩率 ψ_z 作为层状撕裂敏感性的判据。当 $\psi_z = 5\% \sim 8\%$ 时,层状撕裂敏感性比较严重;当 $\psi_z \geqslant 15\%$ 时,方能较好地抵抗层状撕裂。

我国国家标准 GB/T 5313—2010《厚度方向性能钢板》(替代 GB 5313—85)将厚钢板的 Z 向性能分为 Z15、Z25 和 Z35 三个级别,其相应的断面收缩率和硫含量的要求如表 4.15 所示。上述标准适用于厚度为 $15 \sim 400\mathrm{mm}$ 的镇静钢钢板。厚度方向性能钢板亦称 Z 向钢。要求厚度方向性能钢板的牌号表示方法为在该牌号后附加 Z 向性能级别。

表 4.15　Z 向性能级别对其断面收缩率和硫含量的要求(GB/T 5313—2010)

级　别	断面收缩率 ψ_z/%		硫含量/%
	三个试样平均值	单个试样值	
Z15	⩾15	⩾10	⩽0.010
Z25	⩾25	⩾15	⩽0.007
Z35	⩾35	⩾25	⩽0.005

测定断面收缩率的拉伸试样可由整个板厚加工制成。当板厚不足时,可采用焊上夹持端的拉伸试样,如图 4.106 所示。

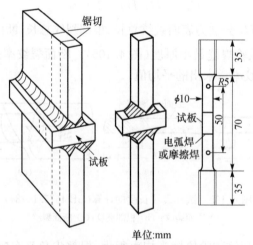

单位:mm

图 4.106　钢板 Z 向拉伸试棒及其制备过程[83,84]

4.9　切削加工性

在机械制造工业中,切削加工占有最重要的地位,因此要求钢材具有良好的切削加工性(machinability)。切削加工性常常是合金结构钢选用的重要依据。

4.9.1　评定切削加工性的标准

材料的切削加工性是指在一定的切削条件下,对材料进行切削加工的难易程度。由于具体情况和要求不同,切削加工的难易程度就有不同内容。粗加工时,要求刀具的磨损慢和加工生产率高;而在精加工时,则要求工件有高的加工精度和较小的表面粗糙度。这两种情况下所指的切削加工难易程度的含义是不同的,因此切削加工性是一个相对概念,衡量切削加工性的指标就不能是唯一的。一般把切削加工性的衡量指标归纳为以下几个方面[88,89]。

1) 加工质量

精加工时,用被加工表面粗糙度评定材料的切削加工性,易于获得很小表面粗糙度的材料,其切削加工性高。

2) 刀具耐用度

比较通用的是以刀具耐用度来衡量切削加工性。刀具耐用度的定义为:由刃磨后开始切削,一直到磨损量达到刀具规定的磨钝标准所经历的总切削时间。

在保证相同的刀具耐用度(T)的前提下,考察切削这种材料所允许的切削速率(V_T)的高低,或者在保证相同的切削条件下,考察切削这种材料时刀具耐用度数值的大小。在前一种的情况下,切削这种材料所允许的切削速率 V_T 越高,其切削加工性越好。在后一种的情况下,刀具的耐用度越长,其切削加工性也就越好。V_T 的含义是:当刀具耐用度为 T 时,切削该种材料所允许的切削速率值。一般情况下可取 $T=60\text{min}$;对于一些难切削材料,可取 $T=30\text{min}$ 或 $T=15\text{min}$。如果取 $T=60\text{min}$,V_T 可写成 V_{60}。

大量的试验研究表明,当其他条件一定时,刀具寿命 T(min)与切削速率 V(m/min)存在如下关系:

$$\log V = -n\log T + \log C \tag{4.84}$$

即
$$V \cdot T^n = C \tag{4.85}$$

式中,C、n 为常数,取决于切削材料、刀具材料和切削条件。

为了比较不同钢材的切削性能,常用切削速率-刀具寿命曲线(V-T 曲线)来表示。在相互比较的材料的切削条件一致的情况下,则曲线位置距纵坐标越远,该材料的切削加工性越好。

3) 切削抗力

切削抗力是钢材在一定切削条件下,刀具所承受的切削力。切削抗力越小,钢材的切削性能越好。

4) 断屑性能

在对加工材料断屑性能要求很高的机床,如自动机床、组合机床,以及自动线上进行切削加工时,或者对断屑性能要求很高的工序,如深孔、钻削等,应采用这种衡量指标。凡是切屑容易折断的材料,其切削加工性就好;反之,则切削加工性较差。

5) 相对加工性

生产上通常使用相对加工性来衡量工件材料的切削加工性。相对加工性,即以强度 $\sigma_b = 637\text{MPa}$ 时处于正火状态的 45 钢的 V_{60} 为基准(写做 $(V_{60})_j$),其他被切削的工件材料的 V_{60} 与之相比的数值,记做 K_v:

$$K_v = V_{60}/(V_{60})_j \tag{4.86}$$

$K_v > 1$ 的材料,比 45 钢容易切削;$K_v < 1$ 的材料,比 45 钢难切削。各种工件材料的相对加工性 K_v 乘以 $(V_{60})_j$,即可以得出切削各种材料的可用切削速率 V_{60}。

目前常用的工件材料,按相对加工性分为 8 级,易切钢为 2 级,其 $K_v \geqslant 2.5$,正火 45 钢 $K_v = 1$,其加工性为 4 级,调质 40Cr 钢($\sigma_b = 1.03\text{GPa}$)$K_v \approx 0.6$,其加工性为 6 级,而镍基高温合金 $K_v < 0.15$,加工性为 8 级,属于很难切削材料。

不过切削加工性是一个比较复杂的概念,同一种钢材的切削加工性还与加工方法(车、铣、钻、磨)有关。

4.9.2　影响钢材切削性能的因素

钢的切削加工性与其力学性能、物理性能、组织及化学成分有关[82,85,86]。

钢的硬度及强度过高时,切屑与刀具前刀面的接触长度减小,摩擦热集中在较小的刀-屑基础面上,促使切削温度增高,刀具的磨损加剧,甚至引起刀尖的烧损及崩刃,并且耗费动力多,使加工性能变坏。特别是材料的高温硬度和强度对材料的切削加工性的不利影响尤为显著,这也是某些耐热钢和高温合金切削性能差的主要原因。工件材料的强度越高,切削力也越大,切削温度相应增高,刀具磨损增大。

硬度太低、塑性和韧性太高时,切屑不易断开,工件和刀具接触处局部变形大,切削力增大,切削温度也较高,增加刀具的磨损,已加工表面的粗糙度也增加,在中低速切削塑性较大的材料时容易产生积屑瘤(build-up edge,BUE),影响表面加工质量;塑性大的材料切削时不易产生断屑,切削加工性较差。

积屑瘤的形成过程如下:切削过程中,由于切屑对前刀面有很大的压力,并因摩擦作用生成大量的切削热,如果温度和压力适当,与前刀面接触的一部分切屑由于摩擦力的影响,流动速率相对减慢,在前刀面形成"滞留层",并逐步扩大而形成积屑瘤。积屑瘤的存在,使加工后所得到的工件表面质量和尺寸精度都受到影响;但积屑瘤的硬度高,可达工件材料的硬度的 2~3.5 倍,在其稳定存在时,可代替刀刃进行切削,提高刀刃的耐磨性。因此,粗加工时设法形成积屑瘤,而在精加工时则要避免积屑瘤的产生。

材料的导热系数对切削加工性的影响是:导热系数高的材料切削加工性都比较高,而导热系数低的材料切削加工性都低。室温下呈奥氏体组织的奥氏体钢,由于韧性好,加工硬化率大,导热性差,切削加工时引起切削力和切削热的显著增加,使钢的切削性能变坏。

钢的组织明显地影响切削加工性。图 4.107 为钢的不同组织的 $V\text{-}T$ 关系曲线。一般情况下,铁素体的塑性较高,而片状珠光体的塑性较低。含碳极低的纯铁,由于塑性太高,其切削加工性很低,切屑不易折断,切屑易粘在前刀面上,已加工表面的粗糙度很大。适量珠光体的存在,可以改善钢的切削加工性,这是由于低碳钢中的片状珠光体可以引起应力集中,使切削力下降的缘故。经验表明,珠光体量为 15%~20%,硬度为 200HB 左右时最适宜。

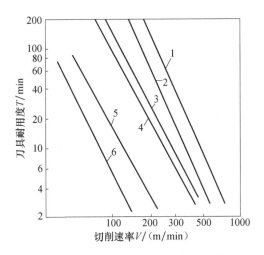

图 4.107　钢的不同组织的 $V\text{-}T$ 曲线[88]

1—10%珠光体;2—30%珠光体;3—50%珠光体;4—100%珠光体;
5—回火马氏体,300HBS;6—回火马氏体,400HBS

对于渗碳用钢,采用高温正火得到粗大的晶粒和魏氏组织,可以改善切削加工性,此时冲击韧性降低,有利于断屑。对于中碳钢,当具有较粗大的珠光体和铁素体的混合组织时,切削加工性较好;粒状珠光体和铁素体的混合组织,韧性较高,不易加工,表面光洁度不好;严重的带状组织,使切削加工性变劣,因此在原始组织中不希望存在。

对于高碳钢,退火获得的粒状珠光体对切削加工有利,此时可以得到较低的硬度。在高碳钢中,碳化物应当均匀分布,碳化物的局部聚集将增加刀具的磨损。但硬度相同时,由于成分和组织不同,切削加工性也会有较大的差异。

马氏体钢由于硬度高,促进了刀具磨损,增大了切削力,即使是低碳马氏体,其硬度也达到 400~450HB,许用切削速率只是 45 钢的 1/3。而高碳钢马氏体的硬度大于 600HB,许用切削速率只是 45 钢的 1/10。

常用合金元素对结构钢切削加工性的影响如图 4.108 所示[88]。

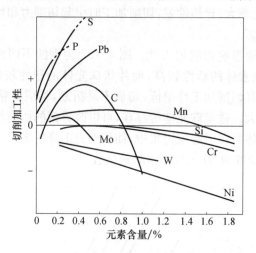

图 4.108　常用元素对结构钢切削加工性的影响[88]

在结构钢中加入能提高固溶体强度和韧性的元素,如镍,使切削性能下降。钢中含有能提高铁素体强度并降低韧性的元素,如磷、氮,可改善切削性。这些元素可用做低碳钢中的易切削元素。磷的加入量以 0.04%~0.08% 为宜,含量过高时,硬度过高,加工性反而变坏。氮含量为 0.007%~0.012% 时效果最好,过多的氮对切削性也是有害的,高硬度的氮化物质点会增加刀具的磨损。

钢中的铝、硅能形成高硬度并有磨料性质的氧化物、氮化物等夹杂,对刀具有较强的磨损作用,使刀具寿命降低。

碳化物形成元素,如铬、钼、钒等,均使钢的强度、硬度增加,如果形成特殊碳化物,这些碳化物均有高的硬度,这类元素皆降低钢的切削性能。

锰、锆、稀土等元素能在钢中形成硫化物夹杂,钛、钙与氧可形成复合夹杂物,硒、碲也可与锰形成硫化物夹杂,铅、铋则在钢中生成低熔点金属夹杂物,这些元素均可明显改善钢的切削加工性。由于锰可以强化铁素体,化合成硫化锰以外的锰含量应为 0.3%~0.45%。

4.9.3　钢中夹杂物热加工时的变形性能

钢在热加工时,夹杂物的变形行为对于钢的性能有重要的影响[90]。

Pickering 研究过热加工对钢中夹杂物塑性变形的影响[91]。钢中的球形夹杂物热变形时,平行于轧制方向被拉长为椭圆体。设夹杂物长轴为 b,短轴为 a,夹杂物长短轴之比 $b/a=\lambda$,则热变形时,夹杂物的真实应变 ε_i 为 $\ln(b/a)$,即 $\varepsilon_i=\ln\lambda=\ln(b/a)$。对钢而言,可以证明:钢的横截面积在热变形时从原来的 F_0 减小到 F_1,

钢中同样一个球形体亦将变成一个椭圆体,其长轴与短轴之比为 $F_0^{3/2}/F_1^{3/2}$,钢的真实应变 $\varepsilon_s = \ln(F_0^{3/2}/F_1^{3/2}) = (3/2)\ln(F_0/F_1) = (3/2)\ln h$,$h$ 为钢的锻压比。

钢中夹杂物塑性好坏可用其变形指数 γ 描述。变形指数 γ 是指夹杂物真应变 ε_i 与钢(基体)真应变 ε_m 的比值,即 $\gamma = \varepsilon_i/\varepsilon_m$。Malkiewicz 和 Rudnik 研究了夹杂物的变形能力,并以变形指数 γ 表示其变形能力[92]:

$$\gamma = \varepsilon_i/\varepsilon_m = 2/3(\ln\lambda/\ln h) \tag{4.87}$$

夹杂物的变形指数 γ 值可以从 0 开始,即钢在热加工时夹杂物完全不变形,变到 1,即夹杂物的伸长与钢的伸长相等;γ 值甚至可大于 1,即夹杂物的伸长大于钢,这样的夹杂物将使钢发生严重的各向异性。

夹杂物的变形指数 γ 与温度有关,而且不同夹杂物的变形性指数 γ 随温度变化的规律亦不相同。铝酸盐夹杂物的变形指数 γ 在不同的温度下均为为零,表示这类夹杂物在热加工时不变形。硅酸盐类夹杂物在低温时的变形指数 γ 几乎为零,但当温度高于某一临界值时,变形指数急剧增加,此临界值随成分不同而在 800~1300℃ 变化,其 γ 值迅速增加到 1,甚至到 2。表明在这类夹杂物在高温时迅速软化,极易变形。硫化锰是容易变形的夹杂物,在热加工范围内,其 γ 值接近 1,并随温度的升高而略有下降。MnS 具有面心立方结构,其变形特征与钢基体很相似,如果晶体取向合适,起源于钢中的滑移可以连续通过硫化物夹杂,并返回到钢中[93]。

Baker 等提出了钢在热加工时控制夹杂物 γ 值的基本因素[90],认为 γ 值与夹杂物的硬度 H_i 和钢的硬度 H_m 具有如下关系:

$$\gamma \approx 2 - H_i/H_m \tag{4.88}$$

由此式可知,在热加工温度下,夹杂物显微硬度为钢的 2 倍(或大于 2 倍)时,夹杂物不变形,这样易切削钢在热加工后具有高的韧性和小的各向异性。

式(4.88)表明通过改变夹杂物的化学成分或组成,可以改变夹杂物的硬度,从而改变其变形指数。

4.9.4 易切削元素和易切削机理

在钢中加入一定量的一种或一种以上的 S、P、Pb、Se、Te 等易切削元素,以改善其切削性的钢种称为易切削钢,简称易切钢。其中 S、Pb 是应用最广泛的两个元素。S、Pb 可分别添加在钢中,也可以共同加入钢中,称为复合系,还可以再附加其他元素。复合系可显著提高钢的切削性能。

1)硫系和硫复合系

硫系易切削钢是国内外生产应用最早、用量最大、用途最广的一类易切削钢。

钢中的 MnS 为 α-MnS,具有面心立方结构,可固溶其他金属形成 $(Mn, Me)S$ 型固溶体,使硬度增高,塑性降低,从而改变热加工后硫化物夹杂形态,对钢的力学性能和切削性能产生重要影响。

MnS 在钢锭中的形态,按 Sims 和 Dahle 提出的分类法,可以分为三种,取决于炼钢工艺[90]:

Ⅰ型 MnS,呈大小不同的球状,常常与氧化物复合,多数尺寸为 $10\sim30\mu m$,而且是明显地无规则分布,最常见于用硅脱氧的沸腾钢及半镇静钢中。钢水中存在较高氧含量(>0.012%)是Ⅰ型硫化锰沉淀的主要原因。在这类夹杂物的 MnS 中经常固溶有不同量的其他元素。

Ⅱ型 MnS,呈扇形或链状分布于晶界,通常称为晶界硫化物,有时好像是以共晶形式凝固,常与 Al_2O_3 一起结晶。这类硫化物是在用铝脱氧而没有过剩的铝时出现的。形成Ⅱ型 MnS 的氧含量范围为 0.012%~0.008%。

Ⅲ型 MnS 常见于含氧量小于 0.008% 的钢中,形状不规则,常呈角状且在钢中无规则地分布,与Ⅰ型夹杂物相似,但是Ⅲ型硫化物总是形成单相夹杂物。

Kiessling 发现,在 Al 含量小于 0.001% 钢中出现Ⅰ型 MnS,在 Al 含量大约为 0.003% 的钢中出现Ⅱ型 MnS,在 Al 含量为 0.038% 的钢中,出现Ⅲ型 MnS。

Sims 和 Dahle 认为这三种不同类型硫化物的形成是由于硫在钢液中的溶解度随氧的溶解度的减少而增加,这种解释已被普遍承认。

Ⅰ型 MnS 在沸腾钢或半镇静钢中形成,钢中氧含量高,因而硫的溶解度低,硫化物在较高温度析出,其析出和脱氧过程同时进行,导致从液态钢中初析的硫化物和氧化物以复合形式存在(图 4.109(a))。

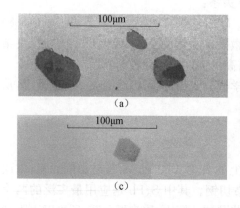
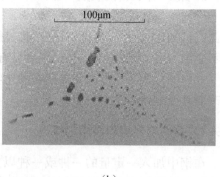

图 4.109　MnS 在钢锭中的形态[90]

(a)Ⅰ类 MnS, Si 脱氧, 钢的成分:0.26%C, 0.47%Si, 0.84%Mn, 0.022%P, 0.011%S, 0.001%Al, 0.0074%O;(b)Ⅱ类 MnS, Al 脱氧(罐中 1000g/t), 钢的成分:0.23%C, 0.41%Si,1.07%Mn,0.021%P, 0.022%S,0.007%Al,0.004%O;(c)Ⅲ类 MnS, Al 脱氧(模中 700g/t), 钢的成分:0.26%C, 0.48%Si, 0.84%Mn,0.022%P,0.011%S,0.038%Al,0.0047%O

Ⅱ型 MnS 在用铝完全脱氧且无过剩的镇静钢中出现。这种钢氧含量低,因此硫在钢液中有高的固溶度,硫化物在钢锭最后凝固的部分最后析出。因此,Ⅱ型 MnS 在初次晶粒边界以树枝晶状共析方式出现(图 4.109(b)),脱氧形成的 Al₂O₃ 常常对硫化物相起形核作用,但经常还是成为一个单独的相析出。

Ⅲ型 MnS 在过量铝脱氧的钢中出现。由于钢液中铝含量高,氧含量低,硫的溶解度也比形成Ⅱ型 MnS 时低,因而这类硫化物比Ⅱ型 MnS 在较高温度下先析出,而且通常无核。Ⅲ型 MnS 与Ⅰ型 MnS 更相似,由于钢中氧含量低,没有氧化物析出,Ⅲ型 MnS 通常形成单相夹杂物(图 4.109(c))。

当钢中有足够的锰时,硫在钢中完全以塑性的 MnS 非金属夹杂物的形式存在,在热加工时沿压延方向延伸,在棒材中成条状,在板材中成片状,破坏了金属的整体性,成为无数个微小的缺口,减少切削时使金属撕裂所需的能量,切削加工时易断屑。同时 MnS 本身的硬度低(160~190HV),还可以起滑润作用,故能减少刀具磨损,提高表面质量。

硫系易切削钢在以力学性能为主、切削性能为辅时,硫含量为 0.04%~0.15%。在以切削为主的自动机钢中,硫含量为 0.15%~0.35%。硫含量过高会增加热加工的困难。

硫化物夹杂的形状与切削性能也有密切关系,粗条状的分布比细条状分布更有利切削,形状多少有点呈圆形或纺锤形时,对切削性能更有利。硫系易切削钢在低中速切削的情况下具有良好的切削性能;在高速切削时,MnS 的影响却降低。MnS 增加钢材的各向异性,显著降低横向的塑性和韧性。

钢中 MnS 的三种形态,以Ⅲ型对性能较为有利。为获得Ⅲ型 MnS,需将钢中的氧含量降低到 0.008% 以下,为此,要用过量的铝脱氧,然而过量的铝会在钢中生成很多高熔点(>2050℃)、高硬度(>2000HV)的 Al₂O₃,对钢的切削性能很不利。为此,可向钢中加入适量的元素,使硫化物及 Al₂O₃ 都变性,目前使用较广泛的是加入 Ca 或 RE。通过在硫系易切钢中加入 Ca、RE 或复合加入进行改性,可以进一步改善其切削性能,显著改善其各向异性。20 世纪 70 年代国内外已开发出 Ca-S 易切削结构钢[94],80 年代我国研制出 Ca-S 易切削预硬型塑料模具钢,并对 Ca 的变性机制进行了研究[95]。

Ca 同 O、S 的亲和力很大。Ca 同 O 的亲和力大于 Al,同 S 的亲和力大于 Mn。Ca 能使高熔点的 Al₂O₃ 变性为熔点较低的钙铝酸盐 C_mA_n(C＝CaO,A＝Al₂O₃),随着 Ca 含量的升高,钢中依次出现 CA₆、CA₂。这些钙铝酸盐可以成为硫化物的核心。Ca 还能使 MnS 变性,能避免Ⅱ型 MnS 的形成,在易切钢中形成以 MnS 为主的(Mn,Ca)S 固溶体;由于 Ca 固溶于 MnS 中,使其硬度增加,变性指数 γ 降低。在钢中可以观察到低熔点的 CA₆、CA₂ 经常被(Mn,Ca)S 固溶体所包围,形成夹心硫化物。钢中 Ca 含量的增加将使夹心硫化物的个数增加。

Ca 除了使 Al_2O_3 变性外,还能使硅酸盐变性,形成钙铝酸盐 $2CaO \cdot Al_2O_3 \cdot SiO_2(C_2AS)$ 和 $CaO \cdot Al_2O_3 \cdot 2SiO_2(CAS_2)$ 玻璃质夹杂,难以结晶,有较低的熔点,其全熔温度分别为 1550℃和 1590℃[90],它们是易切削相。

硫系易切削钢热加工后,硫化物夹杂在棒材中呈长条状,可用其长/宽(L/B)表征其形态,称之为纺锤度。研究工作表明[95~97],Ca 对硫化物的变性作用是使一部分长条状的 MnS 变性为无核心和有核心纺锤状的(Mn,Ca)S 的固溶体。随着 Ca/S 的增加,固溶于 MnS 中的 Ca 增加,有核心的硫化物的比例增加,因而使硫化物的变形指数减小,硫化物的形态被改善。图 4.110 为 Ca/S 对三种形貌硫化物比例的影响。试验用钢的化学成分见表 4.16。图 4.111 显示 Ca 变性硫系易切钢中的硫化物形貌,它由长条状硫化物、无核心纺锤状硫化物和有核心纺锤状硫化物组成。Ca 变性硫系易切钢中由于硫化物形态的改善,钢的等向性能也得到提高。图 4.112 为 Ca/S 对钙硫易切钢等向性能的影响,该图表明 Ca/S 对钢的纵向冲击韧度影响较小,而对横向冲击韧度影响较大,并随 Ca/S 的增加而上升,提高了等向性能。为获得较好的变性效果,Ca/S 控制在 0.07~0.16 为宜。

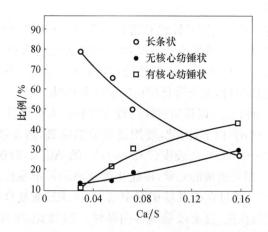

图 4.110　三种形貌硫化物比例同 Ca/S 的关系[95]

表 4.16　钙硫易切钢中 Ca/S 与硫化物纺锤度的关系[95]

编　号	S 含量/%	Ca 含量/%	Ca/S	硫化物纺锤度 L/B
1	0.128	0.0036	0.028	5.0
2	0.128	0.0073	0.057	4.0
3	0.075	0.0053	0.071	3.8
4	0.070	0.011	0.157	2.9

注:试验钢为工业电弧炉冶炼,基本成分:0.55%C,1.00%Cr,1.10%Ni,1.10%Mn,0.50%Mo,0.30%V。

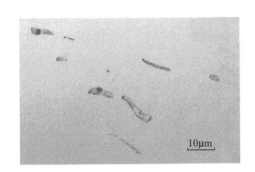

图 4.111　钙硫易切削钢中的
硫化物形貌[95]

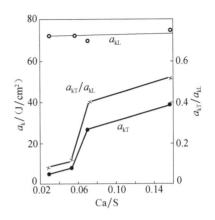

图 4.112　Ca/S 对钢的等向性能的影响[92]

a_{kL}—纵向冲击韧度；a_{kT}—横向冲击韧度

　　20 世纪 80 年代以来，为改善渗碳钢 20Cr、预硬型塑料模具钢 P20 等的切削性能，我国学者进行了 S-RE 复合易切削系的研究[98~100]和 Ca-RE 复合加入对硫易切削钢变性的研究[97]。

　　在 20Cr 钢(0.18%C,0.67%Cr,0.34%Mn)中加入 0.063%S 和 0.11%Ce 可以显著改善钢的切削加工性。未加入稀土元素之前，钢中绝大多数夹杂物为 Al_2O_3 和硅酸盐以及 SiO_2；加入稀土元素 Ce 后，夹杂物变性为以稀土夹杂物 Ce_2O_2S-Ce_2S_3 为主的球形复合夹杂物，并将 Al_2O_3 硬质点包裹在内，MnS 不再出现。由于这种中心硬质点的骨架作用，复合夹杂物在热加工过程中，几乎不变性或稍有变性，因而使钢具有良好的横向性能。在切削过程中，由于稀土夹杂物可以黏附刀具的前刀面，形成覆盖膜，有效地减少了刀具的磨损，包裹作用则削弱了硬质点的磨料作用，再加上应力集中源及润滑作用，使钢的切削加工性能有显著的提高[98]。

　　有关 RE 和 Ca-RE 对 MnS 及 Al_2O_3 的变性作用的研究，主要是针对低硫钢的，针对较高硫含量的易切钢的研究尚少。对 RE 及 Ca-RE 复合对硫系易切削钢中夹杂物变性的研究表明[100]，RE 的加入使硫化物变性，生成(Mn,RE)S 和 RE_2S_3，两者常组成球状的 MnS-RE_2S_3 共晶体。除对 MnS 变性外，RE 还使 Al_2O_3 变性为 $REAlO_3$，它可以作为核心与 RE_2O_2S 及 MnS 复合在一起。

　　Ca-RE 的复合加入使硫化物变性，生成(Mn,Ca)S 和 $(RE,Mn,Ca)_2S_3$ 的球状共晶体。Ca-RE 复合加入与 RE 单独加入时一样，使 Al_2O_3 变性 $REAlO_3$，未发现有钙铝酸盐。$REAlO_3$ 可与(Mn,Ca)S 及 $(RE,Ca)_2O_2S$ 复合在一起。

　　实验工作显示，对含硫易切钢，随 RE/S 增加，MnS 的含量迅速下降，如图 4.113 所示，可见在 RE/S 超过 0.8 后，可将绝大部分的 MnS 变性，所剩单相的

MnS 已很少。

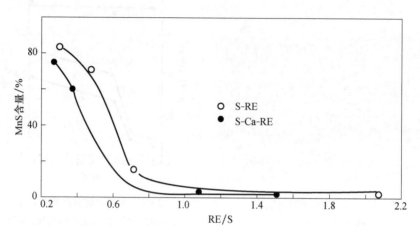

图 4.113　易切钢中 RE/S 对 MnS 相对量的影响[100]

　　热力学计算表明[100],用 RE 对硫易切钢变性,RE/S≥1.48 时,钢中全为 MnS-RE$_2$S$_3$ 球状共晶体。而用 Ca-RE 复合变性时,MnS 完全消失所需 RE/S 还与 Ca/S 有关,此时所需 RE/S＝1.41−1.37Ca/S。除使 MnS 变性外,RE 还使 Al$_2$O$_3$ 变性为 REAlO$_3$,所需 RE＝2.92[O],相应地 RE/S＝2.92[O]/S。此时未发现 Ca 参与 Al$_2$O$_3$ 变性,这可能与 Ca 含量较少有关。从上面的分析可知,使硫系易切削钢完全变性所需的 RE/S 为

$$1.48＋2.92[O]/S　(RE 变性) \tag{4.89}$$

$$1.41−1.37Ca/S＋2.92[O]/S　(Ca-RE 变性) \tag{4.90}$$

热力学计算与试验结果基本吻合。

　　在硫系易切削钢中的易切削相 MnS 在热加工(轧制)过程发生均匀变形,不断延伸直至断裂为数段。用 RE 和 Ca-RE 对硫易切钢完全变形后的易切相为球状的 MnS-RE$_2$S$_3$ 和(Mn,Ca)S-RE$_2$S$_3$ 共晶体,平均尺寸为 5～7μm,其硬度分别为 400～500HV 和 420～540HV。根据公式(4.88)可知,这两种复合易切削相的变形指数 γ 均很低,γ<0.1。热加工时,由于共晶体是复合相,其中的 MnS 或(Mn,Ca)S 易变形,而 RE$_2$S$_3$ 几乎不变形,此时 MnS 或(Mn,Ca)S 的变形必然受到 RE$_2$S$_3$ 的限制。这种变形的不协调性将导致 MnS 或(Mn,Ca)S 冲破 RE$_2$S$_3$ 的束缚而发生变形,甚至脱离开而沿轧制方向继续变形。这样,复合易切削相将发生断裂和细化。由于夹杂物整体的纺锤度比较低,从而改善了钢的方向性[101]。

　　比较 Ca、RE 和 Ca-RE 变性硫系易切钢切削性能的研究表明[102],合理控制 S-Ca-RE 复合变性硫系易切削钢中的 Ca、RE 含量,使 MnS 部分变性,可在低高速切削速率下获得优良的切削性能。试验用钢的化学成分见表 4.17。由图 4.114 可

以看出,含稀土的两种钢在低速切削(≤35m/min)时,刀具有较高的寿命,这是由于夹杂物能造成较大的应力集中系数,切削时易断屑,切削温度也较低。在用硬质合金对四种钢进行高速切削(120~160m/min)时,与低速切削时不同,切削P20SCaRE 的刀具有最高的寿命,这是由于在高速切削时,能在前刀面形成有保护作用的覆盖膜,防止月牙洼磨损,覆盖膜的厚度约 10μm,用电子探针对该膜进行分析,可以确定覆盖膜大体由(RE,Ca)$_2$S$_3$-(Mn,Ca)S 共晶体和(Mn,Ca)S 组成。P20S 钢很快烧损,切削其他两种钢时,未见有覆盖膜。

表 4.17　切削性能对比试验用钢的化学成分[102]　　　　(单位:%)

钢　号	C	Mn	Cr	Mo	V	Als	S	Ca	RE	RE/S
P20SCa	0.40	1.45	1.37	0.22	0.12	0.011	0.10	0.0030	—	—
P20SCaRE	0.40	1.43	1.37	0.22	0.12	0.020	0.10	0.0023	0.027	0.27
P20S	0.39	1.55	1.40	0.18	0.10	0.005	0.10	—	—	—
P20RE	0.39	1.50	1.40	0.18	0.10	0.013	0.10	—	0.047	0.47

注:Als 表示酸溶铝,O 含量为 0.0005%~0.0055%,RE 为钢中实际含量。

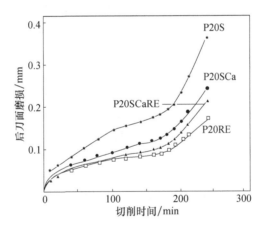

图 4.114　高速钢刀具后刀面磨损曲线[102]

使用 W18Cr4V 钢刀具,切削速率不大于 35m/min

2) 铅系和铅复合系

为了得到力学性能高的易切削钢,开发出了铅系易切削钢。铅几乎不溶解于钢中,在 850℃仅溶入 0.001%。在铅易切钢中,铅以极细的分散颗粒(≤2μm)存在于钢中,对钢的一些力学性能虽有不利影响,但远比硫夹杂物的影响小。

加入铅以后可能是由于在切削时受热熔化,减弱了金属的联系并使体积膨胀,增加了对周围的应力而使切屑易断裂,且显著提高了表面质量。铅同时有润滑作用,减少摩擦和切削力。铅对钢易切削性的影响主要取决于它的颗粒和分布的均匀度,过剩的铅含量会造成大颗粒和成分偏析(这种钢不能用),因而目前认为合适的铅含量为 0.1%～0.25%,最佳为 0.2%。熔炼时加铅于钢中会产生有毒的铅蒸气,必须采取相应的防护措施。铅易切削钢一般适用于中速下限和低切削速率范围,这种钢的接触疲劳由于铅的存在而降低,故不宜于用来制造接触应力高的零件。

在铅易切钢中若同时含有适量的硫,其切削加工性更好,称为超易切削钢。在这种钢中铅有一部分集结在 MnS 周围并与之物理地结合成复合夹杂物,热轧钢材中 MnS 沿轧制方向延伸,铅则处于硫化物的端部,成为附着的尾巴。和硫化物不结合的单体的铅则呈微细的圆粒分布着。

由于铅易切钢在炼钢和轧制时所产生的铅蒸气有污染,必须采取适当的措施。有些国家已禁止生产企业使用铅易切钢,因此,一些钢厂已致力于开发无铅环保型易切削钢。

锡与铅在元素周期表中同属一族,锡无毒,其熔点为 232℃,低于铅,国内外近年均注意开发锡硫复合系易切削钢,并已在生产中获得应用。铋的性质与铅相近,其熔点为 271℃。已有国外钢厂试生产铋系易切削钢的报道,其切削性能与铅易切削钢相近,铋含量约为 0.03%～0.10%。有资料报道,国外开发出一种镁钙硫三元易切削钢,据称是一种切削加工性能很好的无铅易切削钢[103]。

3) 钙系

钙易切钢中的钙含量为 0.005%～0.01%(一般采用 25%～30%的硅钙铁进行脱氧时加入)。钙与氧的亲和力高于锰、硅等元素,在钢中主要以氧化物形式存在。这种钢的易切削夹杂物被证明是 Ca、Al、Si 等的氧化物复合物钙铝硅酸盐($mCaO \cdot Al_2O_3 \cdot nSiO_2$),这类夹杂物属于脆性夹杂物,但在 1000℃ 以上则转变为塑性夹杂物,在用硬质合金刀具高速切削时,可以熔覆在刀具前刀面上形成保护膜,可以阻碍刀具与工件之间因元素扩散而引起的热磨损,同时起润滑、减小摩擦的作用,显著延长刀具的使用寿命。因此,钢中加入钙作为易切削元素,可以在不影响钢的力学性能的情况下,大大改善高速切削情况下的切削性。

单加钙的钢只限于用在高速情况下,而复合添加的 S、Pb 系钢能在广泛的切削速率领域(低、中、高速)显示出良好的切削性。钙易切削钢的制造关键是在冶金过程中能得到钙铝硅酸盐夹杂物,而不生成钙铝酸盐($mCaO \cdot Al_2O_3$),后者将使钢的切削性能大为变坏。

由于钙易切钢切削性能好,生产时的公害问题很少,力学性能与基础钢相近,成本也较低,因此得到较快的发展。

4) 硒和碲系

硒、碲在铁中的固溶度很小,主要以化合物形式存在。硒在钢中生成塑性的MnSe 夹杂物,由于其结构与 MnS 相同,可以相互溶解形成 Mn(Se,S),有些合金元素可以溶入 MnSe 中形成 (Mn,Me)Se 或 (Mn,Me)(Se,S),使其硬度升高。硒化物在结晶过程中早期形成,呈球形,尺寸较大。在热加工时,其变形能力远小于硫化物夹杂,因此对钢的各向异性的影响比硫系易切削钢要轻。加硒易切削钢适用于低中切削速率范围,含量约为 0.03%～0.10%,在切削加工时,切屑易断开,表面光洁度比加硫的要好,夹杂物有适当的润滑作用,刀具寿命有显著提高,多用在高合金的不锈钢中。

碲在钢中以 FeTe、MnTe 夹杂物形式存在,TeS 与 MnS 的结构不同,碲在 MnS 中的固溶度不超过 4%。碲在提高钢的切削性能方面也具有硒的效果,其机理与硒相似,加入量为 0.03%～0.10%。

硒与碲作为易切削元素较少单独加入钢中,这是由于其价格较高,Se-S、Te-S 复合加入钢中时,对钢的力学性能和提高其切削性能更有利,成本也较低。为了获得更高的切削性能,有的钢厂开发出 S-Pb-Te 多元复合易切削钢。

5) 石墨系[104]

存在于钢中的渗碳体在一定条件下有可能部分或全部解成游离的石墨,这个过程是自发进行的。石墨相当于钢中的孔洞或小裂纹,使钢的强度和塑韧性显著降低,在一般情况下是不希望发生的,但石墨在钢中可以起润滑作用,改善耐磨性,可以利用含石墨的高碳钢做拉丝模和一些冷模具。

要在钢中得到适当数量的石墨,必须恰当控制成分。在高碳钢中硅是有效地促进石墨化的元素,铝、镍也促进石墨的生成。硅含量小时,石墨化较困难,需要长的退火时间,尤其当有其他碳化物生成元素如锰、铬存在时,但硅过多将使石墨化程度过甚,还可能产生初生石墨,使锻造困难,故硅含量不超近 1.3%。钢中有时加入少量的 Al(0.10%～0.15%),而降低硅含量,碳和硅的总和不宜超过 2.5%,否则将使材料性能恶化。

钨、钼少量存在于钢中时稍有促进石墨化的倾向,这是因为钨、钼的原子半径与铁的原子半径相差大,少量的钨、钼溶于渗碳体会降低其稳定性。其他碳化物生成元素,特别是铬可以阻碍石墨化过程。自由石墨含量一般为 0.3%～0.6%,而结合成碳化物的部分接近于共析成分,这样在淬火加热时,有一部分碳化物溶解于奥氏体中,淬火后可以得到足够的硬度,而石墨在加热时,溶解很慢。石墨化钢还具有良好的切削加工性能。锰的存在可以增加淬透性,但是锰与铬一样是阻止石墨化的元素,从而其含量不能过高,否则石墨化困难。

加入钼、铜及镍可以提高淬透性。加入少量钛是利用其生成的碳化物对石墨化起形成核心作用,促使石墨能细小均匀地分布。

国外在 20 世纪 30 年代已有石墨工具钢的应用。根据淬透性的不同,石墨化钢可以水淬、油淬或空气中淬火。

对于石墨钢,特别重要的是恰当地控制其热加工和退火工艺,以得到必需数量的分布均匀的石墨质点和良好的球化组织。石墨钢的热加工要在 1100～900℃ 的温度范围内进行。若在低于 900℃ 的温度下进行锻造或轧制,则在以后的退火时促使石墨化不均匀,因而造成截面上硬度不均的现象。热加工后这些钢中都含有少量的石墨,在热加工中沿压延方向伸长。热加工后要进行石墨化退火,退火工艺能改变石墨的数量、大小及其分布。

为适应无铅和低硫易切钢的需要,近年国内外进行了亚共析石墨化易切削钢的开发。国外已有钢厂提供工业用无铅害中碳易切钢。国内亦开始了实验研究,试验用钢的成分:$0.43\%C$,$1.53\%Si$,$0.45\%Mn$,$0.10\%S$,$0.10\%P$,$0.005\%B$。石墨是游离的碳,提高碳含量可以增加石墨数量,缩短碳原子的扩散距离。钢的强度、韧性与其碳含量密切相关。钢中的 Mn 与 S 结合成易切削相 MnS,消除 Mn 与 S 对石墨化的阻碍作用,只有过剩的 Mn 才对石墨化起阻碍作用。微量的硼用于氮结合生产 BN 粒子,由于 BN 与石墨具有相同的简单六方点阵,可以成为石墨形核核心,促进石墨粒子的形成。这种钢在 685℃ 进行石墨化处理,保温 15min 时,已出现细微石墨粒子,6h 后,已基本完成石墨化过程。石墨化后钢的组织为铁素体和石墨粒子,石墨粒子的尺寸为几微米。这种钢有较高的切削性能和冷成形性能[105]。

综上所述,易切削元素对易切削机制有以下几个方面的作用或影响[85]:

1) 对应力集中和裂纹扩展的影响

钢在切削过程中,由于切削力的作用,尤其在钢材处于弹性变形范围时,易切削相的存在将引起应力集中。易切削相引起应力集中的效果大小,受易切削相类型、形态、尺寸、热膨胀系数等影响。易切削相与基体弹性性质的差异也影响应力集中的效果。易切削相弹性模量 E' 与钢基体弹性模量 E 的比值 $E'/E>1$ 时,球状或近似球状易切削相的应力集中效果大于长条状。易切削相尺寸越大,应力集中的效果也越大。

易切削相阻碍位错的运动,使塑性变形困难,导致裂纹的产生,在切屑根部的变形区内将出现很多显微裂纹,使抵抗切变的有效面积减小,由于裂纹尖端附加应力的作用,减小了流变应力,降低了切削力。在切削过程中,钢件中显微裂纹的扩展与合并,使材料更易断裂,改善了断屑性能。

MnS、MnSe 等易切削夹杂物的主要易切削机制是其对应力集中和裂纹扩展的影响。作为易切削相的铅颗粒,在切削过程中呈熔融状态浸润到裂纹中,促进裂纹的进一步扩展。

2) 减摩作用

硫化物在切削时能覆盖在前刀面上防止刀具与切屑的黏着,从而减轻刀具与切屑的摩擦,降低刀具的磨损。切削速率增高,温度随之增高,结果导致硫化物薄膜层的消失。因此硫易切钢切削性能胜过普通钢的优点,将随切削速率的增高而逐渐不明显,直至消失。

　　铅易切钢中的铅微粒在切削时呈熔融状态,在刀具与切屑之间有很好的润滑效果。

　　3) 覆盖膜的形成

　　易切削钢中的某些夹杂物在用硬质合金进行高速切削时,能在刀具的前后刀面形成一层覆盖膜。钙系易切削钢在用硬质合金刀具进行高速切削时,有良好的切削性能,便是由于在高速切削过程中,钢中的 C_2AS 或 CAS_2 均可在刀具的前刀面形成稳定的有一定厚度的覆盖膜,可以阻碍刀具与工件之间因元素扩散而引起的热磨损,同时起润滑、减小摩擦的作用。

　　已有的实验表明,在 RE-S 复合易切削钢中的稀土夹杂物 Ce_2O_2S-Ce_2S_3[98],在 Ca-RE-S 复合易切削钢中的 $(RE,Ca)_2S_3$-$(Mn,Ca)S$ 共晶体和 $(Mn,Ca)S$ 都可以生成覆盖膜[102]。

　　4) 对硬质点的包裹作用

　　钢中存在的一些硬度很高的氧化物质点 Al_2O_3、SiO_2 等对刀具起磨料磨损作用,严重降低刀具的使用寿命。在 S-Ca 复合易切削钢中,通过 Ca 对 Al_2O_3 改性,生成 CA_6、CA_2 等钙铝酸盐,MnS 等硬度低的塑性夹杂物将以它们为核心,在其周围形成,将硬质点包裹起来,抑制磨料磨损,改善钢的切削性能。

　　易切削钢随着机械制造和冶金工业的发展,产量日益增加,品种范围不断扩大。这是由于自动车床的发展需要高速切削、高生产率成批加工零件,采用易切削钢可以显著地提高生产率和降低加工成本。一些精密仪表零件需要极高的加工表面光洁度,一些切削加工性能不好的钢材需要扩大其用途和零件产量,这些都促进了易切削钢的发展。

参 考 文 献

[1]　邓增杰,金志浩. 力学性能试验[M] // 中国机械工程学会热处理专业分会《热处理手册》编委会. 热处理手册 第 4 卷(第 6 章). 3 版. 北京:机械工业出版社,2001.

[2]　钢铁研究总院,冶金工业信息标准研究院,中国标准出版社第二编辑室. 金属力学及工艺性能试验方法标准汇编[M]. 2 版. 北京:中国标准出版社,2005.

[3]　黄明志,石德珂,金志浩. 金属力学性能[M]. 西安:西安交通大学出版社,1986.

[4]　周惠久,黄明志. 金属材料强度学[M]. 北京:科学出版社,1989.

[5]　冯端. 金属物理学第三卷 金属力学性质[M]. 北京:科学出版社,1999.

[6]　Фридман Я Б. Механические свойства металлов[M]. 1974. 束德林,等译. 金属机械性能(上下册). 北京:机械工业出版社,1982.

[7]　潘家华. 关于管材的包辛格效应[J]. 焊管,1997,20(1):1.

[8]　马鸣图. 金属与合金中的 Bauschinger 效应[J]. 机械工程材料,1986,(2):15.

[9]　何肇基. 金属的力学性质[M]. 北京:冶金工业出版社,1982.

[10]　Френкель Я И. Zeitschrift fur Physik[J]. 1926,37:572.

[11]　Bhadeshia H K D H, Honeycombe R W K. Steels-Microstructure and Properties[M].
　　　Third Edition. Amsterdam:Elsevier,2006.

[12]　Brenner S S. The growth of whiskers by the reduction of metal salts[J]. Acta Metallurgi-
　　　ca,1956,4:62.

[13]　雍歧龙. 钢铁材料中的第二相[M]. 北京:冶金工业出版社,2006.

[14]　Pickering F B. Physical Metallurgy and the Design of Steels[M]. London:Applied Science
　　　Publishers Ltd,1978.

[15]　俞德刚. 钢的强韧化理论与设计[M]. 上海:上海交通大学出版社,1990.

[16]　Irving K J,Gladman T,Pickering F B. The strength of austenitic stainless steels[J]. Jour-
　　　nal of the Iron and Steel Institute,1969,207:1017~1028.

[17]　翁宇庆,等. 超细晶钢:钢的组织细化理论与控制技术[M]. 北京:冶金工业出版社,2003.

[18]　Tsuji N,Ito Y,Saito Y,et al. Strength and ductility of ultrafine grained aluminum and iron
　　　produced by ARB and annealing[J]. Scripta Materialia,2002,47:893.

[19]　雍歧龙,马鸣图,吴宝榕. 微合金钢:物理和力学冶金[M]. 北京:机械工业出版社,1989.

[20]　Pickering F B. The Effect of Composition and Microstructure on Ductility and Toughness
　　　[C]//Kyoto:Toward Improved Ductility and Toughness,1971:9.

[21]　康永林,傅杰,柳得櫋,等. 薄板坯连铸连轧钢的组织性能控制[M]. 北京:冶金工业出版
　　　社,2006.

[22]　褚武扬. 断裂力学基础[M]. 北京:科学出版社,1979.

[23]　西安交通大学金属材料及强度研究所. 中低合金结构钢的断裂韧性及其与其他机械性能
　　　指标的关系[J]. 西安交通大学学报,1977,4:39.

[24]　Forrest P G. Fatigue of Metals[M]. Oxford:Pergamon Press,1962.

[25]　Ranson J T. Effect of inclusions on the fatigue strength of SAE 4340 steels[J]. Transac-
　　　tions of ASM,1954,46:1254.

[26]　郦振声,杨明安. 现代表面工程技术[M]. 北京:机械工业出版社,2007.

[27]　周惠久,黄明志. 在多次重复冲击载荷下钢的断裂抗力的研究[J]. 机械工程学报,1962,
　　　10(1):1.

[28]　Костецкий Б И,Носовский И Г. Износостойкость и Антифрикчионность Деталей Машин
　　　[M]. Киев,1957

[29]　Kato K. 材料科学与技术丛书(第6卷)材料的塑性变形与断裂-13摩擦与磨损[M]. 陶春
　　　虎译. 北京:科学出版社,1998.

[30]　周仲荣,Vincent L. 微动磨损[M]. 北京:科学出版社,2002.

[31]　孙家枢. 金属的磨损[M]. 北京:冶金工业出版社,1992.

[32]　材料耐磨抗蚀及其表面技术丛书编委会. 材料耐磨抗蚀及其表面技术概论[M]. 北京:机
　　　械工业出版社,1986.

[33]　Wert C. Transactions of ASME[J]. 1950,188:1242.

[34]　Штейнберг М М. Механические свойства легированного феррита [C]// Проб-лемы
　　　конструкционной стали. Сборник,Машгиэ,1949:54.

[35] Гуляев А П, Емелина В П. Влияние легирующих елементов на свойства феррита[J]. Сталь, 1947, (2):25.

[36] National Bureau of Standards. Mechanical properties of metals at low temperatures[S]. Circular, 1952, 520.

[37] Rinebolt J A, et al. Transactions of ASM[J]. 1952, 44:225.

[38] Делле В А. Легированная конструкционная сталь[M]. 1953.

[39] Hall A M. Nickel in Iron and Steel[M]. London: Chapman and Hall, 1955.

[40] Allen N P, et al. Tensile and impact properties of high purity iron-carbon and iron-carbon-manganese alloys of low carbon content[J]. Journal of the Iron and Steel Institute, 1953, 174:108.

[41] Повогоцкий Г Я. Алюминий в конструкционной стали[M]. Москва: Металлургия, 1970.

[42] Меськин В С. Основы легирования стали[M]. Москва: Металлургиздат, 1959.

[43] Krauss G, Marder A R. The morphology of martensite in iron alloys[J]. Metallurgical Transactions, 1971, 2(9):2343.

[44] Гуляев А П, Емелина В П. Термическая обработка легированного феррита[J]. Сталь, 1948, (12):126.

[45] Штейнберг М М. Механические свойства сложнолегированногоферрита[C]//Термическая обработа металлов. Материалы конференции Уралнитомаш. Сборник, Машгиэ, 1950:212.

[46] Bain E C, Paxson H W. Alloying Elements in Steel[M]. 2nd Ed. Russell: American Society for Metals, 1961.

[47] Бокштейн С З. Структура и механические свойства легированной стали[M]. Москва: Металлургиздат, 1954.

[48] Под редакцией Бернштейма М Л и Рахштадта А Г. Металловедение и термическая обработка стали, Справочик Том Ⅱ[M]. Москва: Металлургиздат, 1962:1118~1136.

[49] Hodge J M, Orehoski M A. Relationship between hardenability and percentage of martensite in some low alloy steels[J]. Transactions of AIME, 1946, 167:627.

[50] Grossmann M A, Asimov M, Urban S F. Hardenabiliy, Its Relation to Quenching and Some Quantitative Data[C]// Hardenability of Alloy Steels. Clevelad: American Society for Metals, 1939:124.

[51] 东北重型机械学院, 第一重型机械厂, 第一机械工业部情报所. 大锻件热处理[M]. 北京: 机械工业出版社, 1974.

[52] 康大韬, 叶国斌. 大型锻件材料及热处理[M]. 北京: 龙门书局, 1998.

[53] 安运铮, 徐跃明. 热处理手册第一卷第 4 章 钢铁件的整体热处理[M]. 4 版. 北京: 机械工业出版社, 2008:157.

[54] Hodge J M, Orehoski M A. Metals Technology[J]. 1946:1944.

[55] Блантер М Е. Фазовые превращения при термической обработке стали[M]. Москва: Металлургиздат, 1962.

[56] Hodge J M, Orehoski M A. Relationship between hardenability and percentage of martens-

ite in some low alloy steels[J]. Transactions of AIME,1946,167:502.

[57]　Grossmann M A. Elements of Hardenabiliy[M]. Clevelad:American Society for Metals, 1952.

[58]　Siebert C A,Doane D V,Breen D H. The Hardenability of Steels—Concepts,Metallurgical Influences and Industrial Applications[M]. Russell:American Society for Metals 1977;卢 光熙,赵子伟译. 钢的淬透性:原理、冶金因素的影响和工业应用. 上海:上海科学技术出 版社,1984.

[59]　大和久重雄. 烧入性ー求ぁ方こ活用[M]. 1965. 赵之昌,才鸿年译. 淬透性(测定方法和应 用). 北京:新时代出版社,1984.

[60]　Jominy W E. A hardenability test for shallow hardening steels[J]. Transactions of ASM, 1939,27:1072.

[61]　Post C B,Fetzer M C,Fenstermacher W H. Air hardenability of steel[J]. Transactions of ASM,1945,35:85.

[62]　Melloy G F,Slimmon P R,Podgursky P P. Optimizing the boron effect[J]. Metallurgical and Materials Transactions A,1974,4:2279.

[63]　Lewellyn D T,Cook W T. Metallurgy of boron treated low alloy steels[J]. Metals Tech- nology,1974,517.

[64]　Grange R A,Carvey T M. Transactions of ASM[J]. 1946,37:136.

[65]　孙福玉. 2·38 控轧轧制[M]//《高技术新材料要览》编辑委员会. 高技术新材料要览. 北 京:中国科学技术出版社,1993.

[66]　Yamamoto S,Ouchi C,Osuka T. Thermomechanlcal processing of microalloyed austenite [C]//DeArdo A J,et al. The Metallurgical Society of AIME,Pittsburgh,PA,1982:613.

[67]　余伟,唐荻,蔡庆伍,等. 控轧控冷技术发展及在中厚板生产中的应用[J]. 钢铁研究学报, 2011,23(增刊1):82.

[68]　沈继刚,李宏图. 轧后直接淬火技术在高强度中厚板生产中的应用[J]. 宽厚板,2010,16 (5):14.

[69]　马连军,宋敬稳,钱振声. 中厚板冷却装置述评[C]. 第 7 届中国钢铁年会论文集. 2009:8- 494

[70]　吴涛,刘宝良,武杰,等. 高强耐磨钢板直接淬火板型控制工艺研究[J]. 宽厚板,2012,18 (3):1.

[71]　于庆波,刘相华,赵贤平. 控轧控冷钢的显微组织形貌及分析[M]. 北京:科学出版社, 2010.

[72]　Hiroshi Y,Yoshikazu M,Koe N. Ferrtie steel having ultra-fine grains and a method for producing the same[P]:US,4466842. 1984.

[73]　Hodgson P D,Hickson MR,Gibbs R K. Ultrafine ferrite in low carbon steel[J]. Scripta Materialia,1999,40(10):1179.

[74]　齐俊杰,黄运华,张跃. 微合金化钢[M]. 北京:冶金工业出版社,2006.

[75]　贺信莱,尚成嘉,杨善武,等. 高性能低碳贝氏体钢:成分、工艺、组织、性能与应用[M]. 北

京：冶金工业出版社，2008.

[76]　郭鸿镇. 合金钢与有色金属锻造[M]. 西安：西北工业大学出版社，1999.

[77]　中国大百科全书总编辑委员会《机械工程》编辑委员会. 中国大百科全书 机械工程 I [M]. 北京：中国大百科全书出版社，1987.

[78]　Llewellyn D T, Hudd R C. Steels: Metallurgy and Applications[M]. 3rd Ed. Oxford: Butterworth-Heinemann, 1998.

[79]　张信钰. 薄钢板的性能与微观结构的关系[J]. 上海金属，1983，5(2)：18.

[80]　Blickwere D J. Transactions of ASM[J]. 1968，61：653

[81]　Morrison W B. The effect of grain size on the stress-strain relationship in low carbon steel [J]. Transactions of ASM, 1966, 59: 824.

[82]　马鸣图，吴宝榕. 双相钢：物理和力学冶金[M]. 2 版. 北京：冶金工业出版社，2009.

[83]　Easterling K E. Introduction to the Physical Metallurgy of Welding[M]. 2nd Ed. London: Butterworth-Heinemann, 1992.

[84]　熊腊森. 焊接工程基础[M]. 北京：机械工业出版社，2002.

[85]　项程云. 合金结构钢[M]. 北京：冶金工业出版社，1999.

[86]　周振丰. 金属熔焊原理及工艺[M]. 下册. 北京：机械工业出版社，1981.

[87]　周振丰，张文钺. 焊接冶金与金属焊接性[M]. 北京：机械工业出版社，1988.

[88]　陈日曜. 金属切削原理[M]. 2 版. 北京：机械工业出版社，1993.

[89]　陈锡渠，彭晓南. 金属切削原理与刀具[M]. 北京：北京林业出版社，北京大学出版社，2006.

[90]　Kiessling R, Lange N. Non-metallic inclusions in steel[M]. 2nd Ed. London: The Metals Society, 1978.

[91]　Pickering F B. Some effects of mechanical working on the deformation of non-metallic inclusions[J]. Journal of the Iron and Steel Institute, 1958, 189: 148.

[92]　Malkiewicz T, Rudnik S. Deformation of non-metallic inclusions during rolling of steel[J]. Journal of the Iron and Steel Institute, 1963, 201: 33.

[93]　Baker T J, Gove K B, Charles J A. Inclusion deformation and toughness anisotropy in hot-rolled steels[J]. Metals Technology, 3, 1976, 183: 12.

[94]　刘乐凯. 钙-硫易切削钢的研究[J]. 钢铁，1980，15(9)：36.

[95]　江来珠，孙培桢，崔崑. 易切削塑料模具钢 5CrNiMnMoVSCa 中夹杂物的组成及形貌[J]. 材料科学进展，1990，4(1)：43.

[96]　孙培桢，乔学亮，崔崑. 微量元素钙在预硬型塑料模具钢中的行为及作用[J]. 华中科技大学学报，1992，20(增刊)：21.

[97]　Jiang L Z, Cui K. Quantitative study of modification of sulphide inclusions by calcium and its effect on the impact toughness of a resulfurised alloy steel[J]. Steel Research, 1997, 68 (4): 163.

[98]　宰相勇，刘永铨. 稀土在低合金易切削钢中的应用[J]. 东北工学院学报，1982，(1)：64.

[99]　娄德春，吴晓春，崔崑，等. P20SRE 塑料模具钢的热处理及性能[J]. 金属热处理，1996，

(6):27.

[100] 江来珠,崔崑. 易切钢中共晶相 MnS-RE$_2$S$_3$ 和(Mn,Ca)S-RE$_2$S$_3$ 形成的实验研究及热力学计算[J]. 中国稀土学报,1993,11(1):46.

[101] 江来珠,崔崑. 含 RE 易切钢相的热变形及断裂细化行为[J]. 材料科学进展,1992,6(2):129.

[102] 娄德春,崔崑,吴晓春,等. 硫复合易切钢中夹杂物与易切削机理的研究[J]. 机械工程材料,1996,20(5):27.

[103] 袁武华,王峰. 国内外易切削钢的研究现状和前景[J]. 钢铁研究,2008,36(5):56.

[104] Roberts G A,Hamaker J C,Johnson A R. Tool Steels[M]. 3rd Ed. Russell:American Society for Metals,1962

[105] 张永军,韩静涛,王全礼,等. 亚共析石墨化易切削钢的开发[J]. 钢铁,2008,43(8):73.